AF771326

AMS Subject Classifications (1970): 12-03, 12A35, 12A55, 12A65, 12A70, 12E99, 12F20, 13D15, 13F20, 14G13, 14H20, 16-00, 18F25, 18H10, 20C20, 20E35, 22E45, 32B20, 32G13, 46E10, 57D20, 58G99

ISBN 3-540-07023-0 Springer-Verlag Berlin · Heidelberg · New York
ISBN 0-387-07023-0 Springer-Verlag New York · Heidelberg · Berlin

This work is subject to copyright. All rights are reserved, whether the whole or part of the material is concerned, specifically those of translation, reprinting, re-use of illustrations, broadcasting, reproduction by photocopying machine or similar means, and storage in data banks.

Under § 54 of the German Copyright Law where copies are made for other than private use, a fee is payable to the publisher, the amount of the fee to be determined by agreement with the publisher.

© by N. Bourbaki 1975. Library of Congress Catalog Card Number 79-24041.
Printed in Germany.

Offsetdruck: Julius Beltz, Hemsbach/Bergstr.

TABLE DES MATIÈRES

15, 16, 17 juin 1974

Séminaire BOURBAKI
26e année, 1973/74, n° 436

436-01
Novembre 1973

THE HEAT EQUATION IN RIEMANNIAN GEOMETRY

[after PATODI, GILKEY, etc.]

by M. F. ATIYAH

1. Heat Equation approach to the index theorem.

As explained in the preceding lecture the idea of using the heat equation to solve the index problem is as follows. Let $D : C^\infty(X,E) \to C^\infty(X,F)$ be an elliptic operator on the compact manifold X. Using metrics on E,F and X we may form its adjoint D^* and the self-adjoint operators

$$\Delta_E = D^*D \quad , \quad \Delta_F = DD^* \quad .$$

For $t > 0$ the heat operators $e^{-t\Delta_E}, e^{-t\Delta_F}$ have C^∞ kernels so that their traces are well-defined. Now except for their zero eigenspaces the operators Δ_E and Δ_F are conjugate ($\Delta_E = D^{-1}\Delta_F D$), while their zero-eigenspaces coincide with the null spaces $\mathcal{N}(D)$, $\mathcal{N}(D^*)$ of D and D^* respectively. Hence, for all $t > 0$,

$$(1.1) \qquad \operatorname{Tr} e^{-t\Delta_E} - \operatorname{Tr} e^{-t\Delta_F} = \dim \mathcal{N}(D) - \dim \mathcal{N}(D^*) = \operatorname{index} D.$$

But we have asymptotic expansions as $t \to 0$ for the terms on the left, namely

$$(1.2) \qquad \operatorname{Tr} e^{-t\Delta_E} \sim \sum_{k=-n}^{\infty} a_k t^{k/m}$$

where $n = \dim X$, $m = \text{order } \Delta_E$. If b_k are the coefficients of the corresponding expansion for Δ_F we deduce from (1.1)

$$a_k = b_k \quad \text{for} \quad k \neq 0$$

(1.3) $$a_0 - b_0 = \text{index } D \ .$$

Now the point about the expansion (1.2) is that the coefficients a_k are locally computable. More precisely we have

$$a_k = \int_X \alpha_k(x)$$

where $\alpha_k(x)$ is a C^∞ measure on X given (in principle) as an explicit function of the coefficients of Δ_E. In terms of a complete orthonormal set $\{\phi_n\}$ of eigenfunctions of Δ_E with eigenvalues λ_n, the α_k are defined by an asymptotic expansion

$$\Sigma\, e^{-\lambda_n t} \ |\phi_n(x)|^2 \ |dx| \ \sim \sum_{k=-n}^{\infty} \alpha_k(x)^{k/m}$$

(as $t \to 0$). Thus we derive, in principle, a general formula

(1.4) $$\text{index } D = \int_X \{\alpha_0(x) - \beta_0(x)\}$$

where $\beta_k(x)$ is the measure associated to b_k.

This approach to the index problem was put forward in [1] but it was not until the recent work of Patodi [6] that any progress was made. The difficulty lies in the fact that the α_k are very complicated functions of the coefficients of Δ_F. In particular they involve many derivatives. Patodi's contribution was to show that, in the particular case $D = d + d^*$: even forms $\to$ odd forms (so that index D = Euler characteristic of X), remarkable cancellation took place between α_0 and β_0 so that finally (1.4) reduced to the Gauss-Bonnet formula.

Subsequently Gilkey [5] gave an alternative proof of Patodi's result based on an intrinsic identification of the integrand in (1.4). This was later extended to cover the important case of the Hirzebruch signature theorem. [2] presents a simplified version of Gilkey's argument and generalizes it to cover more general operators arising in Riemannian geometry. This provides enough examples of the index theorem so that the general case can be deduced from them by topological arguments (K-theory). Here we follow the presentation in [2] .

§2. The Hirzebruch signature theorem.

Suppose now X is a compact oriented Riemannian manifold of dimension 2ℓ, and let $d : \Omega^i \to \Omega^{i+1}$ $d^* : \Omega^i \to \Omega^{i-1}$ be the exterior derivative on forms and its adjoint. Then $d + d^*$ acts on the space Ω of all forms and anti-commutes with the involution τ defined by

$$\tau(\alpha) = i^{p(p-1)+\ell} * \alpha \qquad \alpha \in \Omega^p$$

where $* : \Omega^p \to \Omega^{2\ell-p}$ is the duality operator. Thus $d + d^*$ switches the ± 1-eigenspaces $\Omega_\pm$ of τ and hence is of the form $\begin{pmatrix} 0 & A \\ A^* & 0 \end{pmatrix}$ where $A : \Omega_+ \to \Omega_-$ is called the signature operator. One verifies easily (using Hodge theory) that, if $\ell = 2k$, index A = sign (X) is the signature of the quadratic form on $H^{2k}(X)$. The heat equation method of §1 then gives us an integral formula

(2.1) $$\text{sign}(X) = \int_X \omega .$$

Here ω is a measure depending skew-symmetrically on the orientation of X (because reversing orientation takes τ into $-\tau$, hence A into $-A$) and hence may be regarded as a $4k$-form canonically associated to the metric g on X. The explicit results for second-order operators assert that $\omega(g)$ is given by a universal polynomial in the g_{ij}, their derivatives of various orders and $(\det g)^{-\frac{1}{2}}$. Moreover under a change of scale in the metric $g \mapsto k^2 g$ (k a positive constant) $A \mapsto k^{-1} g$ and so the constant terms in the expansion of e^{-tA^*A}, e^{-tAA^*} are unaltered. Hence $\omega(k^2 g) = \omega(g)$. Now the main discovery of Gilkey was that these qualitative properties of $\omega(g)$ are enough to identify it as a <u>Pontrjagin form</u>. More precisely we have

THEOREM (Gilkey) *Let $\omega(g)$ be any differential form functionally associated to a Riemannian metric g and such that*

(i) *$\omega(g)$ is given in local coordinates by a universal polynomial in g_{ij}, their derivatives of all orders and $(\det g_{ij})^{-\frac{1}{2}}$*

(ii) $\omega(k^2 g) = \omega(g)$.

Then $\omega(g) = f(p_1, \ldots, p_\ell)$ where $p_i(g)$ are the coefficients of the characteristic polynomial of the curvature matrix $\mathcal{R}$:

$$\det(1 + t\mathcal{R}) = \Sigma\, p_i t^{2i}$$

Applying this theorem to the form $\omega(g)$ in (2.1) we deduce that

$$\text{(2.2)} \qquad \operatorname{sign}(X) = \int_X f(p_1, \ldots, p_\ell)$$

for some suitable polynomial f. Computing sufficiently many examples (products of complex projective spaces) then enables us to identify f with the Hirzebruch L-polynomial (after normalizing the p_i by appropriate powers of 2π) exactly as in Hirzebruch's original proof. Thus Gilkey's theorem plays in local Riemannian geometry the part played by Thom's cobordism theory: it characterizes the Pontrjagin numbers.

We now indicate how Gilkey's theorem is proved. There are three steps of which the first two are classical and well-known:

(1) By using geodesic coordinates we argue that $\omega(g)$ must be a polynomial in the components of the curvature tensor and its covariant derivatives together with $(\det g)^{-\frac{1}{2}}$

(2) By the theorem on tensorial invariants of the orthogonal group we deduce that $\omega(g)$ is a linear continuation of basic 'monomials' of the form

$$m(R) = \Sigma_q^{*} R_{\alpha_1} R_{\alpha_2} \ldots R_{\alpha_r} .$$

Here each R_{α_i} denotes a covariant derivative (of order ε_i) of the curvature tensor, Σ_q means that we <u>contract</u> all but q of the suffixes and $*$ indicates that we skew-symmetrize the q suffixes left (so as to get a skew-symmetric q-tensor where $q = \deg \omega$).

(3) The homogeneity condition (ii) on $\omega(g)$ implies that we only need monomials $m(R)$ with $q = 2r + \varepsilon$, where $\varepsilon = \Sigma\varepsilon_i$ is the total number of covariant derivative indices. If $\varepsilon > 0$ this implies that in some factor R_{α_i} we must skew-symmetrize at least three out of the first five indices. The Bianchi identities then show that $m(R) = 0$. If $\varepsilon = 0$, so that $m(R)$ involves only the curvature tensor itself (and no higher derivatives), a similar calculation shows that we must use precisely two suffixes in each R_{α_i} for contraction. The symmetries of R show that we may take these as the first two suffixes. It is now clear that $m(R)$, as a form, is an exterior product

$$(\mathrm{Tr}\ R)^{k_1} \wedge (\mathrm{Tr}\ R)^{k_2} \wedge \ldots$$

and so is a Pontrjagin form.

<u>Note</u> The square root factor involving det g allowed in the hypothesis of the Gilkey theorem turns out to be illusory in the end. However it is necessary to allow for it because it appears, a priori, in the heat equation formula. This point was in fact overlooked in [2] as pointed out by Colin de Verdière. In fact in the Gauss-Bonnet theorem $(\det g)^{\frac{1}{2}}$ enters into the final formula but that is because we have there a measure independent of orientation (so not a form) and so the theorem on 'tensorial' invariants has to be modified. However the characterization of the "Euler form" is more complex than

that of the Pontrjagin forms and we shall avoid it.

§3. The general index theorem.

If ξ is a complex vector bundle over X with a hermitian inner product and a unitary connection we can define an elliptic operator A_ξ, acting on forms with coefficients in ξ, which generalizes the signature operator A of §2. To compute index A_ξ by the heat equation method we need to extend Gilkey's theorem to include auxiliary vector bundles. Essentially the same proof as before enables us now to characterize the mixed Pontrjagin-Chern forms of (g,ξ) as the only functorially defined forms satisfying the analogues of (i) and (ii) in the Gilkey theorem: we now require invariance also under change of scale in the inner product of ξ.

Again the explicit polynomial in the Pontrjagin classes of X and the Chern classes of ξ must be found by computing some suitable examples.

We now have sufficiently many explicit examples to deduce the general index theorem. Roughly speaking every elliptic operator can be deformed into a generalized signature operator A_ξ. More precisely we recall (see [4]) that every elliptic operator P defines via its symbol an element $\sigma_P \in K(TX)$, where K denotes the K-theory with compact supports and TX is the cotangent bundle of X. The stability of the index under deformation, and the existence of (pseudo-differential) operators with given symbol, imply that $P \mapsto \text{index } P$ induces a homomorphism

(3.1) $\quad$ index : $K(TX) \to \mathbf{Z}$.

Now $K(TX)$ is a module over $K(X)$ in such a way that

$$\xi \cdot \sigma_A = \sigma_{A_\xi} .$$

Moreover, modulo 2-primary groups, $K(TX)$ is a free $K(X)$-module with generator σ_A. Hence (3.1) is determined by its values on σ_{A_ξ} , for all ξ . Thus the generalized signature theorem implies the general index theorem for X even-dimensional and oriented. The other cases follow easily by passing to the oriented double covering and multiplying by a circle.

Included in the general index theorem is the Riemann-Roch theorem for compact complex manifolds. For Kähler manifolds it can be given a direct treatment on the lines of the signature theorem. One uses the Dirac operator of the associated Spin^c-structure. It should be emphasized that this is still essentially a theorem about Riemannian manifolds: it is not necessary to try to extend the Gilkey theorem to complex Hermitian manifolds. The first heat equation proof of the Riemann-Roch theorem is due to Patodi [7].

§4. Further developments.

The heat equation proof of the signature theorem (and others of the same type) gives more information than previous proofs, in that the integrand is given an analytical interpretation. In other words we have a local version of the signature theorem, from which the global version follows by integration. Not surprisingly this local version gives rise to interesting results for manifolds with boundary [3]. To explain these results let us consider a compact oriented 4k-dimensional Riemannian manifold X with boundary Y and assume that, near the boundary, X is isometric to the product $Y \times I$. We define sign (X) now as the signature of the quadratic form induced by the cup-product on the image of $H^{2k}(X,Y)$ in $H^{2k}(X)$. Then the difference

$$\text{sign}(X) - \int_X L$$

(where L denotes the L-polynomial in the Pontrjagin forms) need not vanish but, as an easy consequence of the signature theorem for closed manifolds, it depends only on Y (as oriented Riemannian manifold). Heat equation methods enable us to identify this invariant of Y as a 'spectral invariant', that is as a function of the eigenvalues of the Laplacian on forms. Precisely define the self-adjoint operator B on even forms on Y by

$$B\phi = (-1)^{k+p+1}(d* - *d)\phi \qquad (\phi \in \Omega^{2p})$$

and put

$$(4.1) \qquad \eta(s) = \sum_{\lambda \neq 0} \text{sign}\,\lambda\, |\lambda|^{-s}$$

where λ runs over the eigenvalues of B (with multiplicities counted). Note that B^2 is just the Laplacian Δ so that λ^2 runs over the eigenvalues of Δ.

For Re(s) large (4.1) converges absolutely. One proves that $\eta(s)$ can then be continued meromorphically to the entire s-plane, that $s = 0$ is not a pole and finally that

$$(4.2) \qquad \operatorname{sign}(X) - \int_X L = -\eta(0)$$

There are similar results for the other operators arising in Riemannian geometry. Moreover as a consequence of these Riemannian cases one deduces, by topological methods, that for <u>any</u> elliptic self-adjoint operator the η-function analogous to (4.1) is finite at $s = 0$.

Formula (4.2) has many interesting extensions and applications for which we refer to [3].

References

1. M.F. Atiyah and R. Bott, A Lefschetz fixed-point formula for elliptic complexes I, Ann. of Math. 86 (1967), 374-407.
2. M.F. Atiyah, R. Bott and V.K. Patodi, On the heat equation and the index theorem, Inventiones Math. 19 (1973), 279-330.
3. M.F. Atiyah, V.K. Patodi and I.M. Singer, Spectral asymmetry and Riemannian geometry, Bull. London Math. Soc. 5 (1973), 229-234.
4. M.F. Atiyah and I.M. Singer, The index of elliptic operators I, Ann. of Math. 87 (1968), 484-530.
5. P. Gilkey, Curvature and the eigenvalues of the Laplacian for elliptic complexes, Advances in Mathematics (to appear).
6. V.K. Patodi, Curvature and the eigenforms of the Laplace operator, J. Diff. Geometry 5 (1971), 233-249.
7. V.K. Patodi, An analytic proof of the Riemann-Roch-Hirzebruch theorem for Kaehler manifolds, J.Diff. Geometry 5 (1971), 251-283.

Séminaire BOURBAKI 437-01
26e année, 1973/74, n° 437 Novembre 1973

COHOMOLOGIE DE CERTAINS GROUPES DISCRETS ET LAPLACIEN P-ADIQUE

[d'après H. GARLAND]

par Armand BOREL

Les résultats principaux de [7] concernent la nullité, en certaines dimensions, du r-ième groupe de cohomologie $H^r(\Gamma ; M)$ d'un sous-groupe discret Γ d'un groupe simple p-adique $G(K)$, (K corps p-adique), qui est co-compact (i.e. $G(K)/\Gamma$ compact), pour la cohomologie à coefficients dans un Γ-module unitaire de dimension finie M , (par exemple la cohomologie réelle). Cette cohomologie s'identifie à celle d'un complexe cellulaire fini, le quotient par Γ de l'immeuble de Bruhat-Tits T [5] du revêtement simplement connexe $\tilde{G}$ de G , ou encore à un espace de formes harmoniques (au sens combinatoire), et les démonstrations se divisent en gros en deux parties

(1) Réduction à un problème local. On montre que si certaines valeurs propres du laplacien combinatoire sur le "link" d'un simplexe quelconque de dimension donnée $< r$ de T sont suffisamment grandes, alors $H^r(\Gamma ; M) = 0$, $(1 \leq r < \dim T)$.

(2) Estimation de la plus petite des valeurs propres entrant en ligne de compte.

La première partie peut en fait s'exposer pour un complexe simplicial fini presque quelconque, ce qui est fait au § 1. On en tire une première forme des théorèmes de nullité (1.5, 1.6), qui est généralisée au § 2 et appliquée à Γ au § 3. La deuxième partie est un problème sur des immeubles de systèmes de Tits finis, complètement résolu en dimension un, mais loin de l'être en général. Les §§ 4, 5 exposent les résultats obtenus par Garland sur cette question, qui permettent de montrer (6.1) l'existence d'un entier N , ne dépendant que du K-rang ℓ de G , tel que $H^r(\Gamma ; M) = 0$ pour $0 < r < \ell$ si le corps résiduel de K a au moins N éléments (hypothèse que l'on espère bien être superflue, suivant une conjecture de Serre qui a été le point de départ de [7]).

En revanche, le groupe $H^\ell(\Gamma ; R)$ n'est pas nul en général (7.3). On verra (7.2) que si G est simplement connexe, sa dimension est égale à la multiplicité de la représentation spéciale de G(K) dans $L^2(\Gamma\backslash G(K))$.

Ces résultats et, dans une certaine mesure, leurs démonstrations, présentent une analogie assez frappante avec ceux de Y. Matsushima [12] concernant la cohomologie réelle de sous-groupes discrets co-compacts d'un groupe de Lie réel simple non-compact H , (connexe, à centre fini pour simplifier). Matsushima associe à H un entier $m(H) \geq 0$ tel que $H^*(\Gamma ; R)$ s'identifie à la cohomologie relative de l'algèbre de Lie de H modulo celle d'un sous-groupe compact maximal L de H au moins jusqu'en dimension m(H) , quel que soit le sous-groupe discret co-compact Γ de H . La constante m(H) se détermine à partir de la plus petite valeur propre d'un opérateur auto-adjoint associé à la courbure riemannienne de l'espace riemannien symétrique H/L . Les laplaciens locaux intervenant dans (1) ci-dessus sur l'immeuble T jouent donc un rôle analogue à celui de la courbure de H/L , ce qui a conduit Garland à les baptiser "courbure p-adique".

Le théorème de Matsushima peut aussi s'exprimer en disant que sur H/L , toute forme harmonique Γ-invariante de degré $\leq m(H)$ est H-invariante. Il en est en somme de même pour celui de Garland, car on voit facilement que sur T , toute forme harmonique $\widetilde{G}(K)$-invariante de dimension $\neq 0$ est nulle (4.2 (1)).

Les théorèmes de nullité valent aussi pour Γ non nécessairement co-compact, à condition de remplacer $H^r(\Gamma ; M)$ par un espace de formes harmoniques de carré intégrable convenable (cf. 2.2, 3.5, 6.1). Lorsqu'ils sont valables, ils montrent en particulier que toute r-forme harmonique de carré intégrable sur T est nulle si $r \neq 0, \ell$, ce qui devrait aussi être vrai sans hypothèse sur le corps résiduel.

§ 1. Formes harmoniques sur un complexe simplicial fini

1.1. Soit X un complexe simplicial fini, satisfaisant à la condition :

C 1. Tout simplexe de X est face d'un simplexe de dimension $\ell = \dim X$.

On note $X(r)$ l'ensemble des simplexes de dimension r de X et, pour $s \in X(r)$, on note $c_X(s)$ ou $c(s)$ le nombre de simplexes de dimension ℓ contenant s . Il est élémentaire que l'on a

$$(\ell - r).c(s) = \sum_{t \in X(r+1),\, t \supset s} c(t) . \tag{1}$$

L'espace $C^r(X ; R)$ ou C^r des cochaines réelles de degré r de X sera muni du produit scalaire

$$(f,g) = \sum_{s \in X(r)} c(s).f(s).g(s) , \qquad (f , g \in C^r) . \tag{2}$$

Soient d l'opérateur cobord sur X , $\{[t:s]\}$ le système de coefficients d'incidence le définissant, et ∂ l'adjoint de d par rapport au produit scalaire (2). On a donc, pour $f \in C^r$, $s \in X(r-1)$, $u \in X(r+1)$

$$df(u) = \sum_{t \in X(r),\, t \subset u} [u:t].f(t) , \tag{3}$$

$$\partial f(s) = \sum_{t \in X(r),\, t \supset s} [t:s].(c(t)/c(s)).f(t) . \tag{4}$$

Soient $\Delta = d.\partial + \partial.d$ le laplacien de X et $\Delta^+ = \partial.d$. Un élément $f \in C^r$ est harmonique si $\Delta f = 0$, ce qui équivaut à $df = \partial f = 0$. Soit $\mathbb{H}^r = \mathbb{H}^r(X ; R)$ l'espace des formes harmoniques de degré r . On a la décomposition orthogonale "de Hodge" :

(5) $$C^r = \mathbb{H}^r \oplus dC^{r-1} \oplus \partial C^{r+1} ,$$

où

(6) $$\mathbb{H}^r \oplus dC^{r-1} = C^r \cap (\ker d) , \qquad \mathbb{H}^r + \partial C^{r+1} = C^r \cap (\ker \partial) ,$$

donc

(7) $$\mathbb{H}^r \cong H^r(X ; \mathbb{R}) .$$

La décomposition (5) est stable par Δ , qui est auto-adjoint ≥ 0 , et > 0 sur $dC^{r-1} + \partial C^{r+1}$. On note $k^r(X)$ la valeur propre minimale de Δ sur ∂C^{r+1} $(0 \leq r < \ell)$. Notons que sur ∂C^{r+1} , on a $\Delta = \Delta^+$ et que $\ker \Delta^+ = \mathbb{H}^r + dC^{r-1}$. Par suite, $k^r(X)$ est aussi la plus petite valeur propre strictement positive de Δ^+ sur C^r . Evidemment, $k^r(X)$ est invariant par changement d'orientation des simplexes de X , i.e. par changement du système des coefficients d'incidence. Par convention, $k^r(X) = +\infty$ si $\partial C^{r+1} = \{0\}$.

1.2. Si s est un simplexe de X , on note $St\ s$ l'étoile (fermée) de s , sous-complexe formé des simplexes de X contenant s , et $Lk\ s$ le "link" de s , réunion des faces de $St\ s$ ne rencontrant pas s . Ce dernier est un sous-complexe de dimension $\ell - \dim s - 1$, satisfaisant aussi à C 1.

Si P est un sommet de X , soit ρ_P la transformation linéaire de C définie par

$$(\rho_P f)(s) = f(s) \text{ si } P \in s , \quad (\rho_P f)(s) = 0 \text{ sinon}, \qquad (s \in X(r)) .$$

Il est immédiat que

(1) $$\rho_P^2 = \rho_P , \quad (\rho_P f, g) = (f, \rho_P g) , \quad \sum_{P \in X(0)} \rho_P = (r+1).\mathrm{Id.} \text{ sur } C^r .$$

On pose

$$d_P = d \circ \rho_P , \quad \partial_P = \rho_P \circ \partial , \quad \Delta_P = d_P.\partial_P + \partial_P.d_P , \quad \Delta_P^+ = \partial_P.d_P .$$

1.3. LEMME.- Pour tout $f \in C^r$ $(1 \leq r \leq \dim X)$, on a

$$r.(\Delta^+ f, f) = \sum_{P \in X(0)} (\Delta_P^+ f, f) - (\ell - r).(f,f) .$$

Soient $t \in X(r+1)$ et P un sommet de t . Par définition

$$d_P f(t) = \sum_{P \in s \subset t} [t:s].f(s) \quad , \quad df(t) = d_P f(t) + [t:s_o].f(s_o) \ ,$$

où s_o est la face de t de dimension r ne contenant pas P . On en tire

$$r.df(t)^2 = \sum_{P \in t} d_P f(t)^2 - \sum_{s \subset t} f(s)^2 \ .$$

Comme $(\Delta^+ f,f) = (df,df) = \sum_t c(t)\ df(t)^2$, cela entraîne

$$r.(\Delta^+ f,f) = \sum_{t\,,\,P\,,\,P \in t} c(t).d_P f(t)^2 - \sum_{t\,,\,s\,,\,s \subset t} c(t).f(s)^2 \ ,$$

$(t \in X(r+1)$, $s \in X(r)$, $P \in X(0))$. La première somme est égale à

$$\sum_{P \in X(0)} \ \sum_{t \in X(r+1)\,,\,P \in t} c(t).d_P f(t)^2 = \sum_{P \in X(0)} (\Delta_P^+ f,f) \ ,$$

et 1.1(1) montre que la deuxième est égale à $(\ell - r).(f,f)$.

1.4 LEMME.- <u>Soient</u> $r \geq 1$, $f \in C^r \cap \ker \partial$, $P \in X(0)$. <u>On suppose que</u> $\tilde{H}^{r-1}(\mathrm{Lk}\ P\,;\mathbb{R}) = 0$. <u>Alors</u> $(\Delta_P^+ f,f) \geq k^{r-1}(\mathrm{Lk}\ P).(\rho_P f,f)$.

[$\tilde{H}^i$ est le i-ème groupe de cohomologie réduit : $\tilde{H}^i = H^i$ si $i \geq 1$, et $\tilde{H}^o = \mathrm{coker}(H^o(pt) \to H^o)$.]

Pour $m \geq 1$ et $h \in C^m(X)$, désignons par h_o la cochaine de degré $m-1$ sur Lk P définie par

$$h_o(s) = [P * s\,;\,s]\ h(P * s) \qquad (s \in (\mathrm{Lk}\ P)(m-1)\ ;\ P * s = \text{joint de } P \text{ et } s) .$$

Si d_o est l'opérateur cobord sur Lk P , défini à l'aide des coefficients

$$[t:s]_o = [P * t : P * s].[P * s : s].[P * t : t]$$

alors $d_o h_o = (d_P h)_o$. Evidemment, $h_o = (\rho_P h)_o$. D'autre part, $c_X(P * s) = c_{\mathrm{Lk}\ P}(s)$ pour $s \in (\mathrm{Lk}\ P)(m-1)$, donc, vu 1.2(1)

(1) $$(\rho_P h,h) = (\rho_P h,\rho_P h) = (h_o,h_o) \ ,$$

le dernier produit scalaire étant aussi défini par 1.1(2), mais sur Lk P .

Vu 1.1(4), on a

(2) $$c_X(P).\ \partial h(P) = \sum_{s \in (\mathrm{Lk}\ P)(0)} c_{\mathrm{Lk}\ P}(s) h_o(s) = (h_o,1)\ ,\ (h \in C^1(X)) \ .$$

Soient ∂_o l'adjoint de d_o , $\Delta_o = \partial_o . d_o + d_o . \partial_o$ et $\Delta_o^+ = \partial_o . d_o$. Vu (1) et $(d_P h)_o = d_o h_o$, on a, pour $h \in C^m$,

(3) $(\partial_P h)_o = (\partial h)_o = \partial_o h_o$, $(\Delta_P h)_o = \Delta_o h_o$, $(m \geq 2)$,

(4) $(\Delta_P^+ h)_o = \Delta_o^+ . h_o$, $(\Delta_P^+ h, h) = (\Delta_o^+ h_o, h_o)$, $(m \geq 1)$.

Plaçons-nous maintenant sous les hypothèses du lemme. Montrons tout d'abord que $f_o \in \partial_o C^r(\text{Lk } P)$. Si $r \geq 2$, alors $\partial_o f_o = 0$ vu (3) ; mais $\ker \partial_o \cap C^{r-1} = \partial_o C^r$ puisque $H^{r-1}(\text{Lk } P ; \mathbb{R}) = 0$, (cf. 1.1(5), (6), (7)). Si $r = 1$, (2) montre que f_o est orthogonale aux cochaines constantes, qui forment $\mathbb{H}^o$ puisque $\widetilde{H}^o(\text{Lk } P) = 0$, d'où $f_o \in \partial_o C^1$ aussi dans ce cas. On a alors, par définition de $k^{r-1}(\text{Lk } P)$:

(5) $(\Delta_o h_o, h_o) = (\Delta_o^+ h_o, h_o) \geq k^{r-1}(\text{Lk } P).(h_o, h_o)$,

et le lemme résulte de (1), (4) et (5).

1.5 THÉORÈME.- <u>Soient</u> $r \geq 1$ <u>et</u> $m^{r-1}(X) = \min_{P \in X(0)} k^{r-1}(\text{Lk } P)$. <u>On suppose que</u> $\widetilde{H}^{r-1}(\text{Lk } P ; \mathbb{R}) = 0$ <u>pour tout sommet</u> P <u>de</u> X . <u>Alors on a</u>

(1) $r.(\Delta^+ f, f) \geq ((r+1).m^{r-1}(X) - (\ell - r)).(f,f)$, $(f \in C^r \cap \ker \partial)$.

<u>En particulier,</u> $r.k^r(X) \geq (r+1).m^{r-1}(X) - (\ell - r)$ <u>et si</u> $m^{r-1}(X) > (\ell - r)/(r+1)$, <u>alors</u> $\mathbb{H}^r = 0$.

1.4 entraîne que $(\Delta_P^+ f, f) \geq m^{r-1}(X).(\rho_P f, f)$ pour tout $P \in X(0)$. (1) résulte alors de 1.3, compte tenu de 1.2(1).

1.6. Le théorème précédent est, dans le présent contexte, la "fundamental estimate" de [7 : § 5]. Si $r \geq 2$ et si les links des sommets de Lk P , (autrement dit les links des 1-simplexes de X contenant P) sont acycliques en dimension $r - 2$, on peut appliquer le théorème à Lk P pour estimer $k^{r-1}(\text{Lk } P)$ à l'aide de $m^{r-2}(\text{Lk } P)$, donc, en définitive, pour estimer $k^r(X)$ à l'aide des $k^{r-2}(\text{Lk } s)$,

($s \in X(1)$) et ainsi de suite. Par une récurrence sans difficulté, laissée au lecteur, on démontre ainsi :

THÉORÈME.- *Soient* $j, r \in \mathbb{N}$, $(1 \leq j \leq r < \ell)$. *On suppose* $\tilde{H}^{r-m}(Lk\ s) = 0$ *pour tout* $s \in X(m-1)$ *et* $1 \leq m \leq j$. *Soit* $m^{r,j}(X) = \min_{s \in X(j-1)} k^{r-j}(Lk\ s)$. *Alors*

(1) $\quad (r-j+1).(\Delta^+ f,f) \geq ((r+1)\ m^{r,j}(X) - j.(\ell - r)).(f,f)$, $(f \in C^r \cap \ker \partial)$.

En particulier $(r-j+1).k^r(X) \geq (r+1).m^{r,j}(X) - j(\ell - r)$ *et si* $m^{r,j}(X) > j(\ell-r)/(r+1)$, *alors* $H^r = 0$. *De plus* $m^{r,j}(X) > j(\ell-r)/(r+1)$ *entraîne* $m^{r,i} > i(\ell-r)/(r+1)$ *pour* $1 \leq i \leq j$.

La plus forte de ces conditions correspond donc à $j = r$; elle porte sur des sous-complexes de dimension $\ell - r$ et s'écrit

(2) $$\min_{s \in X(r-1)} k^0(Lk\ s) > r(\ell-r)/(r+1) .$$

On peut aussi obtenir 1.6 directement, sans récurrence, par une généralisation convenable de 1.3, 1.4, où l'on remplace P par un simplexe de dimension $j-1$.

§ 2. Généralisations

2.1. La première consiste à considérer la cohomologie de X à coefficients dans un système local $\tilde{M}$ associé à un $\pi_1(X)$-module unitaire M de dimension finie. Le système local est alors formé d'espaces vectoriels M_s munis canoniquement d'un produit scalaire positif, et l'on définit sur l'espace $C^r(X;\tilde{M})$ des cochaines à coefficients dans $\tilde{M}$ un produit scalaire par 1.1(2), étant entendu que $f(s).g(s)$ désigne maintenant le produit scalaire dans M_s. Le système $\tilde{M}$ est trivial sur l'étoile d'un simplexe et en particulier $C^m(Lk\ s;\tilde{M}) = C^m(Lk\ s;R) \otimes M$. Il s'ensuit que 1.3, 1.4 subsistent, avec la même constante $k^{r-1}(Lk\ P)$, (indépendante de M), et il en est de même pour 1.5, 1.6.

2.2. Dans une autre direction, ne supposons plus X fini, mais de dimension finie, satisfaisant à C 1 du § 1 et à :

C 2. Il existe une constante C telle que $\mathrm{Card}\ \mathrm{St}\ s \leq C$ pour tout simplexe s, (i.e. X est "uniformément localement fini".) On munit $C^r(X;\widetilde{M})$ du produit scalaire 1.1(2) et on note $L^r(X;\widetilde{M})$ ou L^r l'espace des cochaines de degré r qui sont "de carré intégrable", c'est-à-dire telles que $(f,f) < \infty$. En utilisant C 2, on voit facilement que d est un opérateur borné de L^r à L^{r+1} $(r = 0,1,\ldots)$. Par suite, ∂, Δ, Δ^+ sont aussi bornés, et un élément $f \in L^r$ est harmonique si et seulement si $df = \partial f = 0$. On note $\mathbb{H}^r$ l'espace des formes harmoniques de degré r de carré intégrable. On a une décomposition orthogonale

$$L^r = \mathbb{H}^r \oplus \overline{dL^{r-1}} \oplus \overline{\partial L^{r+1}} \qquad (r \in \mathbb{N}), \tag{1}$$

où $\overline{}$ dénote l'adhérence dans L^r, mais il n'y a bien entendu plus de lien direct entre $H^r(X;\widetilde{M})$ et $\mathbb{H}^r$. On définit $k^r(X)$ comme $\inf(\Delta^+ f,f)$ sur la boule unité de $\overline{\partial L^{r+1}}$. Alors les résultats du § 1 restent valables, de même que leurs démonstrations, à quelques changements d'écriture près. En particulier, si $m^{r-1} > (\ell - r)/(r+1)$, alors il existe $c > 0$ tel que $(df,df) \geq c.(f,f)$ pour tout $f \in \partial L^{r+1}$, ce qui entraîne que dL^r est fermé dans L^{r+1}.

§ 3. Sous-groupes discrets de groupes simples p-adiques I

3.1. K désigne un corps valué complet non discret, localement compact, non archimédien (autrement dit, une extension de $\mathbb{Q}_p$ de degré fini ou un corps de séries formelles à une variable sur un corps fini), v sa valuation et k_v le corps résiduel correspondant ; k_v est donc fini.

G est un groupe affine connexe, défini sur K, presque simple sur K, et

$\widetilde{G}$ son revêtement universel. Le groupe $G(K)$ des points de G à valeurs dans K est muni d'une structure de groupe topologique localement compact totalement discontinu (et même de groupe de Lie sur K). On note ℓ le K-rang $rg_K(G)$, (dimension des sous-tores algébriques déployés sur K maximaux de G , cf. [1 : § 5]) ou de $\widetilde{G}$, ce qui revient au même [2].

3.2. On suppose $\ell \geq 1$, ce qui équivaut à $G(K)$ non compact, et on note $T(\widetilde{G})$ ou T l'immeuble de Bruhat-Tits de $\widetilde{G}(K)$ [5]. Il a, entre autres, les propriétés suivantes :

(i) T est un complexe simplicial localement fini, de dimension ℓ , satisfaisant à C 1 de 1.1.

(ii) T est contractile.

(iii) $\widetilde{G}(K)$ opère proprement sur T . Quels que soient $g \in \widetilde{G}(K)$ et le simplexe s de T , g induit l'identité sur $s \cap g.s$. Les groupes d'isotropie des sommets de T sont les sous-groupes compacts maximaux de $\widetilde{G}(K)$; ceux des simplexes de T sont les sous-groupes parahoriques de $\widetilde{G}(K)$; ils forment un système de Tits de rang $\ell + 1$, à groupe de Weyl de type affine, et T est l'immeuble de Tits associé à ce système.

(iv) $\widetilde{G}(K)$ est transitif sur $T(\ell)$.

(v) Si $s \in T(r)$, $(0 \leq r < \ell)$, alors $Lk\ s$ est l'immeuble d'un système de Tits fini, de rang $\ell - r$.

Fixons un simplexe C_o de dimension ℓ de T (une "chambre"). Vu (iv), l'étoile d'un simplexe de T est transformée, par un automorphisme de T , de l'étoile d'une face de C_o . En particulier, T est uniformément localement fini, et il n'y a qu'un nombre fini de types d'étoiles. On pose

(1) $\quad m^{r-1}(T) = \min_{P \in C_o(0)} k^{r-1}(\mathrm{Lk}\, P) = \min_{P \in T(0)} k^{r-1}(\mathrm{Lk}\, P)$

(2) $\quad m^{r,j}(T) = \min_{s \in C_o(j-1)} k^{r-j}(\mathrm{Lk}\, s) = \min_{s \in T(j-1)} k^{r-j}(\mathrm{Lk}\, s), (0 \leq j \leq r < \ell)$.

3.3 THÉORÈME.- Soient Γ un sous-groupe discret co-compact de $G(K)$, M un Γ-module unitaire de dimension finie et j, $r \in \mathbb{N}$ $(1 \leq j \leq r < \ell)$. Si $m^{r,j}(T) > j(\ell - r)/(r+1)$, alors $H^r(\Gamma ; M) = 0$.

(a) On suppose tout d'abord que $G = \widetilde{G}$ et que Γ opère "très librement" sur T, ce qui signifie :

(1) $\gamma(\mathrm{St}\, P) \cap \mathrm{St}\, P = \emptyset$ quels que soient $P \in T(0)$ et $\gamma \in \Gamma$, $\gamma \neq e$.

Cette condition entraîne que $X = T/\Gamma$, muni de la structure cellulaire quotient de celle de T, est en fait un complexe simplicial. De plus la projection canonique $\pi : T \to X$ est un isomorphisme de $\mathrm{St}\, s$ (resp. $\mathrm{Lk}\, s$) sur $\mathrm{St}\, \pi(s)$ (resp. $\mathrm{Lk}\, \pi(s)$) pour tout simplexe s de T. Vu 3.2(iv) et l'hypothèse sur Γ, X est fini. D'après le théorème de Solomon-Tits (voir par exemple [7 : Appendix II]), un immeuble de Tits à groupe de Weyl fini, de dimension n, est un bouquet de sphères de dimension n. Par conséquent, vu 3.2(v), on a

(2) $\quad \widetilde{H}^m(\mathrm{Lk}\, s) = 0, \qquad (s \in X(j-1), \ 0 \leq m < \ell - j)$.

D'après 1.6 pour la cohomologie réelle, ou 2.1 dans le cas général, on a donc $H^r(X ; \widetilde{M}) = 0$. Mais Γ opère librement sur T, qui est contractile, donc X est un $K(\Gamma, 1)$, et $H^r(X ; \widetilde{M}) = H^r(\Gamma ; M)$, d'où 3.3 sous l'hypothèse (a).

(b) Dans le cas général, on remarque tout d'abord que si Γ' est un sous-groupe distingué d'indice fini de Γ, alors $H^r(\Gamma ; M)$ s'identifie au sous-espace des invariants de Γ/Γ' dans $H^r(\Gamma' ; M)$. Pour se ramener à (a), il suffit donc de prouver le lemme suivant

3.4 LEMME.- *Soit* $\sigma : \widetilde{G} \to G$ *l'isogénie centrale canonique. Alors il existe un sous-groupe discret co-compact* Γ' *de* $\widetilde{G}(K)$ *, qui opère très librement sur* T *, et tel que* $\sigma(\Gamma') \cong \Gamma'$ *soit distingué d'indice fini dans* Γ .

Tout automorphisme défini sur K de $\widetilde{G}$ induit un automorphisme de $\widetilde{G}(K)$, donc de T . On en déduit une opération, aussi propre, de $G(K)$ sur T , *a fortiori* transitive sur $T(\ell)$. Par suite, Γ opère proprement sur T , et T/Γ est compact. Comme T est connexe, cela entraîne tout d'abord que Γ est de type fini. Le groupe $H = \sigma(\widetilde{G}(K))$ est fermé distingué dans $G(K)$, et $G(K)/H$ est compact commutatif, d'exposant fini [2 : 3.19] ; par conséquent, l'image de Γ dans $G(K)/H$ est un groupe fini et $\Gamma_1 = H \cap \Gamma$ est un sous-groupe distingué d'indice fini de Γ . Il est co-compact, donc $\Gamma_2 = \sigma^{-1}(\Gamma_1) \cap \widetilde{G}(K)$ est co-compact dans $\widetilde{G}(K)$. Comme $\ker \sigma$ est fini, Γ_2 est aussi discret. Il s'ensuit immédiatement que l'ensemble des $\gamma \in \Gamma_2$ pour lesquels il existe $P \in T(0)$ tel que $\gamma(\mathrm{St}\, P) \cap \mathrm{St}\, P \neq \emptyset$ est réunion d'un nombre fini de classes de conjugaisons de Γ_2 . Mais Γ_2 s'identifie à un sous-groupe de type fini d'un $\mathbb{GL}_n(K)$, donc l'intersection de ses sous-groupes d'indice fini ou, ce qui revient au même, de ses sous-groupes distingués d'indice fini, est réduite à $\{e\}$ [7 : 2.7]. Il existe donc un sous-groupe distingué d'indice fini Γ_3 de Γ_2 qui opère très librement sur T . Il est sans torsion, et σ l'applique isomorphiquement sur un sous-groupe d'indice fini de Γ . Il suffit alors de prendre pour Γ' l'image réciproque dans Γ_3 de l'intersection de conjugués de $\sigma(\Gamma_3)$ dans Γ .

3.5. En utilisant 2.2, on démontre comme en 3.3(a) :

PROPOSITION.- *Soient* j , r *et* $m^{r,j}(T)$ *comme en* 3.3. *Soient* Γ *un sous-groupe discret de* $\widetilde{G}(K)$ *qui opère très librement sur* T *et* M *un* Γ*-module unitaire*

<u>de dimension finie. Alors l'espace</u> $\mathbb{H}^r(T/\Gamma\,;\widetilde{M})$ <u>des formes harmoniques de carré intégrable sur</u> T/Γ , <u>à coefficients dans le système local associé à</u> M , <u>est nul.</u>

[En fait, la démonstration de 3.3 montre aussi que si Γ est un sous-groupe discret de $G(K)$, alors l'espace $\mathbb{H}^r(T\,;M)^\Gamma$ des formes harmoniques Γ-invariantes sur T , de carré intégrable modulo Γ , est nul. Cet espace s'identifie à $\mathbb{H}^r(T/\Gamma\,;\widetilde{M})$ si Γ opère très librement. Pour pouvoir le dire dans le cas général, il faudrait étendre les considérations du § 1 et de 2.2 à des complexes non simpliciaux, ce dont le conférencier n'a guère envie.]

§ 4. Estimation de valeurs propres : réduction au rang deux

4.1. Dans ce paragraphe, G est un groupe muni d'un système de Tits (G,B,N,S) , T l'immeuble associé et ℓ la dimension de T . A partir du n° 4.3, G est fini ; jusque-là, G et T peuvent aussi être les $\widetilde{G}(K)$ et T du § 3. On suppose $\ell \geq 1$.

Soit C le simplexe de dimension ℓ de T fixe par le groupe B du système de Tits donné, et notons $I_\ell = \{0,1,\ldots,\ell\}$ l'ensemble de ses sommets. Tout simplexe $s \in T(r)$ $(0 \leq r \leq \ell)$ est transformé par G d'une et une seule face C_I de C , dont l'ensemble $I \subset I_\ell$ des sommets définit le type $I(s)$ de s . La réunion T_I des simplexes de type I est donc une orbite de G . Pour $i \in I_\ell$, on pose (cf. 1.1, 1.2)

$$\rho_i = \sum_{P \in T_{\{i\}}} \rho_P \quad , \qquad \Delta_i^+ = \sum_{P \in T_{\{i\}}} \Delta_P^+ \ .$$

4.2. La deuxième propriété de 3.2(iii) et 3.2(iv) entraînent que si $t \in T(r)$ et si s est une face de t , alors $c(s)/c(t)$ est le nombre des simplexes de type $I(t)$ contenant s , et ceux-ci forment une orbite du groupe d'isotropie de s . Comme les coefficients d'incidence sont invariants par G , on voit que dans l'expression de $\partial f(s)$ donnée par 1.1(4), ($f \in C^r(T)$, $s \in T(r-1)$) , le coefficient de $f(t)$ ne dépend que du type de t , et est égal à $[t:s]$ si f est invariante par le groupe d'isotropie de s . Il s'ensuit que, sur l'ensemble $C^r(T)^G$ des r-cochaines invariantes par G , la restriction $f \mapsto f|u$ à un simplexe $u \in T(\ell)$, qui commute évidemment à d , commute aussi à ∂ . Elle commute alors aussi à Δ ou Δ^+ . Comme il n'y a pas de forme harmonique non nulle en dimension > 0 sur un simplexe, on en déduit tout d'abord

(1) $$f \in C^r(T)^G \text{ , } (1 \leq r \leq \ell) \text{ , } df = \partial f = 0 \Rightarrow f = 0 \text{ .}$$

Il est élémentaire que sur un simplexe de dimension ℓ , les valeurs propres de Δ sur C^o sont 0 avec la multiplicité un (sur l'espace des cochaines constantes) et $\ell + 1$ avec la multiplicité ℓ , (sur l'espace des fonctions de moyenne nulle). Par conséquent, si $f \in C^o(T)^G$ est une fonction propre non nulle de Δ , de valeur propre $c \neq 0$, alors $c = \ell + 1$.

4.3. Rappelons que G est dorénavant fini. $\partial C^1(T)$ est le sous-espace de $C^o(T)$ orthogonal aux constantes (vu 1.1 (5) et le fait que T est connexe). Comme $c(s)$ ne dépend que de $I(s)$ on a, en posant $c(i) = c(P)$ pour $P \in T_{\{i\}}$

(1) $$f \in \partial C^1(T) \Leftrightarrow \sum_{0 \leq i \leq \ell} c(i) \sum_{P \in T_{\{i\}}} f(P) = 0 \text{ .}$$

Soit maintenant $f \in \partial C^1(T)$ fonction propre de Δ , de valeur propre c . La somme $\bar{f}$ des transformées de f par G est encore dans le même espace propre de Δ , donc, vu la dernière remarque de 4.2, ou bien $c = \ell + 1$ ou bien $\bar{f} = 0$; autrement dit

(2) $$f \in \partial C^1(T) \text{ , } \Delta f = c.f \text{ , } c \neq \ell + 1 \Rightarrow \sum_{P \in T_{\{i\}}} f(P) = 0 \text{ , } (0 \leq i \leq \ell).$$

4.4. Le but principal de ce paragraphe est de prouver le :

LEMME.- Supposons $\ell \geq 2$ et soit $m^o(T) = \min_{P \in T(0)} k^o(\mathrm{Lk}\ P)$. Alors ou bien $k^o(T) = \ell + 1$ ou bien $(\ell - k^o(T))^2 \leq \ell^2.(\ell - 1 - m^o(T))/m^o(T)$.

Il s'ensuit que, étant donné $a > 0$, il existe $b > 0$ tel que si $m^o(T) \geq \ell - 1 - b$, alors $k^o(T) \geq \ell - a$. Ce lemme est en substance le lemme 6.3 de [7], et la démonstration est essentiellement la même.

Soit $f \in \partial C^1(T)$ et supposons $\Delta f = c.f$. Il s'agit d'évaluer $(\Delta f, f) = (df, df)$. On voudrait pour cela appliquer 1.4 à df . Mais ce dernier n'est pas en général annulé par ∂ . La méthode de Garland consiste à multiplier f sur les sommets d'un type i fixé par une constante convenable, de manière à ce que ∂df soit nulle sur $T_{\{i\}}$, d'appliquer 1.4 à cette transformée de f , puis de sommer sur i . La démonstration sera donnée en 4.6, après avoir discuté en 4.5 quelques propriétés de la transformation à faire subir à f .

4.5. Soient $i \in I_\ell$ et $t \in \mathbb{R}$. Etant donnée $f \in C^o$, on définit $f_{i,t} \in C^o$ par

(1) $$f_{i,t}(P) = t.f(P) \quad (P \in T_{\{i\}}) , \quad f_{i,t}(P) = f(P) \quad (P \in T_{\{j\}} , j \neq i)$$

De la définition de ρ_i (cf. 4.1), on déduit

(2) $$(1 - \rho_i).f_{i,t} = (1 - \rho_i).f \quad ; \quad (1 - \rho_i)df_{i,t} = (1 - \rho_i)df , \quad (f \in C^o(T)) ,$$

ce qui entraîne tout d'abord

(3) $$(\rho_i df_{i,t}, df_{i,t}) = (df_{i,t}, df_{i,t}) - ((1 - \rho_i)df , df) .$$

Soient $P \in T_{\{i\}}$ et $s \in (\mathrm{Lk}\ P)(1)$. Comme $d^2 = 0$, on a

$$d_P(df_{i,t})(P * s) = \pm\ df_{i,t}(s) = \pm\ df(s) ,$$

d'où

(4) $$(\Delta_i^+ df_{i,t} , df_{i,t}) = \sum_{P \in T_{\{i\}} , s \in (\mathrm{Lk}\,P)(1)} c(P * s).df(s)^2 .$$

Mais il est immédiat que si s est un simplexe dont le type ne contient pas i, alors

(5) $$c(s) = \sum_{P \in T_{\{i\}} \cap \mathrm{Lk}\, s} c(P * s) ,$$

par conséquent

(6) $$(\Delta_i^+ df_{i,t}, df_{i,t}) = \sum_{s \in T(1),\, i \notin I(s)} c(s).df(s)^2 = ((1 - \rho_i)df , df) .$$

Vu la définition de ∂ (cf. 1.1(4)), de d, et 1.1(1), on a, pour $P \in T_{\{i\}}$

(7) $$\partial df_{i,t}(P) = t.\ell.f(P) + B ,$$

où B est combinaison linéaire des valeurs de f sur des sommets de type $\neq \{i\}$, et ne dépend pas de t. Supposons maintenant que $\Delta^+ f = c.f$. On a alors $\partial df(P) = c.f(P)$ et (7), pour $t = 1$, montre que $B = (c - \ell).f(P)$, d'où le

LEMME.- <u>Soient</u> $f \in \partial C^1(T)$ <u>et supposons que</u> $\Delta f = c.f$. <u>Si</u> $t = (\ell - c)/\ell$, <u>alors</u> $\partial df_{i,t}(P) = 0$ <u>pour tout</u> $P \in T_{\{i\}}$, <u>et tout</u> $i \in I_\ell$.

4.6. Nous passons maintenant à la démonstration de 4.4. Soit $f \in \partial C^1(T)$ une fonction propre non nulle de Δ et soit c sa valeur propre. On suppose $c \neq \ell + 1$. D'après 4.3(2), on a alors $\sum_{P \in T_{\{j\}}} f(P) = 0$ pour tout $j \in I_\ell$. Cette condition est encore satisfaite par $f_{i,t}$, donc (4.3(1)), $f_{i,t}$ <u>est aussi contenue dans</u> $\partial C^1(T)$, et l'on a

(1) $$(df_{i,t}, df_{i,t}) = (\Delta f_{i,t}, f_{i,t}) \geq k^0(T).(f_{i,t}, f_{i,t}) .$$

Soit $P \in T_{\{i\}}$. Nous reprenons les notations de 1.4, et considérons l'application $h \mapsto h_0$ de $C^1(T)$ dans $C^0(\mathrm{Lk}\, P)$ de 1.4. Faisons maintenant $t = (\ell - c)/\ell$. Alors $\partial df_{i,t}(P) = 0$ (4.5, Lemme), donc $(df_{i,t})_0$ est orthogonale aux constantes, (1.4(2)), i.e. dans $\partial C^1(\mathrm{Lk}\, P)$, et on peut lui appliquer 1.4 (5) d'où, vu 1.4 (1),

(4)

$$(\Delta_P^+ df_{i,t}, df_{i,t}) \geq k^o(\mathrm{Lk}\ P).(\rho_P df_{i,t}, df_{i,t}) \geq m^o(T).(\rho_P df_{i,t}, df_{i,t}) .$$

En sommant sur $P \in T_{\{i\}}$ et en utilisant 4.5(3), (6), on obtient

$$((1-\rho_i)df,df) \geq m^o(T).((df_{i,t}, df_{i,t}) - ((1-\rho_i)df, df)) ,$$

d'où, compte tenu de (1),

$$(1+m^o(T)).((1-\rho_i)df,df) \geq m^o(T).k^o(T).(f_{i,t}, f_{i,t}) .$$

On a $\sum_i (1-\rho_i) = (\ell+1).\mathrm{Id} - \sum_i \rho_i$, donc, sur C^1 , la somme des $(1-\rho_i)$ est égale à $(\ell-1).\mathrm{Id}$. D'autre part, on tire immédiatement de la définition de $f_{i,t}$ que $\sum_i (f_{i,t}, f_{i,t}) = (\ell+t^2).(f,f)$, d'où, vu que $(df,df) = c.(f,f)$,

$$(1+m^o(T)).(\ell-1).c.(f,f) \geq m^o(T).k^o(T).(\ell+t^2).(f,f) .$$

Si $k^o(T) = \ell+1$, il n'y a rien à démontrer. Sinon, on peut prendre $c = k^o(T)$; on obtient alors

$$(1+m^o(T)).(\ell-1) \geq m^o(T).(\ell+t^2) ,$$

et le lemme s'ensuit en remplaçant t par sa valeur $(\ell - k^o(T))/\ell$.

4.7 PROPOSITION.- Soient ℓ un entier >1 , et $a \in \mathbf{R}$. Il existe $b \in \mathbf{R}$ ayant la propriété suivante : si T est l'immeuble d'un système de Tits fini, de rang $\ell+1$, et si $k^o(\mathrm{Lk}\ s) \geq 1-b$ pour tout $s \in T(\ell-2)$, alors $k^o(T) \geq \ell - a$.

Cela résulte de 4.4, par récurrence sur le rang.

§ 5. Valeurs propres pour le rang deux

Les valeurs propres de Δ^+ sur $C^o(T)$, lorsque T est l'immeuble d'un système de Tits de rang deux, de type de Lie, sont déterminées dans [7 : § 7], et l'avaient aussi été antérieurement par Feit et Higman [6]. Nous nous bornerons ici à résumer la discussion de [7].

5.1. Nous nous plaçons tout d'abord dans le cas général de 4.1, dont nous reprenons les notations. Pour $I \subset I_\ell$, notons B_I le groupe d'isotropie de C_I ;

en particulier, $B_I = B$ si $I = I_\ell$. L'ensemble T_I des simplexes de type I s'identifie à G/B_I donc, si l'on désigne par $C(Y)$ l'espace des fonctions réelles sur l'ensemble Y , et par $|I|$ le cardinal de I :

$$C^r(T) = \bigoplus_{I \subset I_\ell,\ |I| = r+1} C(G/B_I) .$$

On note f_I la composante dans $C(G/B_I)$ d'un élément $f \in C^r(T)$. Soit encore π_{IJ} la projection canonique de G/B_J sur G/B_I lorsque $I \subset J \subset I_\ell$. On a alors (pour un choix évident des coefficients d'incidence) ;

(1) $$(df)_I = \sum_{j \in I} (-1)^{j+1} f \circ \pi_{I(j),I} , \qquad (f \in C^r(T)) ,$$

où $I(j)$ désigne $I = \{i_0, \ldots, i_{r+1}\}$ $(i_0 < i_1 < \ldots < i_{r+1})$ privée de son j-ième terme. Posons $c(I) = c(C_I)$. Vu les propriétés de transitivité de G sur T déjà utilisées, on a

(2) $$c(I) = [B_I : B] , \quad c(t) = c(I(t)) \quad (t \in T(r)) ,$$

(3) $$(\partial f)(x.B_I) = \sum_{j \notin I} [C_{I \cup j} : C_I].(c(I \cup j)/c(I)). \sum_{y \in xB_I/B_{I \cup j}} f(x.y) ,$$

$(f \in C^r(T) \ ; \ I \subset I_\ell , \ |I| = r)$.

5.2. On note $H(G,B)$ l'algèbre de Hecke des fonctions bi-invariantes par B sur G , à support contenu dans un nombre fini de doubles classes modulo B , pour le produit de convolution. Elle est engendrée par les fonctions caractéristiques P_i des doubles classes Bw_iB , où $\{w_i\}$ $(0 \leq i \leq \ell)$ désigne l'ensemble générateur canonique S d'involutions du groupe de Weyl W de (G,B,N,S) [4]. Posons $Q_i = 1 + P_i$. C'est la fonction caractéristique de $B + B.w_i.B = B_{I_\ell(i)}$, groupe que l'on notera B^i . 5.1(3) donne alors, pour $r = \ell$:

(1) $$\partial f(x.B^i) = c(I_\ell(i))^{-1} (-1)^{i+1} f * Q_i , \qquad (f \in C^\ell(T)) ,$$

où le $*$ à droite indique l'opération de $H(G,B)$ sur $C(G/B)$ par convolution. Posons encore $q(i) = c(I_\ell(i)) - 1$. On a donc

(2) $$q(i) = [Bw_iB : B] = [B : w_iBw_i^{-1} \cap B] \ , \qquad (0 \leq i \leq \ell) .$$

5.3. Supposons maintenant $\ell = 2$ et G fini. W est un groupe dihedral, caractérisé par l'ordre m de w_ow_1, et l'on ne s'intéresse qu'aux cas où $m = 2, 3, 4, 6$ (i.e. où W est le groupe de Weyl d'un groupe de Lie semi-simple de rang deux, les valeurs de m correspondant respectivement aux types $\mathbb{A}_1 \times \mathbb{A}_1$, $\mathbb{A}_2$, $\mathbb{B}_2$ et $\mathbb{G}_2$). On a $C^o(T) = C(G/B^o) \oplus C(G/B^1)$, et il résulte immédiatement de 5.1(1) et 5.2(1) que, par rapport à cette décomposition de $C^o(T)$, $\Delta(f_o, f_1) = (f_o, f_1) * A$, où

(1) $$A = \begin{pmatrix} 1 & -c(0)^{-1}.Q_1 \\ -c(1)^{-1}.Q_o & 1 \end{pmatrix} ,$$

donc que $(\Delta - \mathrm{Id})^2.c(0).c(1)$ est la matrice diagonale ayant Q_1Q_o et Q_oQ_1 comme termes diagonaux. Il reste donc à trouver les valeurs propres de ces derniers. C'est trivial pour $m = 2$, car Q_o et Q_1 commutent ; dans les autres cas, on donne explicitement un polynôme (de degré 2, 3, 4 suivant que $m = 3, 4, 6$) en Q_iQ_j $(i \neq j, 0 \leq i, j \leq 1)$ nul dans $H(G,B)$ [7 : p. 407-408]. On en tire que les valeurs de $k^o(T)$ pour $m = 2, 3, 4, 6$ sont respectivement

(2) $$1 \ , \quad 1 - q(1)^{\frac{1}{2}}.c(1)^{-1} \ , \quad 1 - (q(0) + q(1)^{\frac{1}{2}}.(c(0) + c(1))^{-\frac{1}{2}}$$
$$1 - (q(0) + q(1) + q(0)^{\frac{1}{2}}q(1)^{\frac{1}{2}})^{\frac{1}{2}} .(c(0).c(1))^{-\frac{1}{2}} .$$

Cela montre qu'elles sont arbitrairement proches de un si $q(0)$ et $q(1)$ sont assez grands. Si maintenant K, k_v, G et T sont comme en 3.1, alors les coefficients $q(i)$ pour T, ou, ce qui revient au même, pour les links des simplexes de dimension $\leq \ell - 2$ de T, sont des puissances du cardinal $|k_v|$ de k_v. Par conséquent, vu que $\mathrm{Lk}\ s$ $(s \in T(\ell - 2))$ est de l'un des types considérés ici :

5.4 PROPOSITION.- <u>Soit</u> $b > 0$. <u>Il existe un entier</u> $n(b) > 0$ <u>tel que si</u> T <u>est l'immeuble de Tits d'un</u> K-<u>groupe simple simplement connexe</u> G <u>de</u> K-<u>rang</u> $\ell \geq 2$

et si $|k_v| \geq n(b)$, *alors* $k^o(\mathrm{Lk}\ s) \geq 1 - b$ *pour tout* $s \in T(\ell - 2)$.

§ 6. *Sous-groupes discrets de groupes simples* p-*adiques* II

6.1 THÉORÈME.- *Soit* $\ell_o \geq 1$. *Il existe un entier* $N(\ell_o)$ *ayant la propriété suivante. Si* K , k_v , G , ℓ *sont comme en* 3.1, *si* $\ell \leq \ell_o$, $|k_v| \geq N(\ell_o)$, *alors* $H^r(\Gamma ; M) = 0$ $(1 \leq r < \ell)$ *quels que soient le sous-groupe discret co-compact* Γ *de* $G(K)$ *et le* Γ-*module unitaire de dimension finie* M .

Soit $a > 0$ tel que $\ell - a > r(\ell - r)/(r+1)$ pour $2 \leq \ell \leq \ell_o$ et $1 \leq r < \ell$. On choisit ensuite $b > 0$ pour que 4.7 soit satisfaite si $\ell \leq \ell_o$, et on prend $N(\ell_o)$ égal au $n(b)$ de 5.4. On a alors $k^o(\mathrm{Lk}\ s) > r(\ell - r)/(r+1)$ pour tout $s \in T(\ell - 2)$ et 6.1 résulte de 3.3, appliqué au cas $j = r$.

Remarque.- Si l'on ne suppose pas Γ co-compact, la conclusion reste valable pour l'espace $\mathcal{H}^r(T ; M)$ des r-formes harmoniques Γ-invariantes sur T , de carré intégrable modulo Γ , avec la même démonstration, compte tenu de 3.5. Pour G simplement connexe, c'est le Théor. 8.3 de [7].

6.2. Supposons $\ell = 2$, $r = 1$. La condition de 3.3 est alors $k^o(\mathrm{Lk}\ s) > \frac{1}{2}$ pour tout $s \in T(1)$. Les valeurs données en 5.3 montrent qu'elle est toujours remplie, sauf pour $m = 4$, $|k_v| = 2$ et $m = 6$, $|k_v| = 2$, 3 . Cependant, par des calculs directs (non publiés), H. Garland a montré que l'on a aussi $H^1(\Gamma ; M) = 0$ dans ces cas-là. Il n'y a donc pas de restriction sur le corps résiduel si $\ell = 2$.

6.3. La nullité de $H^1(\Gamma ; \mathbf{R})$, (action triviale) équivaut au fait que $(\Gamma ; \Gamma)$ est d'indice fini dans Γ . Rappelons qu'elle a été démontrée par A. Kazhdan (cf. [10]) sans hypothèse sur $|k_v|$, pour $\ell \geq 2$.

6.4. Les démonstrations utilisent essentiellement l'existence d'un produit scalaire positif non-dégénéré sur M invariant par Γ . "On" espère évidemment que cette hypothèse n'est pas nécessaire. Remarquons qu'elle est tout de même souvent satisfaite lorsque Γ est construit "arithmétiquement". Rappelons brièvement cette construction, qui est en fait le seul procédé général connu pour obtenir des Γ discrets co-compacts. Soit F un corps de nombres totalement réel admettant une complétion $F_v \cong K$ et soit H un F-groupe simple tel que $H \otimes_F K = G$ et que $(H \otimes_F F_w)(\mathbb{R})$ soit compact pour toute place à l'infini w de F . On sait que, sous ces hypothèses, tout sous-groupe S-arithmétique de H , où $S = \{v\}$, vu comme sous-groupe de $H(K)$, est discret et co-compact. D'autre part, comme H est compact à l'infini, il est clair que si M est l'espace d'une représentation rationnelle définie sur F de G , alors M admet une structure unitaire respectée par $H(F)$, et en particulier par Γ .

6.5. Enfin, il paraît assez plausible que l'hypothèse de simplicité faite sur G peut être considérablement affaiblie. Plus précisément, soient K_i $(1 \leq i \leq s)$ un corps p-adique, G_i un K_i-groupe, simple sur K_i , et de K_i-rang $\ell_i \geq 1$. Soit $L = \prod_{1 \leq i \leq s} G_i(K_i)$. On suppose la somme ℓ des ℓ_i au moins égale à deux. Il est alors naturel de conjecturer que l'on a $H^i(\Gamma ; \mathbb{R}) = 0$ $(1 \leq i < \ell)$ quel que soit le sous-groupe discret co-compact Γ irréductible (projection sur tout produit partiel des $G_i(K_i)$ non discrète) de L . En tout cas on peut montrer, au moins en caractéristique zéro, que, étant donné r $(1 \leq r \leq \max \ell_i)$, si l'on a $H^j(\Gamma_i ; \mathbb{R}) = 0$ pour $1 \leq j \leq \min(r , \ell_i - 1)$ quel que soit le sous-groupe discret co-compact Γ_i de $G_i(K_i)$ $(1 \leq i \leq s)$, alors $H^i(\Gamma ; \mathbb{R}) = 0$ pour $1 \leq i \leq r$ et Γ discret, co-compact, irréductible dans L .

L'hypothèse faite sur le i-ième facteur est vide si $r = 1$ ou si $\ell_i = 1$. Cela montre en particulier la nullité de $H^1(\Gamma ; \mathbb{R})$ lorsqu'il y a au moins deux facteurs.

§ 7. Cohomologie de dimension maximum et représentation spéciale

7.1. Dans ce paragraphe, on suppose G simplement connexe. Comme précédemment T est l'immeuble de Tits de $G(K)$ et B un sous-groupe parahorique minimal de $G(K)$. On note χ l'unique caractère de l'algèbre de Hecke $H(G,B)$ qui est égal à -1 sur les P_i (notations de 5.2). Il existe sur G/B une et une seule fonction (sphérique élémentaire) φ qui est fonction propre de $H(G,B)$ pour le caractère χ et vaut un sur B . Elle est de carré intégrable, et le plus petit sous-espace fermé H_σ de $L^2(G)$ la contenant est irréductible. C'est un élément de la série discrète, la représentation spéciale de $G(K)$, qui sera notée σ (cf. [11, 14]). L'espace $L^2(G(K)/B)$ s'identifie, comme $G(K)$-module, à l'espace $L^\ell(T ; \mathbb{C})$ des ℓ-formes complexes de carré intégrable sur T . Vu 5.2(1), une telle cochaine f est harmonique si et seulement si $f * Q_i = 0$, i.e. $f * P_i = -f$ $(0 \leq i \leq \ell)$, donc si et seulement si $f * Q = \chi(Q).f$ $(Q \in H(G,B))$, puisque les P_i engendrent $H(G,B)$. En particulier $\varphi \in \mathbb{H}^\ell(T ; \mathbb{R})$. On montre qu'en fait l'isomorphisme $L^2(G/B) \xrightarrow{\sim} L^\ell(T ; \mathbb{C})$ applique H_σ sur $\mathbb{H}^\ell(T ; \mathbb{R})$, mais nous n'avons pas besoin de ce fait ici.

7.2 THÉORÈME.- On conserve les notations et hypothèses de 7.1. Soit Γ un sous-groupe discret co-compact de $G(K)$. Alors $\dim H^\ell(\Gamma ; \mathbb{R})$ est égale à la multiplicité de la représentation spéciale dans $L^2(\Gamma\backslash G(K))$.

(cf. [7 : 10.4] ; pour $G = \mathbf{SL}_2$, ce résultat est dû à Ihara [9].) Rappelons que, comme $\Gamma\backslash G(K)$ est compact, $L^2(\Gamma\backslash G(K))$ est somme discrète à multiplicités finies de représentations irréductibles de $G(K)$. Soit

(1) $V_\Gamma = \{f \in L^2(\Gamma\backslash G(K)) \mid f * Q = \chi(Q).f \;,\; (Q \in H(G,B))\}$.

Un raisonnement standard montre que $\dim V_\Gamma$ est la multiplicité de la représentation spéciale dans $L^2(\Gamma\backslash G(K))$. Rappelons-le brièvement. Tout d'abord si $H \subset L^2(\Gamma\backslash G(K))$ est une copie de la représentation spéciale, on a $\dim H \cap V_\Gamma = 1$, vu 7.1. Soit maintenant $f \in V_\Gamma$, de norme un. Alors le "coefficient" $c_{f,f}$ défini par $c_{f,f}(g) = (f,g.f)$ $(g \in G(K))$ est égal à φ , vu la caractérisation de cette dernière. L'application $u \longmapsto c_{f,u}$ de $L^2(\Gamma\backslash G(K))$ dans $L^2(G)$ est alors un opérateur d'entrelacement, qui applique isomorphiquement le plus petit sous-espace fermé invariant par $G(K)$ contenant f sur H_σ .

Soit $f \in V_\Gamma$. On a $f * Q = f$ si Q est la fonction caractéristique de B , donc f est invariante à droite par B . Vu ce qui a été dit en 7.1, on a alors

(2) $V_\Gamma \cong C^\ell(T\,;\,\mathbf{C})^\Gamma \cap \ker \partial$.

Supposons maintenant que Γ opère très librement (cf. 3.3). Alors $C^\ell(T)^\Gamma = C^\ell(\Gamma\backslash T)$, donc

(3) $V_\Gamma \cong H^\ell(\Gamma\backslash T\,;\,\mathbf{C}) = H^\ell(\Gamma\,;\,\mathbf{C}) = H^\ell(\Gamma\,;\,\mathbf{R}) \otimes \mathbf{C}$,

d'où le théorème dans ce cas. En général, on peut trouver un sous-groupe distingué Γ' d'indice fini de Γ qui opère très librement (cf. dém. de 3.4). Il est classique que $H^\ell(\Gamma\,;\,\mathbf{R}) = H^\ell(\Gamma'\,;\,\mathbf{R})^{\Gamma/\Gamma'}$ et évident que $V_\Gamma = (V_{\Gamma'})^{\Gamma/\Gamma'}$. Il suffit alors de remarquer que les isomorphismes de (3), pour $\Gamma = \Gamma'$, commutent avec l'action naturelle de Γ/Γ' .

7.3. On suppose Γ sans torsion et l'on dénote $\chi(\Gamma)$ sa caractéristique d'Euler-Poincaré : $\chi(\Gamma) = \sum_i (-1)^i \dim H^i(\Gamma\,;\,\mathbf{R})$. D'après [13 : § 3], il existe une mesure de Haar sur $G(K)$ telle que l'on ait

$$\chi(\Gamma) = (-1)^\ell \operatorname{vol}(\Gamma\backslash G(K)) ,$$

pour tout Γ (discret, co-compact, sans torsion, ou même avec torsion pour une définition convenable de $\chi(\Gamma)$). Si $H^i(\Gamma; R) = 0$ pour $0 < i < \ell$, alors

$$\dim H^{\ell}(\Gamma; R) = \mathrm{vol}(\Gamma\backslash G(K)) + (-1)^{\ell+1} .$$

En passant à des sous-groupes d'indice fini de Γ , on voit que l'on peut rendre le membre de gauche arbitrairement grand.

[Note ajoutée en mai 1974 :

Peu de temps après la rédaction de cet exposé, H. Garland et le conférencier ont remarqué que si la conjecture de 6.5 est vraie pour chaque groupe $G_i(K_i)$, elle l'est aussi pour leur produit.

Plus récemment, W. Casselman a établi 6.1 sans restriction sur le corps K (Research Announcement à paraître au Bull. A. M. S.). En considérant la cohomologie d'Eilenberg-Mac Lane continue de $G(K)$ à coefficients dans $L^2(G(K)/\Gamma)$, (ou, si $M \neq \mathbf{C}$, à coefficients dans la représentation induite de $G(K)$ à partir de M), il le déduit du théorème suivant :

Soit P un K-sous-groupe parabolique minimal de G et soit π la représentation naturelle de $G(K)$ dans l'espace des fonctions localement constantes sur $G(K)/P(K)$. Alors les seuls sous-quotients irréductibles et pré-unitaires de π sont la représentation triviale et la représentation de Steinberg.]

BIBLIOGRAPHIE

[1] A. BOREL et J. TITS - Groupes réductifs, Publ. Math. I.H.E.S., n° 27 (1965), 55-151.

[2] A. BOREL et J. TITS - Compléments à l'article "Groupes réductifs", Ibid. n° 41, (1972), 253-276.

[3] A. BOREL et J. TITS - Homomorphismes "abstraits" des groupes algébriques simples, Annals of Math. 97 (1973), 499-571.

[4] N. BOURBAKI - Groupes et algèbres de Lie, chap. IV, V, VI, Hermann, Paris (1968).

[5] F. BRUHAT et J. TITS - Groupes réductifs sur un corps local I, Publ. Math. I.H.E.S., n° 41 (1972), 1-251.

[6] W. FEIT and G. HIGMAN - The nonexistence of certain generalized polygons, J. of Algebra, 1 (1964), 114-131.

[7] H. GARLAND - p-adic curvature and the cohomology of discrete subgroups of p-adic groups, Annals of Math., 97 (1973), 375-423.

[8] H. GARLAND - On the cohomology of discrete subgroups of semi-simple Lie groups, Proc. Int. Colloquium Bombay 1973 (à paraître).

[9] Y. IHARA - On discrete subgroups of the two by two projective linear group over p-adic fields, J. Math. Soc. Japan, 18 (1966), 219-235.

[10] A. KAZHDAN - Connection of the dual space of a group with the structure of its closed subgroups.

[11] H. MATSUMOTO - Fonctions sphériques sur un groupe semi-simple p-adique, C.R.Acad.Sci. Paris, 269(1969), 829-832.

[12] Y. MATSUSHIMA - On Betti numbers of compact, locally symmetric Riemannian manifolds, Osaka Math. J., 14 (1962), 1-20.

[13] J.-P. SERRE - Cohomologie des groupes discrets, dans "Prospects in Mathematics", Annals of Math. Studies 70, Princeton University Press, Princeton, 1970.

[14] J. A. SHALIKA - On the space of cusp forms of a p-adic Chevalley group, Annals of Math., 92 (1970), 262-278.

Séminaire BOURBAKI 438-01
26e année, 1973/74, n° 438 Novembre 1973

UN THÉORÈME DE FINITUDE EN K-THÉORIE

[d'après D. QUILLEN]

par Lawrence BREEN

D. Quillen a récemment proposé une nouvelle définition des groupes $K_i(\mathcal{C})$ associés à une catégorie $\mathcal{C}$ possédant une notion de suite exacte. Cette nouvelle définition redonne, pour $i = 0$, le groupe de Grothendieck $K_0\mathcal{C}$ de la catégorie $\mathcal{C}$. Lorsqu'on prend pour $\mathcal{C}$ la catégorie $\mathcal{P}$ des modules projectifs de type fini sur un anneau A, on obtient des groupes $K_i(A)$ dont on peut montrer qu'ils coïncident, pour $i = 1, 2$, avec les groupes définis respectivement par Bass [3] et Milnor [12]. De même, lorsque $\mathcal{C}$ est la catégorie des $\mathcal{O}_X$-modules localement libres de type fini, on trouve des groupes $K_i(X)$ associés à un schéma X. Dans tous les cas, ces foncteurs K_i possèdent diverses propriétés d'exactitude exprimées à l'aide de suites exactes bien connues pour $i \leq 2$.

Différents auteurs, notamment Karoubi-Villamayor, Gersten-Swan et Anderson-Segal ont proposé d'autres définitions des groupes $K_i(A)$ (on peut consulter [22], [9] pour une vue d'ensemble de ces questions). On se bornera ici à indiquer brièvement l'équivalence entre la nouvelle définition de Quillen et celle qu'il avait donnée dans [14]. Pour les détails de la démonstration, il conviendra de se référer à son article en préparation. Les liens entre cette dernière définition et toutes les autres sont explicités dans [1], [2].

Une description détaillée de tous les résultats de Quillen dépasserait le cadre de cet exposé. On se bornera donc, une fois définis les K_i, à démontrer l'un d'entre eux, qui met en oeuvre les techniques développées par celui-ci. Il s'agit du

THÉORÈME 1.- Soit A l'anneau des entiers d'un corps de nombres F (fini sur $\mathbb{Q}$). Pour tout $i \geq 0$, les groupes $K_i(A)$ sont de type fini.

Remarques.- 1) En particulier, les sous-groupes de torsion des $K_i(A)$ sont finis. Ceci permet de donner un sens à la conjecture de S. Lichtenbaum ([11] 2.4, 4.2) reliant le cardinal de ces sous-groupes aux valeurs de la fonction zêta de F aux entiers négatifs.

2) La démonstration fait appel à un théorème de Solomon-Tits ([21]) sur le type d'homotopie de l'immeuble associé à un système de Tits dont Quillen donne une nouvelle démonstration dans un cas particulier.

3) Signalons au passage que le rang des groupes $K_i(A)$ a été précédemment calculé par A. Borel ([5]).

4) Le théorème est aussi vrai pour A l'anneau des entiers relatifs à un nombre fini de valuations et pour A un ordre maximal dans une $\mathbb{Q}$-algèbre semi-simple.

Pour plus de détails sur les sujets abordés ici, ainsi que sur les autres résultats de Quillen en K-théorie algébrique, on consultera [16], [17].

§ 1. Homotopie et homologie d'une catégorie ([8], [19])

Soit $\mathcal{C}$ une petite catégorie. Le nerf de $\mathcal{C}$ est l'ensemble simplicial $N\mathcal{C}$ défini de la manière suivante :

$$(N\mathcal{C})_0 = \text{ob}\,\mathcal{C} \quad , \quad (N\mathcal{C})_1 = F\ell(\mathcal{C}) \ ,$$

et plus généralement $(N\mathcal{C})_n$ est l'ensemble des diagrammes de longueur $n+1$ dans $\mathcal{C}$

$$X_0 \xrightarrow{\alpha_0} X_1 \longrightarrow \dots \xrightarrow{\alpha_n} X_n \ ,$$

le i-ième opérateur face (resp. dégénérescence) étant obtenu en effaçant l'objet

X_i de manière évidente (resp. en remplaçant X_i par la flèche id_{X_i}). On nomme espace classifiant de $\mathcal{C}$ la réalisation géométrique $B\mathcal{C}$ de $N\mathcal{C}$. Un foncteur $f : \mathcal{C} \to \mathcal{C}'$ induit une application continue $Bf : B\mathcal{C} \to B\mathcal{C}'$. On dira que f est une équivalence d'homotopie (resp. que $\mathcal{C}$ est contractile) si c'est le cas pour Bf (resp. $B\mathcal{C}$).

Exemples.- 1) Soient $\mathcal{C}$ la catégorie avec un seul objet et un groupe G de flèches. Alors $N\mathcal{C}$ est l'ensemble simplicial d'Eilenberg-Maclane $K(G,1)$ sous sa forme la plus habituelle et $B\mathcal{C}$ est donc l'espace classifiant du groupe discret G , d'où la terminologie.

2) Un ensemble ordonné J est une catégorie de manière évidente. Alors BJ est le complexe simplicial dont les sommets sont les éléments de J , les simplexes correspondant aux parties non-vides finies totalement ordonnées de J (en particulier, le classifiant de l'ensemble totalement ordonné $\{0 < 1 \ldots < n\}$ est le n-simplexe type Δ_n).

3) Inversement, on peut associer à un complexe simplicial K l'ensemble Simpl K de ses simplexes, ordonnés par inclusion. Le complexe B Simpl K n'est autre que la subdivision barycentrique de K (et a donc même type d'homotopie que K). Ainsi, tout type d'homotopie d'un complexe simplicial (et donc d'un CW-complexe quelconque) peut être réalisé comme classifiant d'un ensemble ordonné.

On notera $\pi_i(\mathcal{C},X)$ les groupes d'homotopie de $B\mathcal{C}$ basés en la 0-cellule de $B\mathcal{C}$ correspondant à un objet X de $\mathcal{C}$. En particulier $\pi_0(\mathcal{C},X)$ est l'ensemble des composantes connexes de $\mathcal{C}$ (au sens habituel), pointé par X .

Le calcul du groupe fondamental (resp. du groupoïde fondamental) de $B\mathcal{C}$ peut se faire comme d'habitude en examinant les revêtements de $B\mathcal{C}$. Associons à tout revêtement E de $B\mathcal{C}$ un "système local" : pour tout objet X de $\mathcal{C}$, soit $\underline{\underline{E}}(X)$ la fibre de E au-dessus du 0-simplexe X de $B\mathcal{C}$. Une flèche $u : X' \to X$ dans $\mathcal{C}$ détermine un chemin dans $B\mathcal{C}$ et donc, par relèvement à E , une bijection $\underline{\underline{E}}(u) : \underline{\underline{E}}(X) \to \underline{\underline{E}}(X')$. On associe de cette manière à E un foncteur $\underline{\underline{E}} : \mathcal{C} \to$ Ens qui rend toutes les flèches inversibles ou, ce qui revient au même, un foncteur $\underline{\underline{E}}' : \Pi\mathcal{C} \to$ Ens , avec $\Pi\mathcal{C} = \mathcal{C}[F\ell\ \mathcal{C}^{-1}]$ le groupoïde obtenu à partir de $\mathcal{C}$ en y ajoutant de manière formelle des inverses à toutes les flèches (Π est le foncteur Gr de [8]: II 7.1). On appellera un tel $\underline{\underline{E}}$ (ou $\underline{\underline{E}}'$) un système local sur $\mathcal{C}$. Dans le sens contraire, il est facile de construire à partir d'un système local un revêtement de $\mathcal{C}$. Ainsi, on a la

PROPOSITION 1.- <u>La catégorie des revêtements de</u> $B\mathcal{C}$ <u>est canoniquement isomorphe à la catégorie des systèmes locaux sur</u> $\mathcal{C}$.

En particulier $\Pi\mathcal{C}$ s'identifie au groupoïde fondamental de $B\mathcal{C}$ et $\pi_1(\mathcal{C},X)$ est donc canoniquement isomorphe au groupe d'automorphismes de X considéré comme objet de $\Pi\mathcal{C}$.

<u>Propriétés élémentaires du foncteur classifiant</u> B

<u>Lemme</u> 1.- <u>Si</u> $\mathcal{C}$ (<u>ou</u> $\mathcal{C}'$) <u>est une catégorie possédant un nombre fini de flèches</u>, <u>l'application canonique</u> $B(\mathcal{C} \times \mathcal{C}') \to B\mathcal{C} \times B\mathcal{C}'$ <u>est un homéomorphisme</u>.

En effet, le foncteur N commute aux produits et il en est de même de la réalisation géométrique sous ces hypothèses.

<u>Lemme</u> 2.- <u>Tout morphisme de foncteurs</u> $\theta : f \to g$ (<u>avec</u> $f , g : \mathcal{C} \to \mathcal{C}'$) <u>induit une homotopie reliant</u> Bf <u>à</u> Bg .

Ceci résulte du lemme 1 puisque θ peut s'interpréter comme un foncteur $\widetilde{\theta} : \mathcal{C} \times J \to \mathcal{C}'$, avec J l'ensemble ordonné $\{0 < 1\}$.

COROLLAIRE 1.- <u>Un foncteur</u> f <u>qui possède un adjoint à gauche</u> (resp. <u>à droite</u>) f' <u>est une équivalence d'homotopie.</u>

En effet, les transformations naturelles $1 \to ff'$ et $f'f \to 1$ définissent l'équivalence d'homotopie. En particulier, si une catégorie $\mathcal{C}$ possède un objet final, le foncteur de $\mathcal{C}$ dans la catégorie ponctuelle E possède un adjoint. Ainsi

COROLLAIRE 2.- <u>Une catégorie possédant un objet final</u> (resp. <u>initial</u>) <u>est contractile.</u>

Soit $f : \mathcal{C} \to \mathcal{C}'$ un foncteur. Pour tout objet Q de $\mathcal{C}'$, on note f/Q la catégorie des paires (P,u) avec P un objet de $\mathcal{C}$ et $u : fP \to Q$ une flèche de $\mathcal{C}'$. On appelle $i_Q : f/Q \to \mathcal{C}$ le foncteur défini par $i_Q(P,u) = P$. On définit dualement une catégorie Q/f de paires (P,u) où $u : Q \to fP$ est une flèche de $\mathcal{C}'$.

DÉFINITION 1.- <u>Soit</u> $f^{-1}(Q)$ <u>la catégorie fibre de</u> $f : \mathcal{C} \to \mathcal{C}'$ <u>au-dessus d'un objet</u> Q <u>de</u> $\mathcal{C}'$. <u>On dit que</u> f <u>est préfibrée</u> (resp. <u>précofibrée</u>) <u>si les foncteurs canoniques</u> $f^{-1}(Q) \to Q/f$ (resp. $f^{-1}(Q) \to f/Q$) <u>possèdent des adjoints à droite</u> (resp. <u>à gauche</u>) <u>pour tout</u> Q <u>dans</u> $\mathcal{C}'$. (On vérifie que cette définition coïncide avec celle de [10].)

Soit L un système local sur $B\mathcal{C}$ à valeurs dans Ab. L'homologie de $B\mathcal{C}$ à coefficients dans L coïncide avec une notion familière. En effet, à partir de la suite spectrale obtenue en filtrant $B\mathcal{C}$ par ses squelettes, on vérifie ([19] prop. 5.1) que $H_*(B\mathcal{C},L)$ s'identifie à l'homologie du complexe standard $C_*(\mathcal{C},L)$ permettant de calculer les foncteurs dérivés de $\varinjlim^{\mathcal{C}} L$ (voir [18], [8]: App. II, prop. 3.3). Ainsi

PROPOSITION 2.- Pour tout $p \geq 0$, $H_p(B\mathcal{C},L) \approx \varinjlim_p^{\mathcal{C}} L$.

Comme d'habitude, l'outil principal permettant de comparer de tels groupes d'homologie est la suite spectrale de Serre. Celle-ci s'écrit ([8] App. II, 3.6, 3.8) pour tout foncteur $\mathcal{C} \to \mathcal{C}'$ et tout foncteur $L : \mathcal{C} \to Ab$:

$$(1.1) \qquad E^2_{p,q} = \varinjlim_p^{\mathcal{C}'} (Q \to \varinjlim_q^{f/Q} L \circ i_Q) \Rightarrow \varinjlim_{p+q}^{\mathcal{C}} L .$$

En particulier, pour L un système local à valeurs dans Ab , la proposition 2 implique que (1.1) se récrit sous la forme plus familière

$$(1.2) \qquad E^2_{p,q} = \varinjlim_p^{\mathcal{C}'} (Q \to H_q(f/Q , L \circ i_Q)) \Rightarrow H_{p+q}(\mathcal{C},L) .$$

On peut également comparer les groupes d'homotopie de $\mathcal{C}$ et de $\mathcal{C}'$:

THÉORÈME 2.- Soit $f : \mathcal{C} \to \mathcal{C}'$ un foncteur. Supposons que, pour tout objet Q de $\mathcal{C}'$, la catégorie f/Q soit contractile. Alors f est une équivalence d'homotopie.

Remarques.- 1) Bien sûr, si l'on prend f préfibrée, on peut supposer que $f^{-1}(Q)$ (plutôt que f/Q) est contractile, en vertu du corollaire 1.

2) Il existe une forme duale du théorème 2 avec f/Q remplacée par Q/f . Il faut alors remplacer l'hypothèse f préfibrée par f précofibrée.

Le théorème 2 est un cas spécial d'un théorème plus général ([16] Théorème B) dont il est facile de donner l'énoncé dans le cas préfibré (resp. précofibré).

THÉORÈME 3.- Soit $f : \mathcal{C} \to \mathcal{C}'$ préfibré (resp. précofibré) et tel que, pour toute flèche $u : P \to Q$, le foncteur changement de base $u^* : f^{-1}(Q) \to f^{-1}(P)$ soit une équivalence d'homotopie. Alors, pour tout objet Q de $\mathcal{C}'$, $B(f^{-1}(Q))$ est homotopiquement équivalent à la fibre homotopique de Bf . En particulier, pour tout objet X de $f^{-1}(Y)$, on a la suite exacte d'homotopie

(1.3) $\pi_{i+1}(C',Y) \to \pi_i(f^{-1}(Y),X) \to \pi_i(C,X) \to \pi_i(C',Y) \to \dots$

Le théorème 3 est l'outil principal permettant de construire des suites exactes reliant les foncteurs K_i , mais il apparaîtra assez peu ici. Aussi nous contenterons-nous de donner une

Démonstration du théorème 2 : Celui-ci est une conséquence du théorème de Whitehead ([13] I 4). Par hypothèse, la suite spectrale (1.2) dégénère en l'isomorphisme

$$H_p(C',L) \simeq H_p(C,f^*L) \quad ,$$

pour tout $p \geq 0$, puisque

(1.4) $$f^*L \approx \varinjlim^{f/Q} L \circ i_Q \ .$$

(Ceci est précisément la façon habituelle de construire le foncteur $f^* : (C,\mathrm{Ens}) \to (C',\mathrm{Ens})$ adjoint à gauche du foncteur $f_* : (C',\mathrm{Ens}) \to (C,\mathrm{Ens})$ défini par composition avec f .) Par restriction, on obtient à partir de f_* un foncteur

$$\bar{f}_* : (\Pi C' , \mathrm{Ens}) \to (\Pi C,\mathrm{Ens}) \ ,$$

dont il suffit de montrer, pour satisfaire aux hypothèses du théorème de Whitehead, qu'il possède un quasi-inverse.

Lemme 3.- Sous les hypothèses du théorème 2, f^* définit par restriction un foncteur $\bar{f}^* : (\Pi C,\mathrm{Ens}) \to (\Pi C' , \mathrm{Ens})$.

Démonstration : Par définition de f^* , il suffit de montrer que, pour toute flèche $P \to Q$, l'application canonique

$$\varinjlim^{f/Q} F \circ i_Q \to \varinjlim^{f/P} F \circ i_P$$

est un isomorphisme. Or, pour tout système local L sur une catégorie A , $\varinjlim^{A} L$ ne dépend, à isomorphisme près, que du groupoïde fondamental ΠA de A . En effet, pour tout ensemble S (qu'on identifie au foncteur constant de valeur S sur A), on a

$$\mathrm{Hom}_{\mathrm{Ens}}(\underset{\rightarrow}{\lim}^{\mathcal{A}} L , S) \simeq \mathrm{Hom}_{(\mathcal{A} , \mathrm{Ens})}(L,S) \simeq \mathrm{Hom}_{(\Pi\mathcal{A} , \mathrm{Ens})}(L,S) .$$

Ceci achève la démonstration du lemme, puisque $\Pi(f/Q)$ (resp. $\Pi(f/P)$) est le groupoïde trivial.

On laisse au lecteur le soin de vérifier que les flèches d'adjonction $\bar{f}^*\bar{f}_* \rightarrow 1$ et $1 \rightarrow \bar{f}_*\bar{f}^*$ sont des isomorphismes.

§ 2. Définition des K_i

Soit $\mathcal{M}$ une sous-catégorie pleine additive d'une catégorie abélienne $\mathcal{A}$. On suppose $\mathcal{M}$ stable par extension au sens suivant : pour toute suite exacte

(2.1) $$0 \rightarrow M' \xrightarrow{i} M \xrightarrow{j} M'' \rightarrow 0$$

dans $\mathcal{A}$ avec M' et M'' isomorphes à des objets de $\mathcal{M}$, M est isomorphe à un objet de $\mathcal{M}$. On dira qu'une telle suite dans $\mathcal{M}$ est exacte si elle est exacte dans $\mathcal{A}$.

Exemple.- On prend pour $\mathcal{M}$ la catégorie $\mathcal{P}$ des A-modules projectifs de type fini, pour $\mathcal{A}$ la catégorie des A-modules. Une suite (2.1) dans $\mathcal{P}$ est exacte si elle est exacte au sens habituel et scindée.

DÉFINITION.- Une flèche $i : M' \rightarrow M$ (resp. $j : M \rightarrow M''$) est appelée un monomorphisme (resp. un épimorphisme) admissible si elle appartient à une suite exacte (2.1) dans $\mathcal{M}$. On écrira $i : M' \rightarrowtail M$, $j : M \twoheadrightarrow M''$.

On associe à $\mathcal{M}$ une nouvelle catégorie $Q\mathcal{M}$ possédant les mêmes objets que $\mathcal{M}$. Une flèche $u : M \rightarrow M'$ dans $Q\mathcal{M}$ correspond à une classe d'équivalence de diagrammes (j,i) dans $\mathcal{M}$:

(2.2) $$M \overset{j}{\twoheadleftarrow} N \overset{i}{\rightarrowtail} M' ,$$

étant entendu que deux tels diagrammes (j,i) et (j',i') sont équivalents s'il existe un diagramme commutatif dans $\mathcal{M}$

$$\begin{array}{ccccc} M & \overset{j}{\twoheadleftarrow} & N & \overset{i}{\rightarrowtail} & M' \\ \| & & \downarrow h & & \| \\ M & \overset{j'}{\twoheadleftarrow} & N' & \overset{i'}{\rightarrowtail} & M' \end{array}$$

avec h une flèche inversible de $\mathcal{M}$.

On peut donner une description plus imagée d'une telle flèche : Posons $M_1 = i(N)$, $M_o = i(\ker j)$. On a une filtration admissible à trois crans de M' : $0 \subset M_o \subset M_1 \subset M'$ et il est immédiat que $M \approx M_1/M_o$. Autrement dit, une flèche $u : M \to M'$ dans $Q\mathcal{M}$ correspond à une classe d'identifications de M à un sous-quotient de M' .

On compose les flèches $\alpha : M \to M'$ et $\beta : M' \to M''$ de la manière schématisée par le diagramme suivant

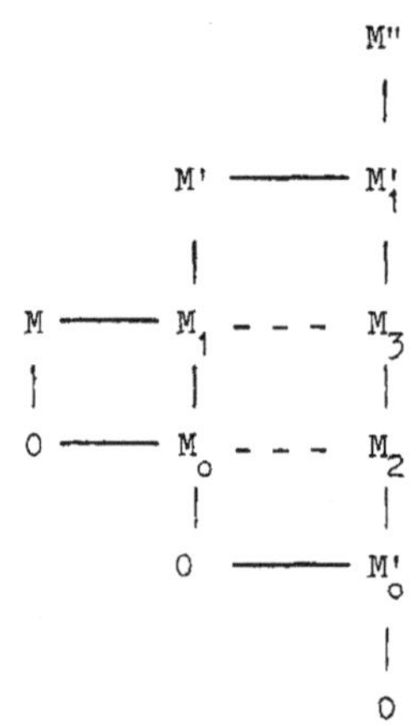

l'identification de M avec le sous-quotient M_3/M_2 de M'' représentant $\beta\alpha$.

<u>Exemple</u>.- Tout $i : M' \rightarrowtail M$ permet de définir une filtration à trois crans (nous dirons plutôt une strate) $0 \subset 0 \subset i(M') \subset M$, c'est-à-dire une flèche $i_! : M' \to M$ dans $Q\mathcal{M}$. De même, à $j : M \twoheadrightarrow M''$ correspond la strate

$0 \subset i(\ker j) \subset M \subset M$ et donc une flèche $j^!: M'' \to M$ dans QM.

<u>Remarques</u>.- 1) QM ne possède pas d'objet initial ou final. Par exemple, $\mathrm{Hom}_{QM}(0,M)$ s'identifie à l'ensemble des sous-objets admissibles de M.

2) Les identités suivantes sont immédiates :

$$(2.3)\qquad \begin{aligned} (ii')_! &= i_! i'_! \\ (jj')^! &= j'^! j^! \\ (id_M)_! &= (id_M)^! = id_M . \end{aligned}$$

3) Toute flèche (2.2) u de QM se factorise en $u = i_! j^!$ et cette factorisation caractérise i et j à unique isomorphisme près. De plus, si l'on forme pour un tel u le carré bicartésien

$$(2.4)\qquad \begin{array}{ccc} N & \overset{i}{\rightarrowtail} & M' \\ {\scriptstyle j}\downarrow & & \downarrow{\scriptstyle j'} \\ M & \underset{}{\overset{i'}{\rightarrowtail}} & N' \end{array}$$

on a de même uniquement $u = j'^! i'_!$. Les flèches de type $i_!$, $j^!$, soumises aux relations (2.3) auxquelles on adjoint la relation

$$(2.5)\qquad i_! j^! = j'^! i'_! ,$$

pour tout carré bicartésien (2.4) dont les flèches horizontales (resp. verticales) sont des monomorphismes (resp. des épimorphismes) admissibles, forment une présentation des flèches de QM.

DÉFINITION.- $K_i(M) = \pi_{i+1}(QM,0)$.

Cette définition est en partie justifiée par la

PROPOSITION 3.- $\pi_1(QM,0)$ <u>est canoniquement isomorphe au groupe de Grothendieck</u> $K_0 M$ <u>de la catégorie</u> M.

<u>Démonstration</u> : Plutôt que de vérifier que l'application qui, à chaque objet M de M, associe le lacet $\omega_M = (j_M^!)^{-1} i_{M!}$ d'origine 0 (où $i_M : 0 \to M$ et

$j_M : M \to 0$ sont les flèches évidentes de $\mathcal{M}$) induit cet isomorphisme, on va montrer que la catégorie des $K_0\mathcal{M}$-ensembles est équivalente à la catégorie des $\pi_1(Q\mathcal{M},0)$-ensembles ou, ce qui revient au même puisque $Q\mathcal{M}$ est connexe par la remarque 1 ci-dessus, à la catégorie des revêtements de $BQ\mathcal{M}$. Il suffit, par la proposition 1, de montrer que les $K_0\mathcal{M}$ -ensembles correspondent bijectivement aux systèmes locaux sur $Q\mathcal{M}$. On associe au $K_0\mathcal{M}$-ensemble S le foncteur F_S défini par

$F_S(M) = S$	pour tout objet M de $Q\mathcal{M}$
$F_S(i_!) = id_S$	pour tout $i : M' \rightarrowtail M$
$F_S(j^!) = [\ker j].S$	pour tout $j : M \twoheadrightarrow M''$

(ici [N] désigne la classe dans $K_0\mathcal{M}$ d'un objet N de $\mathcal{M}$ et l'action de $K_0\mathcal{M}$ sur S est celle donnée par l'hypothèse). Par la remarque 3 ci-dessus, ceci suffit à définir F_S à ceci près qu'il faut encore vérifier les diverses relations telles $F_S(i_!)F_S(i'_!) = F_S(ii'_!)$ découlant des identités (2.3), (2.5) sur les flèches de $Q\mathcal{M}$, ce qu'on laisse comme exercice.

Inversement, on remarque que la catégorie $\mathcal{F}$ des systèmes locaux sur $Q\mathcal{M}$ est équivalente à la sous-catégorie pleine $\mathcal{F}'$ formée des systèmes locaux qui satisfont aux hypothèses supplémentaires suivantes :

1)	$F(M) = F(0)$	pour tout objet M de $Q\mathcal{M}$
2)	$F(id_{M_!}) = id_{F(0)}$	pour tout $i_M : 0 \to M$ dans $\mathcal{M}$.

A un tel objet F de $\mathcal{F}'$ on associe l'ensemble F(0) sur lequel ob $\mathcal{M}$ agit <u>via</u> l'application φ : ob $\mathcal{M} \to$ Aut F(0) définie par $\varphi(M) = F(j_M^!)$. On vérifie que l'application φ est additive et qu'elle se factorise donc par $K_0\mathcal{M}$, ce qui munit F(0) d'une structure de $K_0\mathcal{M}$-ensemble. Il est facile de voir que les deux constructions qu'on vient de décrire sont inverses, ce qui achève la démonstration.

Comparaison avec les autres définitions des K_i

Rappelons très brièvement la définition des $K_i(A)$ proposée précédemment par Quillen ([14]) : on construit à partir de l'espace classifiant $B_{G\ell(A)}$ du groupe linéaire infini $G\ell(A)$ un nouvel espace $B^+_{G\ell(A)}$ et une application $f : B_{G\ell(A)} \to B^+_{G\ell(A)}$ (unique à homotopie près) telle que $\pi_1(f)$ soit le morphisme d'abélianisation du groupe fondamental $G\ell(A)$ de $B_{G\ell(A)}$ et que f induise un isomorphisme sur l'homologie à coefficients entiers (voir [9] 2.16, 2.17 et [15] Prop. 4, cor. 1 pour diverses constructions de $B^+_{G\ell(A)}$). On définit des groupes (qu'on appellera ici $\bar{K}_i(A)$ pour les distinguer des $K_i(A)$) par $\bar{K}_i(A) = \pi_i(B^+_{G\ell(A)})$ pour $i \geq 1$ et l'on montre ([9] Prop. 2.2) que cette définition coïncide avec celles de $K_1(A)$ due à Bass et de $K_2(A)$ de Milnor.

On se bornera ici à une esquisse de la démonstration que $\bar{K}_i(A) = K_i(A)$ pour tout $i \geq 1$. Ceci résulte immédiatement du

THÉORÈME 4.- Soit $\mathcal{P}$ la catégorie des A-modules de type fini. Alors $\Omega BQ\mathcal{P}$ a même type d'homotopie que $K_o(A) \times B^+_{G\ell(A)}$.

Pour démontrer le théorème 4, on introduit la catégorie $\widetilde{Q\mathcal{P}}$ dont les objets sont les épimorphismes admissibles $u : E \twoheadrightarrow P$ dans $\mathcal{P}$. Une flèche $\varphi : u' \to u$ dans $\widetilde{Q\mathcal{P}}$ correspond à une classe d'équivalence de diagrammes $P' \overset{u'}{\twoheadleftarrow} E' \overset{i}{\rightarrowtail} E \overset{u}{\twoheadrightarrow} P$ dans $\mathcal{P}$ avec ker u un sous-module admissible de i(ker u') . Cette condition entraîne que φ induit un diagramme $P' \twoheadleftarrow E'/i^{-1}(\ker u) \rightarrowtail P$ dans $\mathcal{P}$, autrement dit une flèche $\pi(\varphi)$ dans $Q\mathcal{P}$. On a donc un foncteur $\pi : \widetilde{Q\mathcal{P}} \to Q\mathcal{P}$ défini sur les objets par $\pi(E \twoheadrightarrow P) = P$ et sur les flèches comme ci-dessus.

On peut vérifier que $\widetilde{Q\mathcal{P}}$ est contractile. Ceci pourrait donner à penser, compte tenu du théorème 3, que l'espace $\Omega BQ\mathcal{P}$ qu'on cherche à étudier a même type d'homotopie que la catégorie fibre de π au-dessus d'un objet P de $\mathcal{QP}$. Ceci n'est pas le cas, car π ne satisfait pas aux hypothèses du théorème 3, les diverses catégories fibres de π n'étant pas homotopiquement équivalentes. Il est en effet facile de voir que la fibre au-dessus de 0 est le groupoïde $\mathcal{E}$ ayant les mêmes objets que $\mathcal{P}$ et pour flèches les flèches inversibles de $\mathcal{P}$, tandis que la flèche au-dessus de $P \neq 0$ consiste en la catégorie des $E \longrightarrow\!\!\!\!\rightarrow P$ avec pour flèches les automorphismes de E au-dessus de P . On est donc amené à modifier $\widetilde{\mathcal{QP}}$, par un processus de localisation que nous n'expliciterons pas, en une catégorie $\mathcal{S}^{-1}\widetilde{\mathcal{QP}}$ dont les principales propriétés sont résumées dans la proposition suivante :

PROPOSITION 4.- $\mathcal{S}^{-1}\widetilde{\mathcal{QP}}$ est une catégorie contractile fibrée au-dessus de $\mathcal{QP}$, qui satisfait aux hypothèses du théorème 3. La catégorie fibre au-dessus de tout objet P de $\mathcal{QP}$ est homotopiquement équivalente à $K_o(A) \times B^+_{G\ell(A)}$.

Le théorème 4 est la conséquence immédiate du théorème 3 et de la proposition 4, que nous ne démontrerons pas.

§ 3. L'immeuble associé à un espace vectoriel et le théorème de Solomon-Tits

A un k-espace vectoriel V de dimension n , on associe le complexe simplicial Ⓥ = BJ , où J est l'ensemble de tous les sous-espaces vectoriels de V , ordonné par l'inclusion. C'est un espace contractible puisque J possède un objet minimal. Rappelons que Ⓥ possède un p-simplexe pour toute chaîne

(3.1) $$W_o \leq \ldots \leq W_p$$

de sous-espaces vectoriels de V . On distinguera les sous-complexes suivant de Ⓥ , en imposant des conditions supplémentaires sur les chaînes (3.1) admises :

1) $\boxed{V}$ $\qquad W_o \neq 0 \ , \quad W_p \neq V$

2) $\overset{\triangle}{\boxed{V}}$ $\qquad W_o \neq 0$

3) $\underset{\triangledown}{\boxed{V}}$ $\qquad W_p \neq V$

4) $\overset{\triangle}{\underset{\triangledown}{\boxed{V}}}$ $\qquad \dim(W_p/W_o) < n$.

On vérifie que, pour $n \geq 2$, $\overset{\triangle}{\boxed{V}}$ (resp. $\underset{\triangledown}{\boxed{V}}$) est homotopiquement équivalent au cône sur $\boxed{V}$ et $\overset{\triangle}{\underset{\triangledown}{\boxed{V}}}$ à la suspension de $\boxed{V}$. On appelle $\boxed{V}$ l'immeuble de Tits associé à l'espace vectoriel V (pour les liens avec la définition habituelle, voir la remarque qui suit la proposition 5).

THÉORÈME 5 ([2]).- _Soit_ V _un espace vectoriel de dimension_ $n \geq 2$. _Alors_ $\boxed{V}$ _a le type d'homotopie d'un bouquet de_ $(n-2)$-_sphères_.

Démonstration : On raisonne par récurrence sur la dimension n de V . Pour $n = 2$, $\boxed{V}$ est l'espace projectif sur V muni de la topologie discrète, autrement dit, un bouquet de 0-sphères. Supposons le théorème démontré pour les espaces vectoriels de dimension m $(2 \leq m < n)$ et fixons une droite L dans un espace vectoriel V de dimension n . Soit $\mathcal{H}$ l'ensemble des hyperplans H de V complémentaires à L $(V \simeq H \oplus L)$ et Y le sous-complexe plein de $\boxed{V}$ obtenu en omettant les sommets de $\boxed{V}$ qui correspondent à des éléments de $\mathcal{H}$.

Lemme 4.- Y _est contractile_.

En effet, la projection canonique $q : V \to V/L$ induit une application simpliciale $\bar{q} : Y \to \underset{\triangledown}{\boxed{V/L}}$ de Y sur un espace contractile. Pour démontrer le lemme, il suffit de vérifier que les hypothèses du théorème 2 s'appliquent à $\text{Simpl}\ \bar{q} : \text{Simpl}\ Y \to \text{Simpl}\ \underset{\triangledown}{\boxed{V/L}}$, ce qui revient à montrer que, pour tout $\bar{\sigma}$ de $\text{Simpl}\ \underset{\triangledown}{\boxed{V/L}}$ correspondant à un p-simplexe $\sigma = \{W_o/L \leq \ldots \leq W_p/L \neq V/L\}$

de $\boxed{V/L}$, l'ensemble ordonné Simpl $\bar{q}/\bar{\sigma}$ est contractile. Or Simpl $\bar{q}/\bar{\sigma}$ = Simpl$(q^{-1}(\sigma))$ et $q^{-1}(\sigma)$ est le classifiant de l'ensemble J des sous-espaces propres U de V tels que $q(U)$ soit l'un des sommets W_i/L de σ , ordonnés par inclusion. L'application $f : J \to J$ définie par $f(U) = U \oplus L$ est une rétraction de J sur le sous-ensemble $J' = \{W_o, \dots, W_p\}$. La relation $U \leq U \oplus L$, pour tout U , montre que J' est même un rétracte par déformation de J . Donc J' , qui possède un élément minimal W_o , est contractile, ce qui entraîne que J l'est aussi.

Revenons-en au théorème : pour $H \in \mathcal{H}$, on caractérise le sous-complexe Link(H) de $\boxed{V}$ de la manière suivante : un simplexe σ de $\boxed{V}$ est un simplexe de Link(H) si et seulement si

1) $H \notin \sigma$,

2) $\sigma \cup H$ est un simplexe de V .

Bien sûr Link(H) $\subset Y$ et en fait, $\boxed{V}$ est l'union de Y avec les divers cônes C(Link(H)) amalgamés à Y le long de leurs bases :

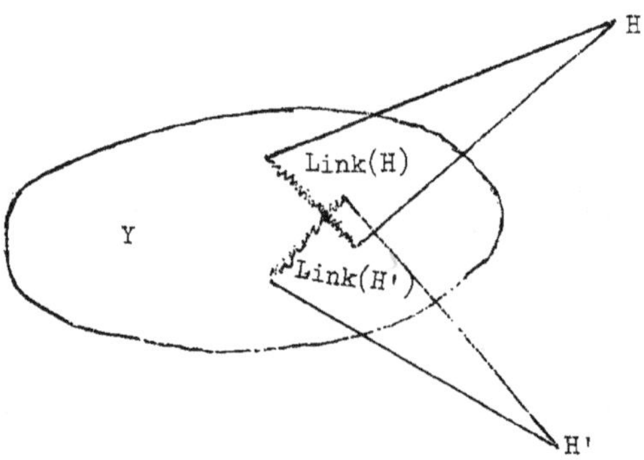

Ainsi $\boxed{V} \simeq \boxed{V}/Y$ d'après le lemme

$$\simeq \bigvee_{H \in \mathcal{H}} S(\mathrm{Link}(H)) .$$

Or $\mathrm{Link}(H) = \boxed{H}$ est un bouquet de $n-3$ sphères par l'hypothèse de récurrence, ce qui termine la démonstration du théorème 5.

En particulier, les remarques qui précèdent le théorème entraînent que l'on a, sous les mêmes hypothèses :

COROLLAIRE.- *Les groupes d'homologie réduite* $\tilde{H}_i(\widehat{\boxed{V}}, \mathbf{Z})$ *sont nuls pour* $i \neq n-1$ *et* $H_{n-1}(\widehat{\boxed{V}}, \mathbf{Z})$ *est libre.*

DÉFINITION.- *Pour* $n \geq 2$, *on appelle le groupe* $H_{n-1}(\widehat{\boxed{V}}, \mathbf{Z})$, *muni de l'action du groupe* $GL(V)$ *des automorphismes de* V *induite par l'action naturelle de* $GL(V)$ *sur* $\widehat{\boxed{V}}$, *le module de Steinberg de* V *et on le note* $St(V)$. *Pour* $n = 1$, *on pose* $St(V) = \mathbf{Z}$ *sur lequel* $GL(V)$ *agit trivialement.*

§ 4. Le théorème de finitude ([17])

Remarquons tout d'abord que l'opération somme directe dans $\mathcal{P}$ induit une opération $\oplus : Q\mathcal{P} \times Q\mathcal{P} \to Q\mathcal{P}$ ce qui définit une structure de H-espace sur $BQ\mathcal{P}$. Ceci entraîne que $BQ\mathcal{P}$ est un espace simple et il suffit, pour démontrer le théorème 1, de vérifier que ses groupes d'homologie sont de type fini. Dorénavant, A satisfera aux hypothèses du th. 1. On pose $Q = Q\mathcal{P}$ et l'on appelle Q_n la sous-catégorie pleine de Q dont les objets sont les A-modules de rang $\leq n$. Soit $w : Q_{n-1} \to Q_n$ l'inclusion. Il est clair que $Q = \bigcup_n Q_n$. La démonstration du théorème 1 repose sur le

THÉORÈME 6.- *Pour* $n \geq 1$, *l'inclusion* w *induit une suite exacte*

$$(4.1) \quad \ldots \to H_i(Q_{n-1}) \to H_i(Q_n) \to \coprod_{\alpha} H_{i-n}(GL(P_\alpha), St(V_\alpha)) \to H_{i-1}(Q_{n-1}) \to \ldots$$

où les P_α parcourent les classes d'isomorphisme de A-modules projectifs de rang n et $V_\alpha = F \otimes_A P_\alpha$.

Le théorème 1 est une conséquence du théorème 6. En effet, ce dernier a le corollaire suivant

COROLLAIRE.- $H_i(Q_{n-1}) \simeq H_i(Q_n) \simeq H_i(Q)$ pour $n > i$.

D'autre part, les classes d'isomorphismes de A-modules projectifs de rang n sont en nombre fini ([4] Chapitre X, théorème 2.4). Le théorème 1 se démontre donc par récurrence sur n (le cas $n = 0$ est immédiat puisque Q_0 est la catégorie ponctuelle), en utilisant la suite exacte (4.1) et le corollaire du théorème 6, à partir de la proposition suivante.

PROPOSITION 5.- Les groupes $H_i(GL(P_\alpha), St(V_\alpha))$ sont de type fini pour tout i et tout n .

Démonstration : On écrit P (resp. V) pour P_α (resp. V_α). On se ramène par une suite spectrale de Hochschild-Serre à montrer que les groupes $H_i(\Gamma', St(V))$ sont de type fini, avec Γ' un sous-groupe distingué d'indice fini de $GL(P)$ qui, de plus, est un sous-groupe arithmétique sans torsion du groupe algébrique G' défini de la manière suivante : c'est la composante connexe du noyau de l'application norme $N : G \to G_m$, où G est le groupe algébrique réductif sur $\mathbb{Q}$ dont les points R-rationnels $G(R)$ sont le groupe $GL(V \otimes_{\mathbb{Q}} R)$ des $F \otimes_{\mathbb{Q}} R$ automorphismes de $V \otimes_{\mathbb{Q}} R$, pour toute $\mathbb{Q}$-algèbre R . Comme G' est un groupe réductif linéaire connexe sans caractère non-trivial, on est maintenant dans la situation étudiée par A. Borel et J.-P. Serre dans [6]. Le théorème de dualité qui y est démontré identifie les groupes d'homologie $H_*(\Gamma', St(V))$ aux groupes de cohomologie $H^*(\bar{X}/\Gamma')$ d'une variété à coins compacte. Ceci entraîne l'assertion de finitude souhaitée puisque celle-ci est triangulable (voir [20] n° 1.2).

Remarque.- A vrai dire, le module de Steinberg qui intervient dans [6] est défini par $St(V) = H_{\ell-1}(T(\mathcal{P}))$ où ℓ est le rang de G' et $T(\mathcal{P})$ est le complexe simplicial associé de la manière suivante à l'ensemble $\mathcal{P}$ des sous-groupes paraboliques de G' définis sur $\mathbb{Q}$: les faces σ_P et $T(\mathcal{P})$ correspondent bijectivement aux éléments $P \in \mathcal{P}$ et $\sigma_P \subset \sigma_Q$ si et seulement si $Q \supset P$ (voir [21], [23], [7] chapitre IV, § 2, exercice 10). L'application $\theta : \boxed{V} \to T(\mathcal{P})$ qui associe à un p-simplexe $W_o \leq \ldots \leq W_p$ de $\boxed{V}$ son stabilisateur dans $G'(Q)$ permet d'identifier ces deux complexes simpliciaux, ce qui entraîne l'équivalence des deux définitions du module de Steinberg (voir [7] chapitre IV, § 2, exercice 18 a, b, c).

Démonstration du théorème 6

On verra que la suite exacte (4.1) est une forme dégénérée de la suite spectrale (1.2). Celle-ci, pour le foncteur $w : Q_{n-1} \to Q_n$ et le système local constant Z , s'écrit :

$$(4.3) \qquad E^2_{p,q} = \varinjlim{}_p^{Q_n} (P \to H_q(w/P)) \Rightarrow H_{p+q}(Q_{n-1}) .$$

La catégorie w/P des flèches $u : P' \to P$ dans Q_n de source dans Q_{n-1} s'identifie à l'ensemble J des strates admissibles (P_o,P_1) de P avec $rg(P_1/P_o) < n$, ordonné par la relation $(P_o,P_1) \leq (P'_o,P'_1)$ si $P'_o \leq P_o$ et $P_1 \leq P'_1$. Lorsque $rg\, P \leq n - 1$, l'élément (0,P) est maximal dans J qui est donc contractible. Dans le cas $rg\, P = n$, l'application $P' \to P' \otimes_A F$ est une bijection ordonnée entre les facteurs directs de P et les sous-espaces vectoriels de V , puisque A est un anneau de Dedekind. Ainsi J s'identifie à l'ensemble J(V) des strates (W_o,W_1) dans V satisfaisant la condition $\dim(W_1/W_o) < n$ ordonné comme J . Pour n = 1 , J(V) est l'ensemble

$\{(0,0)\,,(V,V)\}$ sans relation d'ordre entre ses deux éléments, autrement dit $BJ(V) = S^{o}$.

<u>Lemme</u> 5.- <u>Pour</u> $n \geq 2$, <u>il existe une équivalence d'homotopie</u> $GL(V)$-<u>équivariante</u> $g : \boxed{V} \to BJ(V)$.

<u>Démonstration</u> : Il suffit de montrer que l'application d'ensembles ordonnés $\bar{g} : \mathrm{Simpl}(\boxed{V}) \to J(V)$ qui, à tout p-simplexe $W_o \leq \ldots \leq W_p$ de $\boxed{V}$, associe la strate (W_o,W_p) , satisfait aux hypothèses du théorème 2. Or la fibre géométrique $g/(U_o,U_1)$ est la catégorie dont les objets sont les p-simplexes $W_o \leq \ldots \leq W_p$ avec $U_o \leq W_o$ et $W_p \leq U_p$ (ordonnés par inclusion). Elle est donc équivalente à la catégorie contractile Simpl $\circled{U_1/U_o}$

Grâce au lemme 5 et aux remarques qui le précèdent, on connait maintenant l'homologie de W/P , compte tenu du corollaire au théorème 5. En résumé, on a :

(4.4) $\quad n = 1$, $\quad H_o(W/P) = \begin{cases} \mathbb{Z} & P = 0 \\ \mathbb{Z}\oplus\mathbb{Z} & \mathrm{rg}\,P = 1 \end{cases}$,

(4.5) $\quad n \geq 2$,

$$H_o(W/P) = \mathbb{Z}$$

$$H_q(W/P) = 0 \qquad q \neq 0\,,\, n-1\,,$$

$$H_{n-1}(W/P) = \begin{cases} 0 & \mathrm{rg}\,P < n \\ St(V) & \mathrm{rg}\,P = n\,. \end{cases}$$

On se limitera au cas $n \geq 2$; un raisonnement analogue utilisant (4.4) permet de démontrer le théorème pour $n = 1$. Par (4.5), on a $E^2_{p,q} = 0$, $q \neq 0\,,\, n-1$ et la suite spectrale (4.3) dégénère en une suite exacte

$$\ldots \to H_p(Q_{n-1}) \to H_p(Q_n) \to E^2_{p,n-1} \to H_{p-1}(Q_{n-1}) \to \ldots\,.$$

Il nous faut maintenant identifier $E^2_{p,n-1} = \varinjlim{}^{Q_n}_{p}\,(P \to H_{n-1}(W/P))$ avec le terme correspondant de (4.1). Pour simplifier l'écriture, définissons un foncteur

$L : Q_n \to Ab$ par

$$L(P) = H_{n-1}(W/P) = \begin{cases} 0 & \text{rg } P < n \\ St(V) & \text{rg } P = n \ , \quad V = P \otimes_A F \ . \end{cases}$$

Soit Q' la sous-catégorie pleine de Q_n dont les objets sont les A-modules de rang strictement égal à n . Par définition, L a un support dans Q' et l'on observe que, pour tout p ,

$$\varinjlim{}_p^{Q_n} L \simeq \varinjlim{}_p^{Q'} L/Q' \ ,$$

puisque les complexes standard ([8] App. II, prop. 3.3) qui permettent de calculer ces foncteurs dérivés de $\varinjlim$ sont isomorphes. Or, dans Q' , il n'y a pas de place pour des sous-quotients propres et Q' est donc équivalente au groupoïde Q'' des modules projectifs de rang n avec leurs isomorphismes pour flèches. Par ([8] II, 6.1.5), Q'' est équivalente au groupoïde $\coprod_\alpha GL(P_\alpha)$ ayant pour objets les P_α de l'énoncé du théorème et pour flèches leurs automorphismes. Ainsi

$$E^2_{p,n-1} \simeq \varinjlim{}_p^{Q''} L/Q'' \simeq \coprod_\alpha H_p(GL(P_\alpha), St(V_\alpha))$$

puisque $L(P_\alpha) = St(V_\alpha)$. Ceci achève la démonstration du théorème 6 et donc du théorème 1.

BIBLIOGRAPHIE

Les articles suivis de la mention Seattle ont paru dans Algebraic K-theory (Batelle Institute Conférence 1972), Lecture Notes in Maths, vol. 341, 342, 343, Springer-Verlag.

[1] D. ANDERSON - Relationship among K-theories, Seattle.

[2] D. ANDERSON, M. KAROUBI, J. WAGONER - Relations between higher algebraic K-theories, Seattle.

[3] H. BASS - K-theory and stable algebra, Publ. Math. I.H.E.S., n° 22 (1964), 5-60.

[4] H. BASS - Algebraic K-theory, Benjamin, New York (1968).

[5] A. BOREL - Cohomologie réelle stable des groupes S-arithmétiques classiques, C.R.Acad. Sci. Paris, t. 274 (1972), A 1700-A 1703.

[6] A. BOREL et J.-P. SERRE - Adjonction de coins aux espaces symétriques ; applications à la cohomologie des groupes arithmétiques, C.R.Acad. Sci. Paris, t. 271 (1970), A 1156-A 1158.

[7] N. BOURBAKI - Groupes et algèbres de Lie, Chapitres IV, V et VI, Hermann 1968.

[8] P. GABRIEL and M. ZISMAN - Calculus of fractions and homotopy theory, Ergebnisse der Math., New Series, Vol. 35, Springer-Verlag, New York (1967).

[9] S. M. GERSTEN - Higher K-theory of rings, Seattle.

[10] A. GROTHENDIECK - Revêtement étales et groupe fondamental, Séminaire de Géométrie Algébrique du Bois-Marie, 1960/61 (SGA 1), Lecture Notes in Maths, vol. 224 (1971), Springer-Verlag.

[11] S. LICHTENBAUM - Values of zeta-functions, étale cohomology and algebraic K-theory, Seattle.

[12] J. MILNOR - Introduction to algebraic K-theory, Annals of Math. Studies 72, Princeton University Press (1971).

[13] D. QUILLEN - Homotopical algebra, Lecture Notes in Maths., vol. 43, Springer-Verlag (1967).

[14] D. QUILLEN - Cohomology of groups, Actes, Congrès Intern. Math. Nice (1970), t. 2, 47-51.

[15] D. QUILLEN - On the group completion of a simplicial monoïd, à paraître.

[16] D. QUILLEN - Higher algebraic K-theory I, Seattle.

[17] D. QUILLEN - Finite generation of the groups K_i of rings of algebraic integers (notes rédigées par H. Bass), Seattle.

[18] J.E. ROOS - Sur les foncteurs dérivés de $\varprojlim$, C.R.Acad. Sci. Paris, t. 252 (1961), A 3702-A 3704.

[19] G. SEGAL - Classifying spaces and spectral sequences, Publ. Math. I.H.E.S., n° 34 (1968).

[20] J.-P. SERRE - Cohomologie des groupes discrets, dans "Prospects in Mathematics", Annals of Math. Studies 70, Princeton University Press, 1970.

[21] L. SOLOMON - The Steinberg character of a finite group with BN-pair, dans Theory of finite groups (Symposium edited by R. Brauer and C.H. Sah), Benjamin, New York, 1969, 213-221.

[22] R. G. SWAN - Algebraic K-theory, Actes, Congrès Intern. Math. Nice, 1970, t. 1, 191-199.

[23] J. TITS - Structures et groupes de Weyl, Sém. Bourbaki, 17e année, 1964/65, exp. n° 288, Addison-Wesley/Benjamin, New York.

PROPRIÉTÉS ASYMPTOTIQUES DE L'ÉQUATION DE LA CHALEUR SUR UNE VARIÉTÉ COMPACTE

[d'après P. GILKEY]

par Y. COLIN DE VERDIÈRE

Soient M une variété riemannienne compacte sans bord, C^∞ et de dimension d, Δ le laplacien sur les fonctions $M \to \mathbb{R}$ qui est un opérateur elliptique auto-adjoint ≥ 0 (par rapport à l'élément de volume riemannien v_M). Δ admet des valeurs propres $\lambda_0 = 0 \leq \lambda_1 \leq \ldots \leq \lambda_n \leq \ldots$ (chaque valeur propre étant répétée un nombre de fois égal à sa multiplicité). Minakshisundaram et Pleijel [MP] ont montré l'existence d'un développement asymptotique

$$\sum_{n \in \mathbb{N}} \exp(-\lambda_n t) \underset{t \to 0^+}{\sim} (4\pi t)^{-d/2} \left(\sum_{\ell=0}^{\infty} a_\ell t^\ell\right) \qquad \text{avec } a_0 = \mathrm{vol}(M) .$$

La démonstration consiste à étudier l'équation de la chaleur

$$\text{(H)} \qquad \begin{cases} \dfrac{\partial u}{\partial t} + \Delta u = 0 \\ u_{\restriction t=0} = f . \end{cases}$$

Si $e(t,x,y)$ désigne la solution fondamentale de (H), i.e. $u(t,x) = \int_M e(t,x,y) f(y) v_M(y)$, on construit des paramétrix $p_k(t,x,y)$ qui vérifient $|e(t,x,y) - p_k(t,x,y)| \leq C t^{k+1}$, avec p_k de la forme :

$$p_k(t,x,y) = (4\pi t)^{-d/2} \cdot \exp\left(-\frac{d^2(x,y)}{4t}\right) . (U_0(x,y) + \ldots + t^k U_k(x,y)) .$$

Il n'est pas difficile de voir que si $(\varphi_n)_{n \in \mathbb{N}}$ désigne une base orthonormée de fonctions propres, on a : $e(t,x,y) = \sum_{n \in \mathbb{N}} \exp(-t\lambda_n) \varphi_n(x) \varphi_n(y)$, on en déduit le développement asymptotique cherché sous la forme :

$$\left| \sum_{n \in \mathbb{N}} \exp(-t\lambda_n) - (4\pi t)^{-d/2} . \left(\sum_{\ell=0}^{k} t^{\ell} \int_M U_\ell(x,x) v_M(x) \right| \le C t^{k+1} .$$

Mac-Kean et Singer [MS] ont repris cette question et calculé les coefficients a_1 et a_2 en utilisant des considérations algébriques a priori et en identifiant les coefficients à l'aide de cas particuliers. Ils montrent que les a_ℓ sont de la forme $a_\ell = \int_M P_\ell(R) v_M$, où P_ℓ sont des polynômes universels de la courbure et de ses dérivées covariantes. En coordonnées locales les P_ℓ peuvent donc s'écrire : $P_\ell(R)v_M = |\text{dét } g^{ij}|^{-\frac{1}{2}}. Q_\ell((\text{dét } g^{ij})^{-1}, D^\alpha g^{ij})|dx|$, où les Q_ℓ sont des polynômes universels. Notamment, on a :

$$P_1(R) = \frac{1}{6}\tau \quad ; \quad P_2(R) = \frac{1}{360}(2|R|^2 - 2|\rho|^2 + 5\tau^2) .$$

[Pour des démonstrations détaillées voir [BGM].]

Ces développements asymptotiques existent pour les opérateurs elliptiques auto-adjoints ≥ 0, A opérant sur les sections d'un fibré hermitien. Cela résulte essentiellement des travaux de Seeley [S_1] et [S_2] et se fait à l'aide de techniques d'opérateurs pseudo-différentiels qui permettent de construire dans ce cas général des paramétrix jouant le rôle des p_k. Nous résumons ici la présentation que donne Gilkey [G] de cette démonstration, ainsi que certaines propriétés générales des coefficients.

I. Exposé des résultats et exemples

Soient E et F deux fibrés vectoriels complexes de dimension p sur une variété compacte M de dimension d (tout est C^∞). Un (E,F)-opérateur différentiel A d'ordre m s'écrit au moyen de trivialisation de E et F au-dessus d'une carte U de M : $Af(x) = \sum_{|\alpha| \le m} A_\alpha(x) D^\alpha f(x)$, $f \in C^\infty(U; \mathbb{R}^p)$;

où $\alpha = (\alpha_1,\ldots,\alpha_d) \in \mathbb{N}^d$, $|\alpha| = \alpha_1 + \ldots + \alpha_d$, $D^\alpha = (-i)^{|\alpha|}(\frac{\partial}{\partial x_1})^{\alpha_1}\ldots(\frac{\partial}{\partial x_d})^{\alpha_d}$

et $A_\alpha(x) \in L(\mathbb{C}^p, \mathbb{C}^p)$. Le symbole d'ordre k de A dans ces cartes est défini par $\sigma_k(x,\xi) = \sum_{|\alpha|=k} A_\alpha(x)\xi^\alpha$ $(\xi \in \mathbb{R}^d)$. Le symbole principal σ_m a une interprétation intrinsèque à l'aide du fibré cotangent : $\sigma_m(x,\xi)$ s'interprète comme un élément de $L(E_x, F_x)$ que l'on peut décrire de la manière suivante si $g \in C^\infty(E)$, avec $g(x_o) = e$ et $f \in C^\infty(M;\mathbb{R})$ avec $df(x_o) = \xi_o$, on a

$$\lim_{t\to\infty} (t^{-m} . e^{-itf(x_o)} . A(e^{itf(x)} g(x))(x_o) = \sigma_m(x_o, \xi_o)(e) .$$

<u>Exemple</u>.- Pour le laplacien Δ , on a $\sigma_2(\Delta)(x,\xi) = \|\xi\|^2$.

L'opérateur A est dit elliptique si $\forall\ (x,\xi) \in T^*(X)\setminus 0$, $\sigma_m(x,\xi) \in GL(E_x, F_x)$. On supposera ici E et F muni de structures hermitiennes $\langle\ ,\ \rangle_{E_x}$ et $\langle\ ,\ \rangle_{F_x}$, et M d'une densité $v(x)$. On a alors des produits scalaires globaux pour les sections de E : $(f,g)_E = \int_M \langle f(x), g(x)\rangle_{E_x} v(x)$ et de même pour F . Soit A un (E,E)-opérateur elliptique auto-adjoint ≥ 0 (i.e. $(Af,g)_E = (f,Ag)_E$ et $(Af,f)_E \geq 0$), il admet une résolution spectrale $(\lambda_n, \varphi_n)_{n\in\mathbb{N}}$ avec $0 \leq \lambda_o \leq \lambda_1 \leq \ldots$ et φ_n un système orthonormé complet de sections propres (i.e. $A\varphi_n = \lambda_n\varphi_n$). La solution f de l'équation de la chaleur (H_A) associée à A :

$$(H_A) \quad \begin{cases} \frac{\partial f}{\partial t} + Af = 0 \\ f_{\restriction t=0} = g \end{cases} \qquad (\text{i.e. } f = \exp(-tA).g\ )$$

peut s'écrire $f(t,x) = \sum_{n\in\mathbb{N}} \exp(-t\lambda_n)(g,\varphi_n)_E\varphi_n(x)$, ou encore

$$f(t,x) = \int_M E_A(t,x,y)g(y)v(y)$$

avec $E_A(t,x,y)\eta = \sum_{n \in \mathbb{N}} \exp(-\lambda_n t).(\eta,\varphi_n(y))_{E_y}.\varphi_n(x)$ $(\eta \in E_y)$ et donc :

$$Tr_x(E_A(t,x,x)) = \sum_{n \in \mathbb{N}} \exp(-\lambda_n t)\|\varphi_n(x)\|^2 .$$

Notre but est de montrer comment on peut trouver le comportement asymptotique quand $t \to 0^+$ de la mesure $Tr_x(E_A(t,x,x)).v(x)$ et par suite de sa masse totale $h_A(t) = \sum_{n \in \mathbb{N}} \exp(-\lambda_n t)$.

Exemple 1.- E est le fibré $\Lambda^k(T^*M)$ sur M , A est le laplacien sur les k-formes. Le développement asymptotique a été trouvé par Gaffney [GA] et précisé par MacKean et Singer [MS], puis par Patodi [P] qui a montré que les relations faciles :

$$\sum_{k=0}^{d} (-1)^k a_\ell^k = \begin{cases} 0 & \text{si } \ell \neq \frac{d}{2} \\ (4\pi)^{d/2}\chi(M) & \text{si } \ell = \frac{d}{2} \end{cases}$$

proviennent de relations locales déjà vérifiées par les $U_i^k(x,x)$; ce qui donne une expression de $\chi(M)$ sous forme d'une intégrale qui généralise la formule de Gauss-Bonnet en dimension 2 .

Exemple 2.- D un (E,F)-opérateur elliptique, $A_1 = D^*D$, $A_2 = DD^*$ sont des opérateurs elliptiques auto-adjoints ≥ 0 sur E et F respectivement. Posant $\Gamma_\lambda(A_i) = \{f | A_i f = \lambda f\}$; pour $\lambda \neq 0$, D est un isomorphisme de $\Gamma_\lambda(A_1)$ sur $\Gamma_\lambda(A_2)$, pour $\lambda = 0$, on a $\Gamma_0(A_1) = Ker(D)$, $\Gamma_0(A_2) = Ker(D^*)$. On a donc, pour $t \in R^+$, $Indice(D) = \dim(\Gamma_0(A_1)) - \dim(\Gamma_0(A_2))$ et $h_{A_1}(t) - h_{A_2}(t) = Indice(D)$. Le comportement asymptotique des h_{A_i} permet donc théoriquement un calcul de l'indice de D . L'idée de Gilkey a été de trouver des propriétés algébriques de ces coefficients pour pouvoir ensuite les calculer dans le cas d'opérateurs géométriques.

Nous pouvons maintenant énoncer le :

THÉORÈME.- Sous les hypothèses précédentes (A un (E,E)-opérateur elliptique auto-adjoint ≥ 0) :

(i) La série $h_A(t) = \sum_{n \in \mathbb{N}} \exp(-t\lambda_n)$ converge pour $t \in \mathbb{R}_+^*$ et admet quand $t \to 0^+$ un développement asymptotique qui s'écrit

$$h_A(t) \sim \sum_{k \in \mathbb{N}} t^{\frac{k-d}{m}} . U_k(A) .$$

(ii) $U_k(A) = \int_M \mu_k(A)$ où la mesure $\mu_k(A)$ ne dépend que localement de A .

(iii) Si $m = 2$ et que $\sigma_2(A)(x,\xi) = a(x,\xi).\mathbb{1}_{E_x}$, où $a : T^*(M) \setminus 0 \to \mathbb{R}_+^*$ est une fonction polynome homogène de degré 2 , on peut écrire $\mu_k(A)$ dans une carte locale $U \times \mathbb{R}^p$:

$$\mu_k(A)(x) = |\text{dét}(a)|^{-\frac{1}{2}} P_{p,d,k}(A , (\text{dét}(a))^{-1})|dx| ,$$

où $P_{p,d,k}$ est un polynôme universel par rapport aux coefficients de A , à leurs dérivées partielles et à $(\text{dét } a)^{-1}$ avec $\text{dét}(a) = |a^{ij}|$ où $a(x,\xi) = \sum_{i,j} a^{ij}(x)\xi_i\xi_j$. De plus $\mu_k(A)$ est nulle pour k impair.

Remarques.- 1) On peut en déduire le comportement asymptotique des valeurs propres par un théorème taubérien : $\lambda_n \underset{n \to \infty}{\sim} C_{m,d} . \left(\frac{n}{U_o(A)}\right)^{\frac{m}{d}}$.

2) Au lieu d'étudier la fonction $h_A(t)$, on peut étudier après s'être ramené à un opérateur injectif la série $\zeta_A(s) = \Sigma\, (\lambda_n)^{-s}$. On montre à l'aide du développement asymptotique de $h_A(t)$ que cette fonction qui n'est définie a priori que pour $\text{Re}(s)$ assez grand se prolonge en une fonction méromorphe dans $\mathbb{C}$ et que la fonction $\Gamma(s)\zeta_A(s)$ a des pôles simples aux points $-\frac{k}{m}$ $(k \geq -d)$ avec

$\mathrm{Rés}(\Gamma(s)\zeta_A(s))\Big|_{-\frac{k}{m}} = U_{\frac{k+d}{m}}(A)$ et en particulier $\zeta_A(0) = U_{\frac{d}{m}}(A)$.

II. Principe de la démonstration

Nous supposons connue l'unicité (évidente) et l'existence de la solution de l'équation de la chaleur (H_A) . Nous nous intéressons à un procédé de calcul du développement asymptotique.

On utilise le calcul fonctionnel pour l'opérateur A , i.e. on écrit

$\exp(-tA) = \frac{1}{2i\pi}\int_\gamma e^{-t\lambda}(A - \lambda I)^{-1}\, d\lambda$ où γ est un chemin qui entoure R^+ et

donc le spectre de A . Plus précisément $\varepsilon > 0$ étant donné, on pose $\Omega_\varepsilon = \{z \in C \mid |z| > \varepsilon$ et $|\mathrm{Im}(z)| > \varepsilon\,\mathrm{Re}(z)\}$ et $\gamma = \gamma_\varepsilon = b\Omega_\varepsilon$. Dans la suite, on pose $\Omega = \Omega_{\varepsilon/2}$. On va approcher $(A - \lambda I)^{-1}$ dans Ω en utilisant un calcul des opérateurs pseudo-différentiels dépendant du paramètre complexe λ qui donne une approximation d'autant meilleure que $|\lambda|$ est grand.

1. Les symboles S_Ω^k et les opérateurs Ψ_Ω^k

a) Cas d'un ouvert $U \subset R^d$

On pose $S_\Omega^k(U) = \{a(x,\xi,\lambda) : U \times R^d \times \Omega \to L(C^p)$, C^∞ en x et ξ , analytique en λ , et tels que, pour $x \in K \subset\subset U$, on ait :

$|D_\xi^\alpha D_x^\beta a(x,\xi,\lambda)| \le C_K^{\alpha,\beta}(1 + |\xi| + |\lambda|^{1/m})^{k-|\alpha|}\}$.

On dira que $A(\lambda) \in \Psi_\Omega^k(U)$ si $A(\lambda)$ peut s'écrire :

$$A(\lambda)f(x) = \int e^{i\langle\xi, x-y\rangle} . a(x,\xi,\lambda)f(y)\, dy\, đ\xi$$

avec $a \in S_\Omega^k(U)$, $đ\xi = (2\pi)^{-d}\, d\xi$ et l'intégrale est prise au sens des intégrales oscillantes. On note $a = \sigma(A)$.

On a les propriétés suivantes :

(i) $A(\lambda) \in \Psi_\Omega^k$ et de symbole à support x-compact, alors pour $k < k(n,s,s')$, on a : $\|A(\lambda)u\|_s \leq C.(1+|\lambda|)^{-n}\|u\|_{s'}$, où $\|u\|_s^2 = \int (1+|\xi|^2)^s |\hat{u}(\xi)|^2 \, d\xi$.

(ii) Si $A \in \Psi_\Omega^k$, $B \in \Psi_\Omega^{k'}$, $AB \in \Psi_\Omega^{k+k'}$ et $\sigma(AB) \sim \sum_\alpha D_\xi^\alpha a D_x^\alpha . b/\alpha!$ ($a = \sigma(A)$ et $b = \sigma(B)$). [$a \sim \sum_m a_m$, $a_m \in S_\Omega^{-k_m}$, $k_m \nearrow$, signifie $\forall N$, pour M assez grand $a - \sum_1^M a_m \in S_\Omega^{-N}$.]

(iii) La classe $\Psi_\Omega^k(U)$ est invariante par difféomorphisme.

b) Cas d'une variété compacte M

A cause de (iii), on peut définir $\Psi_\Omega^k(M)$ comme la classe d'opérateurs qui peuvent s'écrire dans un atlas fini $(U_i)_{i\in I}$, $Af = \sum_i \psi_i P_i \varphi_i f_i$ avec

f_i = expression de f dans la carte locale U_i , φ_i et $\psi_i \in \mathcal{D}(U_i)$, $P_i \in \Psi_\Omega^k(U_i)$.

2. Approximation de $(A - \lambda I)^{-1}$ et de $\exp(-tA)$

On cherche à construire des $A_k(\lambda) \in \Psi_\Omega^{-m}(M)$ tels que :

(2.1) $$A_k(\lambda) \circ (A - \lambda I) - I \in \Psi_\Omega^{-k-1}(M) .$$

Il suffit de faire la construction dans des cartes locales U . En effet, si on a : $A_k^U(\lambda) \circ (A - \lambda I) - I \in \Psi_\Omega^{-k-1}(U)$, on prendra : $A_k(\lambda) = \sum \psi_U A_k^U(\lambda)\varphi_U$ où ψ_U et $\varphi_U \in \mathcal{D}(U)$, $\sum_U \psi_U = 1$ et $\varphi_U = 1$ dans un voisinage du support de ψ_U . En construisant de manière analogue une paramétrix à droite, on montrerait l'unicité de $A_k(\lambda)$ mod. $\Psi_\Omega^{-k-1-m}(M)$. On va construire par récurrence le symbole de A_k^U sous la forme $d_o + \ldots + d_k$ avec $d_j \in S_\Omega^{-j-m}(U)$. En utilisant la formule de composition des symboles, on obtient les équations :

$$(2.2)\qquad \begin{cases} d_o(\sigma_m - \lambda I) = I \\ \displaystyle\sum_{j=r+|\alpha|+m-i} D^{\alpha}_{\xi} d_r D^{\alpha}_x \sigma'_i / \alpha! = 0 \quad , \qquad j > 0 \, , \end{cases}$$

où $\sigma'_i = \sigma_i$ pour $i < m$ et $\sigma'_m = \sigma_m - \lambda I$.

Les équations se résolvent et donnent dans le cas plus facile où $\sigma_m(x,\xi) = a(x,\xi).1\!\!1_{E_x}$

$$(2.3)\qquad d_j(x,\xi,\lambda) = \sum_{s=1}^{k_j} d_{j,s}(x,\xi) d_o^s(x,\xi,\lambda) \, ,$$

où $d_{j,s}$ est homogène de degré $ms - j - m$ en ξ et est un polynôme par rapport aux coefficients de A et à leurs dérivées.

Remarque.- A elliptique auto-adjoint ≥ 0 implique que $\sigma_m(x,\xi)$ est hermitien > 0 , cela permet de montrer que $d_o \in S^{-m}_{\Omega}$.

En multipliant (2.1) par $(A - \lambda I)^{-1}$ à droite qui vérifie $\|(A - \lambda I)^{-1}\|_{s,s} \leq C.|\lambda|^{-1}$, on obtient, pour $k < k(n,s,s')$,

$$\|A_k(\lambda) - (A - \lambda I)^{-1}\|_{s,s'} \leq C.(1 + |\lambda|)^{-n} .$$

On pose $E_{t,k} = (2\pi i)^{-1} \int_{\gamma} e^{-t\lambda}.A_k(\lambda)d\lambda$, on a alors $\|E_{t,k} - \exp(-tA)\|_{s,s'} \leq C.t^{n-}$ (En effet, $\int_{\gamma} e^{-t\lambda}(A_k(\lambda) - (A - \lambda I)^{-1})d\lambda = \int_{\gamma} e^{-\lambda}.(A_k(\frac{\lambda}{t}) - (A - \frac{\lambda}{t})^{-1})d\lambda$, car A_k analytique en λ .) A l'aide des lemmes de Sobolev, on a donc des estimations analogues pour les noyaux.

Pour $k > k(n)$, et $0 < t \leq 1$, $\|E_{t,k}(x,x) - E_A(t,x,x)\|_{L(E_x)} \leq C.t^n$.

3. Calcul du développement asymptotique

Nous voulons maintenant évaluer $Tr_x(E_{t,k}(x,x))v(x)$. Soit U une carte locale en x et $\psi_U = 1$ dans un voisinage de x , pour f à support contenu dans celui de ψ_U , on a :

$$E_{t,k}\, f(x) = \frac{1}{2i\pi}\int_Y e^{-t\lambda}\{\int_{U\times R^p} e^{i\langle\xi,x-y\rangle}.\sum_{j=0}^{k} d_j(x,\xi,\lambda)\, f(y)\, dy\, d\xi\}\, d\lambda\ .$$

Soit en posant, pour $u \in L(E)$, $\underline{u}(x) = Tr_x u$:

$$Tr_x(E_{t,k}(x,x))v(x) = (\frac{1}{2i\pi}\int_Y e^{-t\lambda}\int_{R^p}\sum_{j=0}^{k}\underline{d}_j(x,\xi,\lambda)\, d\xi\, .\, d\lambda\,)|dx|\ .$$

On est donc amené à évaluer les intégrales :

$$I_{j,s}(t) = \frac{1}{2i\pi}\int_Y e^{-t\lambda}.\int_{R^p}\underline{d}_{j,s}(x,\xi)(a(x,\xi)-\lambda)^{-s}\, d\xi . d\lambda\ .$$

Un passage en coordonnées polaires ($\xi = r\xi_o$, $|\xi_o| = 1$) donne :

$$I_{j,s}(t) = C(j,s,m,d,p).t^{\frac{j-d}{m}}.\int_{|\xi_o|=1} a(x,\xi_o)^{1-s+(j-d)/m}.\underline{d}_{j,s}(x,\xi_o)d\xi_o\ .$$

En particulier pour $j = 0$ (alors $s = 1$) :

$$I_{0,1}(t) = C(m,d,p).t^{-\frac{d}{m}}\int_{|\xi_o|=1} a(x,\xi_o)^{-d/m}.d\xi_o\ .$$

L'expression de $I_{j,s}(t)$ donne le développement cherché avec :

$$(3.1)\quad \mu_k(A)(x) = \left[\sum_{s=1}^{N_k} C(k,s,m,d,p).\int_{|\xi_o|=1} a(x,\xi_o)^{1-s+(k-d)/m}.\underline{d}_{k,s}(x,\xi_o)d\xi_o\right]|dx|$$

On en déduit les (i) et (ii) du théorème énoncé en I.

Dans le cas où $m = 2$, on trouve des intégrales du genre :

$$(3.2)\qquad \left(\int_{|\xi_o|=1} a(x,\xi_o)^{-\ell/2}.\underline{d}_{j,s}(x,\xi_o)d\xi_o\right)|dx|\ ,$$

avec $\underline{d}_{j,s}$ polynôme homogène de degré $\ell - d$ ($\equiv j \pmod 2$) en ξ_o . De plus, $\underline{d}_{j,s}$ est un polynôme par rapport aux coefficients de A et à leurs dérivées partielles. L'intégrale (3.2) n'a aucune raison a priori d'être de la forme indiquée dans le (iii) du théorème de I. Un argument dû à [ABP] permet cependant de rendre cette intégrale rationnelle. La nullité pour k impair se voit facilement par symétrie. Soient p un polynôme homogène de degré $\ell - d$ en ξ et a une forme quadratique > 0 ; posons $P(a,\xi) = p(\xi)a(\xi)^{-\ell/2}\,\omega(\xi)$, avec $\omega(\xi) = i(\xi)\, d\xi_1 \wedge \ldots \wedge d\xi_d$ et $f(a) = \int_{|\xi_o|=1} P(a,\xi)$. Il suffit de montrer que $f(a) = |\text{dét } a|^{-\frac{1}{2}}\,.\,\text{polynôme}(a^{ij}, (\text{dét } a)^{-1})$. Soit $\pi : GL(d, R) \to Q$ défini par $\pi(g) = {}^tg.g$ et considérons $\hat{f}(g) = f(\pi(g))$.

$$\hat{f}(g) = \int_{|\xi_o|=1} p(\xi).\langle g\xi , g\xi\rangle^{-\ell/2}\,\omega(\xi) .$$

$P(a,\xi)$ est une forme fermée dans $R^d \setminus 0$, donc :

$$\hat{f}(g) = \int_{\langle g\xi,g\xi\rangle=1} p(\xi)\omega(\xi) = |\text{dét } g|^{-1}\cdot \int_{S^{d-1}} p(g^{-1}\xi)\omega(\xi) .$$

Or $\int_{S^{d-1}} p(g^{-1}\xi)d\xi = (\text{dét } g)^{-2(\ell-d)}.\text{Polynôme}(g^{ij})$.

On a $\hat{f}(\omega g) = \hat{f}(g)$ pour tout $\omega \in O(d)$, donc ce dernier polynôme des g^{ij} est invariant par l'action de $O(d)$, il résulte alors d'un théorème classique de la théorie des invariants que c'est un polynôme par rapport aux coefficients de $a = {}^tg.g$. Le résultat en découle en remarquant que $(\text{dét } g)^2 = \text{dét } a$.

BIBLIOGRAPHIE

[ABP] M. ATIYAH, R. BOTT et V. K. PATODI - Inventiones Math., 19 (1973), 279-330.

[BGM] M. BERGER, P. GAUDUCHON et E. MAZET - Lecture notes in Math., 194 (1971), Springer-Verlag.

[G] P. GILKEY - A paraître dans Advances in Mathematics.

[GA] M. P. GAFFNEY - Comm. Pure and Applied Math., XI (1958), p. 535-545.

[MS] H. P. McKEAN et I. M. SINGER - Journal of differential geometry, 1 (1967), p. 43-69.

[MP] S. MINAKSHISUNDARAM et A. PLEIJEL - Canad. J. Math., 1 (1949), p. 242-256.

[P] V. K. PATODI - J. of differential geometry, 5 (1971), p. 233-249.

[S_1] R. T. SEELEY - Proc. of Symp. in pure math., X (1967), p. 288-307.

[S_2] R. T. SEELEY - Amer. J. of Math., 91 (1969), p. 963-983.

Séminaire BOURBAKI 440-01
26e année, 1973/74, n° 440 Novembre 1973

TRAVAUX DE S.S. CHERN ET J. SIMONS SUR LES CLASSES CARACTÉRISTIQUES

par Jean-Louis KOSZUL

Il s'agit d'un prolongement de la Théorie de Chern-Weil. Soient G un groupe de Lie, $\mathfrak{g}$ son algèbre de Lie et $I(G)$ l'algèbre graduée des fonctions polynômiales à valeurs réelles sur $\mathfrak{g}$ qui sont invariantes par l'action adjointe de G. Soit $\pi : E \to M$ une fibration principale $\mathcal{C}^\infty$ de base M et de groupe G. Le choix d'une forme de connexion γ sur E détermine un homomorphisme W_γ de $I(G)$ dans l'algèbre $\mathcal{D}(M)$ des formes différentielles sur M. Cet homomorphisme double les degrés ; pour tout $P \in I^\ell(G)$, $W_\gamma P$ est une forme fermée de degré 2ℓ. Les classes de cohomologie des images de W_γ sont les classes caractéristiques réelles de la fibration. Pour $\ell > 0$ et $P \in I^\ell(G)$, l'image réciproque de $W_\gamma P$ par π est une forme exacte sur E. Il existe en fait un homomorphisme $T_\gamma : I^\ell(G) \to \mathcal{D}^{2\ell-1}(E)$, ne dépendant que de la connexion γ tel que $\pi^*(W_\gamma P) = d\,T_\gamma P$. Lorsque $W_\gamma P = 0$, $T_\gamma P$ est donc une forme fermée qui détermine une classe de cohomologie appartenant à $H^{2\ell-1}(E, \mathbb{R})$. Les classes qui s'obtiennent ainsi ont été étudiées pour la première fois par Chern et Simons dans [3]. Ils ont montré que si $E \to M$ est le fibré des repères de M muni de la connexion γ définie par une structure riemannienne sur M, la classe de cohomologie de $T_\gamma P$ est un invariant de la structure conforme de M. Ces invariants conduisent à des obstructions cohomologiques à l'existence d'une immersion conforme de M dans un espace euclidien. Dans la recherche de ces obstructions interviennent des propriétés d'intégralité des classes définies par les formes $T_\gamma P$ correspondant à certains polynômes P liés aux classes de cohomologie entière du classifiant. Guidé par ces propriétés, Simons a montré dans [10] que l'objet qu'il convient d'associer à un tel polynôme P n'est pas une classe de cohomologie de degré $2\ell - 1$ de E, mais un <u>caractère</u> à valeurs dans $\mathbf{R}/\mathbf{Z}$ sur le groupe des cycles de degré $2\ell - 1$ de la base. Ce caractère peut être défini même si $W_\gamma P \neq 0$. On s'écarte là sensiblement des constructions qui conduisent aux invariants du type Godbillon-Vey d'un feuilletage. Dans ces dernières, on doit supposer que $T_\gamma P$ est une forme fermée basique par rapport à un sous-groupe compact maximal de G et on déduit de $T_\gamma P$ une classe de cohomologie réelle de la base.

Les caractères que Simons associe à une fibration principale munie d'une connexion ont rarement une signification géométrique simple. Lorsque $G = SO(2)$, ils décrivent l'holonomie de la fibration. Leur étude a débouché notamment sur de nouveaux résultats concernant les immersions conformes et la cohomologie de certains espaces classifiants [1], [4], [7], [10].

1. Les homomorphismes W_γ et T_γ

Comme plus haut, $\pi : E \to M$ désigne une fibration principale de groupe G et γ désigne une (forme de) connexion sur E. La forme γ est une forme différentielle de degré 1 sur E à valeurs dans $\mathfrak{g}$ qui est G-équivariante et vérifie la condition $\gamma(ya) = a$ quels que soient $y \in E$ et $a \in \mathfrak{g}$. La forme de courbure de γ est la forme $\Omega = d\gamma + \frac{1}{2}[\gamma,\gamma]$. Pour tout entier $\ell > 0$, on identifie $I^\ell(G)$ à l'espace des formes linéaires symétriques sur $\overset{\ell}{\otimes}\mathfrak{g}$ qui sont invariantes par G. L'homomorphisme W_γ est alors défini par

$$(1.1) \qquad W_\gamma P = P(\overbrace{\Omega \wedge \dots \wedge \Omega}^{\ell})$$

pour $P \in I^\ell(G)$. Noter que dans cette formule, la puissance extérieure

$\Omega^{\ell} = \Omega \wedge \ldots \wedge \Omega$ de Ω s'obtient en considérant Ω comme une forme différentielle à valeurs dans l'algèbre tensorielle de $\mathfrak{g}$. Pour tout $P \in I^{\ell}(G)$, $W_\gamma P$ est une forme différentielle de degré 2ℓ sur E . Puisque P est invariante par G , c'est une forme basique. On notera encore $W_\gamma P$ la forme différentielle sur M qui lui correspond par l'injection $\pi^* : \mathcal{D}(M) \to \mathcal{D}(E)$.

L'homomorphisme de transgression T_γ est défini pour $P \in I^{\ell}(G)$ par

(1.2) $$T_\gamma P = \ell \int_0^1 P(\gamma \wedge \overbrace{\Omega_t \wedge \ldots \wedge \Omega_t}^{\ell - 1})\, dt$$

où $\Omega_t = t(d\gamma) + \frac{t^2}{2}[\gamma,\gamma]$. On a $T_\gamma P \in \mathcal{D}^{2\ell-1}(E)$ et

(1.3) $$dT_\gamma P = W_\gamma P .$$

Si $\gamma(s)$ est une famille différentiable de connexions sur E , on a pour toute valeur du paramètre s :

(1.4) $$\frac{d}{ds} W_{\gamma(s)} P = \ell\, d(P(\Delta(s) \wedge \overbrace{\Omega(s) \wedge \ldots \wedge \Omega(s)}^{\ell - 1})) ,$$

où $\Delta(s) = \frac{d}{ds}\gamma(s)$ et où $\Omega(s)$ est la forme de courbure de $\gamma(s)$ (cf. [5]). Les formes $\Delta(s)$ étant G-équivariantes et nulles sur les vecteurs verticaux, la forme $P(\Delta(s) \wedge \Omega(s) \wedge \ldots)$ est basique quel que soit s . La relation (1.4) montre donc que la classe de cohomologie de $W_\gamma P$ est un élément de $H^{2\ell}(M, R)$ indépendant du choix de la connexion γ . On obtient ainsi un homomorphisme $w : I(G) \to H^*(M, R)$ qui double les degrés ; c'est l'homomorphisme de Weil de la fibration $E \to M$.

2. Anneau $K(G)$

On désigne par B_G un espace classifiant pour les fibrations de groupe G et par U_G un fibré principal universel de groupe G et de base B_G . Soit ξ une fibration principale $\mathcal{C}^\infty$ de groupe G et de base M . Soit w_ξ l'homomorphisme de Weil de ξ . Tous les morphismes de ξ dans la fibration $U_G \to B_G$ sont homotopes et définissent le même homomorphisme "caractéristique" $b_\xi : H^*(B_G , \ ) \to H^*(M , \ )$. On montre qu'il existe un homomorphisme canonique $w : I(G) \to H^*(B_G , \mathbf{R})$ tel que, pour toute fibration ξ de groupe G , $b_\xi \circ w = w_\xi$.

Dans la suite, on supposera que le nombre des composantes connexes de G est fini. L'homomorphisme w est alors surjectif. De plus, pour ℓ impair, $H^\ell(B_G , \mathbf{R}) = 0$.

On note $K(G)$ le sous-anneau de $I(G) \times H^*(B_G , \mathbf{Z})$ formé par les couples (P,u) tels que

$$w(P) = r(u) ,$$

où r est l'homomorphisme canonique $H^*(B_G , \mathbf{Z}) \to H^*(B_G , \mathbf{R})$. Cet anneau est gradué par les sous-groupes $K^\ell(G) = K(G) \cap (I^\ell(G) \times H^{2\ell}(B_G , \mathbf{R}))$.

Remarques.- Puisque $w : I(G) \to H^*(B_G , \mathbf{R})$ est surjective, la projection de $K(G)$ dans $H^*(B_G , \mathbf{Z})$ est surjective. Si G est compact, alors w est un isomorphisme et $K(G)$ est isomorphe à $H^*(B_G , \mathbf{Z})$. Dans le cas général, si H est un sous-groupe compact maximal de G , w se factorise en $w = w' \circ \lambda$ où λ est l'homomorphisme canonique de $I(G)$ dans $I(H)$ et où w' est un isomorphisme de $I(H)$ sur $H^*(B_G , \mathbf{R})$. Le noyau de la projection $K(G) \to H^*(B_G , \mathbf{Z})$ est alors $\mathrm{Ker}(\lambda) \times 0$.

Soient ξ une fibration principale de groupe G et w_ξ son homomorphisme de Weil. Pour tout $(P,u) \in K^\ell(G)$, on a $w_\xi P = b_\xi(w P) = b_\xi(r u) = r(b_\xi u)$. Quelle que soit la connexion γ sur ξ , $W_\gamma P$ est donc une forme fermée à périodes entières appartenant à la classe $r(b_\xi u)$. C'est le point de départ de la construction qui sera faite au numéro 4.

3. Caractères différentiels

Soit M une variété $\mathcal{C}^\infty$. On utilisera dans la suite le complexe $C(M)$ des chaînes singulières cubiques $\mathcal{C}^\infty$ dans M . On note $Z_\ell(M)$ le groupe des cycles de degré ℓ dans $C(M)$ et $B_\ell(M)$ le groupe des bords $\partial C_{\ell+1}(M)$.

Soit ω une forme différentielle fermée de degré ℓ sur M . On l'identifie à une cochaîne singulière à valeurs dans R en posant $\omega(c) = \int_c \omega$ pour tout $c \in C_\ell(M)$. Supposons que les périodes de ω soient entières. Il existe alors une classe $u \in H^\ell(M, \mathbf{Z})$ telle que ω appartienne à la classe $r(u)$. La classe u étant choisie, soit a un cocycle singulier à valeurs entières appartenant à u . Considéré comme cochaîne à valeurs réelles, $\omega - a$ est un cobord. Soit φ une cochaîne de degré $\ell - 1$ à valeurs dans R telle que $\omega - a = d\varphi$. Notons $t \mapsto \bar{t}$ le passage au quotient $R \to R/\mathbf{Z}$. L'application $\bar{\varphi}$ est un caractère du groupe $C_{\ell-1}(M)$ dont la restriction à $B_{\ell-1}(M)$ est donnée par $\bar{\varphi}(\partial c) = \overline{d\varphi(c)} = \overline{\omega(c)}$ quel que soit $c \in C_\ell(M)$. Cette restriction est donc déterminée par ω . Pour le reste $\bar{\varphi}$ dépend des choix de u , a et φ .

Dans [1], Cheeger et Simons appellent caractère différentiel (de degré ℓ) sur M un caractère χ du groupe $Z_{\ell-1}(M)$ ayant la propriété suivante : il existe une forme différentielle ω_χ de degré ℓ sur M telle que

(3.1) $$\chi \circ \partial = \overline{\omega_\chi} \qquad \text{sur } C_\ell(M) .$$

Les caractères différentiels de degré ℓ sur M forment un sous-groupe $S^\ell(M)$ du groupe $\mathrm{Hom}(Z_{\ell-1}(M), R/\mathbf{Z})$ et S^ℓ est un foncteur contravariant sur la catégorie des variétés $\mathcal{C}^\infty$.

La relation (3.1) détermine ω_χ à partir de χ . En effet, une forme différentielle ω telle que $\omega(c) \in \mathbf{Z}$ pour tout $c \in C_\ell(M)$ est nécessairement la forme nulle. Pour tout $\chi \in S^\ell(M)$, ω_χ est une forme fermée à périodes entières.

L'application $\chi \mapsto \omega_\chi$ est un homomorphisme. Pour tout $\chi \in S^\ell(M)$, il existe une cochaîne réelle f de degré $\ell - 1$ telle que $\overline{f(z)} = \chi(z)$ quel que soit $z \in Z_{\ell-1}(M)$. La cochaîne $\omega_\chi - df$ est un cocycle à valeurs dans $\mathbb{Z}$. Sa classe $u_\chi \in H^\ell(M, \mathbb{Z})$ *est indépendante du choix de* f . En effet, si g est une autre cochaîne réelle de degré $\ell - 1$ telle que $\overline{g(z)} = \chi(z)$, $f - g$ prend des valeurs entières sur $Z_{\ell-1}(M)$ et on peut donc l'écrire $f - g = h + db$ où $h \in C^{\ell-1}(M, \mathbb{Z})$ et où $b \in C^{\ell-2}(M, \mathbb{R})$. On a alors $\omega_\chi - df = \omega_\chi - dg - dh$. L'application $\chi \mapsto u_\chi$ est un homomorphisme de $S^\ell(M)$ dans $H^\ell(M, \mathbb{Z})$.

Il est clair que pour tout $\chi \in S^\ell(M)$, la classe de cohomologie de ω_χ est $r(u_\chi)$. Le raisonnement fait plus haut montre que $\chi \mapsto (\omega_\chi , u_\chi)$ *est un homomorphisme du groupe* $S^\ell(M)$ *sur le sous-groupe de* $\mathcal{D}^\ell(M) \times H^\ell(M, \mathbb{Z})$ *formé par les couples* (ω, u) *tels que* $d\omega = 0$ *et* $\omega \in r(u)$. Cet homomorphisme n'est en général pas injectif. Le caractère χ n'est qu'en partie déterminé par ω_χ et u_χ . La forme ω_χ donne la restriction du caractère χ aux bords. Pour la suite, il est important de remarquer que *le couple* (ω_χ , u_χ) *détermine* χ *sur le groupe* $Z^{tor}_{\ell-1}(M)$ *des cycles de torsion* de degré $\ell - 1$. Soient en effet $z \in Z^{tor}_{\ell-1}(M)$, m un entier > 0 et $y \in C_\ell(M)$ tels que $mz = \partial y$. Choisissons un cocycle c de la classe u_χ et une cochaîne réelle f telle que $\overline{f} = \chi$ sur $Z_{\ell-1}(M)$. Pour tout $z \in Z_{\ell-1}(M)$, on a

$$\chi(z) = \overline{f(z)} = \overline{\frac{1}{m}\, f(mz)} = \overline{\frac{1}{m}\, f(dy)} = \overline{\frac{1}{m}\, (df)(y)} .$$

Puisque $\omega_\chi - df$ est un cocycle de la classe u_χ , il existe une cochaîne b de degré $\ell - 1$ à valeurs entières telle que $\omega_\chi - df = c + db$. On a donc

$$\chi(z) = \overline{\frac{1}{m}\, (\omega_\chi(y) - c(y) - b(dy))} = \overline{\frac{1}{m}\, (\omega_\chi(y) - c(y))} .$$

Exemple.- Soient $E \to M$ une fibration principale de groupe $SO(2)$ munie d'une connexion et Ω la forme de courbure. Pour tout chemin fermé c dans M, soit $\chi(c)$ l'élément de $\mathbb{R}/\mathbb{Z}$ tel que l'holonomie le long de c soit une rotation d'angle $2\pi\,\chi(c)$. La fonction χ se prolonge d'une manière et d'une seule en un caractère de $Z_1(M)$ de sorte que $\chi(\partial x) = \overline{\frac{1}{2\pi}\int_x \Omega}$ pour tout $x \in C_2(M)$ On obtient ainsi un caractère différentiel. Si M est un cercle, on a $\omega_\chi = u_\chi = 0$. Si la connexion n'est pas globalement plate, on a $\chi \neq 0$.

Les caractères différentiels sont invariants par subdivision. Si $\Delta : C(M) \to C(M)$ est l'endomorphisme de subdivision, il existe un opérateur d'homotopie ψ tel que $I - \Delta = \partial\psi + \psi\partial$. On peut choisir ψ de sorte que pour tout cube singulier σ l'image de $\psi(\sigma)$ soit contenue dans celle de σ. Si $\chi \in S^\ell(M)$, pour tout cycle z de degré $\ell - 1$, on a

$\chi(\Delta z) = \chi(z) - \chi(\partial\psi(z)) = \chi(z) - \overline{\omega_\chi(\psi(z))}$. Or $\omega_\chi(\psi(\sigma)) = 0$ pour tout cube singulier σ de dimension $\ell - 1$. Par conséquent $\chi(\Delta z) = \chi(z)$.

Pour qu'un caractère différentiel $\chi \in S^\ell(M)$ soit nul sur les bords de degré $\ell - 1$, il faut et il suffit que $\omega_\chi = 0$. Si $\omega_\chi = 0$, χ définit une classe appartenant à $H^{\ell-1}(M, \mathbb{R}/\mathbb{Z})$; on voit facilement que cette classe a pour Bokstein $-u_\chi \in H^\ell(M, \mathbb{Z})$.

Dans [1], Cheeger et Simons définissent sur $\oplus S^\ell(M)$ une structure d'algèbre graduée anticommutative telle que $\chi \mapsto \omega_\chi$ et $\chi \mapsto u_\chi$ soient des homomorphismes d'algèbres. Pour tout sous-anneau propre Λ de $\mathbb{R}$, ils définissent aussi des caractères différentiels à valeurs dans $\mathbb{R}/\Lambda$ qui jouissent des mêmes propriétés que ceux dont il est question plus haut.

4. Caractères différentiels associés aux éléments de $K(G)$

On désigne par $\mathcal{E}(G)$ la catégorie des fibrations principales de groupe G munies d'une connexion. Si ξ est un objet de $\mathcal{E}(G)$, on note respectivement E_ξ , M_ξ et γ_ξ l'espace fibré, la base et la forme de connexion de ξ . Un morphisme $\varphi : \xi \to \eta$ est une application différentiable G-équivariante $\varphi_E : E_\xi \to E_\eta$ telle que $\gamma_\eta \circ \varphi_E^T = \gamma_\xi$. On note φ_M l'application de M_ξ dans M_η qui s'en déduit par passage aux quotients. Les homomorphismes W_{γ_ξ} et T_{γ_ξ} définis au numéro 1 seront notés W_ξ et T_ξ . Si $\varphi : \xi \to \eta$ est un morphisme on a $\varphi_M^* \circ W_\eta = W_\xi$ et $\varphi_E^* \circ T_\eta = T_\xi$.

Soient $(P,u) \in K^\ell(G)$ et ξ un objet de $\mathcal{E}(G)$. On pose $u(\xi) = b_\xi(u) \in H^{2\ell}(M_\xi , \mathbf{Z})$. Puisque $w_\xi P = b_\xi(w P) = b_\xi(r(u)) = r(u(\xi))$, il existe des caractères différentiels $\chi \in S^{2\ell}(M_\xi)$ tels que $\omega_\chi = W_\xi P$ et $u_\chi = u(\xi)$. Tous ces caractères coïncident sur les cycles de torsion.

4.1 THÉORÈME (Simons [10]).- <u>Soit</u> $(P,u) \in K^\ell(G)$. <u>Il existe pour tout</u> $\xi \in \mathcal{E}(G)$ <u>un caractère différentiel</u> $\chi(\xi) \in S^{2\ell}(M_\xi)$ <u>et un seul tel que</u>

a) $\omega_{\chi(\xi)} = W_\xi P$,

b) $u_{\chi(\xi)} = u(\xi)$,

c) <u>si</u> $\varphi : \xi \to \eta$ <u>est un morphisme,</u> $\chi(\xi) = \chi(\eta) \circ \varphi_M$.

La démonstration repose sur l'existence pour tout entier N d'un objet η de $\mathcal{E}(G)$ qui est " N-classifiant " dans le sens suivant (cf. Narashiman-Ramanan [9]) : 1) quel que soit $\xi \in \mathcal{E}(G)$ avec $\dim M < N$, il existe un morphisme $\varphi : \xi \to \eta$,

2) si φ et ψ sont deux morphismes de ξ dans η , les applications

φ_E et ψ_E sont homotopes dans l'espace des applications G-équivariantes de E_ξ dans E_η . Pour N est assez grand, si η est N-classifiant, on a $H^{2\ell-1}(M_\eta , R) = H^{2\ell-1}(B_G , R) = 0$, donc $Z_{2\ell-1}(M_\eta) = Z^{tor}_{2\ell-1}(M_\eta)$. Le caractère $\chi(\eta)$ est donc déterminé par les conditions a) et b). Cela étant, soit $\xi \in \mathcal{E}(G)$; on choisit un objet N-classifiant η tel que $N > \dim M_\xi$ et $Z_{2\ell-1}(M_\eta) = Z^{tor}_{2\ell-1}(M_\eta)$. On pose $\chi(\xi) = \chi(\eta) \circ \varphi_M$ où φ est un morphisme de ξ dans η . On montre que le caractère ainsi obtenu est indépendant des choix de φ et de η . Le comportement des formes $W_\xi P$ et des classes $u(\xi)$ vis à vis des morphismes permet alors de vérifier les conditions a), b) et c).

On note dans la suite $S_{P,u}(\xi)$ le caractère appartenant à $S^\ell(M_\xi)$ qui est défini par le théorème 4.1. Il détermine la forme $W_\xi P$, et la classe caractéristique $u(\xi)$.

4.2 <u>La valeur de</u> $S_{P,u}(\xi)$ <u>sur la projection</u> πz <u>d'un cycle</u> z <u>de</u> E <u>se calcule au moyen de la forme</u> $T_\xi P$. <u>Plus précisément,</u>

$$S_{P,u}(\xi) \circ \pi = \overline{T_\xi P} \qquad \underline{\text{sur}}\ Z_{2\ell-1}(E_\xi) .$$

En utilisant un morphisme de ξ dans un objet N-classifiant convenable, on se ramène au cas où z est le bord d'une chaîne $y \in C_{2\ell}(E_\xi)$. Dans ce cas,

$$(S_{P,u}(\xi))(\pi z) = (S_{P,u}(\xi))(\partial\pi y) = \overline{(W_\xi P)(y)} = \overline{(dT_\xi P)(y)} = \overline{(T_\xi P)(z)} .$$

Si la connexion γ_ξ est globalement plate, la fibration ξ est trivialisable et il existe un morphisme de ξ dans un objet de $\mathcal{E}(G)$ dont la base est réduite à un point. Par suite $S_{P,u}(\xi) = 0$ quel que soit $(P,u) \in K(G)$.

La manière dont $S_{P,u}(\xi)$ dépend de la connexion γ_ξ est décrite par le résultat suivant ([1]) :

4.3 THÉORÈME (Simons, [10]).- Soit $\xi(s)$ une famille d'objets de $\mathcal{E}(G)$ ayant même fibration principale sous-jacente $E \to M$ et dépendant différentiablement d'un paramètre réel s . Soit $\gamma(s)$ la connexion de $\xi(s)$ et $\Omega(s)$ la forme de courbure de $\gamma(s)$. Pour tout $(P,u) \in K^{\ell}(G)$, on a sur $Z_{2\ell-1}(M)$:

$$S_{P,u}(\xi(1)) - S_{P,u}(\xi(0)) = \ell \int_0^1 P\left(\frac{d}{ds}\gamma(s) \wedge \Omega(s) \ldots \Omega(s)\right) ds .$$

Sur les cycles de torsion, l'égalité résulte de la relation (1.4). Le cas général s'en déduit en montrant qu'il existe une fibration principale $E' \to M'$ avec $H^{2\ell-1}(M', \mathbb{R}) = 0$, une famille différentiable $\gamma'(s)$ de connexions sur E' et un morphisme φ de $E \to M$ dans $E' \to M'$ tels que $\gamma(s) = \gamma'(s)\varphi^T$ pour tout s .

5. Caractères associés aux classes de Pontrjagin et invariants conformes

Soient M une variété différentielle de dimension n et $\mathcal{R}$ le fibré des repères de TM . On note $\theta : T\mathcal{R} \to \mathbb{R}^n$ la forme différentielle canonique de $\mathcal{R}$. Soient γ_0 et γ_1 deux connexions sur $\mathcal{R}$. Puisque $\gamma_1 - \gamma_0$ est nulle sur les vecteurs verticaux qui sont les vecteurs annulés par θ , on peut factoriser $\gamma_1 - \gamma_0$ et écrire $\gamma_1 - \gamma_0 = 2\rho \circ \theta$ où ρ est une application $\mathcal{C}^\infty$ de $\mathcal{R}$ dans $\mathrm{Hom}(\mathbb{R}^n, \mathfrak{gl}(n, \mathbb{R}))$. On suppose maintenant que γ_0 et γ_1 ont même torsion. On a alors $d\theta + [\gamma_0, \theta] = d\theta + [\gamma_1, \theta]$, donc $[\gamma_1 - \gamma_0, \theta] = 0$. Ceci signifie que

$$(\rho(a)\theta(u))(\theta(v)) - (\rho(a)\theta(v))(\theta(u)) = 0$$

quel que soit $a \in \mathcal{R}$ et $u, v \in T_a\mathcal{R}$. Considérée comme forme bilinéaire sur $\mathbb{R}^n$ à valeurs dans $\mathbb{R}^n$, $\rho(a)$ est donc une forme symétrique.

Soient G un sous-groupe fermé de $G\ell(n, \mathbb{R})$, $\mathfrak{g}$ son algèbre de Lie et E un sous-fibré principal différentiable de groupe G dans $\mathcal{R}$. Supposons que les connexions γ_0 et γ_1 soient les prolongements à $\mathcal{R}$ de connexions sur E . Dans ce cas, $\gamma_1(u) - \gamma_0(u) \in \mathfrak{g}$ pour tout vecteur u dont l'origine est dans E. Ceci montre que, pour tout $a \in E$, $\rho(a)$ appartient au premier prolongement $\mathfrak{g}^{(1)}$ de $\mathfrak{g}$.

On va appliquer ces remarques au cas où γ_0 et γ_1 sont les connexions de torsion nulle définies par deux métriques riemanniennes conformes g^0 et g^1 sur M. Soit E le sous-fibré principal de groupe $CO(n) \subset G\ell(n, \mathbb{R})$ formé par les repères conformes pour g^0 ou g^1. Les formes γ_0 et γ_1 sont les prolongements de formes de connexion sur E. Par conséquent, sur E, on a $\gamma_1 - \gamma_0 = 2\rho\theta$ où ρ est une application différentiable de E dans le premier prolongement $\mathfrak{co}(n)^{(1)}$ de l'algèbre de Lie $\mathfrak{co}(n)$ de $CO(n)$. Cela signifie que, sur E, la matrice de ρ est de la forme

(5.1) $$\rho^k_{ij} = \tfrac{1}{2}(c_j\,\delta_{ik} + c_i\,\delta_{jk} - c_k\,\delta_{ij}),$$

où (c_i) est la matrice d'une application différentiable de E dans $\mathbb{R}^n$.

5.2 Lemme (Chern-Simons, [2]).- Pour tout entier $\ell > 0$, soit Q_ℓ l'élément de $I^\ell(G\ell(n, \mathbb{R}))$ défini par $Q_\ell(X) = \operatorname{Tr} X^\ell$. Si $\Omega(s)$ est la courbure de la connexion $\gamma(s) = (1 - s)\gamma_0 + s\gamma_1$, on a pour tout $s \in \mathbb{R}$ et tout ℓ pair :

$$Q_\ell((\gamma_1 - \gamma_0) \wedge \Omega(s) \wedge \ldots \wedge \Omega(s)) = 0 .$$

Puisque $Q_\ell((\gamma_1 - \gamma_0) \wedge \Omega(s) \wedge \ldots \wedge \Omega(s))$ est une forme basique, il suffit de démontrer l'égalité sur E. D'après (5.1), la restriction de $\gamma_1 - \gamma_0$ à E a une matrice de la forme $(\Sigma\, c_i \theta^i)\delta_{jk} + c_j\theta^k - c_k\theta^j$. Dans le calcul de $Q_\ell((\gamma_1 - \gamma_0) \wedge \Omega(s) \wedge \ldots \wedge \Omega(s))$, les termes provenant de $(\Sigma\, c_i\theta^i)\delta_{jk}$ sont nuls du fait que $\Omega(s)$ est à valeurs dans $\mathfrak{o}(n)$ et que par suite $Q_{\ell-1}(\Omega(s)) = 0$. Les autres donnent 0 du fait que $\theta \wedge \Omega(s) = 0$ (identité de Bianchi).

Kobayashi et Ochiai démontrent le Lemme (5.2), ainsi que des résultats analogues s'appliquant aux connexions projectivement équivalentes, par un procédé qui explique mieux les choses (cf. [6]). Ils considèrent l'algèbre de Lie $\mathfrak{h} = R^n \oplus \mathcal{CO}(n) \oplus \mathcal{CO}(n)^{(1)}$; c'est une sous-algèbre de l'algèbre de Lie des champs de vecteurs polynômiaux sur R^n qui est isomorphe à $\mathcal{O}(n+1\,,1)$. Ils observent que $2\rho \circ \theta$ peut s'écrire en utilisant le crochet de $\mathfrak{h}$ sous la forme $[\rho,\theta]$. Par suite, si Q est une fonction polynômiale sur $\mathfrak{h}$ invariante par la représentation adjointe de $\mathfrak{h}$, l'identité de Bianchi donne tout de suite $Q((2\rho \circ \theta)\wedge \Omega(s) \wedge \ldots \wedge \Omega(s)) = 0$ (sur E). Il suffit donc de vérifier que, pour ℓ pair, Q_ℓ coïncide sur $\mathcal{CO}(n)$ avec la restriction d'une fonction polynômiale invariante sur $\mathfrak{h}$.

5.3 THÉORÈME (Simons, [10]).- <u>Soit</u> M <u>une variété de dimension</u> n . <u>Soient</u> g^0 <u>et</u> g^1 <u>deux métriques riemanniennes conformes sur</u> M <u>et</u> ξ_0 (resp. ξ_1) <u>le fibré des repères de</u> TM <u>muni de la connexion définie par</u> g^0 (resp. g^1). <u>Pour tout</u> $(P,u) \in K(G\ell(n\,,R))$, <u>on a</u>

$$S_{P,u}(\xi_0) = S_{P,u}(\xi_1) .$$

Supposons que $(P,u) \in K^\ell(G\ell(n\,,R))$. Si ℓ est impair, on a $S_{(P,u)}(\xi_0) = S_{(P,u)}(\xi_1)$ parce que, les connexions étant riemanniennes, $W_{\xi_0}(P) = W_{\xi_1}(P) = 0$. Supposons ℓ pair. Puisque P est un polynôme en les Q_i , on déduit de (5.2) que

$$P((\gamma_1 - \gamma_0)\wedge \Omega(s)\wedge \ \ldots \wedge \Omega(s)) = 0 .$$

L'assertion résulte alors du théorème 4.3.

Pour $i = 1\,,2\,,\ldots,\left[\frac{n}{2}\right]$, on note p_i la i-ème classe de Pontrjagin de $B_{G\ell(n\,,R)}$. Si $P_i(X)$ est le coefficient de λ^{n-2i} dans $\det(\lambda - X)$ pour $X \in \mathfrak{gl}(n\,,R)$, alors $P_i \in I^{2i}(G\ell(n\,,R))$ et $w(P_i) = r(p_i)$. On a donc $(P_i\,,p_i) \in K^{2i}(G\ell(-n\,,R))$. Le théorème 5.3 montre que les $S_{P_i\,,\,p_i}$, appliqués aux fibrés de repères des variétés riemanniennes, donnent des invariants conformes.

6. Caractères et fibrations vectorielles inverses

On désigne par n et k deux entiers > 0 . Soit $\mathfrak{G}_{n,k}$ la variété grassmannienne des sous-espaces de dimension k dans $\mathbb{R}^{n+k}$. On identifie $\mathfrak{G}_{n,k}$ et $\mathfrak{G}_{k,n}$ par la bijection qui associe à un sous-espace de $\mathbb{R}^{n+k}$ le sous-espace orthogonal pour la structure euclidienne canonique. Soit $V_{n,k}$ le sous-fibré vectoriel de rang k du fibré trivial $\mathbb{R}^{n+k} \times \mathfrak{G}_{n,k}$ ensemble des couples (x,a) avec $x \in a$. Le fibré $V_{n,k} \oplus V_{k,n}$ est canoniquement isomorphe à $\mathbb{R}^{n+k} \times \mathfrak{G}_{n,k}$. Cette trivialisation de $V_{n,k} \oplus V_{k,n}$ définit une connexion linéaire globalement plate qui induit des connexions linéaires canoniques dans $V_{n,k}$ et $V_{k,n}$. Le groupe $O(n+k)$ opère dans $\mathbb{R}^{n+k} \times \mathfrak{G}_{n,k}$ par action simultanée dans les deux facteurs. La connexion plate et les sous-fibrés $V_{n,k}$, $V_{k,n}$ sont invariants par $O(n+k)$. Par conséquent $O(n+k)$ laisse invariantes les connexions linéaires canoniques de $V_{n,k}$ et $V_{k,n}$. Soit η (resp. ξ) l'objet de $\mathcal{E}(G\ell(k,\mathbb{R}))$ (resp. $\mathcal{E}(G\ell(n,\mathbb{R}))$) défini par $V_{n,k}$ (resp. $V_{k,n}$) et sa connexion canonique. La forme de connexion γ_ξ est invariante par l'action de $O(n+k)$ dans le fibré des repères de $V_{k,n}$. Par suite, pour tout $P \in I(G\ell(n,\mathbb{R}))$, $W_\xi P$ est une forme sur $\mathfrak{G}_{k,n}$ qui est invariante par $O(n+k)$.

Puisque $V_{n,k} \oplus V_{k,n}$ est trivialisable, on a

$$(6.1) \qquad (1 + p_1(\xi) \dots p_{[\frac{n}{2}]}(\xi))(1 + p_1(\eta) \dots p_{[\frac{k}{2}]}(\eta)) = 1 .$$

Pour tout entier $i \geq 0$, on définit $p_i^\perp \in H^{4i}(B_{G\ell(n,\mathbb{R})}, \mathbb{Z})$ par la condition

$$(1 + p_1 + \dots + p_{[\frac{n}{2}]})(p_0^\perp + p_1^\perp + \dots) = 1 .$$

De même, on définit pour tout $i \geq 0$ un polynôme $P_i^\perp \in I^{2i}(G\ell(n,\mathbb{R}))$ par la condition

$$(1 + P_1 + \dots + P_{[\frac{n}{2}]})(P_0^\perp + P_1^\perp + \dots) = 1 .$$

Pour tout i , on a alors $(P_i^{\perp}, p_i^{\perp}) \in K^{2i}(G\ell(n, \mathbb{R}))$ et la relation (6.1) montre que $p_i^{\perp}(\xi) = p_i(\eta)$ pour $1 \leq i \leq \left[\frac{k}{2}\right]$ et que $p_i^{\perp}(\xi) = 0$ pour $i > \left[\frac{k}{2}\right]$. Il en résulte que $W_\xi P_i^{\perp} - W_\eta P_i$ est une forme exacte pour $1 \leq i \leq \left[\frac{k}{2}\right]$ et que $W_\xi P_i^{\perp}$ est exacte pour $i > \left[\frac{k}{2}\right]$. Comme ces formes sont invariantes par $O(n + k)$ et que $G_{k,n}$ est un espace symétrique de groupe $O(n + k)$, ceci entraîne que $W_\xi P_i^{\perp} = W_\eta P_i$ pour $1 \leq i \leq \left[\frac{k}{2}\right]$ et $W_\xi P_i^{\perp} = 0$ pour $i > \left[\frac{k}{2}\right]$. Tous les cycles de degré impair sur $G_{k,n}$ étant de torsion, il en résulte que

(6.2) $$S_{P_i^{\perp}, p_i^{\perp}}(\xi) = S_{P_i, p_i}(\eta) \qquad 1 \leq i \leq \left[\frac{k}{2}\right] ,$$

$$S_{P_i^{\perp}, p_i^{\perp}}(\xi) = 0 \qquad i > \left[\frac{k}{2}\right] .$$

On va passer de ce résultat à un résultat sur les caractères de deux fibrés vectoriels inverses. Deux fibrés vectoriels V et $V^{\perp}$, munis de connexions ∇ et $\nabla^{\perp}$ sont dits <u>inverses</u> s'ils ont même base et s'il existe sur $V \oplus V^{\perp}$ une connexion linéaire globalement plate induisant respectivement par projection ∇ et $\nabla^{\perp}$ sur V et $V^{\perp}$.

Si V est un fibré vectoriel de rang n muni d'une connexion linéaire ∇ , le fibré des repères de V et la forme de connexion définie par ∇ constituent un objet ξ de $\mathcal{E}(G\ell(n, \mathbb{R}))$. On posera pour alléger :

$$S_{P_i, p_i}(\xi) = S_{p_i}(\nabla) \quad , \quad S_{P_i^{\perp}, p_i^{\perp}}(\xi) = S_{p_i^{\perp}}(\nabla) .$$

6.3 THÉORÈME (Cheeger, Simons, [1]).- <u>Soit</u> V (resp. $V^{\perp}$) <u>un fibré vectoriel muni d'une connexion linéaire</u> ∇ (resp. $\nabla^{\perp}$). <u>Si</u> (V,∇) <u>et</u> $(V^{\perp},\nabla^{\perp})$ <u>sont inverses et si</u> $V^{\perp}$ <u>est de rang</u> k , <u>on a</u>

$$S_{p_i^{\perp}}(\nabla) = S_{p_i}(\nabla^{\perp}) \qquad \text{pour } 1 \leq i \leq \left[\frac{k}{2}\right] ,$$

$$S_{p_i^{\perp}}(\nabla) = 0 \qquad \text{pour } i > \left[\frac{k}{2}\right] .$$

On fera la démonstration dans le cas particulier suivant qui suffit pour les principales applications (cf. [10]) : on suppose que sur $V \oplus V^{\perp}$, en plus de la connexion globalement plate induisant ∇ et $\nabla^{\perp}$, il existe une structure euclidienne dans les fibres, invariante par transport parallèle et telle que en tout point a de la base M, V_a et $V_a^{\perp}$ soient orthogonales. Soit n le rang de V. Le choix d'une base orthonormale de sections plates de $V \oplus V^{\perp}$ définit une application f de M dans $G_{k,n}$ telle que $V = f^*V_{k,n}$ et $V^{\perp} = f^*V_{n,k}$. La connexion ∇ (resp. $\nabla^{\perp}$) est l'image réciproque de la connexion linéaire canonique de $V_{k,n}$ (resp. $V_{n,k}$). Le théorème s'obtient donc en transportant sur M les relations (6.2).

La démonstration du cas général (cf. [1]) repose sur des formules explicitant les caractères S_{p_i} de la somme directe de deux fibrés vectoriels munis de connexions. Ces formules mettent en jeu la structure multiplicative de l'espace des caractères différentiels.

7. Obstructions aux immersions conformes

7.1 THÉORÈME (Simons, [10]).- Soient M une variété riemannienne de dimension n et ∇ la connexion linéaire riemannienne dans TM. Pour qu'il existe une immersion conforme de M dans R^{n+k}, il faut que $S_{p_i^{\perp}}(\nabla) = 0$ pour $i > \left[\frac{k}{2}\right]$.

Soit en effet ζ la fibration principale définie par les repères de TM. Elle est munie d'une forme de connexion correspondant à ∇. Si l'immersion $\varphi : M \to R^{n+k}$ est isométrique, elle définit un morphisme de ζ dans la fibration ξ des repères de $V_{k,n}$ munie de la connexion canonique (cf. n° 6). Le théorème résulte dans ce cas de (6.2). Le cas général s'en déduit en observant que si $\varphi : M \to R^{n+k}$ est une immersion conforme, c'est une immersion isométrique pour une métrique riemannienne sur M conformément équivalente à la métrique donnée. Les caractères S_{P_i} étant des invariants conformes, le résultat subsiste.

7.2 <u>Avec les hypothèses du théorème, les formes</u> $T_\zeta P_i^\perp$ <u>pour</u> $i > \left[\frac{k}{2}\right]$ <u>sont des formes fermées à périodes entières sur le fibré des repères de</u> TM . En effet, puisque $S_{P_i^\perp}(\nabla) = 0$, on a $W_\zeta P_i^\perp = 0$, donc $dT_\zeta P_i^\perp = 0$ d'après (1.3). On a d'autre part $(T_\zeta P_i^\perp)(z) \in \mathbf{Z}$ pour tout cycle z de degré $4i - 1$ d'après (4.2).

Millson a appliqué ce résultat aux espaces lenticulaires de dimension $4k-1$, munis de leur métrique canonique ([7]). Il a calculé la valeur des caractères S_{P_k} sur le cycle fondamental et a montré notamment qu'il existe une infinité d'espaces lenticulaires de dimension $4k - 1$ qui sont différentiablement immergeables dans R^{4k} mais ne peuvent être immergés de manière conforme dans R^{6k-1} .

L'énoncé 7.2 est une forme affaiblie d'un résultat obtenu par Chern et Simons dans [3]. Avec les hypothèses du théorème, <u>pour</u> $\left[\frac{k}{2}\right] < i \leq \left[\frac{n}{2}\right]$, <u>la forme</u> $\frac{1}{2} T_\zeta P_i^\perp$ <u>est une forme fermée à périodes entières.</u>

Si M est l'espace projectif de dimension 3 avec sa métrique riemannienne canonique, on montre que pour toute section σ du fibré des repères de TM , on a $\int_{\sigma M} T_\zeta P_1^\perp = 1$. Par conséquent, il n'existe pas d'immersion conforme de M dans R^4 .

8. <u>Cas plat</u>

Avec les notations du numéro 4, si $\xi \in \mathcal{E}(G)$ est plat, c'est-à-dire si la courbure de la connexion θ_ξ est nulle, on a $W_\xi P = 0$ pour tout $P \in I(G)$ de degré > 0 . Si ξ est plat, pour tout $\ell > 0$ et tout $(P,u) \in K^\ell(G)$, le caractère $S_{P,u}(\xi)$ est nul sur les bords de degré $2\ell - 1$; on peut donc identifier $S_{P,u}(\xi)$ à une classe appartenant à $H^{2\ell-1}(M, R/Z)$.

Le théorème 4.3 montre que, si $\xi(s)$ est une famille différentiable d'objets plats de $\mathcal{E}(G)$ ayant même fibration principale sous-jacente, alors pour tout $\ell > 1$ et tout $(P,u) \in K^{\ell}(G)$, le caractère $S_{P,u}(\xi(s))$ est indépendant de s.

Soit G^{o} le groupe G muni de la topologie discrète et soit μ l'homomorphisme canonique de $H^{*}(B_{G}, R/\mathbf{Z})$ dans $H^{*}(B_{G^{o}}, R/\mathbf{Z})$ défini par l'injection $G^{o} \to G$. Si $\xi \in \mathcal{E}(G)$ est plat, sa connexion définit dans E_{ξ} une structure de fibré principal de groupe G^{o} de base M_{ξ}, d'où un homomorphisme $b^{o}_{\xi} : H^{*}(B_{G^{o}}, R/\mathbf{Z}) \to H^{*}(M_{\xi}, R/\mathbf{Z})$ tel que $b_{\xi} = b^{o}_{\xi} \circ \mu$. On montre qu'il existe pour tout ℓ un homomorphisme $(P,u) \mapsto s_{P,u}$ de $K^{\ell}(G)$ dans $H^{2\ell-1}(B_{G^{o}}, R/\mathbf{Z})$ tel que, pour tout objet plat ξ de $\mathcal{E}(G)$ et pour tout $(P,u) \in K^{\ell}(G)$, on ait

$$S_{P,u}(\xi) = b^{o}_{\xi}\,(s_{P,u}) .$$

Ceci permet dans certain cas d'obtenir des informations sur $H^{*}(B_{G^{o}}, R/\mathbf{Z})$.

Caractère d'Euler. Soit $u \in H^{2n}(B_{SO(2n)}, \mathbf{Z})$ la classe d'Euler de $B_{SO(2n)}$ et soit $P \in I^{n}(SO(2n))$ le polynôme tel que $w(P) = r(u)$. Pour tout objet ξ de $\mathcal{E}(SO(2n))$, on appelle caractère d'Euler de ξ le caractère $\chi_{\xi} = S_{P,u}(\xi)$. Pour $n = 2$, c'est le caractère différentiel décrit au n° 3 (exemple).

Lorsque ξ est plat, le caractère d'Euler peut se calculer comme suit. Soit $S^{2n-1}\xi$ le fibré en sphères associé à ξ. Notons ω la forme volume invariante par $SO(2n)$ sur la sphère S^{2n-1} telle que $\int_{S^{2n-1}} \omega = 1$. La connexion de ξ permet de projeter les vecteurs de $S^{2n-1}\xi$ sur les vecteurs verticaux et par conséquent définit une forme $\tilde{\omega}$ sur $S^{2n-1}\xi$ telle que, pour toute application $\alpha : S^{2n-1} \to S^{2n-1}\xi$ associée à un élément de E_{ξ}, on ait $\omega = \alpha^{*}\tilde{\omega}$. Puisque la projection $\pi : S^{2n-1}\xi \to M_{\xi}$ définit un homomorphisme surjectif $H_{2n-1}(S^{2n-1}\xi) \to H_{2n-1}(M_{\xi})$, pour tout cycle $z \in Z_{2n-1}(M_{\xi})$, il existe un cycle $y \in Z_{2n-1}(S^{2n-1}\xi)$ tel que $z \sim \pi y$. On vérifie que l'on a $\chi_{\xi}(z) = \int_{y} \tilde{\omega}$. Par ce procédé, on peut du reste définir un caractère de degré m pour tout objet plat de $\mathcal{E}(SO(m))$, même si m est impair (cf. [1]).

Soit χ l'élément $s_{P,u}$ de $H^{2n-1}(B_{SO(2n)^o}, \mathbb{R}/\mathbb{Z})$. On peut le considérer comme un homomorphisme de $H_{2n-1}(B_{SO(2n)^o})$ dans $\mathbb{R}/\mathbb{Z}$. Pour $n = 1$, χ est l'isomorphisme canonique de $H_1(B_{SO(2)^o}) = SO(2)^o$ sur $\mathbb{R}/\mathbb{Z}$.

8.1 THÉORÈME.- Pour tout n , l'image de $\chi : H_{2n-1}(B_{SO(2n)^o}) \to \mathbb{R}/\mathbb{Z}$ contient $\mathbb{Q}/\mathbb{Z}$.

Soit en effet Γ un sous-groupe fini de $SO(2n)$ opérant librement dans S^{2n-1}. Soit ξ la fibration principale de groupe $SO(2n)$ définie par $SO(2n) \times_{\Gamma} S^{2n-1} \to \Gamma\backslash S^{2n-1}$. Elle est munie d'une connexion plate canonique. La méthode de calcul indiquée plus haut donne $\chi_{\xi}(M_{\xi}) = \dfrac{1}{\text{Card }\Gamma}$ mod $\mathbb{Z}$. Puisque $\text{Card }\Gamma$ est arbitraire et que χ_{ξ} se factorise en $\chi \circ b^{o}_{\xi}$, ceci démontre le théorème.

On sait que $H^*(B_{SO(2n)^o}, \mathbb{R}/\mathbb{Z})$ est la cohomologie du complexe des cochaînes standard sur $SO(2n)$ à valeurs dans $\mathbb{R}/\mathbb{Z}$. Dans [1], Cheeger et Simons indiquent comment on obtient des cocycles standard appartenant à la classe χ . Soit e un point de S^{2n-1} . Une suite $\sigma = (s_o, \dots, s_{2n-1}) \in SO(2n)^{2n}$ est dite générique si les $s_i e$ forment une base de $\mathbb{R}^{2n}$. Pour toute suite générique $\sigma = (s_o, \dots, s_{2n-1})$, on note $\hat{\sigma}$ le simplexe géodésiquement convexe de S^{2n-1} ayant pour sommets les points $s_i e$. On définit une fonction v à valeurs dans $\mathbb{R}/\mathbb{Z}$ sur l'ensemble des suites génériques en posant $v(\sigma) = \overline{\omega(\hat{\sigma})}$ (c'est-à-dire que $v(\sigma)$ est le volume normalisé de $\hat{\sigma}$ modulo $\mathbb{Z}$). On a $v(h\sigma) = v(\sigma)$ pour tout $h \in SO(2n)$. Si la suite $(s_o, \dots, s_{2n}) \in SO(2n)^{2n+1}$ est telle que, pour tout i , la suite $\sigma_i = (s_o \dots \widehat{s_i} \dots s_{2n})$ soit générique, alors $\Sigma(-1)^i \widehat{\sigma_i}$ est un cycle de degré $2n - 1$ dans S^{2n-1} et par suite

$\Sigma(-1)^i v(\sigma_i) = 0$. D'après un résultat de C. Moore ([8]), il existe des $(2n-1)$-cocycles à valeurs dans $\mathbb{R}/\mathbb{Z}$ ayant v pour restriction à l'ensemble des suites génériques et tous les cocycles qui prolongent v sont cohomologues. On montre que leur classe de cohomologie est χ .

BIBLIOGRAPHIE

[1] J. CHEEGER - J. SIMONS - Differential characters and geometric invariants, (preprint).

[2] S. S. CHERN - J. SIMONS - Some cohomology classes in principal fiber bundles and their application to riemannian geometry, Proc. Nat. Acad. Sci. USA, 68 (1971), 791-794.

[3] S. S. CHERN - J. SIMONS - Characteristic formes and geometric invariants, Annals of Math., (à paraître).

[4] J. L. HEITSCH - H. BLAINE LAWSON - Transgressions, Chern-Simons invariants and the classical groups, (preprint).

[5] S. KOBAYASHI - K. NOMIZU - Foundations of differential geometry II, Interscience, N. Y. 1969.

[6] S. KOBAYASHI - T. OCHIAI - G-structures of order two and transgression opetors, J. of Diff. Geometry, 6 (1971), 213-230.

[7] J. MILLSON - Ph. D. thesis, Berkeley (1973).

[8] C. MOORE - Extension and low dimensional cohomology of locally compact groups, Trans. Am. Math. Soc., 113 (1964), 40-63.

[9] M. S. NARASHIMAN - S. RAMANAN - Existence of universal connections, Am. J. Math., 83 (1961), 563-572 ; 85 (1963), 223-231.

[10] J. SIMONS - Characteristic forms and transgression II : Characters associated to a connection, (preprint).

RELÈVEMENT DE BRAUER ET REPRÉSENTATIONS PARABOLIQUES DE $GL_n(\mathbb{F}_q)$

[d'après G. LUSZTIG]

par T. A. SPRINGER

Dans ce qui suit, k désigne un corps fini à q éléments et V un espace vectoriel de dimension finie n sur k. Soit G un groupe fini, soit $r : G \to GL(V)$ une représentation de G dans V. D'après R. Brauer, on associe à r un "caractère modulaire", à valeurs complexes. La construction de Brauer a été modifiée par Green [4], de façon à produire un caractère généralisé (ou virtuel) de G. C'est cette dernière construction qu'on appellera ici "relèvement de Brauer". Le problème étudié par Lusztig dans [7] (voir aussi [6]) est celui d'analyser le relèvement de Brauer dans le cas de la représentation identique de $GL(V)$. Cette étude conduit à des résultats fort intéressants, dont on exposera les principaux ci-après.

1. Relèvement de Brauer

1.1. r étant comme ci-dessus, soit ℓ/k une extension de k contenant les valeurs propres des éléments de $r(G)$. Soit K un corps algébriquement clos de caractéristique 0 (il est bon de ne pas se restreindre au cas $K = \mathbf{C}$) et soit θ un homomorphisme injectif du groupe multiplicatif ℓ^* dans K^*. Si $x \in G$, désignons par $u_i(x)$ $(1 \leq i \leq n)$ les valeurs propres de $r(x)$ dans ℓ^* et posons

$$b_\theta(r)(x) = \sum_{i=1}^{n} \theta(u_i(x)) ,$$

c'est le relèvement de Brauer de r (associé à θ). C'est une fonction centrale sur G à valeurs dans K et le point important est que c'est un caractère généralisé de G, c'est-à-dire une combinaison linéaire, à coefficients entiers, de caractères irréductibles de G , voir [4] ou [2, p. 144].

On va étudier le cas $G = GL(V)$, $r = id$. On écrit alors $b_{V,\theta}$ pour le relèvement de Brauer. On peut analyser la structure de $b_{V,\theta}$ en utilisant les résultats généraux sur la théorie des caractères des groupes de Chevalley finis (voir [10]). Cette analyse n'est pas nécessaire pour obtenir les résultats de [7]. Mais comme peut-être le procédé s'applique à d'autres cas, on en dira quelques mots. On utilisera le résultat ci-dessous, dû à N. Kawanaka [5]. (Si $\underline{H}$ est un groupe algébrique linéaire défini sur k , on écrit $H = \underline{H}(k)$ pour son groupe de k-points. Si $\underline{H}$ est réductif connexe, H est un groupe de Chevalley au sens de [10].)

1.2 PROPOSITION.- Soit G un groupe de Chevalley fini. Soit f une fonction centrale sur G , à valeurs dans K . Supposons que $f(x)$ ne dépende que de la partie semi-simple de $x \in G$. Alors

$$(1) \qquad \sum_{x \in G} f(x) = \sum_{\underline{T}} \sum_{t \in T} f(t) ,$$

où $\underline{T}$ parcourt les k-tores maximaux de $\underline{G}$.

Si $x \in G$ est semi-simple, son centralisateur connexe $\underline{Z}(x)^{\circ}$ dans $\underline{G}$ contient tout élément unipotent de G qui commute à x , d'après [1,p.271]. Soit $n(x)$ le nombre de ces éléments. Le premier membre de (1) est égal à

$$\sum_{x \text{ semi-simple}} n(x)\, f(x) .$$

(1) résulte alors de l'observation, faite par Steinberg [11, p. 4-5], que $n(x)$ est aussi le nombre de k-tores maximaux de $\underline{Z}(x)^{\circ}$.

Soit $(\underline{T}_i)_{1 \leq i \leq h}$ un système de représentants des classes de conjugaison, par éléments de G , de k-tores maximaux de $\underline{G}$. Soit W_i le quotient par T_i

du normalisateur de $\underline{T}_i$ dans G . Si f et g sont des fonctions sur le groupe G à valeurs dans K , on pose

$$\langle f,g\rangle_G = |G|^{-1} \underset{x \in G}{} f(x)\, g(x^{-1}) ,$$

où $|G|$ est l'ordre de G .

1.3 COROLLAIRE.- *Si* f *et* g *ont la propriété de* 1.2, *on a*

$$\langle f,g\rangle_G = \sum_{i=1}^{h} |W_i|^{-1} \langle f,g\rangle_{T_i} .$$

1.4 COROLLAIRE.- *Soit* $G = GL(V)$ *et soit* $b_{V,\theta}$ *le relèvement de Brauer de la représentation identique* (*cf.* 1.1). *Alors*

$$\begin{aligned} \langle b_{V,\theta}, b_{V,\theta}\rangle_G &= n && \textit{si } q > 2 \\ &= n+1 && \textit{si } q = 2 . \end{aligned}$$

Soit k_i une extension de k de degré i . On sait que si $\underline{T}$ est un k-tore maximal du k-groupe algébrique $\underline{GL}(V)$, le groupe T est isomorphe à un produit direct $k_{i_1}^* \times \ldots \times k_{i_t}^*$, où $i_1 + \ldots + i_t = n$, l'action de T dans V provenant de l'action naturelle de $k_{i_1}^* \times \ldots \times k_{i_t}^*$ dans l'espace vectoriel $k_{i_1} \times \ldots \times k_{i_t}$, qui est isomorphe à V (voir [2, p. 127]). Un calcul facile montre alors que $\langle b_{V,\theta}, b_{V,\theta}\rangle_T = n$ pour tout T , si $q > 2$.

D'autre part, les k-classes des k-tores maximaux dans $\underline{GL}(V)$ sont paramétrées par les classes du groupe symétrique $\mathfrak{S}_n$ et on sait (les notations étant comme dans 1.3) que $|\mathfrak{S}_n|\,|W_i|^{-1}$ égale le nombre d'éléments dans la classe de $\mathfrak{S}_n$ qui correspond à $\underline{T}_i$ (voir [*loc. cit.*, p. 189-190]), ce qui implique que $\sum_{i=1}^{t} |W_i|^{-1} = 1$. L'assertion de 1.4, pour $q > 2$, résulte alors de 1.3. Le cas $q = 2$ se traite de façon analogue.

1.5. Rappelons quelques résultats sur les sous-groupes paraboliques de $GL(V)$. Si P est un tel groupe, il existe un drapeau $W_1 \subset W_2 \subset \ldots \subset W_s$, où les W_i sont des sous-espaces propres distincts de V , avec $W_1 \neq \{0\}$. Soit $V = W_1' \times W_2' \times \ldots \times W_{s+1}'$ une décomposition de V , avec $W_i = W_1' \times W_2' \times \ldots \times W_i'$ $(1 \leq i \leq s)$. Alors le sous-groupe L de $GL(V)$ qui stabilise tous les W_i' est un sous-groupe de Levi de P .

Fixons une base $(e_i)_{1 \leq i \leq n}$ de V et posons $V_i = ke_1 + \ldots + ke_i$ $(1 \leq i \leq n-1)$. Soit P_i le stabilisateur de V_i , c'est un sous-groupe parabolique maximal. Soit χ un caractère de $GL(V_i)$. A l'aide de l'homomorphisme de restriction $P_i \to GL(V_i)$, on peut relever χ en un caractère (encore noté χ) de P_i . Soit $i_{P_i \to G}(\chi)$ le caractère induit correspondant.

Soit $Q_i \subset P_i$ le stabilisateur du drapeau

$$V_i \subset V_i + ke_{i+1} \subset \ldots \subset V_i + ke_{i+1} + \ldots ke_{n-1} .$$

Un groupe de Levi de Q_i est isomorphe à $GL(V_i) \times (k^*)^{n-i}$.

Pour les résultats sur l'induction de caractères paraboliques qu'on va utiliser voir par exemple [10]. Rappelons qu'une représentation r de G dans un K-espace vectoriel est dite <u>parabolique</u> si la restriction de r au radical unipotent de tout sous-groupe parabolique propre de G ne contient pas la représentation unité.

1.6 THÉORÈME.- (i) <u>Il existe un caractère parabolique irréductible unique</u> $\pi_{V,\theta}$ <u>de</u> $GL(V)$ <u>tel que</u> $\langle b_{V,\theta} , \pi_{V,\theta} \rangle_G \neq 0$;

(ii) <u>On a</u>

(2) $$b_{V,\theta} = \sum_{i=1}^{n-1} (-1)^{i-1} i_{P_i \to G}(\pi_{V_i}, \theta) + (-1)^{n-1} \pi_{V,\theta} ;$$

(iii) Les caractères $i_{P_i \to G}(\pi_{V_i,\theta})$ sont irréductibles si $i > 1$ ou si $q > 2$. Si $q = 2$, le caractère $i_{P_1 \to G}(\pi_{V_1,\theta})$ est somme d'un caractère irréductible et du caractère unité.

On procède par induction sur $n = \dim V$, le cas $n = 1$ étant trivial. Supposons d'abord $q > 2$. Soit P un groupe parabolique propre, soit L un groupe de Levi de P et soit χ un caractère irréductible parabolique de L. Calculons l'entier $\langle b_{V,\theta}, i_{P\to G}(\chi)\rangle_G$. Par dualité de Frobenius, il est égal à $\langle r_{G\to L}(b_{V,\theta}), \chi\rangle_L$ ($r_{G\to L}$ désignant la restriction de G à L). D'après 1.5, L est isomorphe à un produit $\prod_i GL(V_i')$ et on voit que $r_{G\to L}(b_{V,\theta})$ devient la somme $\sum_i b_{V_i',\theta}$. Il est alors facile de voir que $\langle b_{V,\theta}, i_{P\to G}(\chi)\rangle_G = 0$ si P n'est pas associé à l'un des Q_i. Si $P = Q_i$, cet entier est 0 sauf si χ est le caractère $\pi_{V_i,\theta} \times (1)^{n-i}$ du groupe de Levi $GL(V_i) \times (k^*)^{n-i}$, auquel cas il vaut $(-1)^{i-1}$. Il résulte de tout ceci que le caractère généralisé $b_{V,\theta}$ contient exactement $(n-1)$-caractères irréductibles non paraboliques distincts, à coefficients ± 1. D'où (i), en vertu de 1.4. On voit aussi que (ii) résulte de (iii). Or, (iii) est une conséquence d'un résultat qui se trouve dans [2, p. 107, 4.12]. La discussion du cas $q = 2$ est laissée au lecteur.

1.7 COROLLAIRE.- Le degré de $\pi_{V,\theta}$ est $(q-1)\dots(q^{n-1}-1)$.

Cela résulte de (2). On peut se reporter à [7, 1.14].

2. Etude de quelques complexes simpliciaux

On note A un anneau commutatif à élément unité.

2.1. Soit X un complexe simplicial fini. Soit Σ l'ensemble des simplexes de X, ordonné de la manière suivante : $x \leq y$, si x est une partie de y. Rappelons qu'un système de coefficients (homologique) formé de A-modules est un système projectif (F_x, f_{xy}) sur Σ. Autrement dit, les F_x sont des A-modules et f_{xy} est un homomorphisme de A-modules $F_x \to F_y$, défini si $x \geq y$ et vérifiant les identités habituelles.

On définit alors les A-modules d'homologie $H_i(X; F)$ et, X' étant un sous-complexe de X, les modules d'homologie relatifs $H_i(X, X'; F)$.

Soit $d = \dim X$. On dira que X est <u>sphérique pour</u> F (ou F-sphérique) si $H_i(X; F) = 0$ lorsque $0 < i < d$. On dira que X est <u>sphérique</u> s'il l'est pour le système de coefficients constants $\mathbb{Z}$ et si $H_0(X; \mathbb{Z})$ et $H_d(X; \mathbb{Z})$ sont des groupes abéliens libres. Alors X est sphérique pour tout système de coefficients constants.

2.2. <u>Homologie d'ensembles ordonnés</u>

Soit S un ensemble ordonné fini. Soit $X(S)$ le complexe simplicial fini dont les i-simplexes sont les sous-ensembles $x = \{s_0, s_1, \ldots, s_i\}$, avec $s_0 < s_1 < \ldots < s_i$, de S. Soit $F = (F_s, f_{st})$ un système inductif de A-modules sur S. On lui associe un système de coefficients $X(F)$ sur $X(S)$ de la manière suivante. Si $x = \{s_0, \ldots, s_i\}$ est un i-simplexe, on pose $X(F)_x = F_{s_0}$. Si $y = \{s_0, \ldots, \hat{s}_j, \ldots, s_i\}$ est une face de x, l'homomorphisme $X(F)_x \to X(F)_y$ est l'identité si $j > 0$ et est f_{s_0, s_1} si $i = 0$. Ceci détermine $X(F)$.

On note $H_i(S; F)$ les modules $H_i(X(S); X(F))$. On a $H_0(S; F) = \varinjlim_{s \in S} F_s$ (lim ind). On dira que S est F-sphérique si $X(S)$ est $X(F)$-sphérique, etc.

Si S' est un sous-ensemble ordonné de S, le complexe $X(S')$ est un sous-complexe de $X(S)$. On pose $H_i(S, S'; F) = H_i(X(S), X(S'); X(F))$.

Si $s \in S$, on appellera <u>dimension</u> de s (notation $\dim(s)$) la longueur maximale d'une chaîne totalement ordonnée $s_1 < s_2 < \dots < s_i < s$. On pose $\dim(S) = \max_{s \in S} \dim(s) = \dim X(S)$. Soit S_i le sous-ensemble ordonné des éléments de dimension $\leq i$. On pose

$$S(s) = \{t \in S \mid t \leq s\} ,$$

$$S'(s) = \{t \in S \mid t < s\} .$$

Comme $H_0(S'(s) ; F) \simeq \varinjlim_{t<s} F_t$, il existe un homomorphisme canonique

$$H_0(S'(s) ; F) \to F_s .$$

2.3 <u>Lemme</u>.- <u>Soit</u> F <u>un système inductif sur</u> S . <u>Alors</u>

(1) $$H_j(S_i , S_{i-1} ; F) \simeq \coprod_{\dim(s)=i} H_{j-1}(S'(s) ; F) \qquad \text{si } j \geq 2 ,$$

(2) $$H_1(S_i , S_{i-1} ; F) \simeq \coprod_{\dim(s)=i} \operatorname{Ker}(H_0(S'(s) ; F) \to F_s) .$$

Soient $C_*(S'(s) ; F)$ et $C_*(S_i , S_{i-1} ; F)$ les complexes de chaînes gradués. Les éléments du premier sont les sommes formelles

$$\sum_{s_0 , \dots , s_j} a.(s_0 , \dots , s_j) ,$$

où $s_0 < s_1 < \dots < s_j < s$, avec $a \in F_{s_0}$, de même pour le second. Il existe un homomorphisme φ de degré 1

$$\coprod_{\dim(s)=i} C(S'(s) ; F) \to C(S_i , S_{i-1} ; F)$$

tel que

$$\varphi(a.(s_0 , \dots , s_j)) = a.(s_0 , \dots , s_j , s) .$$

φ commute avec le bord et est bijectif en dimension ≥ 2 . Ceci implique (1) et (2) en résulte facilement.

2.4 PROPOSITION.- <u>Supposons</u> F <u>tel que</u> :

(a) S <u>et les</u> $S'(s)$ $(s \in S)$ <u>soient</u> F-<u>sphériques</u>,

(b) l'homomorphisme $H_o(S'(s) ; F) \to F_s$ soit bijectif si $\dim(s) \geq 2$ et surjectif si $\dim(s) = 1$.

Alors, il y a une suite exacte (où $d = \dim(s)$)

$$0 \to H_d(S ; F) \to \coprod_{\dim(s)=d} H_{d-1}(S'(s) ; F) \to \coprod_{\dim(s)=d-1} H_{d-2}(S'(s) ; F) \to \cdots$$

$$\cdots \to \coprod_{\dim(s)=2} H_1(S'(s) ; F) \to \coprod_{\dim(s)=1} \mathrm{Ker}(H_o(S'(s) ; F) \to F_s) \to$$

$$\to \coprod_{\dim(s)=0} F_s \to H_o(S ; F) \to 0 .$$

Cela résulte de 2.3, en utilisant les suites exactes

$$\cdots \to H_j(S_{i-1} ; F) \to H_j(S_i ; F) \to H_j(S_i , S_{i-1} ; F) \to H_{j-1}(S_{i-1} ; F) \to \cdots .$$

On va maintenant introduire des ensembles ordonnés auxquels on appliquera, d'après Lusztig, les résultats précédents.

2.5. Les exemples

Soit V un espace vectoriel sur le corps fini k , de dimension finie $n \geq 2$. On a alors les ensembles ordonnés suivants.

(a) L'ensemble $P(V)$ des sous-espaces propres et $\neq \{0\}$ de V , avec l'ordre évident. Le complexe simplicial $X(P(V))$, qui a dimension $n - 2$, est l'immeuble de Tits de $GL(V)$. On sait que $P(V)$ est sphérique, mais nous n'aurons pas besoin de ce résultat ici (il est vrai pour l'immeuble de Tits de tout groupe de Chevalley fini, voir [10] ; on trouve d'ailleurs dans [7, 1.8] une démonstration rapide pour $P(V)$).

On utilisera le système de coefficients déduit du système inductif F de k-espaces vectoriels sur $P(V)$, qui associe à chaque $W \in P(V)$ l'espace W lui-même.

(b) Soit W un sous-espace vectoriel propre de V , de dimension $m \geq 1$. On note $P(V,W)$ l'ensemble ordonné des sous-espaces propres V' de V transversaux à W (i.e. tels que $V' + W = V$). On a $\dim P(V,W) = m - 1$.

(c) L'ensemble ordonné $A(V)$ des sous-espaces affines propres de V . On a $\dim A(V) = n - 1$.

(d) L'ensemble ordonné $L(V)$ des sous-espaces affines propres de V ne contenant pas 0 . On a $\dim L(V) = n - 1$.

Dans les cas (b), (c), (d), on n'aura besoin que de systèmes de coefficients constants.

Le théorème suivant résume les "vanishing theorems" démontrés dans [7].

2.6 THÉORÈME.- (i) $P(V,W)$, $A(V)$ _et_ $L(V)$ _sont sphériques_ ;

(ii) $P(V)$ _est_ $X(F)$-_sphérique_.

On esquissera la démonstration pour $L(V)$ (d'après [_loc. cit._, 1.10]). Dans les cas de $P(V,W)$ et de $P(V)$, elle est analogue [_loc. cit._, 1.11, 1.12] ; celle pour $A(V)$ est plus facile [_loc. cit._, 1.9].

Si $s \in L(V)$, on dénote par $Y(s)$ le sous-ensemble des $s' \geq s$. Les complexes $X(Y(s))$ avec $s \in L(V)$ minimal, recouvrent $X(L(V))$; soit N le nerf de ce recouvrement. Il suffit alors de démontrer la proposition suivante.

2.7 PROPOSITION.- _On a_ $H_0(N\,;\mathbf{Z}) \simeq \mathbf{Z}$, $H_i(N\,;\mathbf{Z}) = 0$ _pour_ $0 < i < n - 1$.

Il est facile de voir que N est connexe, d'où la première formule. Soit $C = \coprod_{i \geq 0} C_i$ le complexe de chaînes simplicial qui donne l'homologie de N . Soit F la famille des sous-ensembles $\{v_0 ,\dots, v_i\}$ de V engendrant un espace affine ne contenant pas 0 . Alors C_i a une base formée des chaînes $(v_0 ,\dots, v_i)$, où $\{v_0 ,\dots, v_i\} \in F$. On définit le support d'une chaîne de façon évidente.

Fixons une base $(e_i)_{1 \leq i \leq n}$ de V . Soit $F_\ell \subset F$ la sous-famille des $\{v_o, \ldots, v_i\}$ avec $(kv_o + \ldots + kv_i) \cap (ke_1 + \ldots + ke_{\ell-1} + e_\ell) = \emptyset$.

2.8 Lemme.- Soit $c \in C_i$ $(i \geq 1)$ un cycle avec $\operatorname{supp}(c) \subset F_\ell \cup \ldots \cup F_n$. Alors, la classe d'homologie de c contient un cycle c' avec $\operatorname{supp}(c') \subset F_{\ell+1} \cup \ldots \cup F_n$.

Ceci s'établit en utilisant l'homomorphisme de degré 1

$$T_\ell : \{c \in C \mid \operatorname{supp}(c) \in F_\ell\} \to C ,$$

défini par

$$T_\ell(v_o, \ldots, v_i) = (e_\ell, v_o, \ldots, v_i) .$$

On a, si c est comme dans 2.8,

$$T_\ell(\partial c) + \partial(T_\ell c) = c .$$

La proposition 2.7 résulte de 2.8 et de l'observation que

$$\operatorname{supp}(c) \in F_1 \cup \ldots \cup F_n ,$$

si $c \in C_i$, $0 \leq i \leq n-2$.

La détermination de l'homologie, dans les cas de 2.5, est complétée par le résultat suivant (où $\widetilde{H}_i$ dénote l'homologie réduite).

2.9 PROPOSITION.- (i) $H_o(P(V,W) ; \mathbb{Z}) = 0$ si $n > m \geq 2$, $\widetilde{H}_{m-1}(P(V,W) ; \mathbb{Z})$ est libre de rang $(q^{n-m} - 1)\ldots(q^{n-1} - 1)$;

(ii) $H_o(A(V) ; \mathbb{Z}) \simeq \mathbb{Z}$, $H_{n-1}(A(V) ; \mathbb{Z})$ est libre de rang $(q-1)\ldots(q^n - 1)$;

(iii) $H_o(L(V) ; \mathbb{Z}) \simeq \mathbb{Z}$, $H_{n-1}(L(V) ; \mathbb{Z})$ est libre de rang

$$\sum_{i=0}^{n} (-1)^{i-1}(q^i - 1)\ldots(q^n - 1) + (-1)^n ;$$

(iv) Si $n > 2$, on a $H_o(P(V) ; F) \simeq V$ et $H_{n-2}(P(V) ; F)$ est un k-espace vectoriel de dimension $(q-1)\ldots(q^{n-1} - 1)$. Si $n = 2$, il existe une surjection $H_o(P(V) ; F) \to V$ dont le noyau est un k-espace vectoriel de dimension $q-1$.

Les assertions sur les H_o sont faciles. Les autres en résultent grâce à la suite exacte de 2.4. Voir [7, 1.14].

Il est clair que $GL(V)$ opère dans $H_{n-1}(A(V) ; \mathbb{Z})$, $H_{n-1}(L(V) ; \mathbb{Z})$ et $H_{n-2}(P(V) ; F)$. Soit $G(V,W)$ le stabilisateur de W dans V, alors $G(V,W)$ opère dans $\widetilde{H}_{m-1}(P(V,W) ; \mathbb{Z})$.

3. Construction d'un $GL(V)$-module

Soit encore V un k-espace vectoriel de dimension finie $n \geq 2$. Soit $G = GL(V)$ son groupe d'automorphismes. A dénote un anneau commutatif et $\theta : k^* \to A^*$ un homomorphisme de k^* dans le groupe A^* des éléments inversibles de A. On suppose que $\theta \neq 1$. Si S est un ensemble fini, on écrit $C(S ; A)$ pour le A-module des fonctions sur S à valeurs dans A.

3.1. Soit D l'ensemble des drapeaux affines $d = (E_o, \ldots, E_{n-1})$, où E_i est un sous-espace affine de V de dimension i, avec $E_{i-1} \subset E_i$, tel que $0 \notin E_i$ $(0 \leq i \leq n-1)$. G opère sur D et, en particulier, k^* opère sur D par homothéties. En outre, $C(D ; A)$ est un G-module.

Posons

$$C(D ; A)_\theta = \{f \in C(D ; A) \mid f(\lambda d) = \theta(\lambda) f(d) \ (d \in D \ , \ \lambda \in k^*)\} .$$

Alors, $L(V)$ étant comme dans 2.5, le module $H_{n-1}(L(V) ; A)$ s'identifie à un sous-module de $C(D ; A)$. Posons $H_{n-1}(L(V) ; A)_\theta = H_\theta = C(D ; A)_\theta \cap H_{n-1}(L(V) ; A)$.

Lusztig introduit un endomorphisme $P = P_A$ de $C(D ; A)_\theta$ qui joue un rôle essentiel dans la suite. Voici sa définition géométrique. Soit $d = (E_o, E_1, \ldots, E_{n-1}) \in D$, alors

$$(1) \qquad (Pf)(d) = (-1)^{n-1} \Sigma f(d') ,$$

où la somme porte sur les $d' = (E'_o, \ldots, E'_{n-1})$ tels que $E'_o \subset E_{n-1} - E_{n-2}$ et que E'_i soit parallèle au sous-espace linéaire engendré par E_{i-1} $(1 \leq i \leq n-1)$.

Il est clair que P commute à l'action de G .

3.2 PROPOSITION.- P stabilise H_θ .

Ceci est démontré dans [7, 3.1]. On esquissera ci-dessous une démonstration plus algébrique, qui utilise des formules connues sur la structure de $GL_n(k)$, qu'on va d'abord rappeler.

3.3. Fixons une base $(e_i)_{1 \leq i \leq n}$ de V . Définissons les éléments $x_{ij}(\lambda)$ $(i \neq j \, , \, \lambda \in k)$ de G par

$$\begin{cases} x_{ij}(\lambda)e_i = e_i + \lambda e_j \\ x_{ij}(\lambda)e_h = e_h & (h \neq i \, , \, j) \, , \end{cases}$$

et les éléments w_i $(1 \leq i \leq n-1)$ par

$$w_i . e_i = e_{i+1} \, , \quad w_i . e_{i+1} = e_i \, , \quad w_i . e_j = e_j \qquad (j \neq i \, , \, i+1) \, .$$

Alors, on a les formules suivantes, où (g,h) dénote le commutateur $ghg^{-1}h^{-1}$,

$$(2) \qquad \begin{cases} (x_{ij}(\lambda) \, , \, x_{h\ell}(\mu)) = 1 & \text{si } i \neq \ell \text{ et } j \neq h \, , \\ (x_{ij}(\lambda) \, , \, x_{j\ell}(\mu)) = x_{i\ell}(\lambda\mu) & \text{si } i \neq \ell \, , \\ (x_{ij}(\lambda) \, , \, x_{hi}(\mu)) = x_{hj}(-\lambda\mu) & \text{si } j \neq h \, . \end{cases}$$

Soit T le sous-groupe de G qui stabilise les ke_i $(1 \leq i \leq n)$. Définissons les caractères $\omega_i : T \to k^*$ par

$$te_i = \omega_i(t)e_i \, .$$

On a alors

$$(3) \qquad x_{i\, ,\, i+1}(\lambda)x_{i+1\, ,\, i}(-\lambda^{-1}) = w_i x_{i\, ,\, i+1}(\lambda^{-1})t_i(\lambda) \qquad (\lambda \in k^*) \, ,$$

où $t_i(\lambda) \in T$ est tel que $\omega_i(t_i(\lambda)) = \lambda$, $\omega_{i+1}(t_i(\lambda)) = -\lambda^{-1}$, $\omega_j(t_i(\lambda)) = 1$ si $j \neq i \, , i+1$.

Introduisons, en outre, les endomorphismes S_i $(1 \leq i \leq n)$ de $C(G \, ; A)$ définis par

$$(S_1 f)(g) = \sum_{\lambda \in k} f(gx_{12}(\lambda)) \, ,$$

$$(S_i f)(g) = \sum_{\lambda \in k} f(gx_{i+1\,,\,i}(\lambda)w_i) \qquad (2 \leq i \leq n-1) ,$$

$$(S_n f)(g) = \sum_{\lambda \in k} f(gx_{n1}(\lambda)) .$$

Les S_i commutent à G , opérant sur $C(G\,;A)$ par translations à gauche.

3.4 Lemme.- (i) Le G-module $C(D\,;A)_\theta$ est isomorphe au sous-module S de $C(G\,;A)$ formé des f telles que

$$f(gx_{ij}(\lambda)) = f(g) \qquad (2 \leq j < i \leq n) ,$$

$$f(gt) = \theta(\omega_1(t))f(g) \qquad (t \in T) .$$

(ii) Le G-module H_θ est isomorphe au sous-module de S formé des f telles que

$$S_i f = 0 \quad (i = 1\,,n) , \qquad S_i f = -f \quad (2 \leq i \leq n-1) .$$

L'isomorphisme $C(D\,;A)_\theta \to S$ en question associe à $f \in C(D\,;A)_\theta$ la fonction $g \mapsto f(gd_o)$ sur G , où d_o est le drapeau affine $(e_1\,, e_1 + ke_2\,,\ldots, e_1 + ke_2 + \ldots + ke_{n-1})$. La démonstration de 3.4 consiste en une vérification directe.

On identifiera $C(D\,;A)_\theta$ et H_θ à leurs images dans $C(G\,;A)$.

3.5 Quelques formules

Soit $\ell = (\lambda_2\,,\ldots,\lambda_{n-1}\,,\lambda_n) \in k^{n-2} \times k^*$ et définissons $w(\ell) \in G$ par

$$(4) \qquad \begin{cases} w(\ell)e_1 = e_1 + \lambda_2 e_2 + \ldots + \lambda_n e_n \\ w(\ell)e_i = e_{i-1} & (2 \leq i \leq n) . \end{cases}$$

Il résulte alors de (1) que

$$(5) \qquad (Pf)(g) = (-1)^{n-1} \sum_{\ell \in k^{n-2} \times k^*} f(gw(\ell)) ,$$

si $f \in C(D\,;A)_\theta$, ce qu'on peut aussi écrire de deux autres manières, à savoir

$$(6)\quad \begin{cases} (Pf)(g) = (-1)^{n-1} \displaystyle\sum_{\substack{\lambda_2,\ldots,\lambda_n \in k \\ \lambda_2 \neq 0}} f(gcx_{1n}(\lambda_n)x_{1,n-1}(\lambda_{n-1})\ldots x_{12}(\lambda_2))\theta(\lambda_2)^{-1} \\ = (-1)^{n-1} \displaystyle\sum_{\substack{\lambda_2,\ldots,\lambda_n \in k \\ \lambda_2 \neq 0}} f(gx_{n,n-1}(\lambda_n)w_{n-1}x_{n-1,n-2}(\lambda_{n-1})w_{n-2}\ldots \\ \ldots x_{12}(\lambda_2)w_1)\theta(\lambda_2)^{-1} \quad , \end{cases}$$

où on a posé $c = w_{n-1}w_{n-2}\ldots w_1$.

On vérifie alors les formules suivantes, pour $f \in C(D\,;A)_\theta$,

$$(7)\qquad S_iPf = PS_{i+1}f \qquad (2 \leq i \leq n-2) \; ,$$

$$(8)\qquad S_nPf = 0 \; ,$$

$$(9)\quad (S_1Pf)(g) = (-1)^{n-1} \sum_{\substack{\lambda_2,\ldots,\lambda_{n-1} \\ \lambda_2 \neq 0}} (S_1S_2f)(gcx_{1n}(\lambda_{n-1})\ldots x_{14}(\lambda_3)w_2x_{13}(\lambda_2))\theta(\lambda_2)^{-1} \; ,$$

$$(10)\qquad (S_{n-1}Pf)(g) =$$

$$-(Pf)(g) + (PS_nf)(g) + (-1)^{n-1} \sum_{\substack{\lambda_2,\ldots,\lambda_{n-1} \\ \lambda_2 \neq 0}} (S_nf)(gx_{n-1,n-2}(\lambda_{n-1})w_{n-1}\ldots x_{21}(\lambda_2)w_1)\theta(\lambda_2)^{-1} .$$

(7), (8) et (9) résultent de (2) et (6) et (10) de (2), (3) et (6). Dans la démonstration de (8), on utilise que $\theta \neq 1$.

3.2 est une conséquence de (7), (8), (9), (10), tenant compte de 3.4 (ii).

3.6 <u>Lemme</u>.- <u>Soit</u> $f \in C(D\,;A)_\theta$ <u>tel que</u> $f(gx_{21}(\lambda)) = f(g)$ $(g \in G\,,\ \lambda \in k)$. <u>Alors</u>

(i) $f(gx_{ij}(\lambda)) = f(g)$ <u>si</u> $1 \leq j < i \leq n$;

(ii) $f(gx_{12}(\lambda)) = f(gx_{21}(\lambda^{-1})w_1)\theta(\lambda)$ $(\lambda \in k^*)$;

(iii) $(Pf)(g) = (-1)^n(S_{n-1}\ldots S_2f)(g) + (-1)^{n-1} \displaystyle\sum_{\lambda_3,\ldots,\lambda_n} (S_1f)(gx_{n,n-1}(\lambda_n)w_{n-1}\ldots$

$\ldots x_{32}(\lambda_3)w_2)$.

(i) résulte de (2), (ii) de (3) et (iii) est une conséquence de (ii) et (6).

3.7 Le cas d'une k-algèbre A

Supposons maintenant que A soit une k-algèbre. Posons $\chi(\lambda) = \lambda^{-1}.1$ $(\lambda \in k^*)$. Il résulte alors de (6) que

(11) $$(Pf)(gx_{21}(\lambda)) = (Pf)(g) + (-1)^{n-1}\lambda \sum_{\lambda_3,\dots,\lambda_n} \lambda_3(S_1 f)(gcx_{1n}(\lambda_n)\dots x_{13}(\lambda_3)) ,$$

si $f \in C(D\,;A)_\chi$.

3.8 PROPOSITION.- Sous ces hypothèses, P induit un endomorphisme idempotent de H_χ , qui commute à l'action de G . On a $(Pf)(gx_{ij}(\lambda)) = (Pf)(g)$ si $1 \leq j < i \leq n$, pour toute $f \in H_\chi$.

La dernière assertion résulte de (11) et 3.6 (i). Alors 3.6 (iii) implique que $P^2 f = Pf$ pour $f \in H_\chi$.

Posons maintenant

$$D(V\,;A) = PH_\chi ,$$

c'est un G-module. Soient P(V) et F comme dans 2.5.

3.9 PROPOSITION.- Si $n > 2$, le G-module $D(V\,;A)$ est isomorphe à $H_{n-2}(P(V)\,;F \otimes_k A)$; si $n = 2$, il est isomorphe au noyau de l'homomorphisme $H_o(P(V)\,;F \otimes_k A) \to V \otimes_k A$ (voir 2.9 (iv)).

Soit d_o le drapeau de sous-espaces linéaires $(ke_1 , ke_1 + ke_2 ,\dots, ke_1 + \dots + ke_{n-1})$. Son stabilisateur dans G est le groupe de Borel engendré par T et les $x_{ij}(k)$ avec $1 \leq j < i \leq n$. Soit $f \in D(V\,;A)$ et définissons une fonction φf sur G , à valeurs dans $V \otimes_k A$, par

$$(\varphi f)(g) = g(e_1) \otimes f(g) .$$

Alors $(\varphi f)(gb) = (\varphi f)(g)$ si $b \in B$. Par conséquent, φf s'interprète comme une fonction sur l'ensemble G/B des drapeaux maximaux, à valeurs dans $V \otimes_k A$. On démontre sans difficulté que φ est l'isomorphisme voulu.

3.10 COROLLAIRE.- $D(V;A)$ <u>est un</u> <u>A-module libre de rang</u> $(q-1)\dots(q^{n-1}-1)$.

Ceci résulte de ce qu'on a établi au numéro 2, vu 3.9.

Soit B comme ci-dessus et soit U son radical unipotent, engendré par les $x_{ij}(k)$ avec $j < i$. Désignons par B^- le groupe de Borel opposé, engendré par T et les $x_{ij}(k)$ avec $j > i$. Soit N le groupe engendré par T et les w_i $(1 \leq i \leq n-1)$ et posons $W = N/T$, c'est le groupe de Weyl, isomorphe au groupe symétrique $\mathfrak{S}_n$. Si $s_i = w_i T$, $S = \{s_1,\dots,s_{n-1}\}$ alors (W,S) est un système de Coxeter. Soit w_o l'élément dans W de longueur maximale. Si $w \in W$, désignons par n_w un représentant de w dans N .

3.11 <u>Lemme</u>.- <u>Une fonction de</u> $D(V;A)$ <u>est déterminée par sa restriction à</u> B^- .

Si $f \in D(V;A)$, on a $f(gu) = f(g)$ pour tout $u \in U$ (d'après 3.8) et

$$(12) \quad \begin{cases} f(g) = -\sum_{\lambda \in k} \lambda f(gx_{21}(\lambda)w_1) \\ f(g) = -\sum_{\lambda \in k} f(gx_{i+1,i}(\lambda)w_i) \qquad (2 \leq i \leq n-1) \end{cases}$$

(d'après 3.4 (ii) et 3.6 (ii)). Supposons $w \in W$, $\ell(ws_j) = \ell(w) + 1$ (où ℓ est la longueur). Si $g \in n_{w_o} B n_w U$, on a alors

$$gx_{j+1,j}(\lambda)w_j \in n_{w_o} B n_{ws_j} U \qquad (\lambda \in k) ,$$

d'après les propriétés des systèmes de Tits. Il résulte de (12) que $f|n_{w_o} B n_w U = 0$ si $f|n_{w_o} B n_{ws_j} U = 0$. Utilisant le lemme de Bruhat, on voit que $f = 0$ si $f|B^- = 0$, d'où 3.11.

3.12 <u>Le cas d'un anneau de valuation</u>

Soit ℓ une extension finie de k . On va maintenant relever le G-module $D(V;\ell)$ en caractéristique 0 .

Soit R un anneau de valuation discrète complet de caractéristique 0 , à corps résiduel ℓ . Soit $\pi : R \to \ell$ la projection canonique. On sait qu'il existe un caractère injectif γ unique $\ell^* \to R^*$ tel que $\pi \circ \gamma = \mathrm{id}$. Nous posons $\theta = \gamma^{-1}$. Si χ est sa réduction, on a $\chi(\lambda) = \lambda^{-1}$ si $\lambda \in k^*$. On a

$$H_{n-1}(L(V)\,;\,\ell)_\chi = H_{n-1}(L(V)\,;\,R)_\theta \otimes_R \ell ,$$

et

$$P_\ell = P_R \otimes \mathrm{id} .$$

Soit $r = |\ell|$ et posons

$$D(V\,;\,R) = \{f \in H_{n-1}(L(V)\,;\,R)_\theta \,|\, \lim_{n\to\infty} P_R^{r^n} f = f\} .$$

Il résulte de 3.8, utilisant le lemme de Hensel, que $D(V\,;\,R)$ est un facteur direct de $H_{n-1}(L(V)\,;\,R)_\theta$ et on a

$$D(V\,;\,\ell) = D(V\,;\,R) \otimes_R \ell .$$

3.10 montre alors que $D(V\,;\,R)$ est un R-module libre de rang $(q-1)\ldots(q^{n-1}-1)$ D'après 3.4, $D(V\,;\,R)$ s'identifie à un sous-module de $C(G\,;\,R)$ stable par les translations à gauche ; c'est donc un G-module. Le résultat suivant est une conséquence de 3.11.

3.13 Lemme.- Une fonction de $D(V\,;\,R)$ est déterminée par sa restriction à B^-.

3.14. Il y a un choix minimal pour R, à savoir l'anneau $W(k)$ des vecteurs de Witt sur k. Posons $D(V) = D(V\,;\,W(k))$. Si R est comme ci-dessus, il y a un homomorphisme unique $W(k) \to R$ induisant l'homomorphisme donné $k \to \ell$ des corps résiduels. On a alors

(13) $\qquad D(V\,;\,R) = D(V) \otimes_{W(k)} R .$

Nous définissons $D(V\,;\,R)$, où R est une $W(k)$-algèbre quelconque, par la formule (13).

4. La représentation de G dans D(V)

Conservons les notations des numéros précédents. Soit K une extension algébriquement close du corps des quotients de $W(k)$. Soit r_V la représentation de G dans $D(V\,;\,K)$; désignons par c_V le caractère de r_V.

4.1 PROPOSITION.- r_V <u>est une représentation irréductible parabolique.</u>

Soit P un sous-groupe parabolique propre de G, à radical unipotent U. Il faut établir que la restriction de r_V à U ne contient pas la représentation unité et il suffit de le faire si $P \supset B^-$ est maximal ($\neq G$). Soit U engendré par les $x_{ij}(k)$ avec $1 \leq i \leq h$, $h+1 \leq j \leq n$. Soit $f \in D(V;K)$ telle que $f(ug) = f(g)$ si $u \in U$, $g \in G$. On a $f(pu) = f(p)$ si $p \in P$, $u \in U$. On montrera que $f(pn_w) = 0$ pour tout $w \in W = \gamma_n$ tel que $w(1) \leq h$. Alors $f = 0$, par 3.13, donc r_V est parabolique. Soit $\ell < n$ tel que $w(1), \dots, w(\ell) \leq h$, $w(\ell+1) > h$. Si $\ell = 1$, on a $f(pn_w) = f(pn_w x_{12}(\lambda))$ et $S_1 f = 0$ implique que $f(pn_w) = 0$. Si $\ell > 1$, il résulte de $S_\ell f = -f$ que $qf(pn_w) = -f(pn_{ww_\ell})$. Comme $ww_\ell(1) \leq h$, $ww_\ell(\ell) > h$, une récurrence sur ℓ démontre que $f(pn_w) = 0$.

4.1 résulte alors du fait, établi par exemple dans [2, p. 149, 155], que les représentations irréductibles paraboliques de G sur $\mathbf{C}$ ont pour dimension $(q-1)\dots(q^{n-1}-1) = \dim D(V;K)$ (voir 3.10).

Nous utiliserons le fait suivant, contenu implicitement dans les résultats de Green sur les caractères de G (voir [<u>loc. cit.</u>, p. 142, 149]).

4.2 <u>Lemme.- Deux caractères irréductibles paraboliques complexes de</u> G <u>sont égaux s'ils le sont sur les éléments semi-simples.</u>

Soit ℓ une extension de k contenant les valeurs propres des éléments de G et soit $R \subset K$ une $W(k)$-algèbre avec les propriétés de 3.12. L'homomorphisme θ de 3.12 est une injection de ℓ^* dans K^*. Soit $\pi_{V,\theta}$ le caractère défini dans 1.6.

4.3 THÉORÈME.- $\pi_{V,\theta}$ <u>est le caractère</u> c_V <u>de</u> r_V.

Nous procédons par induction sur $n = \dim V$, le cas $n = 1$ étant trivial. Supposons le théorème vrai pour les espaces vectoriels de dimension $< n$. D'après 4.2, il suffit de démontrer que $c_V(x) = \pi_{V,\theta}(x)$ si $x \in G$ est semi-simple. Mais dans ce cas, on peut déterminer $c_V(x)$ à partir de l'action de x dans l'espace vectoriel $D(V\,;R)\otimes_R \ell = D(V\,;\ell)$, duquel on a donné une interprétation homologique dans 3.9. On écrit la suite exacte de 2.4, en prenant pour S l'immeuble de Tits $P(V)$, avec le système de coefficients $F\otimes_k \ell$, F étant comme dans 2.5 (d'après 2.9 (iv) les hypothèses de 2.4 sont satisfaites dans ce cas). La suite exacte permet de calculer la trace de $r_V(x)$ et on trouve que

$$b_{V,\theta}(x) = \sum_{i=1}^{n-1} (-1)^{i-1}\, i_{P_i \to G}(c_{V_i}) + (-1)^{n-1} c_V$$

(notations du n° 1). Par induction, on a $c_{V_i} = \pi_{V_i,\theta}$ et le théorème résulte alors de 1.6.

4.4 COROLLAIRE.- <u>Soit</u> H <u>un groupe fini qui opère dans</u> V . <u>Il existe une famille</u> $(L_i)_{1\le i\le n}$ <u>de</u> $W(k)$-<u>modules libres de type fini</u>, <u>dans lesquels</u> H <u>opère</u>, <u>telle qu'on a une suite exacte de</u> H-<u>espaces vectoriels</u>

$$0 \to L_n \otimes_{W(k)} k \to \dots \to L_1 \otimes_{W(k)} k \to V \to 0 .$$

4.5. Nous appelons la représentation r_V de G dans $D(V)$ ou $D(V\,;K)$ la <u>représentation spéciale</u> de G .

Le théorème précédent est un des résultats principaux de Lusztig. Il donne, en conjonction avec 1.6, une analyse très précise de la structure du relèvement de Brauer $b_{V,\theta}$, pour le caractère θ de 3.12. Dans la démonstration de 4.3, nous avons invoqué quelques résultats sur les caractères complexes de G . Dans [7], ces résultats ne sont pas utilisés et 4.3 y est établi à l'aide de propriétés supplémentaires de la représentation spéciale, qu'on va discuter brièvement.

4.6. <u>Le groupe affine</u>

Soit $Aff(V)$ le groupe affine de V ; c'est le produit semi-direct de $G = GL(V)$ et V . Le groupe $Aff(V)$ opère sur l'ensemble ordonné $A(V)$ de 2.5.

Soit maintenant K un corps algébriquement clos de caractéristique 0 quelconque. Le résultat suivant est dû à S. I. Gelfand [3].

4.7 PROPOSITION.- (i) Le degré d'une K-représentation irréductible de $\mathrm{Aff}(V)$ est au plus $(q-1)(q^2-1)\dots(q^n-1)$;

(ii) si $q > 2$, il existe une seule classe de K-représentations irréductibles de $\mathrm{Aff}(V)$ de degré $(q-1)(q^2-1)\dots(q^n-1)$; si $q = 2$, il y en a deux.

Appelons spéciales les représentations de $\mathrm{Aff}(V)$ de 4.7 (ii).

4.8 PROPOSITION.- La représentation de $\mathrm{Aff}(V)$ dans $\widetilde{H}_{n-1}(A(V)\,;K)$ est spéciale ; elle a multiplicité 1 dans la représentation de $\mathrm{Aff}(V)$ dans l'espace de chaînes $C_{n-1}(A(V)\,;K)$.

Ceci est établi dans [7, n° 2] à l'aide d'un "lemme de Bruhat" pour $\mathrm{Aff}(V)$. Des résultats analogues ont été obtenus par L. Solomon [8, 9].

Soit $n \geq 2$, soit W un sous-espace vectoriel propre de V de dimension $m \geq 1$. Introduisons alors l'ensemble ordonné $P(V,W)$ de 2.5. Soit A un anneau commutatif.

4.9 PROPOSITION.- Il existe un isomorphisme canonique

$$\widetilde{H}_{n-m-1}(A(V/W)\,;A) \otimes_A \widetilde{H}_{m-1}(P(V,W)\,;A) \xrightarrow{\sim} H_{n-1}(A(V)\,;A) .$$

On trouve une démonstration homologique dans [7, 2.4].

Soit maintenant H un hyperplan de V . On identifie $\mathrm{Aff}(H)$ au sous-groupe de $G = GL(V)$ qui stabilise H et induit l'identité sur V/H .

4.10 PROPOSITION.- Il existe un isomorphisme canonique de $W(k)$-modules

$$D(V) \xrightarrow{\sim} \widetilde{H}_{n-2}(A(H)\,;W(k)) .$$

La démonstration utilise 3.9, 3.13 et 4.8. Cette proposition implique que la restriction à $\mathrm{Aff}(H)$ de la représentation spéciale de G est une représentation spéciale de Aff(H) .

Soit W comme ci-dessus.

4.11 PROPOSITION.- Il existe un isomorphisme canonique de W(k)-modules

$$D(V/W) \otimes_{W(k)} \widetilde{H}_{m-1}(P(V,W)\,;\,W(k)) \xrightarrow{\sim} D(V) .$$

Ceci se démontre à l'aide de 4.9 et 4.10, voir [7, 3.10].

4.11 détermine la restriction à un sous-groupe parabolique maximal de G de la représentation spéciale et peut servir à déterminer la restriction à un sous-groupe parabolique quelconque. Ces résultats sont utilisés dans [loc. cit. n° 4] pour démontrer 4.3.

5. Compléments

5.1. Un théorème de Swan

Soit H un groupe fini, soit R(H ; A) le groupe de Grothendieck de la catégorie des A-modules de type fini où H opère. Des résultats discutés au n° 4, on obtient une démonstration facile du théorème suivant de [12]. (k et W(k) sont comme auparavant, Q(k) est le corps des quotients de W(k) .)

5.2 THÉORÈME.- L'homomorphisme R(H ; W(k)) → R(H ; Q(k)) induit par l'injection W(k) → Q(k) est une bijection.

On définit une application R(H ; Q(k)) → R(H ; W(k)) de la façon suivante. Soit M un Q(k)-espace vectoriel où H opère. Soit L un W(k)-réseau dans M stable par H et associons à l'élément [M] de R(H ; Q(k)) défini par M l'élément [L] de R(H ; W(k)) . Le théorème est facile, une fois établi que cette application est bien définie. Il faut donc montrer que si L et L' sont deux réseaux H-stables dans M , on a [L] = [L'] . Il suffit de le faire lorsque $L' \subset L$ et $V = L/L'$ est annulé par l'idéal maximal de W(k) . Alors V est un espace vectoriel sur k . En appliquant 4.4 à k , il suffit alors (avec les notations de 4.4) d'établir que $[L_i \otimes_{W(k)} k] = 0$, ce qui est trivial.

5.3. Questions de rationalité

L'endomorphisme $P = P_{W(k)}$ introduit dans 3.1 induit un endomorphisme de $D(V)$ qui commute à G . D'après 4.1 et le lemme de Schur, c'est la multiplication scalaire par un élément $\lambda(V) \in W(k)$ (qui ne dépend que de $n = \dim V$). $\lambda(V)$ est calculé dans [7, n° 4]. Soit R comme dans 3.14 et supposons que ℓ contient une extension k_n de k de degré n .

5.4 PROPOSITION.- $$\lambda(V) = \sum_{\substack{x \in k_n^* \\ Tr_{k_n/k}(x) = 1}} \theta(x) ,$$

(θ est comme dans 3.12).

Il est clair que le G-module $D(V\,;Q(k))$ est défini sur une extension finie L de $\mathbb{Q}$ (identifié au corps premier de $Q(k)$). Soit $L_V \subset L$ l'extension de $\mathbb{Q}$ engendré par les valeurs du caractère c_V de la représentation spéciale de G .

5.5 THÉORÈME.- (i) $D(V\,;Q(k))$ est défini sur L_V ;

(ii) L_V est engendré sur $\mathbb{Q}$ par les $\theta(x)$ $(x \in k^*)$ et $\lambda(V)$;

(iii) L_V est une extension galoisienne de $\mathbb{Q}$ de degré $n^{-1}\varphi(q^n - 1)$.

Voir [loc. cit., n° 4].

5.6. Une autre formulation de 5.5 (i) est : l'indice de Schur de la représentation spéciale de G est 1 .

Il résulte de 5.5 (iii) qu'en faisant opérer le groupe de Galois de $L_V/\mathbb{Q}$, on obtient à partir de la représentation spéciale $n^{-1}\varphi(q^n - 1)$ représentations irréductibles paraboliques non-équivalentes de G . Le nombre total de ces classes de représentations étant $\sum_{d|n} d^{-1}\mu(d^{-1}n)(q^d - 1)$, on constate que ce procédé ne donne pas toutes les classes de représentations irréductibles paraboliques.

5.7. Remarques finales

Il serait intéressant d'étendre les résultats dont on a parlé ici à d'autres groupes de Chevalley. Voici quelques remarques sur ce genre de questions.

(a) Dans [7, 5.12], on trouve une description conjecturale de la structure du relèvement de Brauer du groupe symplectique $Sp_{2n}(k)$ (pour sa représentation habituelle).

Il est probable que les méthodes du n° 1 s'appliquent au groupe symplectique et donnent un résultat analogue à 1.6 (i), d'où un caractère irréductible parabolique de $Sp_{2n}(k)$.

(b) Peut-on généraliser la construction du module $D(V)$ à d'autres groupes de Chevalley ? Le rédacteur espère que les formules écrites au n° 3 peuvent servir à de telles généralisations.

(c) L'un des résultats homologiques du n° 2 admet une formulation qui a un sens dans le cas général suivant. Soit maintenant G un groupe de Chevalley quelconque sur k . Soit T l'immeuble de Tits de G . Si P est un sous-groupe parabolique propre de G , soit s_P le simplexe de T défini par P . Soit r une représentation de G dans un k-espace vectoriel V de dimension finie. Alors, il existe un système de coefficients $F(r)$ sur T tel que $F(r)_{s_P}$ soit le sous-espace de V des vecteurs fixés par tous les éléments du radical unipotent de P . Si $G = GL(V)$, $r = id$, on retombe sur le système F de 2.5 (a).

2.6 (ii) donne, dans ce cas, un "vanishing theorem" pour l'homologie de $F(r)$ et la question se pose si c'est un cas particulier d'un résultat plus général

(d) Est-ce qu'on peut utiliser les méthodes de Lusztig pour construire une représentation irréductible admissible parabolique d'un groupe GL(V) p-adique ?

[Note ajoutée en Avril 1974]

Récemment, Lusztig a utilisé la méthode du numéro 1 pour construire des caractères paraboliques pour tous les groupes classiques sur un corps fini. Il a aussi établi la structure du relèvement de Brauer de $Sp_{2n}(k)$, mentionné à la page 23.

BIBLIOGRAPHIE

[1] A. BOREL - Linear algebraic groups, Benjamin (1969).

[2] A. BOREL et al. - Seminar on Algebraic Groups and Related Finite Groups, Lecture Notes in Math., n° 131, Springer-Verlag, (1970).

[3] S. I. GELFAND - Représentations du groupe linéaire général sur un corps fini, [en russe], Mat. Sbornik, 83 (125), (1970), 15-41.

[4] J.A. GREEN - The characters of the finite linear groups, Trans. Am. Math. Soc., 80 (1955), 402-447.

[5] N. KAWANAKA - A theorem on finite Chevalley groups, Osaka J. Math., 10(1973), p. 1-13.

[6] G. LUSZTIG - On the discrete series representations of the general linear groups over a finite field, Bull. Am. Math. Soc., 79 (1973), 550-554.

[7] G. LUSZTIG - The discrete series representations of the general linear groups over a finite field, à paraître aux Ann. of Math.

[8] L. SOLOMON - On the affine group over a finite field, dans : Proc. Symp. Pure Math., n° 21, Am. Math. Soc. (1971), 145-147.

[9] L. SOLOMON - The affine group I. Bruhat decomposition, J. Alg., 20 (1972), 512-539.

[10] T.A. SPRINGER - Caractères des groupes de Chevalley finis, Sém. Bourbaki, exposé 429, 24 p., Lecture Notes in Math. 383, Springer-Verlag, 1974.

[11] R. STEINBERG - Endomorphismes of linear algebraic groups, Mem. Am. Math. Soc., n° 80 (1968).

[12] R.G. SWAN - The Grothendieck group of a finite group, Topology, 2 (1963), 85-110.

Séminaire BOURBAKI 442-01
26e année, 1973/74, n° 442 Février 1974

CARACTÉRISATION D'ESPACES DE FONCTIONS ANALYTIQUES ET NON QUASI-ANALYTIQUES SUR UNE VARIÉTÉ A BORD

[d'après M. BAOUENDI et C. GOULAOUIC]

par Serge ALINHAC

Introduction

Les résultats présentés ici précisent la structure de certains espaces de fonctions régulières sur un ouvert à bord Ω , ou plus généralement sur une variété analytique réelle à bord convenable.

Ces espaces sont $C^\infty(\bar{\Omega})$ (l'espace des fonctions indéfiniment différentiables jusqu'au bord de Ω), $\mathcal{A}(\bar{\Omega})$ (l'espace des fonctions analytiques jusqu'au bord) ou des espaces intermédiaires non quasi-analytiques notés $\mathcal{A}_s(\bar{\Omega})$ $(s \geq 1)$; ils seront définis plus loin.

On parvient à caractériser une fonction f d'un de ces espaces par des propriétés de la suite des itérés $A^i f$ $(i \in \mathbb{N})$, où A est un opérateur différentiel bien choisi, lié à la géométrie de l'ouvert ou de la variété.

Cela permet de montrer que ces espaces sont isomorphes à des espaces de suites, et de donner diverses applications.

Des résultats analogues avaient déjà été obtenus pour une variété sans bord (cf. [2]) et un opérateur A elliptique. L'originalité du présent travail est le choix judicieux de A , autorisant le "traitement du bord".

I. Généralités et rappels de quelques résultats anciens

Ces résultats, comme ceux qui sont présentés plus loin, sont de deux ordres : un résultat de régularité locale "à l'intérieur", et une "propriété d'itérés".

Considérons un ouvert $\Omega \subset \mathbb{R}^n$, et A un opérateur différentiel elliptique d'ordre deux à coefficients analytiques dans Ω . On a alors la

PROPOSITION I.1.- Soit $f \in C^\infty(\Omega)$ une fonction telle que $Af \in \mathcal{A}(\Omega)$. Alors $f \in \mathcal{A}(\Omega)$.

La "propriété d'itérés" est la suivante :

PROPOSITION I.2.- Soit $f \in C^\infty(\Omega)$ telle que, pour tout compact $K \subset \Omega$, il existe une constante $M > 0$ avec : $\forall\, i \in \mathbb{N}$, $\|A^i f\|_{L^2(K)} \leq M^{i+1}(2i)!$. Alors $f \in \mathcal{A}(\Omega)$.

La proposition I.1 est bien connue (cf. par exemple Petrovski) ; la proposition I.2 a été établie d'abord par Aronszajn pour $A = \Delta$ (Laplacien usuel), puis en général par Kotake et Narasimhan [2]. Les résultats présents généralisent les propositions I.1 et I.2 au cas d'un ouvert "à bord", ou même "à coins cubiques" (cf. Hanouzet [3]).

II. Le problème du bord et la forme des opérateurs A choisis

Soient Ω un ouvert borné régulier, $\Omega \subset \mathbb{R}^n$, et f une fonction, $f \in C^\infty(\bar{\Omega})$.

Notre premier but est d'obtenir, pour un opérateur A convenable, un résultat du type :

$$Af \in \mathcal{A}(\bar{\Omega}) \quad \Rightarrow \quad f \in \mathcal{A}(\bar{\Omega}) .$$

On imposera que A soit elliptique en tout point de Ω , afin d'obtenir $Af \in \mathcal{A}(\Omega) \Rightarrow f \in \mathcal{A}(\Omega)$. Néanmoins, si l'on choisit, par exemple, $A = \Delta$, on devra imposer de plus $f|_{\partial\Omega} \in \mathcal{A}(\partial\Omega)$, faute de quoi Af pourra être analytique jusqu'au bord de Ω sans que f le soit.

Il convient donc d'éliminer cette condition supplémentaire de trace sur $\partial\Omega$. A cet effet, on peut regarder la variété à bord $\bar{\Omega}$ comme image d'une variété sans bord V par une certaine application, et voir si certains opérateurs elliptiques sur V "descendent" sur $\bar{\Omega}$. Donnons deux exemples de ce procédé :

Exemple 1.- Soient S^2 la sphère unité de R^3 , et $p : S^2 \to [-1,+1]$ l'application restriction à S^2 de la projection $(x,y,z) \mapsto z$. On vérifie que le Laplacien Δ_S de la sphère se projette par p en l'opérateur différentiel $L \equiv \frac{d}{dt}(1 - t^2)\frac{d}{dt}$. On nomme l'opérateur L "opérateur de Legendre".

Exemple 2.- Soient $\pi = R^2$ le plan réel et $p : \pi \to R_+$ l'application définie par $(x,y) \mapsto t = x^2 + y^2$. Le Laplacien $\Delta = \frac{\partial^2}{\partial x^2} + \frac{\partial^2}{\partial y^2}$ se projette par p en l'opérateur $4\frac{d}{dt}\, t\, \frac{d}{dt}$ de $\mathbb{R}_+$.

On est donc conduit à choisir pour A une "dégénérescence" au voisinage du bord $\partial\Omega$ du type de celle de $\frac{d}{dt}\, t\, \frac{d}{dt}$ près de $t = 0$.

D'une façon précise, on fera l'hypothèse

(H_1) Au voisinage de tout point du bord $\partial\Omega$, l'opérateur A s'écrit dans les coordonnées locales (x,y) (avec (x,y) appartenant à un voisinage V de 0 dans $\bar{R}^n_+$)

$$A = D_y\, y\, D_y + \sum_{|\mu| \le 2} b_\mu D_x^\mu + \sum_{|\mu| \le 1} c_\mu D_x^\mu\, y\, D_y \ .$$

Cela signifie que toute dérivation normale au bord présente dans A "dégénère" sur le bord. On impose en revanche que les termes de dérivations tangentielles se maintiennent sur le bord, et y constituent un opérateur elliptique. C'est, pour l'essentiel, le sens de la seconde hypothèse faite sur A :

(H_2) Il existe une constante $C > 0$ telle que, pour tout $u \in D(V)$, on ait l'inégalité a priori

$$\|yu\|_{H^2(R^n_+)} + \sum_{|\alpha| \le 2} \|D_x^\alpha u\|_{L^2(R^n_+)} \le C(\|Au\|_{L^2(R^n_+)} + \|u\|_{L^2(R^n_+)}) \ .$$

Donnons des exemples d'opérateurs vérifiant (H_1) et (H_2) :

Exemple 1.- Supposons que Ω est un ouvert borné régulier de R^n, tel qu'il existe une fonction φ, $\varphi : R^n \to R$, $\varphi \in C^\infty(R^n)$, pour laquelle

$$\Omega = \{x \in R^n \, , \, \varphi(x) > 0\}$$

$$\partial\Omega = \{x \in R^n \, , \, \varphi(x) = 0\} \quad \text{et} \quad d\varphi \neq 0 \quad \text{sur} \quad \partial\Omega \, .$$

On note $\operatorname{grad} \varphi = (\varphi_1, \dots, \varphi_n)$ et on pose $\Lambda_{jk} = \varphi_k D_j - \varphi_j D_k$ $(j, k \geq 1)$. On considère alors la forme intégro-différentielle

$$a(u,v) = \int_\Omega \{ \sum_{\substack{|\alpha| \leq 1 \\ |\beta| \leq 1}} \varphi \, a_{\alpha\beta} \, D^\alpha u \, \overline{D^\beta v} + \sum_{j,k} \Lambda_{jk} u \, \overline{\Lambda_{jk} v} \} \, dx \, ,$$

dans laquelle on suppose $a_{\alpha\beta} \in C^\infty(\bar{\Omega})$,

$$\operatorname{Re} \sum_{\substack{|\alpha| = 1 \\ |\beta| = 1}} a_{\alpha\beta} \, \xi^\alpha \, \overline{\xi^\beta} \geq c|\xi|^2 \qquad \text{pour tout} \quad \xi \in C^n \, ,$$

et $\operatorname{Re} a_{\alpha\alpha}$ assez grand pour $|\alpha| = 0$ pour qu'on ait la coercivité

$$\operatorname{Re} a(u,u) \geq c' \{ \|u\|^2_{L^2(\Omega)} + \sum_{j=1}^{n} \|\sqrt{\varphi} \, D_j u\|^2_{L^2(\Omega)} + \sum_{j,k} \|\Lambda_{jk} u\|^2_{L^2(\Omega)} \} \, .$$

A la forme a est associé l'opérateur

$$A = A(x,D) = \sum_{\alpha,\beta} D^\beta \varphi \, a_{\alpha\beta} \, D^\alpha + \sum_{i,j} \Lambda^*_{ij} \, \Lambda_{ij} \, .$$

On démontre que A vérifie (H_1) et (H_2).

Si par exemple $\Omega = \{x \in R^n \, , \, |x|^2 < 1\}$, A sera l'opérateur

$$A = \sum_{i=1}^{n} D_i(1 - |x|^2) D_i + \sum_{j,k} (x_j D_k - x_k D_j)^2 + 1 \, .$$

Exemple 2.- Considérons une variété analytique réelle V à bord Γ. On sait qu'une telle variété est isomorphe à une pièce d'un espace numérique R^N, N convenable. Cela permet de construire sur V et Γ des champs analytiques globaux en nombre suffisant, qui jouent alors dans la construction de A le même rôle que les D_j et les Λ_{jk} dans l'exemple 1.

L'existence d'une fonction analytique φ avec les propriétés de l'exemple 1 peut s'obtenir sous des hypothèses topologiques pour Γ.

III. Les principaux résultats

1. Classes de fonctions envisagées

a) Classes de Gevrey

DÉFINITION.- Soient K un compact, $K \subset \mathbb{R}^n$, et $s \geq 1$; on appelle espace de Gevrey d'ordre s sur K l'espace $G_s(K)$ des restrictions à K de fonctions u de classe C^∞ dans un voisinage de K, tel qu'il existe $L > 0$ avec

$$\forall \alpha \in \mathbb{N}^n, \quad \|D^\alpha u\|_{L^2(K)} \leq L^{|\alpha|+1}(|\alpha|!)^s .$$

Une fonction u est dans $G_s(\Omega)$ si et seulement si, pour tout compact $K \subset \Omega$, $u \in G_s(K)$.

On a bien sûr $G_1 = \mathcal{A}$.

b) Les espaces $\mathcal{A}_s(\bar{\Omega})$

DÉFINITION.- On note, pour tout entier $k \geq 0$,

$$R_k = \begin{cases} (D_y\, y\, D_y)^p & \text{si } k = 2p \\ y\, D_y (D_y\, y\, D_y)^p & \text{si } k = 2p+1 , \end{cases}$$

en sorte que R_k est un opérateur différentiel d'ordre k en la variable y (réelle).

Alors, pour tout $s \geq 1$, on désigne par $\mathcal{A}_s(\bar{\Omega})$ l'espace des $u \in C^\infty(\bar{\Omega})$, $u \in G_s(\Omega)$, qui vérifient de plus sur toute carte locale ω d'un point de $\partial\Omega$ les inégalités :

$$\exists M > 0 , \quad \forall \alpha \in \mathbb{N}^{n-1} , \quad \forall k \in \mathbb{N} , \quad \|D_x^\alpha R_k u\|_{L^2(\omega)} \leq M^{|\alpha|+k+1}((|\alpha|+k)!)^s .$$

On montre que $G_s(\bar{\Omega}) \hookrightarrow \mathcal{A}_s(\bar{\Omega}) \hookrightarrow G_{2s-1}(\bar{\Omega})$, et en particulier $\mathcal{A}_1(\bar{\Omega}) = \mathcal{A}(\bar{\Omega})$

2. Le théorème d'itération

THÉOREME.- Soit un réel $s \geq 1$; on suppose que les coefficients de A sont de classe G_s sur $\bar{\Omega}$ et que $\partial\Omega$ est de classe G_s ; soit alors $u \in C^\infty(\bar{\Omega})$. Les propriétés suivantes sont équivalentes :

(i) la fonction u est dans $\mathcal{A}_s(\bar{\Omega})$;

(ii) il existe $K > 0$ telle que

$$\forall\, i \in \mathbb{N}, \qquad \|A^i u\|_{L^2(\Omega)} \leq K^{2i+1}(2i!)^s .$$

Ce théorème a un caractère global. En fait, il est la conséquence d'un résultat plus fort, local, démontré par Baouendi et Goulaouic (Théorème 4.2 de [1]).

Il est à noter que l'implication (i) $\Rightarrow$ (ii) n'est nullement triviale ; sa vérification s'effectue par un calcul direct assez délicat.

Il est possible, dans le cas particulier $s = 1$ (fonctions analytiques), de ramener simplement la preuve de (ii) $\Rightarrow$ (i) à un résultat de régularité analytique. On procède comme suit (cf. Lions et Magènes [4]) :

On considère la fonction $w(x,t) = \sum_{i=0}^{+\infty} t^{2i} \frac{A^i u(x)}{(2i)!}$; d'après (ii), $w \in C^\infty(\bar{\Omega} \times]-\varepsilon, \varepsilon[)$ pour un certain ε petit ; on a de plus $(A + D_t^2)w = 0$. Supposant acquis un résultat d'analyticité jusqu'au bord pour des opérateurs de la forme A ($A + D_t^2$ en est justement un!), on en déduit que $w \in \mathcal{A}(\bar{\Omega} \times]-\varepsilon, \varepsilon[)$, et donc

$$u(x) = w(x,0) \in \mathcal{A}(\bar{\Omega}) .$$

Dans le cas général, la preuve est beaucoup plus délicate, et repose sur des estimations <u>a priori</u> déduites de (H_1) et (H_2) (cf. [1], p. 222 à 236).

Notons cependant que, toujours dans le cas $s = 1$, les changements de variables indiqués dans l'exemple 2, partie II, peuvent permettre "de réduire le problème "sans bord"". Il convient alors de préciser légèrement la forme de A, afin que l'opérateur transformé $\widetilde{A}$ soit elliptique, et d'établir les correspondances de régularité (C^∞ et analytique) entre les fonctions u considérées et leurs transformées $\widetilde{u}$.

IV. Applications

Elles concernent essentiellement la structure des espaces $C^\infty(\bar{\Omega})$ et $\mathcal{A}_s(\bar{\Omega})$, $s \geq 1$.

Plaçons-nous dans le cas de l'exemple 1, partie II, et supposons la forme $a(u,v)$ hermitienne. L'opérateur A, considéré comme opérateur non borné dans $L^2(\Omega)$ avec pour domaine $D(A) = \{u \in L^2(\Omega) , Au \in L^2(\Omega)\}$, est alors auto-adjoint. Soit (φ_j) une base orthonormée dans $L^2(\Omega)$ constituée par des fonctions propres de A. On note J l'application qui, à tout $f \in L^2(\Omega)$, fait correspondre la suite (f_j) de ses coefficients de Fourier sur la base (φ_j).

On note, pour toute suite $P(j)$ de réels positifs,

$$\ell^2_{P(j)} = \{(f_j) \in \mathbb{C}^{\mathbb{N}} , \sum_{j=0}^{+\infty} |f_j|^2 P(j) < +\infty\} .$$

On a alors le

THÉORÈME.- L'application J est un isomorphisme

a) de $C^\infty(\bar{\Omega})$ sur l'espace $\mathcal{S}$ des suites à décroissance rapide ;

b) de $D'(\bar{\Omega})$ sur l'espace $\mathcal{S}'$ des suites à croissance lente ;

c) de $\mathcal{A}_s(\bar{\Omega})$ sur l'espace $\varinjlim_{M>0} \ell^2_{\exp(M j^{1/sn})}$, $s \geq 1$.

Ce résultat est une conséquence du théorème des itérés cité dans la partie III et d'un résultat de théorie spectrale pour l'opérateur A , précisant le comportement de ses valeurs propres λ_j , lorsque $j \to +\infty$.

COROLLAIRE.- Soient Ω_1 et Ω_2 deux ouverts bornés et réguliers inclus respectivement dans R^{n_1} et R^{n_2} (non vides). Alors $\mathcal{A}(\bar{\Omega}_1)$ est isomorphe à $\mathcal{A}(\bar{\Omega}_2)$ si et seulement si $n_1 = n_2$.

Il est possible de déduire également du théorème des résultats d'interpolation et d'approximation relatifs aux espaces $\mathcal{A}_s(\bar{\Omega})$ (cf. [1] pour plus de détails).

BIBLIOGRAPHIE

[1] M. S. BAOUENDI et C. GOULAOUIC - Régularité analytique et Itérés d'opérateurs elliptiques dégénérés ; Applications, J. of Functional Analysis, vol. 9 (1972), p. 208-248.

[2] T. KOTAKE and N. S. NARASIMHAN - Regularity theorems for fractional powers of a linear elliptic operator, Bull. Soc. Math. de France, 90 (1962), p. 449-471.

[3] B. HANOUZET - Caractérisation de classes de fonctions C^∞ par des itérés d'opérateurs elliptiques dégénérés sur des ouverts irréguliers, Sém. Goulaouic-Schwartz, exposé n° 2, 1971/72, Ecole Polytechnique, Centre de Math., Paris.

[4] J.-L. LIONS et E. MAGENES - Problèmes aux limites non homogènes, tome 3 (Dunod) Paris, 1970.

La Bibliographie de [1] contient de nombreuses références à des sujets connexes.

Séminaire BOURBAKI 443-01
26e année, 1973/74, n° 443 Février 1974

CLASSIFICATION DES GERMES A POINT CRITIQUE ISOLÉ ET A NOMBRES DE MODULES 0 OU 1

[d'après V. I. ARNOL'D]

par Michel DEMAZURE

Il s'agit des deux articles [1] et [2] d'Arnol'd. Comme l'énoncé des résultats nécessite l'emploi de la monodromie et des cycles évanescents, j'en donne au premier paragraphe un petit fascicule de résultats, au goût du jour. Les résultats de classification d'Arnol'd sont exposés au second paragraphe. Par ailleurs, ces articles [1] et [2] contiennent aussi des applications aux singularités "lagrangiennes" et à la méthode de la phase stationnaire ; je n'en parle pas du tout et espère qu'un autre exposé viendra combler cette lacune.

§ 1. Monodromie et cycles évanescents

Dans tout ce paragraphe, on note $f(z_o,\dots,z_n)$ une fonction holomorphe de $(n+1)$ variables complexes, telle que $f(0) = 0$ et que f possède en 0 un point critique isolé (la différentielle df de f s'annule donc en 0 mais pas au voisinage).

1.1 Le nombre de Milnor μ de f en 0 est la dimension du $\mathbb{C}$-espace vectoriel quotient de l'anneau $\mathbb{C}\{z_o,\dots,z_n\}$ des séries convergentes par l'idéal jacobien de f, idéal J_f engendré par les dérivées partielles $\partial f/\partial z_i$ (on a $\mu < \infty$, puisque ces dérivées partielles ont en 0 un zéro commun isolé). On dit que f est non dégénérée si $\mu = 1$.

1.2 Pour $\alpha > 0$ assez petit et $\varepsilon \in \mathbb{C}$, non nul et assez petit relativement à α, posons

$$F = \{(z_i) \in \mathbb{C}^{n+1} \mid \Sigma\, |z_i|^2 \leq \alpha\ ,\ f((z_i)) = \varepsilon\}\ .$$

C'est une variété à bord orientée de dimension réelle $2n$, la variété des cycles évanescents, qui est indépendante à isomorphisme près des choix effectués. Faisant parcourir à ε un cercle centré en 0 , on obtient un difféomorphisme T de F ("difféomorphisme de monodromie") auquel on peut imposer d'être l'identité sur le bord

$$\partial F = \{(z_i) \in \mathbf{C}^{n+1} \mid \Sigma |z_i|^2 = \alpha , f((z_i)) = \varepsilon\} ,$$

et qui est bien déterminé à isotopie (induisant l'identité sur le bord) près (pour tout ceci, voir [7] et [12]).

1.3 D'après [12], F a le type d'homotopie d'un bouquet de μ n-sphères, de sorte que $\tilde{H}_i(F) = 0$ pour $i \neq n$ et que $\tilde{H}_n(F)$ est un $\mathbb{Z}$-module libre de rang μ ("module des cycles évanescents") ; par dualité, la même propriété est vraie pour les $\tilde{H}_i(F \bmod \partial F)$. Dans la suite, nous identifierons $\tilde{H}_n(F)$ à

$$E(f) = \tilde{H}^n_c(\overset{\circ}{F})$$

et $\tilde{H}_n(F \bmod \partial F)$ à

$$E^*(f) = \tilde{H}^n(F) ,$$

et plongerons ces $\mathbb{Z}$-modules dans les espaces de cohomologie de De Rham $\tilde{H}^n_c(\overset{\circ}{F}, \mathbf{R})$ et $\tilde{H}^n(F, \mathbf{R})$.

On identifiera aussi $E^*(f)$ au dual de $E(f)$ grâce à la forme bilinéaire suivante (noter le signe !) : si $a \in E(f)$ et $b \in E^*(f)$ sont les classes des n-formes fermées ω_a et ω_b , ω_a étant à support compact dans $\overset{\circ}{F}$, on pose

(1) $$\langle b,a\rangle = -(-1)^{n(n-1)/2} \int \omega_b \wedge \omega_a .$$

Enfin, on note $j : E(f) \to E^*(f)$ l'application canonique, de sorte que la forme-intersection sur $E(f)$ est donnée par

(2) $$(a,a') = -(-1)^{n(n-1)/2} \langle j(a),a'\rangle .$$

1.4 L'automorphisme T de F , identique sur ∂F , induit un homomorphisme, la

<u>variation</u>

$$V : E^*(f) \to E(f)$$

que l'on peut calculer ainsi : si $b \in E^*(f)$ est la classe de la forme ω , alors $V(b) \in E(f)$ est la classe de la forme $V\omega = T\omega - \omega$.

Les automorphismes de $E(f)$ et $E^*(f)$ déduits de T sont évidemment :

$$(3) \qquad \begin{cases} T|_{E(f)} = Id + V \circ j \\ T|_{E^*(f)} = Id + j \circ V . \end{cases}$$

1.5 Soient ω , ω' deux n-formes fermées de classes b , $b' \in E^*(f)$; on a $\int T(\omega \wedge \omega') - \omega \wedge \omega' = 0$, donc $\int V\omega \wedge V\omega' + \int \omega \wedge V\omega' + \int V\omega \wedge \omega' = 0$, c'est-à-dire $\langle jVb , Vb' \rangle + \langle b , Vb' \rangle + (-1)^n \langle b' , Vb \rangle = 0$. Or, on verra ci-dessous que V est <u>bijectif</u> ; pour a , $a' \in E(f)$, on a donc

$\langle ja , a' \rangle + \langle V^{-1}a , a' \rangle + (-1)^n \langle V^{-1}a' , a \rangle = 0$, c'est-à-dire

$$(4) \qquad j = -V^{-1} - (-1)^n \, {}^tV^{-1} ,$$

$$(5) \qquad (a,a') = (-1)^{n(n-1)/2} \left(\langle V^{-1}(a),a' \rangle + (-1)^n \langle V^{-1}(a'),a \rangle \right) .$$

Reportant (4) dans (3), on obtient

$$(6) \qquad T|_{E(f)} = (-1)^{n+1} \, V \circ {}^tV^{-1} ,$$

$$(7) \qquad T|_{E^*(f)} = (-1)^{n+1} \, {}^tV^{-1} \circ V = {}^t(T|_{E(f)})^{-1} .$$

En conclusion, toute la situation algébrique concernant la monodromie est contenue dans la <u>variation</u> $V : E^*(f) \to E(f)$. On possède d'ailleurs deux renseignements supplémentaires sur V :

a) il existe des bases duales de $E(f)$ et $E^*(f)$ pour lesquelles la matrice de V est trigonale stricte (voir ci-dessous),

b) les valeurs propres de $T|_{E(f)}$ sont des racines de l'unité (voir [3]).

1.6 Supposons pour un instant que $\mu = 1$. Soit alors δ ("cycle évanescent") une base de $E(f)$ et δ^* la base duale de $E^*(f)$. Alors (voir par exemple [7]), on a $V(\delta^*) = \delta$, c'est-à-dire

(8) $$V(x) = \langle x,\delta\rangle\delta \qquad \text{(formule de Picard-Lefschetz)} .$$

Par conséquent, d'après (5) $(\delta,\delta) = 0$, 2 ou -2 selon que $n \equiv 1 \mod. 2$, $n \equiv 0 \mod. 4$, ou $n \equiv 2 \mod. 4$.

1.7 Dans le cas général, modifions légèrement f en $\tilde{f}$ (après avoir choisi α et ε), sans changer F à homéomorphisme près et de façon que la point critique 0 de f se sépare en μ points critiques non dégénérés de $\tilde{f}$, les μ valeurs critiques correspondantes étant distinctes (cela est possible d'après les théorèmes de transversalité). Choisissons de plus, dans le disque considéré D du plan des valeurs, des chemins lisses $\gamma_1,\ldots,\gamma_\mu$ joignant la valeur non critique ε aux valeurs critiques $c_1,\ldots,c_\mu$ et tels que (voir figure) :

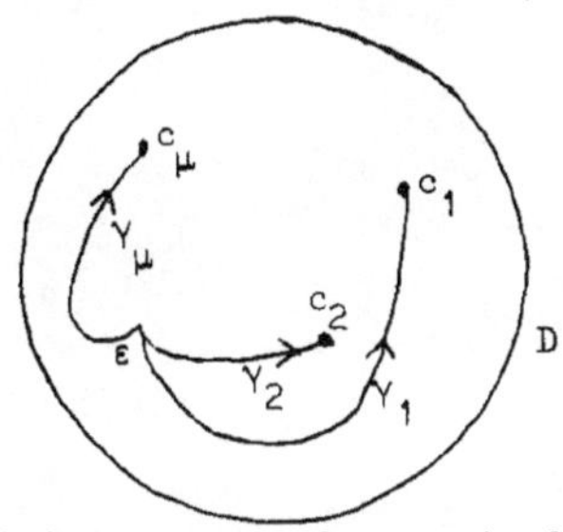

(9)
a) $\gamma_i(t) \in D - \{c_1,\ldots,c_\mu\}$ pour $t \neq 1$,
b) les $\gamma_i\ ]0,1]$ sont disjoints,
c) les directions à l'origine $\gamma_i'(0)$ sont distinctes et tournent autour de ε dans le sens direct.

Choisissons pour chaque i dans la fibre de $\tilde{f}$ au point $\gamma_i(1-\eta)$, η petit, un cycle évanescent au voisinage du point critique de valeur critique c_i (on est alors dans une situation analogue à 1.6) et tirons-le dans la fibre en ε à l'aide de γ_i . On obtient ainsi des classes $\delta_1,\ldots,\delta_\mu \in E(f)$, qui forment une base de ce module ([3]) ; une telle base sera dite distinguée [8].

D'autre part, soit α_i le lacet obtenu en suivant le chemin γ_i presque jusqu'à c_i , puis en tournant autour de c_i dans le sens direct, puis en revenant par γ_i ; les α_i forment une base du groupe libre $\Pi_1(D - \{c_1,\ldots,c_\mu\},\varepsilon)$; à chacun d'eux est associé une transformation de monodromie T_i de F , et on a d'après (9)

(10) $$T = T_\mu T_{\mu-1} \dots T_1 .$$

Si $V_i : E^*(f) \to E(f)$ est la variation définie par T_i, on a d'après (8)

(11) $$V_i(x) = \langle x, \delta_i \rangle \delta_i ,$$

et donc pour $a \in E(f)$

(12) $$T_i(a) = a - (-1)^{n(n-1)/2} (a, \delta_i)\delta_i .$$

Soit alors ω une forme fermée de degré n sur F ; on a

$V\omega = T\omega - \omega = T_\mu \dots T_2(T_1\omega - \omega) + T_\mu \dots T_3(T_2\omega - \omega) + \dots + (T_\mu\omega - \omega)$, d'où dans $\mathrm{Hom}_{\mathbb{Z}}(E^*(f), E(f))$ la relation

(13) $$V = T_\mu \dots T_2 V_1 + T_\mu \dots T_3 V_2 + \dots + V_\mu .$$

Si (δ_i^*) est la base duale de (δ_i), on a d'après (11) $V_i(\delta_j^*) = \delta_{ij}(\delta_i^*)$, donc $V(\delta_j^*) = T_\mu \dots T_{j+1}(\delta_j^*) \equiv \delta_j^*$ modulo $\mathbb{Z}\delta_{j+1}^* + \dots + \mathbb{Z}\delta_\mu^*$, ce qui signifie que

(14) $$\langle \delta_i^* , V(\delta_j^*) \rangle = 1 \quad \text{si } i = j$$
$$= 0 \quad \text{si } i < j ;$$

la matrice de V est donc <u>trigonale stricte</u>. Posant alors

(15) $$a_{ij} = \langle V^{-1}(\delta_i) , \delta_j \rangle ,$$

on a $a_{ii} = 1$, $a_{ij} = 0$ pour $i > j$ et d'après la formule (5)

(16) $$(\delta_i , \delta_j) = (-1)^{n(n-1)/2} (a_{ij} + (-1)^n a_{ji}) ,$$

de sorte que <u>la connaissance de la forme-intersection et d'une base distinguée permet de déterminer la variation</u>.

1.8 Ce qu'on a fait en 1.7 peut se généraliser en remplaçant la famille $(\tilde{f} - \lambda)_{\lambda \in \mathbb{C}}$ par une <u>déformation semi-universelle</u> de f, c'est-à-dire une fonction holomorphe $\Phi(z,\lambda)$, $z \in \mathbb{C}^{n+1}$, $\lambda \in \mathbb{C}^\mu$, telle que $\Phi(z,0) = f(z)$ et que les dérivées partielles $(\partial\Phi/\partial\lambda_i)(z,0)$ forment une base de $\mathbb{C}\{z_0,\dots,z_n\}/J_f$ (voir 1.1). Soit $\Sigma \subset \mathbb{C}^\mu$ le <u>lieu-discriminant</u>, formé des λ tels que

$z \mapsto \Phi(z,\lambda)$ ait en 0 un point critique. Alors, si $\alpha > 0$ est assez petit, et $\beta > 0$ assez petit relativement à α, la projection $E \to B$, où

$$B = \{\lambda \in \mathbb{C}^{\mu} \mid \|\lambda\| < \beta,\ \lambda \notin \Sigma\}$$

$$E = \{(z,\lambda) \in \mathbb{C}^{n+1} \times \mathbb{C}^{\mu} \mid \|z\| \leq \alpha,\ \|\lambda\| < \beta,\ \lambda \notin \Sigma,\ \Phi(z,\lambda) = 0\}$$

est une fibration dont les fibres sont isomorphes à la variété F des cycles évanescents de f (notons que ∂E se prolonge en un fibré sur la boule ouverte $\bar{B} = \{\lambda \in \mathbb{C}^{\mu} \mid \|\lambda\| < \beta\}$). Pour $\lambda_0 \in B$, on obtient donc un homomorphisme "de monodromie"

(17) $$\Pi_1(B,\lambda_0) \to GL(E(f))$$

qui est indépendant à isomorphisme près des choix faits $(\Phi, \alpha, \beta, \lambda_0)$ et dont l'image est appelée le groupe de monodromie de f ; ce dernier est un groupe d'automorphismes de $E(f)$ respectant la forme-intersection, et contenant T.

Remarquons maintenant que la situation étudiée en 1.7 est la trace sur une droite complexe $(\tilde{f} - \lambda)_{\lambda \in \mathbb{C}}$ de la situation universelle ; d'après [9], l'homomorphisme canonique $\Pi_1(D - \{c_1,\ldots,c_\mu\}, \varepsilon) \to \Pi_1(B, \text{image de } \varepsilon)$ est surjectif (*), donc les transformations T_i (formule (12)) engendrent le groupe de monodromie. En fait, pour obtenir ce résultat, il n'est pas nécessaire de supposer vérifiées les conditions (9) ; de manière précise, considérons les conditions suivantes, plus faibles que (9) :

(9') a) les cycles évanescents (δ_i) forment une base de $E(f)$
b) les lacets (α_i) engendrent $\Pi_1(D - \{c_i\}, \varepsilon)$.

On appelle base faiblement distinguée [8] une base de $E(f)$ obtenue par le procédé de 1.7 dans lequel on remplace les conditions (9) par les conditions (9'). Une base distinguée est faiblement distinguée. De plus, d'après ce qui précède, si

(*) En fait, Σ possède en 0 un hyperplan tangent, limite des hyperplans tangents aux points lisses, et la droite $(\tilde{f} - \lambda)_{\lambda \in \mathbb{C}}$ est transverse à cet hyperplan.

(δ_i) est une base faiblement distinguée de $E(f)$, les transformations de monodromie T_i (formule (12)), engendrent le groupe de monodromie. La connaissance de la forme-intersection et d'une base faiblement distinguée permet donc de déterminer le groupe de monodromie.

1.9 Le Théorème DST . Soit $g(z'_o,\ldots,z'_m)$ une fonction holomorphe de $(m+1)$ variables complexes possédant en 0 un point critique isolé et telle que $g(0)=0$. On note $f\oplus g$ la fonction holomorphe

$$(f\oplus g)(z_o,\ldots,z_n,z'_o,\ldots,z'_m) = f(z_o,\ldots,z_n) + g(z'_o,\ldots,z'_m)$$

de $(n+m+2)$ variables ; elle possède en 0 un point critique isolé et

(18) $$\mu(f\oplus g) = \mu(f)\mu(g)\ .$$

On peut de plus reconstituer la variété des cycles évanescents $F_{f\oplus g}$ à l'aide de F_f , F_g et des monodromies T_f et T_g (Deligne, non publié) ; elle se rétracte sur le joint $F_f * F_g$, d'où un isomorphisme

$$\widetilde{H}^n_c(F_f)\otimes\widetilde{H}^n_c(F_g) \to \widetilde{H}^{n+m+1}_c(F_{f\oplus g})\ ,$$

c'est-à-dire un isomorphisme

$$E(f)\otimes E(g) \to E(f\oplus g)\ .$$

On en déduit par dualité un isomorphisme $E^*(f)\otimes E^*(g) \to E^*(f\oplus g)$ et on a

(D) $$V_{f\oplus g} = V_f\otimes V_g$$

(Deligne, non publié - c'est ici que le signe de l'accouplement (1) intervient de façon essentielle), d'où d'après (6)

(ST) $$T|_{E(f\oplus g)} = T|_{E(f)}\otimes T|_{E(g)}$$

(Sebastiani-Thom [15]).

De plus, si (δ_i) et (δ'_j) sont des bases distinguées de $E(f)$ et $E(g)$, alors $(\delta_i\otimes\delta'_j)$ est, pour l'ordre lexicographique, une base distinguée de $E(f\oplus g)$ ([8]) ; de (D) et des formules (5), on tire les valeurs des produits d'intersections $(\delta_i\otimes\delta'_j,\delta_k\otimes\delta'_l)$ données dans [8].

§ 2. Classification

2.1 Définitions. Notons $\underline{E}_n$ l'espace des germes $f(z_o,\ldots,z_n)$ de fonction holomorphe de $(n+1)$ variables au voisinage de 0, tels que $f(0) = 0$ et que 0 soit un point critique isolé de f. Deux éléments f, $f' \in \underline{E}_n$ sont équivalents s'il existe un germe d'automorphisme analytique de $(\mathbb{C}^{n+1}, 0)$ transformant f en f'. Les différents objets construits à l'aide de f au paragraphe précédent sont invariants, à isomorphisme près, pour cette relation d'équivalence. Le problème général posé est la classification des éléments des $\underline{E}_n$ à équivalence près et la détermination des différents invariants attachés à une classe d'équivalence (nombre de Milnor, variation, groupe de monodromie, homomorphisme de monodromie,...).

Par exemple, si $\mu(f) = 1$, alors f est équivalent à $z_o^2 + \ldots + z_n^2$ ("lemme de Morse") ; il n'y a donc qu'une seule classe d'équivalence pour $\mu = 1$ et les invariants correspondants ont été déterminés ci-dessus.

On dit [2] que $f \in \underline{E}_n$ et $g \in \underline{E}_m$ sont stablement équivalents s'il existe un entier r supérieur à n et m tel que $f \oplus (z_{n+1}^2 + \ldots + z_r^2)$ et $g \oplus (z_{m+1}^2 + \ldots + z_r^2)$ soient équivalents. On peut montrer que deux germes stablement équivalents ayant même nombre de variables sont équivalents, ce qui ramène le problème de la classification à celui de la "classification stable" ; d'autre part, d'après le théorème DST, l'invariant fondamental, savoir la variation, ne dépend que de la classe d'équivalence stable.

Le nombre de modules de f est le plus grand entier s tel que tout voisinage de f contienne des familles à s paramètres de germes non équivalents (pour donner un sens à cette définition, on se place dans l'espace des jets à un ordre convenable, espace qui est de dimension finie). En particulier, les germes de nombre de modules 0 sont dits simples ; ce sont donc ceux dont les déformations semi-universelles ne rencontrent qu'un nombre fini de classes d'équivalence.

2.2 Remarques. On peut se poser le problème de classification précédent dans plusieurs cadres : $\mathbb{C}$-analytique (c'est le cas ci-dessus), $\mathbb{C}$-formel, $\mathbb{R}$-analytique $\mathbb{R}$-formel, C^∞. Dans chaque cas, on dispose du théorème de suffisance de Tougeron qui montre que la classe d'équivalence d'un germe de f de nombre de Milnor fini est déterminée par celle de son r-jet $j_r(f)$ pour r assez grand. On est donc ramené à classifier les jets "suffisants" à nombre de Milnor fini, problème dans lequel le cadre de départ n'intervient plus, seul éventuellement le corps de base. Dans la suite nous nous limitons au cas complexe ; dans le cas réel, il faut éventuellement remplacer certains signes $+$ par des $\pm$, confer [2].

2.3 Diagrammes de Dynkin. Soient $f \in \underline{E}_n$ et (δ_i) une base de $E(f)$. Soit f' un germe stablement équivalent à f , avec $f' \in \underline{E}_m$ où $m \equiv 0 \mod. 4$. Choisissons un des deux isomorphismes DST de $E(f)$ sur $E(f')$ et transformons (δ_i) en une base (δ'_i) de $E(f')$. Supposons de plus que $(\delta'_i , \delta'_i) = 2$ pour tout i Le diagramme de Dynkin associé est le graphe qui a un sommet par élément de la base et où les sommets correspondants à δ_i et δ_j sont non liés, resp. liés par m traits pleins, resp. liés par m traits pointillés si, posant $a_{\{i,j\}} = (\delta'_i , \delta'_j)$, on a $a_{\{i,j\}} = 0$, resp. $a_{\{i,j\}} = -m$, resp. $a_{\{i,j\}} = m$.

Par exemple, si (δ_i) est une base distinguée, on a aussitôt avec les notations de 1.7 (formules (15) et (16)) $a_{\{i,j\}} = a_{ij}$ pour $i < j$ et $a_{\{i,j\}} = a_{ji}$ pour $i > j$. Du diagramme de Dynkin (numéroté) d'une base distinguée et de n , on déduit donc (pour f et pour tous les germes stablement équivalents à f) variation, forme-intersection, monodromie, groupe de monodromie.

Si (δ_i) est seulement faiblement distinguée, et si $f \in \underline{E}_n$ où $n \equiv 0 \mod. 2$, la connaissance du diagramme de Dynkin permet de calculer la forme-intersection, et le groupe de monodromie : on a $(\delta_i , \delta_i) = (-1)^{n/2}$, $(\delta_i , \delta_j) = (-1)^{n/2} a_{\{i,j\}}$ et le groupe de monodromie est engendré par les transformations T_i (formules (12)).

2.4 Tout germe $f \in \underline{E}_1$ est équivalent à l'un des germes z^{k+1} , $k \geq 1$. Le nombre de Milnor est k . Si on applique 1.7 à $\tilde{f} = z^{k+1} + \lambda z$, λ petit, on voit que F est formée de $(k+1)$ points $a_1, \ldots, a_{k+1}$ et que $\delta_1 = a_1 - a_2$, $\delta_2 = a_2 - a_3 , \ldots, \delta_k = a_k - a_{k+1}$ forment une base distinguée de $E(f)$ (identifié au module des combinaisons linéaires des a_i de somme des coefficients nulle). Le graphe de Dynkin correspondant est

(19) 

traditionnellement appelé A_k ; la transformation de monodromie T_i est la transposition (a_i , a_{i+1}) , le groupe de monodromie le groupe symétrique, et la monodromie T la permutation circulaire des a_i .

2.5 Le cas monomial. Par 1.9, on en déduit aussitôt ce qu'il se passe pour les germes $z_o^{m_o+1} + z_1^{m_1+1} + \ldots + z_n^{m_n+1}$. Donnons quelques exemples :

a) Le germe $x^3 + y^3$ donne pour la base distinguée naturelle (produit tensoriel des bases 2.4) le diagramme (20) ; par des manipulations simples (voir [8]), on en déduit une nouvelle base distinguée de diagramme (21) (Type D_4).

b) Le germe $x^3 + y^4$ donne pour la base distinguée naturelle le diagramme (22) ; par des manipulations simples (loc. cit.), on en déduit une nouvelle base distinguée de diagramme (23) (Type E_6).

c) De même pour le germe $x^3 + y^5$ et les diagrammes (24) et (25) (Type E_8).

(20) 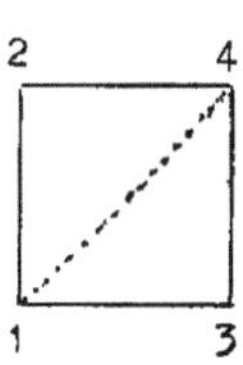

(21) 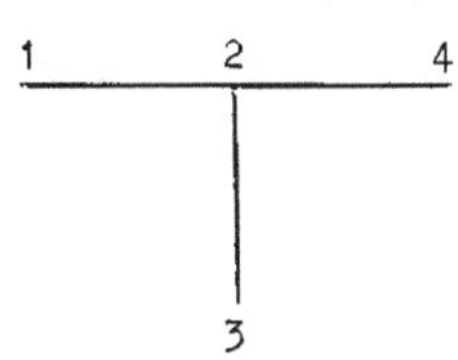

(22) 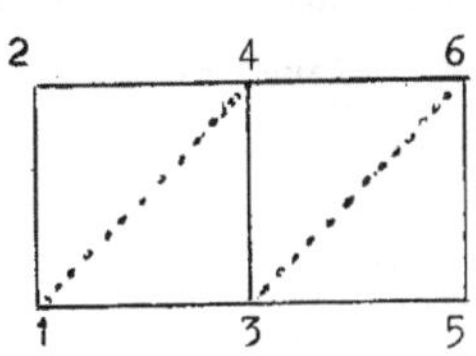

(23) 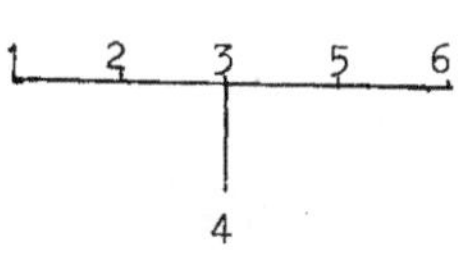

(24) 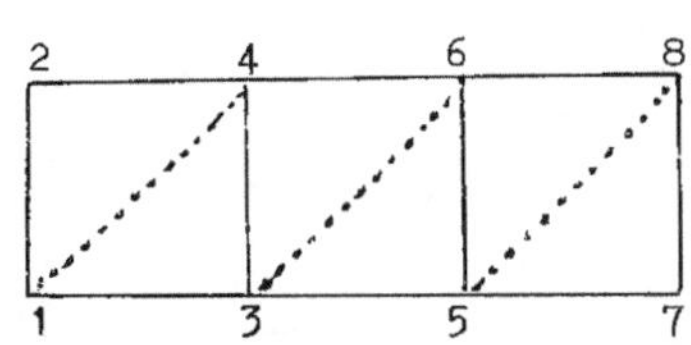

(25) 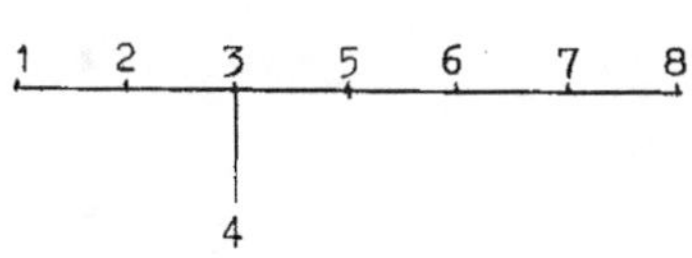

d) Plus amusants sont les cas de $x^3 + y^3 + z^3$, $x^4 + y^4$, $x^6 + y^3$, de nombres de Milnor respectifs 8 , 9 , 10 , pour lesquels des manipulations analogues (loc. cit.) donnent des bases faiblement distinguées de diagramme de Dynkin (26), (27), (28) que l'on pourrait appeler $\bar{E}_6$, $\bar{E}_7$, $\bar{E}_8$ (ils sont obtenus par dédoublement d'un vecteur de base partir des diagrammes de Dynkin complété $\tilde{E}_6$, $\tilde{E}_7$, $\tilde{E}_8$), ou, par anticipation sur une notation introduite ci-après $T_{3,3,3}$, $T_{4,4,2}$, $T_{3,6,2}$.

(26) 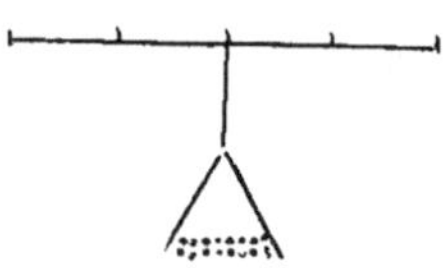

(27) 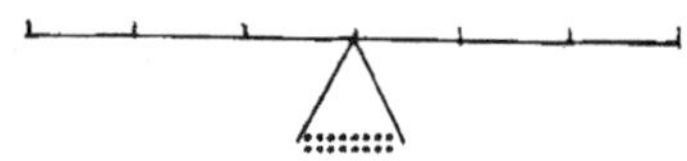

(28) 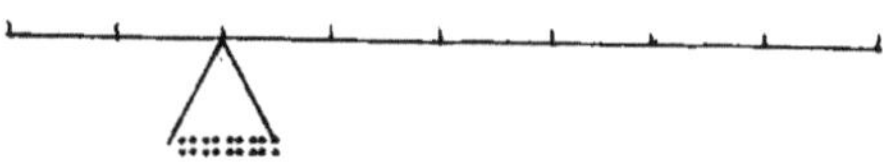

On tire aussitôt de ceci les groupes de monodromie correspondant (voir Théorème 3 ci-dessous).

2.6 Le cas quasi-homogène. Le germe f est quasi-homogène si c'est un polynôme, isobare pour des poids convenables donnés aux variables. Une classe d'équivalence est quasi-homogène si elle peut se représenter par un germe quasi-homogène. Les germes quasi-homogènes sont justiciables de méthodes particulières, voir [13] et [14]. Outre les exemples précédents, voici quelques germes quasi-homogènes.

a) Les germes $x^2y + y^{k-1}$ $(k \geq 3)$ et $x^3 + xy^3$, pour lesquels on obtient des bases distinguées donnant les diagrammes (29) et (30) (Types D_k et E_7) ; noter que $x^2y + y^2$ est équivalent à $x^3 + y^2$ (d'ailleurs $D_3 = A_3$).

(29) 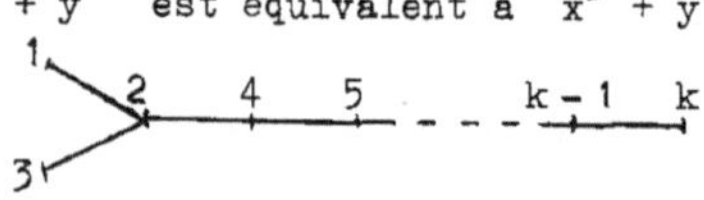

(k sommets)

(30) 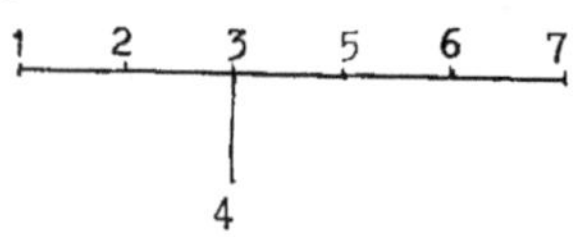

b) Les familles à un paramètre $\tilde{E}_6(\lambda) : x^3 + y^3 + z^3 + \lambda xyz$, $\tilde{E}_7(\lambda) : x^4 + y^4 + \lambda x^2y^2$, $\tilde{E}_8(\lambda) : x^6 + y^3 + \lambda x^4 y$, où λ parcourt $\mathbf{C}$, et qui, pour $\lambda = 0$, donnent les trois germes de 2.5 d). Ils ont des bases faiblement distinguées de diagrammes (26), (27), (28).

2.7 Nous pouvons maintenant énoncer les théorèmes de classification d'Arnol'd, d'abord pour les germes simples (2.1) :

THÉORÈME 1 ([1,2]).- Les germes simples sont exactement, à équivalence près, les germes suivants : x^{k+1} , $k \geq 1$ (Type A_k) ; $x^2y + y^{k-1}$, $k \geq 4$ (Type D_4) ; $x^3 + y^4$, $x^3 + xy^3$, $x^3 + y^5$ (Types E_6, E_7, E_8). Soit $f \in \underline{E}_n$ $(n \equiv 0 \bmod. 4)$ un germe simple. Dans l'espace $E(f)$, les vecteurs de longueur 2 forment un système de racines du type correspondant ; un système de racines simples convenable est une base distinguée ; la transformation de monodromie est une transformation de Coxeter ; le groupe de monodromie est le groupe de Weyl, l'homomorphisme de monodromie (17) est l'homomorphisme dans le groupe de Weyl du groupe de tresses Π correspondant ([5]), et l'espace B de 1.8 est un $K(\Pi,1)$. Enfin, pour $f \in \underline{E}_n$ $(n \equiv 0 \bmod. 4)$, la forme-intersection est positive et de discriminant non nul si et seulement si f est simple.

La première assertion se vérifie par un calcul long et élémentaire. Les assertions concernant Π et B sont beaucoup plus difficiles (voir [5] et [6]) . La caractérisation des germes simples par la forme-intersection résulte d'un théorème de semi-continuité de Tjurina. Les autres assertions se constatent.

2.8 Pour énoncer les autres théorèmes donnons une définition : Soient f un germe, $f' \in \underline{E}_n$ $(n \equiv 0 \bmod. 4)$ un germe stablement équivalent, Q la forme-intersection sur $E(f') \otimes \mathbf{R}$. On dit que f est parabolique (resp. hyperbolique) si Q est positive et dégénérée (resp. si elle possède exactement un carré négatif). De manière analogue, les germes simples pourraient être appelés "elliptiques".

THÉORÈME 2 ([2]).- Les germes paraboliques sont, à équivalence stable près, ceux des trois familles $\tilde{E}_i(\lambda)$, $i = 6$, 7 , 8 de nombre de Milnor $i+2$, de 2.6 b). Ils sont de nombre de modules 1 . Soit $f \in \underline{E}_n$ ($n \equiv 0$ mod. 4) un germe stablement équivalent à un germe de la famille $\tilde{E}_i(\lambda)$; la forme-intersection sur $E(f)$ est somme directe de la forme (positive) correspondant à E_i et d'une forme nulle à 2 variables ; le groupe de monodromie est une extension du groupe de Weyl de E_i par un groupe $\mathbb{Z}^{2i}$.

On peut aussi citer le théorème suivant de Saito :

THÉORÈME 3 ([14]).- Les germes quasi-homogènes dont toute déformation est quasi-homogène sont les germes simples et les germes paraboliques.

2.9 Passons au cas hyperbolique :

THÉORÈME 4 ([2]).- Les germes hyperboliques sont à équivalence stable près les germes des familles $T_{p,q,r}(\lambda) : x^p + y^q + z^r + \lambda xyz$, $\lambda \in \mathbb{C} - \{0\}$, où (p,q,r) parcourt les triplets non ordonnés d'entiers ≥ 2 tels que $1/p + 1/q + 1/r < 1$. Ils sont de nombre de modules 1 , de nombre de Milnor $\mu = p + q + r - 1$. Si $f \in \underline{E}_n$ ($n \equiv 0$ mod. 4) est un germe hyperbolique de type $T_{p,q,r}$, $E(f)$ possède une base faiblement distinguée de diagramme de Dynkin (31) (Type $T_{p,q,r}$).

(31)

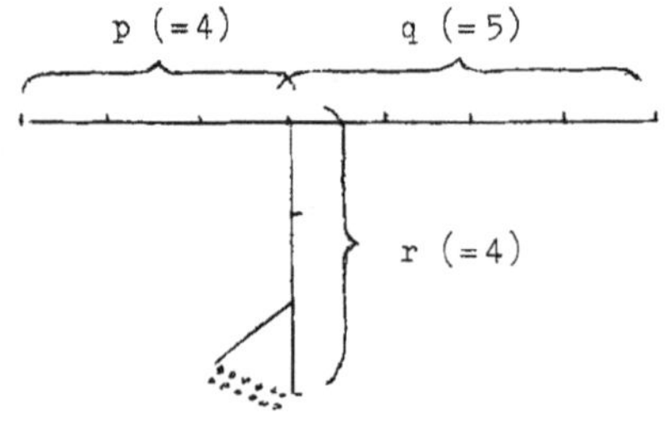

2.10 Les germes de nombre de modules 1

THÉORÈME 5 ([2]).- Les germes de nombre de modules 1 sont : les germes paraboliques, les germes hyperboliques et les germes dits exceptionnels, stablement équivalents aux éléments de l'une des 14 familles à un paramètre données au tableau I. Soit $f \in \underline{E}_n$ ($n \equiv 0$ mod. 4) un germe exceptionnel ; $E(f)$ possède une base faiblement distinguée de diagramme de Dynkin (32) (Type $T'_{p,q,r}$) où le triplet (p,q,r) est donné dans le tableau I , avec $\mu = p + q + r$.

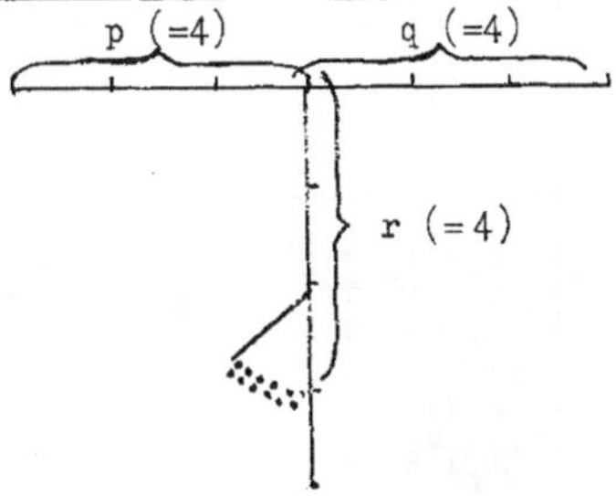

2.11 Dans [2], on trouvera une classification poussée un peu plus loin. Les familles que nous avons données ici épuisent les germes de nombre de modules ≤ 1 et aussi les germes de nombre de Milnor ≤ 13 . Il convient aussi de parler de déformations : disons que le type X se déforme en le type Y , si, dans tout voisinage de tout germe de type X , il y a des germes de type Y . Pour les types simples, cette relation est exactement ce qu'on pense (voir tableau II) ; pour les autres types, on a recopié aux notations près (tableau III) des diagrammes de [2] donnant certaines relations de déformations.

Pour les types simples on a l'énoncé plus général suivant (Grothendieck) : Soient f un germe simple de diagramme X , $\tilde{f}$ une déformation de f et Y la somme disjointe des diagrammes associés aux divers points critiques sur $\tilde{f} = 0$. Alors Y s'obtient à partir de X en supprimant certains sommets et toutes les arêtes qui y arrivent. De plus, tous les sous-diagrammes (non nécessairement connexes) de X de ce type peuvent être obtenus.

TABLEAU I

nom du type	représentant	μ	nom du diagramme	dessin du diagramme	nombre de modules	S = simple H=hyperbolique P=parabolique E=exceptionnel
A_k, $k \geq 1$	x^{k+1}	k	A_k	(19)	0	S
D_k, $k \geq 3$	$x^2y + y^{k-1}$	k	D_k	(29)	0	S
E_6	$x^3 + y^4$	6	E_6	(23)	0	S
E_7	$x^3 + xy^3$	7	E_7	(30)	0	S
E_8	$x^3 + y^5$	8	E_8	(25)	0	S
$\bar{E}_6(\lambda)$	$x^3 + y^3 + z^3 + \lambda xyz$	8	$T_{3,3,3}$	(26)	1	P
$\bar{E}_7(\lambda)$	$x^4 + y^4 + \lambda x^2y^2$	9	$T_{4,4,2}$	(27)	1	P
$\bar{E}_8(\lambda)$	$x^6 + y^3 + \lambda x^4y$	10	$T_{3,6,2}$	(28)	1	P
$Q_{10}(\lambda)$	$x^2z + y^3 + \lambda yz^3 + z^4$	10	$T'_{3,3,4}$	(32)	1	E
$Q_{11}(\lambda)$	$x^2z + y^3 + yz^3 + \lambda z^5$	11	$T'_{3,3,5}$	"	1	E
$Q_{12}(\lambda)$	$x^2z + y^3 + \lambda yz^4 + z^5$	12	$T'_{3,3,6}$	"	1	E
$Z_{11}(\lambda)$	$x^3y + 3\lambda xy^4 + y^5$	11	$T'_{2,4,5}$	"	1	E
$Z_{12}(\lambda)$	$x^3y + 3xy^4 + \lambda y^6$	12	$T'_{2,4,6}$	"	1	E
$Z_{13}(\lambda)$	$x^3y + 3\lambda xy^5 + y^6$	13	$T'_{2,4,7}$	"	1	E
$S_{11}(\lambda)$	$x^2z + yz^2 + y^4 + \lambda y^3z$	11	$T'_{3,4,4}$	"	1	E
$S_{12}(\lambda)$	$x^2z + yz^2 + xy^3 + \lambda y^5$	12	$T'_{3,4,5}$	"	1	E
$U_{12}(\lambda)$	$x^3 + y^3 + z^4 + 3\lambda xyz^2$	12	$T'_{4,4,4}$	"	1	E
$W_{12}(\lambda)$	$x^4 + y^5 + 2\lambda x^2y^3$	12	$T'_{2,5,5}$	"	1	E
$W_{13}(\lambda)$	$x^4 + 4xy^4 + \lambda y^6$	13	$T'_{2,5,6}$	"	1	E
$K_{12}(\lambda)$	$x^3 + \lambda xy^5 + y^7$	12	$T'_{2,3,7}$	"	1	E
$K_{13}(\lambda)$	$x^3 + \lambda xy^5 + y^8$	13	$T'_{2,3,8}$	"	1	E
$K_{14}(\lambda)$	$x^3 + xy^6 + \lambda y^8$	14	$T'_{2,3,9}$	"	1	E
$T_{p,q,r}(\lambda)$ $\frac{1}{p} + \frac{1}{q} + \frac{1}{r} < 1$	$\lambda xyz + x^p + y^q + z^r$	p+q+r-1	$T_{p,q,r}$	(31)	1	H

Signalons enfin que les relations entre germes simples et systèmes de racines données par le Théorème 1 ne sont pas entièrement fortuites, bien que non entièrement élucidées ; on pourra consulter par exemple [4], [10] et [11]. Par ailleurs, [2] contient une bibliographie importante sur l'ensemble de la question.

Note ajoutée après l'exposé oral :

Dans une note à paraître : "Singularités facteur-coniques des surfaces complexes" [en russe], I. V. Dolgačev donne une description unifiée des 14 germes exceptionnels du théorème 5, à l'aide de pavages triangulaires du plan hyperbolique.

TABLEAU II

Toutes les déformations entre germes simples et paraboliques

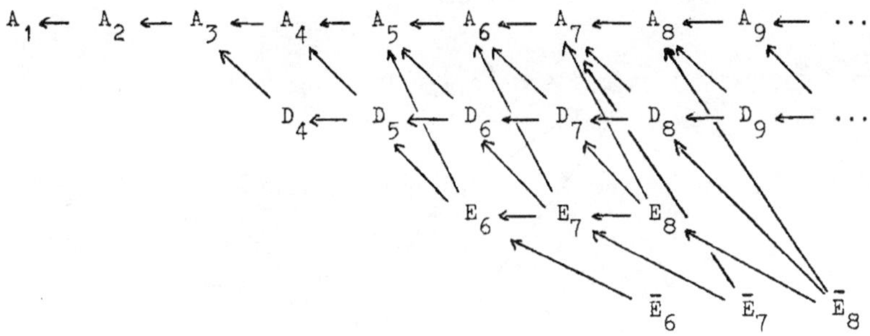

TABLEAU III

Quelques déformations

Légende : ← ... ou ← ::: pro ongement que le lecteur devine.

[μ] type donné dans [2] et de nombre de Milnor μ .

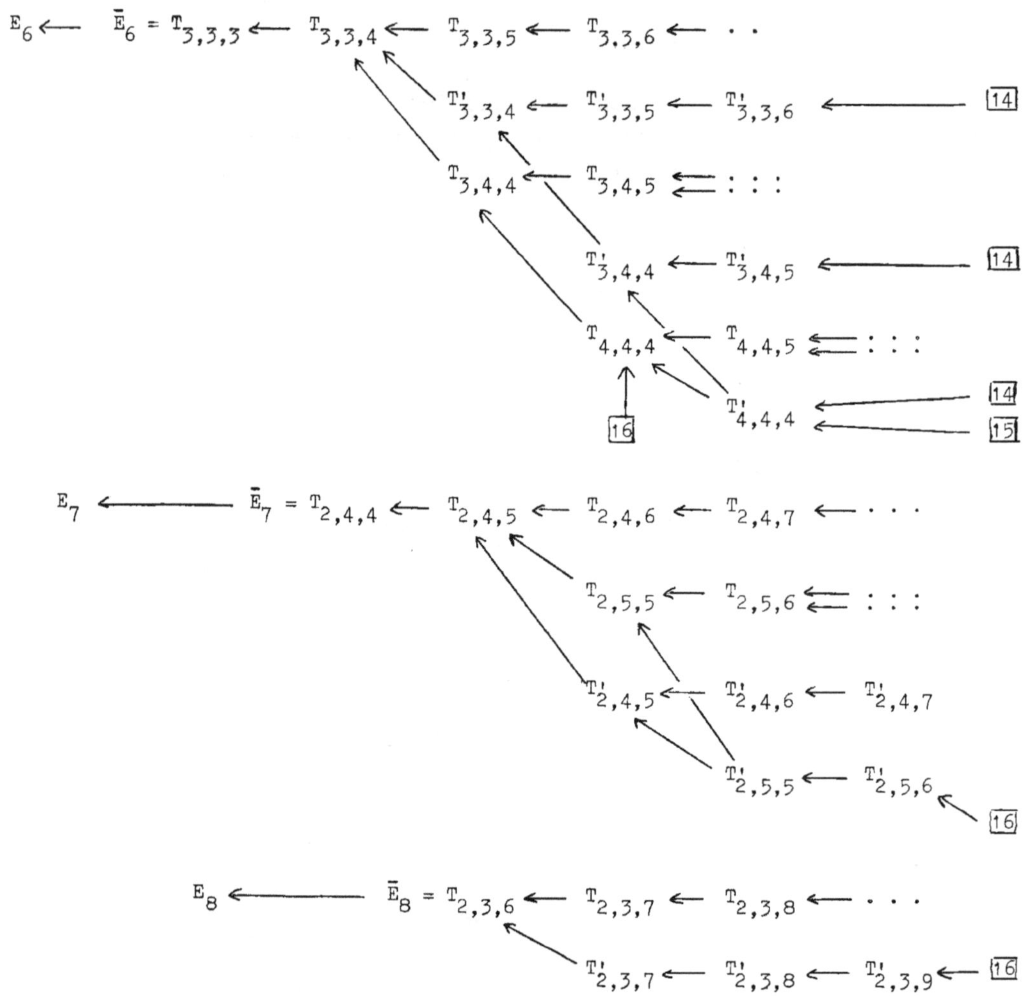

BIBLIOGRAPHIE

[1] V. I. ARNOL'D - Normal forms for functions near degenerate critical points..., Functional Analysis and its Applications, vol. 6, n° 4 (1972), p. 254-272 [traduction anglaise]

[2] V. I. ARNOL'D - Remarques sur la méthode de la phase stationnaire..., Uspekhi Mat. Nauk, tome XXVIII, 5 (1973), p. 17-45 [en russe].

[3] E. BRIESKORN - Die Monodromie der isolierten Singularitäten von Hyperflächer, Manuscripta Math., 2 (1970), p. 103-161.

[4] E. BRIESKORN - Singular elements of semi-simple algebraic groups, Proc. of the Int'l Cong. of Math., Nice, 1970.

[5] E. BRIESKORN - Groupes de tresses, Sém. Bourbaki n° 401, 24 p., Lecture Notes in Math. 317, Springer-Verlag, 1973.

[6] P. DELIGNE - Les immeubles des groupes de tresses généralisés, Invent. Math., 17, 1972, p. 273-302.

[7] P. DELIGNE - Le formalisme des cycles évanescents, exposé XIV (§ 3) de SGA 7, Lecture Notes in Math. 340, 1973.

[8] A. M. GABRIELOV - Matrices d'intersection pour certaines singularités, Funktionalny Analyz., t. 7, b. 3, 1973, p. 18-32 [en russe].

[9] H. HAMM et LE DUNG TRANG - Un théorème du type de Lefschetz, CRACS, 272 (1971), p. 946-949.

[10] E. BRIESKORN - Die Auflösung der rationalen Singularitäten holomorphen Abbildungen, Math. Ann, 178 (1968), p. 255-270.

[11] J. LIPMAN - Rational Singularities, with applications to algebraic surfaces and unique factorisation, Pub. Math. IHES, 36 (1969), p. 195-280

[12] J. MILNOR - Singular points of complex hypersurfaces, Annals of Mathematics Studies, Princeton 1968.

[13] K. SAITO - Quasi-homogene isolierte Singularitäten..., Invent. Math., 14 (1971), p. 123-142.

[14] K. SAITO - Einfach Elliptische Singularitäten, preprint 1973.

[15] M. SEBASTIANI et R. THOM - Un résultat sur la monodromie, Invent. Math., 13, n° 1-2 (1971), p. 90-96.

Séminaire BOURBAKI
26e année, 1973/74, n°444

REPRÉSENTATIONS INDÉCOMPOSABLES

par Pierre GABRIEL

La matière présentée dans cet exposé a été rassemblée en collaboration constante avec C.M. RINGEL, que je tiens à remercier ici.

Première partie : Carquois de type de représentation classifiable

1.1. Carquois et représentations linéaires. Un carquois consiste en la donnée d'un ensemble de points $\underline{P}$, d'un ensemble de flèches $\underline{F}$ et de deux applications $\underline{s}$, $\underline{b}$: $\underline{F} \rightrightarrows \underline{P}$ associant à toute flèche $\varphi \in \underline{F}$ sa source $\underline{s}(\varphi) \in \underline{P}$ et son but $\underline{b}(\varphi) \in \underline{P}$. Si l'on veut, on peut se représenter un carquois comme une "catégorie sans composition des flèches" et le visualiser à l'aide d'un diagramme tel que le suivant :

Soit k un corps commutatif. Une représentation k-linéaire du carquois $\underline{C} = (\underline{P}, \underline{F}, \underline{s}, \underline{b})$ consiste en la donnée d'une famille de k-espaces vectoriels $(V(p))_{p \in \underline{P}}$ et d'une famille d'applications k-linéaires $(V(\varphi) : V(\underline{s}(\varphi)) \to V(\underline{b}(\varphi)))_{\varphi \in \underline{F}}$. Un morphisme de représentations $f : V \to V'$ est déterminé par des applications k-linéaires $f(p) : V(p) \to V'(p)$, $p \in \underline{P}$, telles qu'on ait $f(q)\, V(\varphi) = V'(\varphi)\, f(p)$ pour toute flèche $\varphi : p \to q$ de $\underline{C}$. Composant les morphismes de la manière qui est évidente, on obtient ainsi une catégorie abélienne, dont on voudrait pouvoir classifier les objets à isomorphisme près.

Pour simplifier, nous supposons dans toute la suite que le carquois $\underline{C}$ est fini, c'est-à-dire qu'il a un nombre fini de points et de flèches. Nous posons alors $K = k^{\underline{P}}$ = algèbre des fonctions $\underline{P} \to k$, et nous munissons $\omega = k^{\underline{F}}$ d'une structure de K-K-bimodule en posant $(\lambda f)(\varphi) = \lambda(p)f(\varphi)$ et $(f\lambda)(\varphi) = \lambda(q)f(\varphi)$ pour toute flèche $\varphi : p \to q$ et tous $f \in \omega$, $\lambda \in K$.
L'algèbre du carquois est alors par définition l'algèbre tensorielle

$$k[\underline{C}] = \bigotimes_K \omega = \bigoplus_{n \in \mathbb{N}} (\bigotimes_K^n \omega) = K \oplus \omega \oplus (\omega \otimes_K \omega) \oplus (\omega \otimes_K \omega \otimes_K \omega) \oplus \cdots$$

du K-K-bimodule ω . A toute représentation k-linéaire V de C nous associons le module $\Pi V = \prod_{p \in \underline{P}} V(p)$ sur $\bigotimes_K^\omega$ tel que

$$(v\lambda)(p) = (\lambda(p)v(p))_{p \in \underline{P}}$$

et

$$(vf)(p) = \sum_{\varphi : q \to p} f(\varphi)\, V(\varphi)(v(q))$$

pour tous $v = (v(p))_{p \in \underline{P}} \in \Pi V$, $\lambda \in K$ et $f \in \omega$. Il est facile de voir que le foncteur $V \mapsto \Pi V$ établit une équivalence de catégories entre les représentations linéaires de $\underline{C}$ et les modules sur l'algèbre du carquois.

1.2 Remarque : Carquois et algèbres de dimension finie. Soit A une algèbre de dimension finie sur k de radical $\underline{r}$ et de "coiffe" $A/\underline{r}$. On sait que la catégorie des modules sur A est équivalente à celle des modules sur une algèbre sobre, c'est-à-dire dont la coiffe est un produit de corps. Nous pouvons donc supposer d'emblée que l'algèbre A est sobre. Nous la supposons en outre déployée (i.e. tous les facteurs simples de $A/\underline{r}$ sont isomorphes à k), ce qui est automatique lorsque k est algébriquement clos.

Considérons le carquois $\underline{C}$ qui a pour points les facteurs simples k_i de $A/\underline{r}$ et pour nombre de flèches de k_i vers k_j la dimension de $k_i(\underline{r}/\underline{r}^2)k_j$ sur k . On a $K = A/\underline{r}$ et $\omega = \underline{r}/\underline{r}^2$, et l'on voit facilement que A peut s'écrire comme un quotient de $\bigotimes_K^{\omega}$ par un idéal contenant $\bigotimes_K^n \omega$ pour n assez grand. Ceci ramène l'étude des A-modules à celle de certaines représentations linéaires du carquois $\underline{C}$. Pour une généralisation au cas non déployé nous renvoyons à [11], [8], [17] et [9].

1.3 La forme quadratique de Tits. Nous nous intéressons à partir de maintenant aux représentations de dimension finie du carquois $\underline{C}$. Une telle représentation peut être décomposée en somme directe finie de sous-représentations indécomposables, et la décomposition est unique à isomorphisme près d'après Krull-Remak-Schmidt.

Une représentation V , telle qu'on ait $V(p) = k^{n_p}$ pour des entiers naturels donnés n_p , est déterminée par un point de la variété-produit

$$H = \prod_{p,q} \mathrm{Hom}_k(k^{n_p}, k^{n_q})^{[p,q]}$$

de dimension $\sum_{p,q} [p,q]n_p n_q$, où $[p,q]$ désigne le nombre de flèches $p \to q$ du carquois $\underline{C}$. Deux tels points déterminent des représentations isomorphes ssi ils appartiennent à la même orbite de H sous l'action du groupe

$$G = (\prod_p GL(n_p, k))/k^*$$

de dimension $(\sum_p n_p^2) - 1$. Supposons k infini. Si l'on a $\dim G < \dim H$, c'est-à-dire si

$$q(n) = \sum_p n_p^2 - \sum_{p,q} [p,q]n_p n_q \leq 0 ,$$

le nombre d'orbites est infini. Il y a donc une infinité de classes d'isomorphisme de représentations de la "dimension" donnée $n = (n_p)_{p \in \underline{P}}$. A fortiori, il y a une infinité de représentations indécomposables de dimension finie.

Dans le cas général, soit V_h la représentation associée au point $h \in H$. Le groupe d'isotropie de h dans G n'est autre que $(\mathrm{End}\ V_h)^*/k^*$, de sorte que l'orbite Gh de h s'identifie à $\prod_p GL(n_p, k)/(\mathrm{End}\ V_h)^*$ et que l'on a

$$\sum_p n_p^2 - [\mathrm{End}\ V_h : k] = \dim Gh \leq \dim H = \sum_{p,q} [p,q] n_p n_q$$

d'où
$$q(n) = \sum_p n_p^2 - \sum_{p,q} [p,q] n_p n_q \leq [\mathrm{End}\ V_h : k] ,$$

l'égalité ayant lieu ssi l'orbite Gh est ouverte dans H.

Considérons enfin le cas où $\underline{C}$ n'a qu'un nombre fini de classes de représentations indécomposables. Pour tout $0 \neq n = (n_p) \in \mathbb{N}^P$ on a alors un nombre fini d'orbites, qu'on sait être localement fermées au sens de Zariski. L'une de ces orbites est donc ouverte et donne lieu à l'égalité $q(n) = [\mathrm{End}\ V_h : k]$. En particulier, si $q(n) = 1$, on a $\mathrm{End}\ V_h = k$ et V_h est indécomposable. Réciproquement, comme on a $1 \leq q(n) \leq [\mathrm{End}\ V_h : k]$ d'après ce qui précède, l'égalité $\mathrm{End}\ V_h = k$ implique $q(n) = 1$, de sorte que les solutions de l'équation $q(n) = 1$, $n \in \mathbb{N}^P$, correspondent bijectivement aux classes de représentation V telles que $\mathrm{End}\ V = k$.

Ces quelques remarques préliminaires montrent l'importance de la forme q introduite par TITS et que nous devons examiner plus en détail.

1.4 Considérons les classes de carquois représentés par les diagrammes suivants :

A_n, $n \geq 1$,

D_n, $n \geq 4$,

E_6

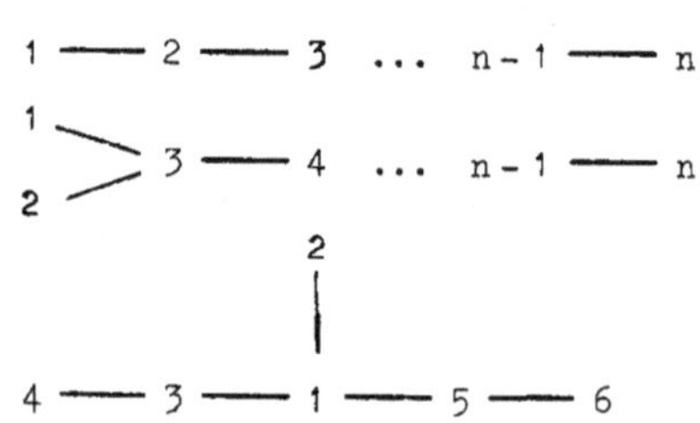

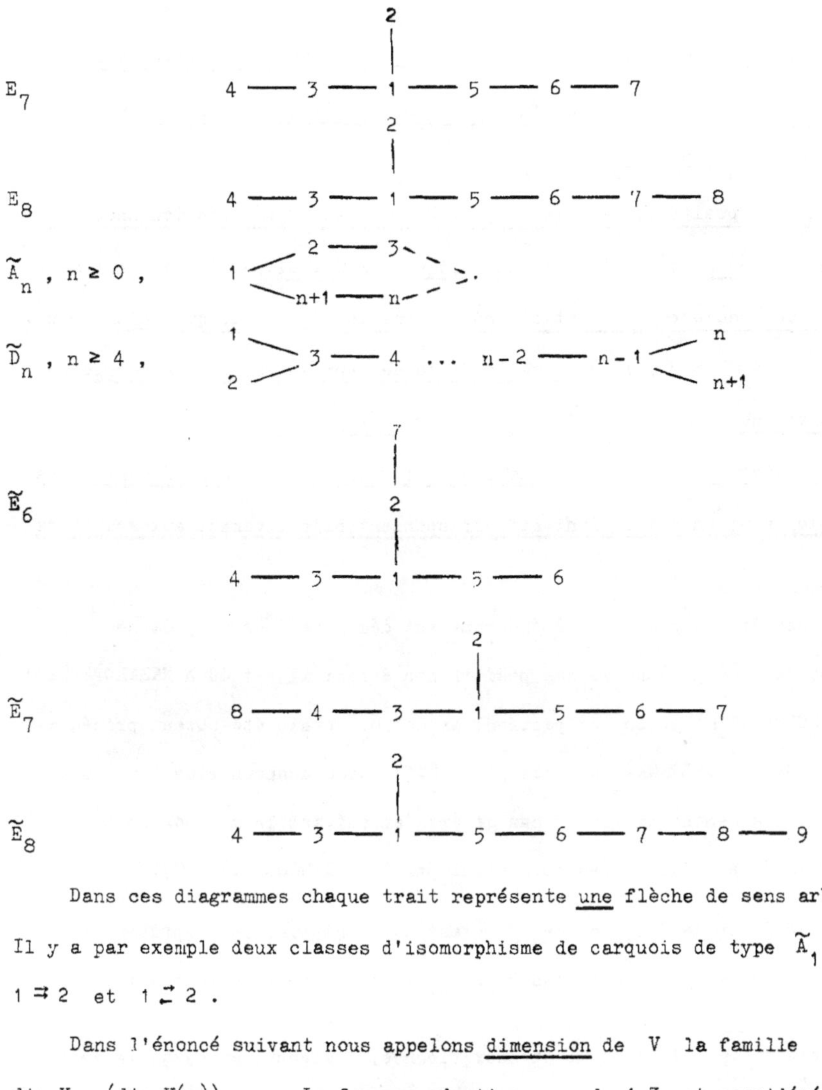

Dans ces diagrammes chaque trait représente une flèche de sens arbitraire. Il y a par exemple deux classes d'isomorphisme de carquois de type $\tilde{A}_1$, à savoir $1 \rightrightarrows 2$ et $1 \rightleftarrows 2$.

Dans l'énoncé suivant nous appelons dimension de V la famille $\underline{\dim}\, V = (\dim V(p))_{p \in \underline{P}}$. La forme quadratique q de 1.3 est considérée comme définie sur $\mathbb{Q}^{\underline{P}}$. Enfin, nous supposons $\underline{C}$ "connexe".

THÉORÈME.- a) *La forme de Tits* q *du carquois* $\underline{C}$ *est définie positive ssi* $\underline{C}$ *est du type* A_n , D_n , E_6 , E_7 *ou* E_8 . *Elle est positive non définie ssi* $\underline{C}$ *est du type* $\tilde{A}_n$, $\tilde{D}_n$, $\tilde{E}_6$, $\tilde{E}_7$ *ou* $\tilde{E}_8$.

b) *Supposons* q *positive, définie ou non. Pour toute représentation indécomposable* V *de* $\underline{C}$, *on a* $q(\underline{\dim}\, V) = 1$ *ou* $q(\underline{\dim}\, V) = 0$. *Si* $q(n) = 1$, $n \in \mathbb{N}^P$, *il y a une et une seule représentation indécomposable* V_n *telle que* $\underline{\dim}\, V = n$. *Si* $q(n) = 0$, $n \in \mathbb{N}^P \setminus 0$, *il y a une infinité de représentations indécomposables* V *telles que* $\underline{\dim}\, V = n$, *du moins si* k *est infini*.

c) *En particulier, si* q *est définie positive, les classes de représentations indécomposables sont en nombre fini et correspondent bijectivement aux solutions de l'équation* $q(n) = 1$.

Dans le cas défini positif, ce théorème est démontré dans [11] et sous une forme voisine dans [21]. Dans le cas positif non défini il est dû à NAZAROVA [20] et DONOVAN-FREISLICH [10]. Le cas particulier de $\tilde{D}_4$ avait été obtenu précédemment par NAZAROVA et GELFAND-PONOMAREV [19], [14]. Nous donnons plus loin quelques indications sur la démonstration du cas général en suivant la méthode de BERNSTEIN-GELFAND-PONOMAREV, étendue au cas non défini par DLAB-RINGEL [2], [9].

Lorsque la forme de Tits q de $\underline{C}$ n'est pas positive, les représentations de dimension finie de $\underline{C}$ ne sont pas "classifiables". Expliquons-nous : si $\underline{C}$ est le carquois  à un point et deux flèches, l'algèbre du carquois est l'algèbre associative libre $k\langle X,Y\rangle$ engendrée par deux variables X et Y . Nous prétendons qu'il existe pour toute algèbre A de type fini sur k un foncteur pleinement fidèle

$$F : \mathrm{modf}_A \to \mathrm{modf}_{k\langle X,Y\rangle} ,$$

où $modf_A$ désigne la catégorie des A-modules de k-dimension finie. En effet, si A est engendrée par $a_1, a_2, \ldots, a_n$, il suffit de poser $F(M) = M^{n+2}$ et de laisser opérer X et Y sur F(M) au moyen des matrices

$$\begin{bmatrix} 0 & 1 & & 0 \\ & \ddots & \ddots & \\ & 0 & \ddots & 1 \\ & & & 0 \end{bmatrix} \quad \text{et} \quad \begin{bmatrix} 0 & & & & 0 \\ 1 & \ddots & & & \\ a_1 & \ddots & \ddots & & \\ & \ddots & \ddots & \ddots & \\ 0 & & a_n & 1 & 0 \end{bmatrix} .$$

Une classification complète des représentations de $\underline{C}$ de dimension finie impliquerait donc une classification complète des modules de dimension finie sur toute algèbre de type fini. En particulier, toute algèbre de dimension finie sur k peut s'écrire comme algèbre des endomorphismes d'une représentation de dimension finie de $\underline{C}$.

Si nous remplaçons $\underline{C}$ par un autre carquois $\underline{D}$ de forme de Tits non positive et d'algèbre $k[\underline{D}]$, il est facile d'exhiber un foncteur pleinement fidèle

$$G : modf_{k\langle X,Y\rangle} \to modf_{k[\underline{D}]} ,$$

car il suffit manifestement de s'intéresser au cas où $\underline{D}$ est minimal, c'est-à-dire où tout sous-carquois propre de $\underline{D}$ a une forme de Tits positive. La liste de ces carquois minimaux est finie. Par exemple, si $\underline{D}$ est le carquois

$1 \xrightarrow{\varphi} 2 \circlearrowleft \psi$, on peut poser

$$G(M)(1) = M \qquad \text{et} \qquad G(M)(2) = M \oplus M ,$$

φ et ψ opérant au moyen des matrices

$$\begin{bmatrix} 1 \\ 0 \end{bmatrix} \quad \text{et} \quad \begin{bmatrix} 0 & \varphi \\ 1 & \psi \end{bmatrix} .$$

(Comparer avec [6] et [7].)

1.5 Avant d'esquisser la démonstration du théorème précédent, nous rappelons les résultats bien connus ([18], [16]) dans le cas du carquois

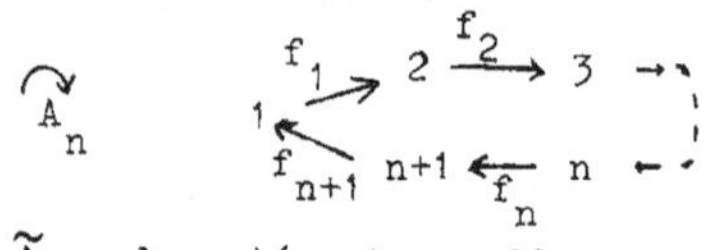

de type $\tilde{A}_n$: la catégorie $\operatorname{modf}_{k[\overset{\frown}{A}_n]}$ est le produit de deux sous-catégories, la première étant formée par les représentations V telles que l'application $V(f_i)$ soit bijective pour tout i, la seconde par les représentations V telles que $V(f_{n+1})\ldots V(f_1)$ soit nilpotente. La première sous-catégorie est équivalente à $\operatorname{modf}_{k[T,T^{-1}]}$ au moyen du foncteur $M \longmapsto V$ tel que $V(i) = M$ pour tout i, $V(f_i) = \mathrm{id}_M$ pour $1 \leq i \leq n$ et $V(f_{n+1}) = T?$. Nous désignerons la seconde par $\underline{\tilde{U}}_n$ (U = unisériel). Ses objets indécomposables sont de la forme $V_{s,\ell}$, avec s , $\ell \in \mathbb{N}$, $1 \leq s \leq n+1$, $\ell \geq 1$ et

$$V_{s,\ell}(i) = \bigoplus ke_j \quad , \quad V_{s,\ell}(f_i)(e_j) = \begin{cases} e_{j+1} & \text{si } j \neq \ell \\ 0 & \text{si } j = \ell \ , \end{cases}$$

la somme directe s'étendant à tous les j tels que $0 \leq j < \ell$ et $s + j \equiv i \bmod n+1$.

1.6 Appelons <u>graphe</u> la donnée Γ d'un ensemble de points $\underline{P}$, d'un ensemble d'arêtes $\underline{A}$ et d'une application a de $\underline{A}$ dans l'ensemble des parties de $\underline{P}$ à deux éléments. Une <u>orientation</u> de Γ est le couple Λ d'une application-source $\underline{s} : \underline{A} \to \underline{P}$ et d'une application-but $\underline{b} : \underline{A} \to \underline{P}$ telles qu'on ait a) et b) :

a) $\underline{a}(\varphi) = \{\underline{s}(\varphi) , \underline{b}(\varphi)\}$ pour tout $\varphi \in \underline{A}$;

b) il n'existe pas de "circuit fermé"

$$\underline{b}(\varphi_1) = \underline{s}(\varphi_2) \ , \ \underline{b}(\varphi_2) = \underline{s}(\varphi_3) \ , \ldots , \ \underline{b}(\varphi_n) = \underline{s}(\varphi_1) \ .$$

Un <u>graphe orienté</u> (Γ,Λ) n'est donc pas autre chose qu'un carquois sans circuit fermé, ce qui exclut les carquois $\overset{\frown}{A}_n$ de 1.5 de l'Eden des graphes orientés !

Soit (Γ,Λ) un graphe orienté. Nous munissons l'ensemble $\underline{P}$ de ses points de la relation d'ordre minimale telle qu'on ait $\underline{s}(\varphi) \leq \underline{b}(\varphi)$ pour toute arête φ . Soient a un <u>point maximal</u> pour cette relation d'ordre et $a\Lambda$ l'orientation obtenue en changeant le sens des flèches de but a sans toucher aux autres :

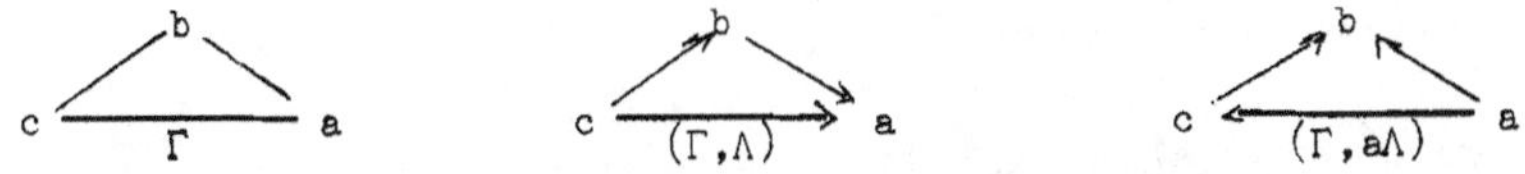

Si $\text{modf}_{(\Gamma,\Lambda)}$ désigne la catégorie des représentations de dimension finie du carquois (Γ,Λ) , BERNSTEIN-GELFAND-PONOMAREV associent au point maximal a le foncteur

$$F_a^+ : \text{modf}_{(\Gamma,\Lambda)} \longrightarrow \text{modf}_{(\Gamma,a\Lambda)}$$

construit comme suit : $F_a^+(V)(b) = V(b)$ si $a \neq b \in \underline{P}$ et $F_a^+(V)(\varphi) = V(\varphi)$ si l'arête φ n'a pas d'extrémité en a . Par contre, $F_a^+(V)(a)$ est le noyau de l'application $\bigoplus_{\varphi : b \to a} V(b) \to V(a)$ de composantes $V(\varphi)$, et $F_a^+(V)(\varphi) : F_a^+(V)(a) \to F_a^+(V)(b) = V(b)$ est la projection de ce noyau sur le facteur $V(b)$ (φ parcourant les arêtes de but b pour l'orientation $a\Lambda$). On a donc par construction la suite exacte

$$(*) \qquad 0 \to F_a^+(V)(a) \to \bigoplus_{\varphi : b \xrightarrow[\Lambda]{} a} V(b) \to V(a) .$$

Lorsque a est <u>minimal</u> pour l'ordre associé à Λ , nous notons Λa l'orientation obtenue en changeant le sens des flèches de source a sans toucher aux autres. On a dans ce cas le foncteur

$$F_a^- : \text{modf}_{(\Gamma,\Lambda)} \to \text{modf}_{(\Gamma,\Lambda a)}$$

tel que : $F_a^-(V)(b) = V(b)$ si $b \neq a$ et $F_a^-(V)(\varphi) = V(\varphi)$ si l'arête φ n'a pas d'extrémité en a . Par contre, $F_a^-(V)(a)$ est maintenant le conoyau de l'application $V(a) \to \bigoplus_{\varphi : a \to b} V(b)$ de composantes $V(\varphi)$ et $F_a^-(V)(\varphi)$ est la restriction à $V(b)$ de la projection canonique de $V(b)$ sur ce conoyau. On a la suite exacte

$$V(a) \to \bigoplus_{\varphi : a \xrightarrow[\Lambda]{} b} V(b) \to F_a^-(V)(a) \to 0 .$$

<u>Supposons</u> a <u>maximal</u> pour Λ . Alors a est minimal pour $a\Lambda$ et $F_a^-(F_a^+(V))$ est par construction le conoyau de $F_a^+(V)(a) \to \bigoplus_{a \xrightarrow[a\Lambda]{} b} F_a^+(V)(b)$, qui n'est autre que l'application $F_a^+(V)(a) \to \bigoplus_{b \xrightarrow[\Lambda]{} a} V(b)$ de (*) . Autrement dit, $F_a^-(F_a^+(V))$ s'identifie à la sous-représentation de V qui coïncide avec V en dehors de a et a pour valeur en a la somme des images $V(\varphi)(V(b))$, où $\varphi : b \xrightarrow[\Lambda]{} a$. Par conséquent, on a

$$V \cong F_a^-(F_a^+(V)) \oplus k_a^n \quad ,$$

si k_a désigne la représentation irréductible telle que $k_a(a) = k$ et $k_a(b) = 0$ pour $b \neq a$. En particulier, si V est un indécomposable distinct de k_a , on a $F_a^-(F_a^+(V)) = V$, et $F_a^+(V)$ est indécomposable. Dans ce cas la suite (*) est exacte, ce qui fournit les formules

$$\dim F_a^+(V)(a) = -\dim V(a) + \sum_{\varphi : b \to a} \dim V(b)$$

$$\dim F_a^+(V)(b) = \dim V(b) \qquad \text{pour } b \neq a .$$

Ces formules peuvent aussi s'écrire

$$\underline{\dim}\, F_a^+(V) = \underline{\dim}\, V - 2B(\underline{\dim}\, V, a).a \quad ,$$

si l'on pose $\underline{\dim}\, V = (\dim V(b)) \in \mathbb{Q}^{\underline{P}}$, si l'on identifie $a \in \underline{P}$ à l'élément $\underline{\dim}\, k_a$ de la base canonique de $\mathbb{Q}^{\underline{P}}$, et si $B(x,y) = \frac{1}{2}[q(x+y) - q(x) - q(y)]$.

Autrement dit, <u>si σ_a est la réflexion de $\mathbb{Q}^{\underline{P}}$ telle que</u> $\sigma_a(x) = x - 2B(x,a).a$, <u>on a $\underline{\dim}\, F_a^+(V) = \sigma_a(\underline{\dim}\, V)$ dès que V est indécomposable et distinct de</u> k_a .

1.7 Soient W le <u>groupe</u> (<u>de Weyl</u> !) engendré par les réflexions σ_a et R l'ensemble des <u>racines</u>, i.e. des transformés des vecteurs de base $b \in \underline{P} \subset \mathbb{Q}^{\underline{P}}$ sous l'action de W. On voit facilement que la forme de Tits q est invariante sous σ_a, donc sous W, donc que toute racine $x \in R$ est solution de l'équation $q(r) = 1$. Réciproquement, si q est positive, on vérifie que tout $x \in \mathbb{N}^{\underline{P}}$ tel que $q(x) = 1$ et $\sigma_a(x) \notin \mathbb{N}^{\underline{P}}$ coïncide avec a. <u>Lorsque q est définie positive, on en déduit que</u>

$$R = \{x \in \mathbb{Z}^{\underline{P}} \mid q(x) = 1\} .$$

Considérons maintenant un dénombrement non-croissant $a_1,\dots,a_n$ de $\underline{P}$, i.e. tel que $a_{i+1} \not\geq a_i$ pour tout i. Alors a_{i+1} est maximal pour l'orientation $a_i\dots a_1\Lambda$, de sorte qu'on a, compte tenu de $a_i\dots a_1\Lambda = \Lambda a_n\dots a_{i+1}$, les deux foncteurs composés de <u>Coxeter</u>

$$\Phi^+ : \operatorname{modf}_{(\Gamma,\Lambda)} \xrightarrow{F^+_{a_1}} \operatorname{modf}_{(\Gamma,a_1\Lambda)} \to \dots \operatorname{modf}_{(\Gamma,\Lambda a_n)} \xrightarrow{F^+_{a_n}} \operatorname{modf}_{(\Gamma,\Lambda)}$$

$$\Phi^- : \operatorname{modf}_{(\Gamma,\Lambda)} \xrightarrow{F^-_{a_n}} \operatorname{modf}_{(\Gamma,\Lambda a_n)} \to \dots \operatorname{modf}_{(\Gamma,a_1\Lambda)} \xrightarrow{F^-_{a_1}} \operatorname{modf}_{(\Gamma,\Lambda)} .$$

Ces deux foncteurs sont associés à la transformation de Coxeter $c = \sigma_{a_n}\dots\sigma_{a_1}$ de $\mathbb{Q}^{\underline{P}}$, en ce sens qu'on a par exemple $\underline{\dim}\,\Phi^+(V) = c(\underline{\dim}\,V)$ quand V est indécomposable et qu'aucune des représentations intermédiaires V, $F^+_{a_1}(V),\dots, F^+_{a_{n-1}}\dots F^+_{a_1}(V)$ n'est de la forme k_a, $a \in \underline{P}$.

Lorsque q est définie positive, W est fini de même que l'ordre h de c. Soit alors V une représentation indécomposable. On sait que c n'a pas de point fixe $\neq 0$ dans $\mathbb{Q}^{\underline{P}}$, de sorte que $(1 + c + \dots + c^{h-1})(\underline{\dim}\,V) = 0$, donc que $c^m(\underline{\dim}\,V) = 0$ pour quelque m. Ceci ne peut se produire que si

$$F^+_{a_r}\dots F^+_{a_1}\Phi^{+p}(V) = k_a$$

pour quelques $p \leq m$ et $r < n$. Mais on a alors

$$V = \Phi^{-p} F^-_{a_1} \dots F^-_{a_r}(k_a)$$

et

$$\underline{\dim}\, V = c^{-p} \sigma_{a_1} \dots \sigma_{a_r}(a) \quad ,$$

ce qui démontre le théorème 1.4 dans le cas défini positif.

1.8 Dans le cas positif non défini, nous nous contentons d'énoncer le résultat principal (voir [20], [10], ou [9]) :

THÉORÈME.- Soit (Γ,Λ) un graphe orienté connexe de forme de Tits positive non définie. Soient $P_1,\dots,P_n$ une liste complète de représentations projectives indécomposables non isomorphes deux à deux, et $I_1,\dots,I_n$ une liste analogue d'injectifs.

a) On a $\Phi^+(P_i) = 0 = \Phi^-(I_i)$ pour tout i, et les représentations $\Phi^{-p}(P_i)$ et $\Phi^{+q}(I_j)$ sont indécomposables et non isomorphes deux à deux $(p, q \in \mathbb{N}$, $i, j \in \{1,2,\dots,n\})$.

b) Soit Reg la sous-catégorie pleine de $\text{modf}_{(\Gamma,\Lambda)}$ formée des représentations dites régulières, i.e. dont aucun facteur direct n'est de la forme $\Phi^{-p}(P_i)$ ou $\Phi^{+q}(I_j)$. La catégorie Reg est la somme directe d'une famille de sous-catégories pleines Reg_x indexées par les points fermés du k-schéma-droite-projective. Pour $x \neq 0, 1, \infty$, le "bloc" Reg_x est équivalent à $\text{modf}\, \mathcal{O}_x$, où $\mathcal{O}_x$ est l'anneau local de la droite projective en x. Pour $x = 0, 1, \infty$, Reg_x est équivalente à une catégorie unisérielle $\underline{\tilde{U}}_{n}(x)$, $n(x) \geq 0$ (1.5 - on a $\underline{\tilde{U}}_{n(x)} = \text{modf}\, \mathcal{O}_x$ si $n(x) = 0$, !). La catégorie Reg est abélienne et le plongement $\text{Reg} \to \text{modf}_{(\Gamma,\Lambda)}$ est exact.

1.9 Exemples.- a) $(\Gamma,\Lambda) = b \overset{g}{\underset{d}{\rightrightarrows}} a$. On a alors $q(xa + yb) = (x - y)^2$. Les réflexions σ_a et σ_b sont des symétries obliques d'axe $\Delta = k(1,1)$, alors que c est une transvection d'axe Δ . Dans la figure nous avons marqué les solutions de l'équation

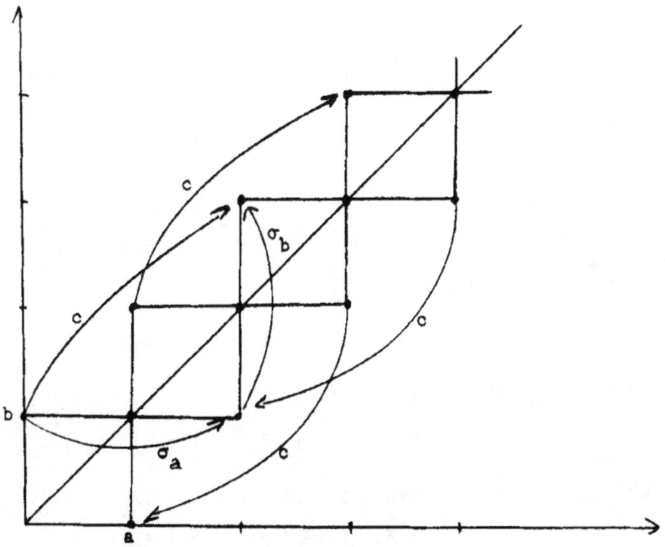

$q(x) = 0$ ou 1 appartenant à $\mathbb{N}^p \setminus 0$, i.e. associées à des représentations indécomposables.

Posons $\hat{n} = k^n \rightrightarrows k^{n+1}$ pour $n \geq 0$, avec $g(x_1,\dots,x_n) = (x_1,\dots,x_n , 0)$, $d(x_1,\dots,x_n) = (0 , x_1,\dots,x_n)$. De même, soit $\check{n} = k^{n+1} \rightrightarrows k^n$ avec $g(x_0,\dots,x_n) = (x_1,\dots,x_n)$ et $d(x_0,\dots,x_n) = (x_0,\dots,x_{n-1})$. On a alors $\Phi^{-p}(P_1) = \widehat{2p}$, $\Phi^{-p}(P_2) = \widehat{2p+1}$, $\Phi^{+q}(I_1) = \check{2q}$ et $\Phi^{+q}(I_2) = \check{2q+1}$.

Enfin, le foncteur

$$\mathrm{modf}_{k[T]} \times \mathrm{modf}_{k[[T]]} \to \mathrm{Reg} ,$$

de composantes $M \longmapsto (M \underset{T?}{\overset{id}{\rightrightarrows}} M)$ et $N \longmapsto (N \underset{id}{\overset{T?}{\rightrightarrows}} N)$ est une équivalence.

Cet exemple est connu depuis KRONECKER.

b) $$(\Gamma,\Lambda) = \begin{array}{ccc} & b & \\ \overset{\alpha}{\nearrow} & & \overset{\gamma}{\searrow} \\ c & \xrightarrow[\beta]{\hspace{2em}} & a \end{array} .$$

On a alors $q(xa + yb + zc) = x^2 + y^2 + z^2 - yz - zx - xy$. Nous avons la flemme de faire un dessin propre dans $\mathbb{R}^3$. Au lecteur d'être plus courageux !

Nous posons pour $n \geq 0$

$$\widehat{2n} = \begin{array}{ccc} & k^n & \\ \nearrow & & \searrow \\ k^n & \xrightarrow{\hspace{2em}} & k^{n+1} \end{array}$$ avec $\alpha = id$, $\gamma(x_1,\dots,x_n) = (x_1,\dots,x_n , 0)$ et $\beta(x_1,\dots,x_n) = (0 , x_1,\dots,x_n)$

$$\widehat{2n+1} = \begin{array}{ccc} & k^{n+1} & \\ \nearrow & & \searrow \\ k^n & \xrightarrow{\hspace{2em}} & k^{n+1} \end{array}$$ avec $\alpha(x_1,\dots,x_n) = (x_1,\dots,x_n , 0)$, $\gamma = id$ et $\beta(x_1,\dots,x_n) = (0 , x_1,\dots,x_n)$

$$\check{2n} = \begin{array}{ccc} & k^n & \\ \nearrow & & \searrow \\ k^{n+1} & \xrightarrow{\hspace{2em}} & k^n \end{array}$$ avec $\alpha(x_0,\dots,x_n) = (x_1,\dots,x_n)$, $\gamma = id$ et $\beta(x_0,\dots,x_n) = (x_0,\dots,x_{n-1})$

$$\check{2n+1} = \begin{array}{ccc} & k^{n+1} & \\ \nearrow & & \searrow \\ k^{n+1} & \xrightarrow{\hspace{2em}} & k^n \end{array}$$ avec $\alpha = id$, $\beta(x_0,\dots,x_n) = (x_0,\dots,x_{n-1})$ et $\gamma(x_0,\dots,x_n) = (x_1,\dots,x_{n-1})$.

On a alors $\Phi^{-p}(P_i) = \widehat{3p+i-1}$ et $\Phi^{q}(I_j) = \check{3q+j-1}$.

Enfin le foncteur

$$\mathrm{modf}_{k[T]} \times \underline{\tilde{U}}_1 \to \mathrm{Reg} ,$$

de composantes $M \longmapsto \begin{array}{ccc} & M & \\ \overset{id}{\nearrow} & & \overset{id}{\searrow} \\ M & \xrightarrow[T?]{\hspace{2em}} & M \end{array}$ et $g \circlearrowright_{W}^{V} f \longmapsto \begin{array}{ccc} & V & \\ \overset{g}{\nearrow} & & \overset{f}{\searrow} \\ W & \xrightarrow[id]{\hspace{2em}} & W \end{array}$,

est une équivalence.

Annexe : Une technique générale de classification des indécomposables

La méthode développée par Bernstein-Gelfand-Ponomarev est très élégante, mais limitée à une situation particulière. L'un des problèmes qui agitent les spécialistes, reste donc de déterminer les anneaux (artiniens) de type de représentation finie, i.e. n'ayant qu'un nombre fini de (classes) d'indécomposables. Nous nous proposons d'esquisser ici un algorithme qui, appliqué à un anneau de type de représentation finie, aboutit à la classification de ses indécomposables et permet de s'assurer que la liste obtenue est complète.

Dans toute la suite, nous désignons par $\underline{A}$ une catégorie additive où tout objet est somme directe finie d'indécomposables, les anneaux des endomorphismes de ceux-ci étant locaux. Nous désignons par $\widehat{\underline{A}^{o}}$ la catégorie des foncteurs covariants de $\underline{A}$ dans $\underline{Ab}$ (groupes abéliens), par M^{o} le foncteur $(M, ?)$ représenté par $M \in \underline{A}$ Dans $\widehat{\underline{A}^{o}}$ tout foncteur projectif est libre, i.e. somme directe de représentables (la démonstration de KAPLANSKY [15] s'applique presque sans modifications : appeler base de $F \in \widehat{\underline{A}^{o}}$ toute famille $(m_i \in F(M_i))$ telle que tout $m \in F(M)$ s'écrive de manière unique sous la forme $m = \Sigma F(\varphi_i)(m_i)$, les $\varphi_i : M_i \to M$ étant presque tous nuls).

Lorsque $F \in \widehat{A^{o}}$ et $M \in \underline{A}$, nous identifions $F(M)$ et $\mathrm{Hom}(M^{o}, F)$ au moyen de l'isomorphisme canonique, écrivant souvent $m : M^{o} \to F$ au lieu de $m \in F(M)$.

2.1 M. AUSLANDER [1] a remarqué que les classes d'objets simples de $\widehat{\underline{A}^{o}}$ correspondent bijectivement aux classes d'indécomposables de $\underline{A}$. La bijection est la suivante : lorsque $M \in \underline{A}$ est indécomposable, M^{o} contient un unique sous-foncteur maximal M' ($M'(N)$ est formé des morphismes $M \to N$ n'ayant pas de rétraction). L'application $M \mapsto M^o/M'$, associant à tout indécomposable un foncteur simple, est manifestement surjective ; elle est injective parce que M^o n'est autre que la couverture projective de M^o/M' !

2.2 On a donc un accès théorique vers les objets indécomposables de $\underline{A}$ à partir de tout foncteur fidèle $F \in \widehat{\underline{A}^o}$. En effet, si F est fidèle, il y a par définition un morphisme non nul $m : M^o \to F$ pour tout objet M , que nous pouvons ici supposer indécomposable. On a alors $M^o/M' \xrightarrow{\sim} m(M^o)/m(M')$, de sorte que tout foncteur simple apparaît comme sous-quotient de F et que la connaissance des sous-foncteurs de F implique celle des indécomposables de $\underline{A}$. Pour un bel exemple illustrant cette situation on pourra se reporter à [13], où GELFAND-PONOMAREV classifient les modules indécomposables de k-dimension finie sur $k[[a,b]]/(ab)$ (prendre pour $\underline{A}$ la catégorie des modules de k-dimension finie, pour F le foncteur-oubli associant à tout module le groupe sous-jacent !).

2.3 Soit (M_i) une liste complète et sans répétitions des indécomposables de $\underline{A}$. Soit (F_i) la liste des foncteurs simples correspondants. Tout endomorphisme de M_i induit un endomorphisme de M_i^o/M_i' , et l'application $\mathrm{End}(M_i)^o \to \mathrm{End}\, F_i$ ainsi obtenue identifie $\mathrm{End}\, F_i$ au corps résiduel K_i de l'anneau local $\mathrm{End}(M_i)^o$. Cette identification fait de $F_i(N)$ un espace vectoriel sur K_i pour tout $N \in \underline{A}$. De plus, on voit facilement que la famille (M_i , F_i) a les deux propriétés suivantes :

a) La famille (F_i) réfléchit les isomorphismes (i.e. un morphisme f de $\underline{A}$ est inversible ssi $F_i(f)$ est bijectif pour tout i) ;

b) on a $[F_i(M_j) : K_i] = \delta_{ij}$ = symbole de Kronecker, et $[F_i(M) : K_i] < \infty$ pour tout $M \in \underline{A}$ et tous i , j .

Il nous paraît important que la réciproque soit vraie. De façon précise, appelons <u>famille classifiante</u> la donnée d'une famille d'<u>épimorphismes</u> m_i

$m_i : M_i^o \to F_i$ et de corps $K_i \subset \operatorname{End} F_i$ vérifiant les conditions a) et b) ci-dessus. On a alors la

PROPOSITION.- <u>Si</u> $(m_i \in F_i(M_i), K_i)$ <u>est une famille classifiante, les</u> M_i <u>forment une liste complète et sans répétitions d'objets indécomposables de</u> $\underline{A}$, <u>les</u> F_i <u>sont les foncteurs simples correspondants, et l'on a</u> $K_i = \operatorname{End} F_i$.

Montrons simplement que les définitions sont bien faites. Soit $M \in \underline{A}$. Pour tout i , soit $(m_{i\alpha})$ une base de l'espace vectoriel $F_i(M)$ sur K_i . Comme $m_i : M_i^o \to F_i$ est un épimorphisme, il y a des morphismes $\varphi_{i\alpha} : M_i \to M$ tels que $F_i(\varphi_{i\alpha})(m_i) = m_{i\alpha}$. Le morphisme induit $\varphi = (\varphi_{i\alpha}) : \coprod_{i,\alpha} M_i \to M$ est par construction tel que $F_i(\varphi)$ soit bijectif pour tout i . C'est un isomorphisme d'après a). Le reste est (encore plus) facile.

2.4 Tout cela est trivial et utile. Donnons deux exemples, simplistes vu la place qui nous reste :

a) Soit $\underline{A}$ la catégorie des modules de longueur finie sur $A = k[t]/(t^n)$. Soient S_i le foncteur $M \mapsto \operatorname{Ker} t_M \cap \operatorname{Im} t_M^{i-1}$ pour $i = 1,\dots,n+1$, $F_i = S_i/S_{i+1}$ et $K_i = k$ pour $i = 1,\dots,n$. Posons $M_i = A/At^i$ et $s_i = t^{i-1} \bmod t^i \in S_i(M_i)$. On a manifestement la suite exacte $0 \to M_{i-1}^o \to M_i^o \xrightarrow{s_i} S_i \to 0$ dans $\widehat{\underline{A}^o}$. L'image canonique m_i de s_i dans $F_i(M_i)$ est donc un épimorphisme $M_i^o \to F_i$. La condition b) de 2.3 est trivialement vérifiée. La condition a) l'est, puisque les foncteurs $M \to \operatorname{Ker} t_M^i \cap \operatorname{Im} t_M^j + \operatorname{Ker} t_M^{i-1}$ donnent manifestement naissance à une suite de composition du foncteur oubli, dont les quotients successifs sont isomorphes aux F_i , chaque F_i apparaissant avec la multiplicité i .

b) Soit $\underline{A}$ la catégorie (non abélienne) des espaces vectoriels de dimension finie sur k munis d'une suite de 3 sous-espaces vectoriels. Soient F , A , B et C les foncteurs associant à un objet $(V ; V_1, V_2, V_3)$ les groupes sous-jacents respectivement à V , V_1 , V_2 et V_3 . Les sous-foncteurs A , B et C de F engendrent dans F un treillis modulaire de sous-foncteurs (mais oui !), dont nous représentons ci-dessous quelques éléments, les autres s'en déduisant par permutation de A , B et C [3] :

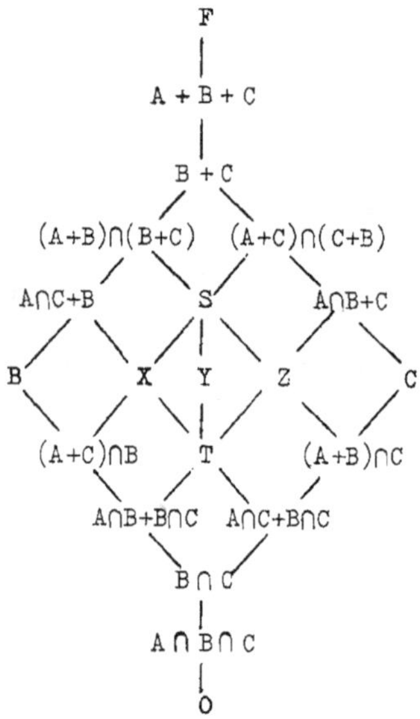

$S = (B+C) \cap (C+A) \cap (A+B)$

$X = A \cap C + B \cap (A + C)$

$Y = B \cap C + A \cap (B + C)$

$Z = A \cap B + C \cap (A + B)$

$T = B \cap C + C \cap A + A \cap B$

Remontant notre diagramme de bas en haut en suivant par exemple la bordure droite, on obtient une suite de composition

$$O \to A \cap B \cap C \to B \cap C \to A \cap C + B \cap C \to \dots \to A + B + C \to F ,$$

dont les quatrième et septième quotients s'identifient au moyen d'isomorphismes à la Noether. Par construction, les suites de composition induites dans les sous-foncteurs A , B et C ont des quotients nuls ou isomorphes aux quotients $F_1,\dots,F_{10}$ de la suite précédente. La suite de foncteurs $(F_i)_{i\neq 7}$ réfléchit donc les isomorphismes. D'autre part, F_1 est "recouvert" par $(k\,;k,k,k)$, F_2 par $(k\,;0,k,k)$, F_3 par $(k\,;k,0,k)$, F_4 par $(k^2\,;k\times 0,0\times k,k(1,1))$, F_5 par $(k\,;0,0,k)$, F_6 par $(k\,;k,k,0)$, F_8 par $(k\,;0,k,0)$, F_9 par $(k\,;k,0,0)$ et finalement F_{10} par $(k\,;0,0,0)$. Prenant $K_i = k$ pour tout i , on a une famille classifiante !

2.5 Nous en venons maintenant à l'<u>algorithme</u> annoncé. Celui-ci présuppose connu un algorithme permettant de décomposer tout objet de $\underline{A}$ en indécomposables Par exemple, lorsque $\underline{A}$ est une catégorie de modules, nous aurons à faire de telles décompositions sur des modules donnés par générateurs et relations Cela peut évidemment s'avérer délicat dans la pratique du "calcul à la main".

<u>Hypothèses</u> : Pour simplifier, nous supposons donnés un anneau commutatif artinien k et des structures de k-modules sur les groupes $\mathrm{Hom}_{\underline{A}}(M,N)$ de telle manière que $\mathrm{Hom}_{\underline{A}}(M,N)$ soit de k-longueur finie pour tous M , N et que les applications de composition soient k-bilinéaires. Nous supposons en outre que $\underline{A}$ possède des conoyaux (mais non pas que $\underline{A}$ soit abélienne !). Tout cela est réalisé dans les principales applications que nous avons en vue. Nous supposons en outre que $\underline{A}$ est de type de représentation finie (i.e. n'a qu'un nombre fini de classes d'indécomposables) ; car notre but principal est de prouver qu'alors notre algorithme converge vers une famille classifiante.

Dans ces conditions, F(M) est muni pour tous $F \in \widehat{\underline{A}^{o}}$ et $M \in \underline{A}$ d'une structure de k-module, et la longueur $\ell(F)$ dans la catégorie $\widehat{\underline{A}^{o}}$ est bornée supérieurement par la somme des k-longueurs de F(M) , lorsque M parcourt une liste finie d'indécomposables. En particulier, $\ell(F)$ est finie si F(M) est de k-longueur finie pour tout $M \in \underline{A}$.

L'<u>algorithme démarre</u> avec la donnée d'une famille de foncteurs non nuls (F_i) , finie et réfléchissant les isomorphismes. En outre, nous supposons donnée pour tout i une présentation finie

$$\coprod_{i,\alpha} M_i^o \to M_i^o \xrightarrow{m_i} F_i \to 0$$

de F_i . Tout cela est facile à réaliser dans la pratique : par exemple, dans le cas des modules de longueur finie sur une k-algèbre de k-longueur finie A , on peut démarrer avec le seul foncteur oubli, qui est représenté par A . Un autre exemple est donné plus loin.

Nous associons à la famille (F_i) son <u>défaut de classification</u>, qui est le nombre

$$d = \sum_i \ (\ell(F_i) - 1) \ .$$

Ce défaut est ≥ 0 ; il est $= 0$ ssi tous les F_i sont simples. Dans ce cas, plus de problème, car la famille réfléchit les isomorphismes, donc elle est "complète". Si $d > 0$, notre but est de construire pour quelque i un sous-foncteur $0 \neq F_i' \neq F_i$ de F_i et d'abandonner F_i au profit de F_i' et F_i/F_i' . La nouvelle famille, qui réfléchit encore les isomorphismes, contient alors un foncteur de plus, mais dans son défaut d' la contribution de F_i est remplacée par $\ell(F_i') + \ell(F_i/F_i') - 2 = \ell(F_i) - 2$, de sorte que $d' < d$ et qu'on a gagné un cran !

Dans la suite, nous associons un sous-foncteur F_i' de F_i à tout $m \in F(M)$:

$$\begin{array}{ccccccc} & & M^o & & & & \\ & & \downarrow{\scriptstyle n^o} & \searrow{\scriptstyle m} & & & \\ \coprod M_{i\alpha}^o & \longrightarrow & M_i^o & \xrightarrow[m_i]{} & F & \to & 0 \ . \end{array}$$

Posant $F'_i = \mathrm{Im}\, m$, on obtient pour F'_i et F/F'_i les présentations

$$(\coprod_{i,\alpha} M_i^o)\coprod M^o \to M_i^o \to F/F'_i \to 0$$

et $$N^o \to M^o \to F'_i \to 0 ,$$

où N est la somme amalgamée du diagramme $\coprod M_{i\alpha} \leftarrow M_i \xrightarrow{n} M$.

Remplaçant F_i par F'_i et F_i/F'_i , nous disposons donc pour la nouvelle famille des données de départ nécessaires.

2.6 L'<u>algorithme</u> : Soit (F_i) la famille de départ donnée en 2.5 :

a) Si M_i n'est pas indécomposable, nous le décomposons d'abord en indécomposables, remplaçant M_i par l'un des facteurs, si l'un de ceux-ci suffit à "recouvrir" F_i . Sinon, l'un des facteurs a pour image dans F_i un sous-foncteur propre, et on applique 2.5.

Nous pouvons donc supposer chaque M_i indécomposable.

b) Soient $f_1,\dots,f_r$ des générateurs du k-module $\mathrm{Hom}_{\underline{A}}(M_i , M_i)$. Si $m_i \circ f_j^o$ a une restriction non nulle à $M_{i\alpha}$ pour quelque α , nous pouvons de nouveau appliquer 2.5 en posant $M = M_{i\alpha}$ et $n^o = f_j^o | M_{i\alpha}^o$.

Nous nous ramenons ainsi au cas où tout endomorphisme de M_i^o peut être "descendu" à F_i , ce qui nous fournit un homomorphisme $\mathrm{End}\, M_i^o \to \mathrm{End}\, F_i$.

c) Soient $x_1,\dots,x_s$ des générateurs de l'idéal maximal de $\mathrm{End}\, M_i$. Si $m_i \circ x_j^o \neq 0$ pour quelque j , on applique 2.5 à $M = M_i$ et $n = x_j$.

Nous nous ramenons ainsi au cas où l'homomorphisme $\mathrm{End}\, M_i^o \to \mathrm{End}\, F_i$ se factorise par le corps résiduel K_i de l'anneau local $\mathrm{End}\, M_i^o$. Dans ce cas, $F_i(N)$ est un espace vectoriel sur K_i pour tout N , et l'on a $[F_i(M_i) : K_i] = 1$, parce que $m_i : M_i^o \to F_i$ est un épimorphisme.

d) Supposons enfin que $F_i(M_j) \neq 0$ pour quelques $i \neq j$. Si quelque $m \neq 0$

de $F_i(M_j)$ n'est pas un épimorphisme de M_j^o dans F_i , on peut appliquer 2.5. Sinon, M_j^o est une couverture projective de F_i et l'on a $M_i \cong M_j$, ainsi que le diagramme

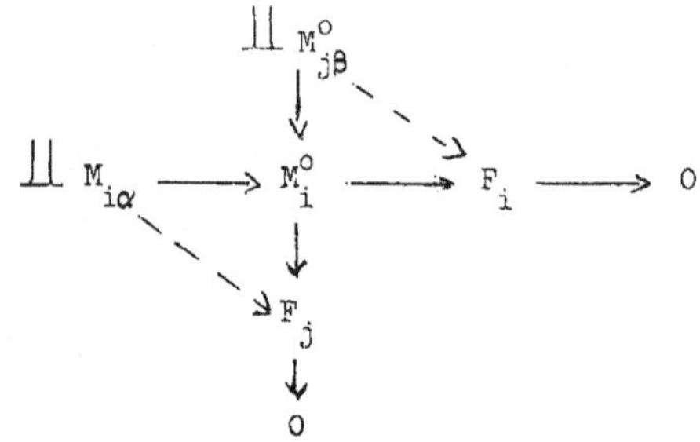

On applique alors 2.5 à l'un des morphismes $M_{j\beta}^o \to F_i$ ou $M_{i\alpha}^o \to F_j$, à moins que tous ces morphismes ne soient nuls. Dans ce dernier cas, on a $F_i \cong F_j$, et l'on peut retirer F_j de la famille.

Finalement, on est ramené à la situation où $K_i \subset \operatorname{End} F_i$ et $[F_i(M_j) : K_i] = \delta_{ij}$, qui est le terme de l'algorithme !

2.7 Exemple.- Soient k un corps, $A = k[T]/(T^3)$ et $t = T \bmod T^3$. Soit $\underline{A}$ la catégorie (non abélienne) des couples (M,N) formés d'un A-module de longueur finie M et d'un sous-module N . Considérons le foncteur-socle $S : (M,N) \mapsto S_M = \operatorname{Ker} t_M$ et les sous-foncteurs $\underset{\sim}{A}$, B , C , A' et B' de S associant à (M,N) les sous-groupes suivants de S_M

$$\begin{array}{ccccc} S_M & \leftarrow & S_M \cap tM & \leftarrow & t^2M \\ \uparrow & & \uparrow & & \uparrow \\ S_M \cap N & \leftarrow & S_M \cap tN & \leftarrow & t^2N \end{array} \qquad\qquad \begin{array}{ccccc} S & \leftarrow & B' & \leftarrow & A' \\ \uparrow & & \uparrow & & \uparrow \\ C & \leftarrow & B & \leftarrow & \underset{\sim}{A} \end{array} .$$

Il est clair que la famille de ces foncteurs réfléchit les isomorphismes (comparer avec 2.4a)). Afin d'assurer à notre algorithme une convergence rapide, nous ne démarrons pas avec cette famille, préférant la "raffiner" au préalable par l'étude du treillis engendré par A , B , C , A' et B' . Ce dernier a la forme

suivante

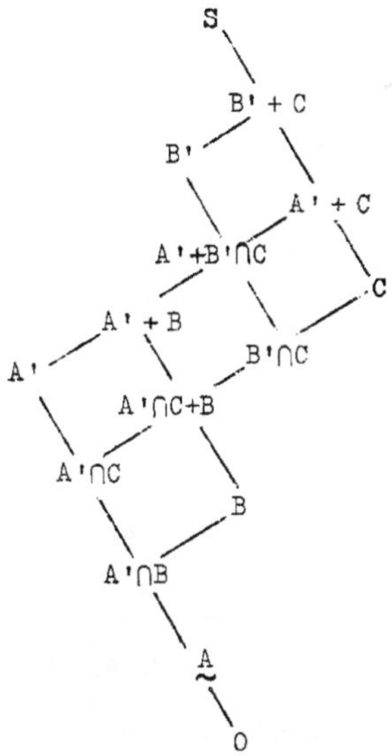

$$S \xleftarrow[F_9]{(A/t,0)} B'+C \xleftarrow[F_8]{(A/t^2,0)} A'+C \xleftarrow[F_7]{(A,0)} C$$

$$C \xleftarrow[F_6]{(A/t,1)} B'\cap C \xleftarrow[F_5]{(A/t^2,t)} A'\cap C+B \xleftarrow[F_4]{(A,t^2)} B$$

$$B \xleftarrow[F_3]{(A/t^2,1)} A'\cap B \xleftarrow[F_2]{(A\mu \oplus A/t.\xi,\, t\mu+\xi)} \underset{\sim}{A}$$

$$\underset{\sim}{A} \xleftarrow[F_1]{(A,1)} 0$$

Remontant notre diagramme de bas en haut en suivant par exemple la bordure droite, nous obtenons une suite de composition (mais pas encore de Jordan-Hölder !) du foncteur-socle S . Nous notons $F_1,\ldots,F_9$ les différents quotients. Dans la figure ci-jointe, nous avons fait figurer au-dessus de chaque flèche un objet indécomposable de $\underline{A}$ "recouvrant" le quotient F_i correspondant (le sous-module est représenté par un générateur).

Considérons par exemple l'indécomposable (M_2,N_2) recouvrant F_2 : il représente le foncteur associant à tout (M,N) le groupe des solutions (m,x) des équations $tx = 0$ et $x + tm \in N$ dans M . L'épimorphisme $(M_2,N_2)^o \xrightarrow{m_2} F_2$ envoie (m,x) sur $t^2m \bmod t^2 N$. Son noyau est formé des (m,x) tels qu'il existe $n \in N$ avec $t^2m = t^2n$. Posant $m - n = y$ et $x + ty = z$, il est équivalent de dire qu'on a $m = n + y$ et $x = z - ty$, où (n,y,z) est une solution de $t^2y = 0$, $tz = 0$, $n \in N$ et $z \in N$. Le foncteur de ces dernières solutions est représenté par $(A,1) \oplus (A/t^2, 0) \oplus (A/t,1)$. Ceci fournit une présentation de F_2 . Nous n'aurons pas besoin ici de "présenter" les autres F_i .

La suite de composition de S induit pour chaque (M_i, N_i) une suite de composition du socle S_{M_i} . Comme on a $[S_{M_i} : k] = 1$ pour $i \neq 2$, (M_2,N_2) est le seul "contrevenant" aux égalités $[F_i(M_j) : k] = \delta_{ij}$. On a en fait $F_2(M_2,N_2) \cong k \cong F_9(M_2,N_2)$ et $F_i(M_2,N_2) = 0$ pour $i \neq 2$. Nous sommes donc en mesure d'appliquer la partie d) de notre algorithme. Soit $m_9' : (M_2,N_2)^o \to F_9$ le morphisme associant à toute solution (m,x) des équations $tx = 0$ et $x + tm \in N$ la classe de x mod $S_M \cap N + S_M \cap tM$. L'image de ce morphisme est manifestement le sous-foncteur $F_9' = C'/B' + C$ de F_9 tel que $C'(M,N) = S_M \cap (N + tM)$. Nous déterminons directement $\operatorname{Ker} m_9'$, qui est formé des (m,x) tels que $x = n + ty$ avec $tn = t^2y = 0$ et $n \in N$. Autrement dit, on a $(m,x) \in (\operatorname{Ker} m_9')(M,N)$ ssi $m = m' - y$ et $x = n + ty$, où (m',y,n) est solution de $t^2y = tn = 0$, $n \in N$, $tm' \in N$. Le foncteur de ces dernières solutions est représenté par $(A,t) \oplus (A/t^2,0) \oplus (A/t,1)$, ce qui fait apparaître un nouvel indécomposable $(M_2',N_2') = (A,t)$. Nous sommes ainsi confronté avec le diagramme

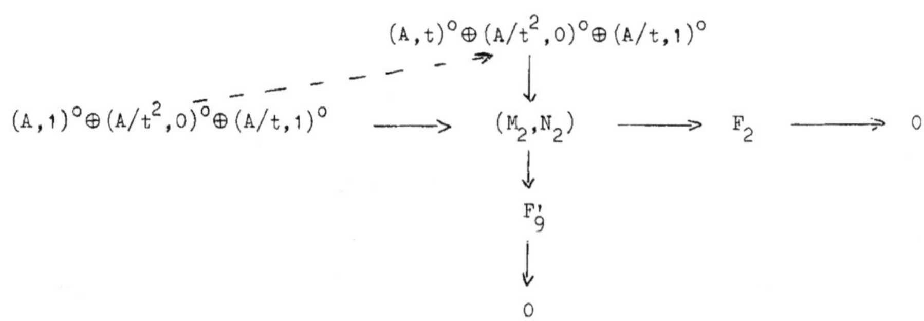

Le morphisme induit $m_2' : (A,t)^o \to F_2$ a pour image le foncteur $F_2' = A_1/\underset{\sim}{A}$ tel que $A_1(M,N) = t(N \cap tM)$. On a de plus $F_2/F_2' = F_9'$, ces deux foncteurs ayant la même présentation. Nous pouvons donc retirer F_9' du "jeu" et obtenir la famille classifiante cherchée, formée de $(F_i, (M_i, N_i))$ pour $i \neq 2, 9$, de $(F_2', (A,t))$, $(F_2/F_2', (M_2,N_2))$ et de $(F_9/F_9', (M_9,N_9))$. Si nous raffinons la suite de composition de départ en y intercalant les foncteurs A_1 et C' , nous obtenons une suite de Jordan-Hölder, où seul F_2/F_2' a la multiplicité" 2 . On a $\mathrm{End}\, F = k$ pour tout foncteur simple F !

Remarques.- L'exemple précédent, évidemment plus simple à traiter par des moyens ad hoc, veut seulement illustrer la technique utilisée. Nous avons testé cette technique dans des cas plus compliqués, par exemple pour classifier les couples (M,W) formés d'un A-module et d'un sous-espace vectoriel. Il y a alors 29 indécomposables, résultat obtenu précédemment à l'aide d'autres méthodes par BONGARTZ [4]. D'après l'expérience que nous en avons, l'algorithme peut être poussé à son terme "à la main", lorsqu'il y a jusqu'à une cinquantaine d'indécomposables de longueurs "raisonnables". La méthode exige évidemment quelque patience. Elle "dépoètise" le sujet, mais prise les raccourcis astucieux. De quoi faire quelques longs problèmes de Taupe !

BIBLIOGRAPHIE

[1] M. AUSLANDER - Representation theory of Artin algebras, I-III, Communications in Algebra (à paraître).

[2] I. N. BERNSTEIN - I. M. GELFAND - V. A. PONOMAREV - Coxeter functors and a theorem of Gabriel, Uspechi Mat. Nauk 28 (1973), 19-33.

[3] G. BIRKHOFF - Lattice theory, AMS Colloquium Publications XXV.

[4] BONGARTZ - Moduln mit Unterräumen, Diplomarbeit, Bonn 1974.

[5] N. BOURBAKI - Groupes et algèbres de Lie, chap. 4, 5, 6 ; Eléments de Mathématique, Hermann, Paris 1968.

[6] S. BRENNER - Some modules with nearly prescribed endomorphism rings, J. Alg. 23 (1972), 250-262.

[7] A. L. S. CORNER - Endomorphism algebras of large modules with distinguished submodules, J. Alg., 11 (1969), 155-185.

[8] V. DLAB - C. M. RINGEL- On algebras of finite representation type, à paraître dans J. Alg., Résumé dans C. R. Acad. Sc. Paris, t. 276 (1973), 1393-1396 et 1441-1442.

[9] V. DLAB - C. M. RINGEL - Representations of valued graphs, à paraître, Résumé dans le Compte-rendu du Colloque "Werkstätte über unzerlegbare Darstellungen von Ringen und Gruppen", Bonn, Sonderforschungsbereich Theoretische Mathematik, Novembre 1973.

[10] P. DONOVAN - M. R. FREISLICH - The representation theory of finite graphs and associated algebras, Carleton Lecture Notes 5, 1973.

[11] P. GABRIEL - Unzerlegbare Darstellungen I, man. math., 6 (1972), 71-103.

[12] P. GABRIEL - Indecomposable representations II, Symposia math. Ist. Naz. di Alta Mat., Vol. XI, 1973.

[13] I. M. GELFAND - V. A. PONOMAREV - Non-decomposable representations of the Lorentz group, Usp. Mat. Nauk, 23 (1968), 3-60.

[14] I. M. GELFAND - V. A. PONOMAREV - Problems of linear algebra and classification of quadruples of subspaces in a finite dimensional vector space, Coll. Math. Soc. Bolyai 5, Tihany, Hungary, 1970.

[15] I. KAPLANSKY - Projective modules, Ann. of Maths., 68 (1958), 372-377.

[16] H. KUPISCH - Beiträge zur Theorie nichthalbeinfacher Ringe mit Minimalbedingung, J. R. Ang. Mat., 201 (1959), 100-112.

[17] W. MULLER - Unzerlegbare Moduln über artinschen Ringen, Habilitationsschrift, München, 1974, à paraître dans Mat. Zeitschrift.

[18] NAKAYAMA - Note on uniserial and generalized uniserial rings, Proc. Imp. Acad. Tokyo, 16 (1940), 285-289.

[19] L. A. NAZAROVA - Representations of quadruples, Isv. Acad. Nauk, 1964, 1361-1378.

[20] I. A. NAZAROVA - Representations of quivers of infinite type, Isv. Akad. Nauk SSSR, 37(1973), 752-791.

[21] L. A. NAZAROVA - A. V. ROITER - Representations of ordered sets, Zapiski nau. Sem. Leningr. Otd. Mat. Inst. Steklova, 28 (1972), 5-31.

Informations dernières : Entre la frappe de cet exposé et la correction des épreuves, NAZAROVA et ROITER viennent de publier leur démonstration de la conjecture de Brauer-Thrall : si une algèbre A de dimension finie sur un corps infini k a une infinité de classes de modules indécomposables, alors il y a une infinité de n tels que le nombre de classes d'indécomposables de k-dimension n soit infini. Un tirage provisoire peut être obtenu auprès des auteurs : " Problèmes matriciels "catégoriques" et conjecture de Brauer-Thrall ", Institut de Mathématiques de l'Académie des Sciences d'Ukraine, Kiev.

Séminaire BOURBAKI
26e année, 1973/74, n° 445

FRACTIONS RATIONNELLES INVARIANTES

[d'après H. W. LENSTRA]

par Michel KERVAIRE

Problème 1. Soient k un corps, G un groupe fini et V une représentation de G sur k. Le groupe G opère sur $K = k(V)$, le corps des fractions de l'algèbre symétrique de V sur k. Soit K^G le corps fixe de G. L'extension K^G/k est-elle transcendante pure ?

Apparemment le problème est déjà classique à la fin du siècle dernier. Voir W. BURNSIDE [1], Chap. XVII. Cependant, le premier résultat un peu général date de 1915. E. FISCHER [3] démontre que la réponse est "oui" si $k = \mathbb{C}$ et G est abélien. Voir Prop. (1.1) ci-dessous. A cette époque, semble-t-il, on conjecture que la réponse est toujours affirmative. En 1969, R. SWAN [7] exhibe le premier contre-exemple avec $k = \mathbb{Q}$, G le groupe cyclique d'ordre 47 et V la représentation régulière. Les résultats de Swan sont étendus par V. E. VOSKRESENSKII [8] au cas d'un groupe cyclique d'ordre quelconque.

Ce rapport résume les travaux de H. W. LENSTRA [5] qui résolvent la question pour G abélien et k arbitraire, du moins dans le cas où V est la représentation régulière. Voir Théorème (4.1).

Dans le cas où G est non-abélien, on ne sait apparemment rien hormis quelques cas particuliers. Même pour $k = \mathbb{C}$. Il est par ailleurs remarquable d'observer que le problème analogue pour $k[V]$, l'algèbre symétrique de V, est résolu depuis longtemps. Voir C. CHEVALLEY [2] et G. C. SHEPHARD - J. A. TODD [6].

Dans toute la suite G est supposé abélien fini. On note e = exposant de G, le p.p.c.m. des ordres des éléments de G.

1. Corps des constantes assez gros

Le point de départ est le théorème de Fischer.

1.1 PROPOSITION.- *Si le corps* ℓ *contient les racines* e-*ièmes de l'unité et si la caractéristique de* ℓ *ne divise pas* e , *alors* $\ell(V)^G/\ell$ *est pure pour toute représentation* V *de* G .

Démonstration (Celle de Fischer, essentiellement.) V est somme directe de représentations de dimension 1 , i.e. il existe une ℓ-base $y_1,\dots,y_n$ de V telle que $\alpha.y_i = \chi_i(\alpha)y_i$ pour tout $\alpha \in G$, où les $\chi_i : G \to \ell^{\cdot}$ sont des caractères de G .

On a $\ell(V) = \ell(y_1,\dots,y_n)$ et les $y_1,\dots,y_n$ sont algébriquement indépendants. Il en résulte que le sous-groupe Y du groupe multiplicatif $L^{\cdot}$, $L = \ell(V)$, engendré par $y_1,\dots,y_n$ est abélien libre avec base $y_1,\dots,y_n$.

Soient X le groupe des caractères de G , i.e. $X = \mathrm{Hom}(G, \ell^{\cdot})$, et $\Phi : Y \to X$ l'homomorphisme donné par $\Phi(y_i) = \chi_i$. Il est clair que $I = \mathrm{Ker}\,\Phi$ est contenu dans le corps fixe L^G . En fait, $\ell(I)$ = corps des fractions de l'algèbre de groupe $\ell[I]$, est égal à L^G . En effet, $\ell[I] = \ell[Y]^G$ comme on le voit immédiatement et $L^G = \ell(Y)^G$ est corps des fractions de $\ell[Y]^G$. Comme I est sous-groupe du groupe abélien libre Y , il possède une $\mathbb{Z}$-base libre $z_1,\dots,z_n$ et $L^G = \ell(I) = \ell(z_1,\dots,z_n)$ est transcendant pur sur ℓ .

On va appliquer la Prop. (1.1) avec ℓ = le corps des racines de $X^e - 1$ sur k et V la représentation régulière de G , i.e. V admet pour base $\{x_\alpha \mid \alpha \in G\}$ et $\alpha.x_\beta = x_{\alpha\beta}$. On suppose donc provisoirement que *la caractéristique de* k *ne divise pas* e .

Soit $\pi = \mathrm{Gal}(\ell/k)$. On considère la suite exacte

$$1 \to I \to Y \xrightarrow{\Phi} X \to 1 ,$$

comme ci-dessus. On observe que

1) π opère sur X par $(\sigma\chi)(\alpha) = \sigma(\chi(\alpha)) \in \ell^{\cdot}$, $\sigma \in \pi$, $\alpha \in G$.

2) Y admet pour base $\{y_\chi \mid \chi \in X\}$, où $y_\chi = \sum_{\alpha \in G} \chi(\alpha^{-1}) x_\alpha$, et π opère sur Y par $\sigma . y_\chi = y_{\sigma\chi}$.

3) $\Phi : Y \to X$ définie par $\Phi(y_\chi) = \chi$ est surjective et commute à l'action de π .

Par suite I se trouve muni d'une structure de $\mathbb{Z}[\pi]$-module. D'autre part, si $K = k(V) = k(x_\alpha \mid \alpha \in G)$, on a

$$k(V)^G = \ell(x_\alpha \mid \alpha \in G)^{G \times \pi} = \ell(I)^\pi \quad , \text{ et } \quad \ell^\pi = k .$$

On est donc amené à étudier le

<u>Problème</u> 2. Soient F un corps, π un groupe d'automorphismes de F et M un $\mathbb{Z}[\pi]$-module, $\mathbb{Z}$-libre, écrit multiplicativement. Soient $F[M]$ l'algèbre de groupe de M sur F et $F(M)$ son corps de fractions sur lequel π opère de façon évidente. L'extension $F(M)^\pi/F^\pi$ est-elle transcendante pure ?

DÉFINITION.- L'extension K/k est dite <u>stablement pure</u> s'il existe une extension pure E/K de génération finie, telle que E/k soit pure.

La question de savoir si toute extension stablement pure serait automatiquement pure est un vieux problème non-résolu de O. Zariski.

L'intérêt de cette notion est technique. On peut caractériser agréablement les $\mathbb{Z}[\pi]$-modules M pour lesquels $F(M)^\pi/F^\pi$ est stablement pure. ($\pi \subset \mathrm{Aut}(F)$.) D'autre part, on verra que dans la situation considérée, miracle : stablement pure = pure. Dans le cas général, le problème de Zariski reste ouvert.

2. Caractérisation des $\mathbb{Z}[\pi]$-modules M tels que $F(M)^{\pi}/F^{\pi}$ soit stablement pure

Dans ce numéro, π est un groupe fini, pas nécessairement abélien, d'automorphismes d'un corps F .

DÉFINITION.- Un $\mathbb{Z}[\pi]$-module S , $\mathbb{Z}$-libre, est appelé *π-module de permutation* s'il possède une $\mathbb{Z}$-base finie $b_1,\dots,b_n$ telle que tout élément de π permute $\{b_1,\dots,b_n\}$.

2.1 PROPOSITION.- *Si S est un π-module de permutation, alors $F(S)^{\pi}/F^{\pi}$ est pure.*

Démonstration. Soit $x_1,\dots,x_n$ une $\mathbb{Z}$-base de S permutée par π . Soit $V \subset F(S)$ l'espace vectoriel $V = Fx_1 + \dots + Fx_n$. On observe que π *opère sur* V . Cette action est semi-linéaire, i.e. $\sigma(\lambda x) = \sigma(\lambda).\sigma(x)$ pour $\sigma \in \pi$, $\lambda \in F$, $x \in V$. Dans ces conditions, on sait que V possède une F-base $z_1,\dots,z_n$ formée d'éléments invariants par π . Il est alors clair que
$F(S)^{\pi} = F(z_1,\dots,z_n)^{\pi} = F^{\pi}(z_1,\dots,z_n)$ est pur sur F^{π} .

La proposition suivante est l'une des idées cruciales de Lenstra.

2.2 PROPOSITION.- *Si S est facteur direct dans un π-module de permutation, et si*

$$1 \to M \to N \to S \to 1$$

est une suite exacte de $\mathbb{Z}[\pi]$-modules, $\mathbb{Z}$-libres, alors

$$F(N) \cong F(M \times S) ,$$

par un $F\pi$-isomorphisme.

En particulier, $F(N)^{\pi} \cong F(M \times S)^{\pi}$ sur F^{π} .

Démonstration. On a une injection $N \hookrightarrow F(N)^{\cdot}$ de groupes multiplicatifs compatible avec l'action de π . Soit $F(M)^{\cdot}.N$ le sous-groupe de $F(N)^{\cdot}$ engendré par $F(M)^{\cdot}$ et N . C'est un sous π-module de $F(N)^{\cdot}$.

On a une projection de π-modules

$$f : F(M)^{\cdot}.N \rightarrow S$$

donnée par $f(u.y) = y \bmod. M$. Pour voir que f est bien définie, il suffit de voir que $F(M)^{\cdot} \cap N = M$. Ceci est immédiat. (Les éléments de N forment une F-base de $F[N]$.) En outre, f est visiblement surjective et son noyau est $F(M)^{\cdot}$. On a donc une suite exacte

$$1 \rightarrow F(M)^{\cdot} \rightarrow F(M)^{\cdot}.N \rightarrow S \rightarrow 1$$

de $\mathbb{Z}[\pi]$-modules.

2.3 LEMME.- <u>Soit</u> $1 \rightarrow A \rightarrow B \rightarrow S \rightarrow 1$ <u>une suite exacte de</u> $\mathbb{Z}[\pi]$-<u>modules, avec</u> S <u>facteur direct dans un</u> π-<u>module de permutation. Supposons que pour tout sous-groupe</u> $\pi' \subset \pi$ <u>on ait</u> $H^1(\pi', A) = 0$. <u>Alors,</u> $B \cong A \times S$ <u>comme</u> $\mathbb{Z}[\pi]$-<u>modules.</u>

L'application de ce lemme à la suite

$$1 \rightarrow F(M)^{\cdot} \rightarrow F(M)^{\cdot}.N \rightarrow S \rightarrow 1$$

fonctionne, car $H^1(\pi', F(M)^{\cdot}) = 0$ par Hilbert 90. Il en résulte

$$F(M)^{\cdot}.N \cong F(M)^{\cdot} \times S ,$$

d'où $F(N) \cong F(M \times S)$ par un $F\pi$-isomorphisme.

Reste à démontrer le lemme. Supposons d'abord que S soit un π-module de permutation. On se ramène immédiatement au cas où π opère transitivement sur une $\mathbb{Z}$-base $x_1,\ldots,x_n$ de S . Soit π' le groupe de stabilité de x_1 . La suite exacte de cohomologie

$$H^0(\pi', B) \rightarrow H^0(\pi', S) \rightarrow H^1(\pi', A) = 0$$

montre que $B^{\pi'} \rightarrow S^{\pi'}$ est surjectif. Il existe donc $y_1 \in B$ tel que $\sigma y_1 = y_1$ pour tout $\sigma \in \pi'$ et y_1 se projette sur $x_1 \in S$. On définit

$s : S \to B$ par $s(x_i) = \sigma_i y_1$, où $\sigma_i x_1 = x_i$. La classe de σ_i mod. π' est bien définie et $\sigma_i y_1$ ne dépend que de cette classe. Il est clair que s est une section.

Le résultat s'étend immédiatement au cas où S est seulement facteur direct dans un π-module de permutation.

Nous sommes maintenant en mesure de caractériser les $\mathbb{Z}[\pi]$-modules M tels que $F(M)^\pi/F^\pi$ soit stablement pure.

2.4 PROPOSITION.- *Soient* F *un corps et* π *un groupe fini d'automorphismes de* F . *Soit* M *un* $\mathbb{Z}[\pi]$-*module,* $\mathbb{Z}$-*libre et de génération finie. Il y a équivalence entre*

(i) $F(M)^\pi/F^\pi$ *est stablement pure, et*

(ii) *il existe une suite exacte*

$$1 \to M \to S_1 \to S_2 \to 1 ,$$

où S_1 , S_2 *sont des* π-*modules de permutation.*

Démonstration. (i) $\Rightarrow$ (ii). Supposons d'abord que $F(M)^\pi/F^\pi$ est pure. Il existe $x_1,\dots,x_n \in F(M)^\pi$ tels que $F(M)^\pi = F^\pi(x_1,\dots,x_n)$. On considère $R_1 = F[x_1,\dots,x_n]$ et $R_2 = F[M]$ qui sont des anneaux factoriels stables par π .

D'après un premier lemme de Swan ([7], Lemma 8), il existe $a_1 \in R_1^\pi$ et $a_2 \in R_2^\pi$ tels que $R_1[a_1^{-1}] = R_2[a_2^{-1}]$, $= R$ disons. Un autre lemme de Swan ([7], Lemma 7) fournit des suites exactes

$$1 \to U(R_1) \to U(R) \to S_1 \to 1 ,$$

$$1 \to U(R_2) \to U(R) \to S_2 \to 1 ,$$

où S_1 , S_2 sont des π-modules de permutation, et où $U(R_1)$, $U(R_2)$, $U(R)$ sont les groupes d'éléments inversibles dans R_1 , R_2 , R . Voir aussi [9].

On a $U(R_1) = F^\cdot$, $U(R_2) = F^\cdot . M$. On obtient donc la suite exacte

$$1 \to M \to S_1 \to S_2 \to 1 .$$

Maintenant, si $F(M)^{\pi}/F^{\pi}$ est seulement stablement pure, il existe un π-module trivial (donc de permutation) M_o tel que $F(M)^{\pi}(M_o)/F^{\pi}$ soit pure. On a $F(M)^{\pi}(M_o) = F(M \times M_o)^{\pi}$, d'où une suite exacte

$$1 \to M \times M_o \to S_1 \to S_2 \to 1 ,$$

avec S_1, S_2 des π-modules de permutation. On en tire les suites

$$1 \to M \to S_1 \to S_1/M \to 1 ,$$

et $$1 \to M_o \to S_1/M \to S_2 \to 1 .$$

Dans la deuxième suite, on a $H^1(\pi', M_o) = 0$ pour tout sous-groupe π' de π et S_2 est un π-module de permutation. D'après le lemme ci-dessus, $S_1/M \cong M_o \times S_2$ est donc un π-module de permutation.

(ii) $\Rightarrow$ (i). En vertu de la Prop. (2.2), on a

$$F(S_1)^{\pi} \cong F(M \times S_2)^{\pi} .$$

L'assertion en résulte immédiatement en appliquant deux fois la Prop. (2.1).

<u>Résumé</u> : Avec les notations du n° 1, $k(x_{\alpha} \mid \alpha \in G)^G = \ell(I)^{\pi}$ est donc stablement pure sur $k = \ell^{\pi}$ si et seulement si il existe une suite

$$1 \to I \to S_1 \to S_2 \to 1$$

exacte, où S_1, S_2 sont des π-modules de permutation.

Il s'agit de traduire cette information en critère "calculable".

3. <u>Un cas particulier</u>

La clef de cette traduction sera donnée par l'examen d'un cas particulier : Soit ρ un quotient cyclique de $\pi \subset \mathrm{Aut}(F)$. On note A_{ρ} l'ordre maximal dans $\mathbb{Q}\rho$. C'est aussi un $\mathbb{Z}[\rho]$-module, donc un $\mathbb{Z}[\pi]$-module <u>via</u> $\pi \to \rho$.

3.1 PROPOSITION.- <u>Soit</u> P <u>un</u> $\mathbb{Z}[\rho]$-<u>module projectif de type fini</u>. <u>On regarde</u>

A_ρ , P , $A_\rho \otimes P$ comme $\mathbb{Z}[\pi]$-modules via $\pi \to \rho$. Alors, il existe un $F\pi$-isomorphisme $F(P) \cong F(A_\rho \otimes P)$.

Evidemment pas induit par l'inclusion. (Produits tensoriels sur $\mathbb{Z}[\pi]$.)

Démonstration. Soient r l'ordre de ρ et

$$X^r - 1 = \prod_{i=1}^{t} f_i(X) = \prod_{j=1}^{t+1} g_j(X)$$

deux décompositions de $X^r - 1$ en produits de polynômes unitaires $f_i(X)$, $g_j(X) \in \mathbb{Z}[X]$, satisfaisant aux conditions :

(a) $f_i(X) = g_i(X)$ pour $i = 1,\ldots,t-1$,

(b) $f_t(X) = g_t(X).g_{t+1}(X)$, et

(c) $g_{t+1}(X) = X^d - 1$, où d divise r .

Soit τ un générateur de ρ . On a la suite exacte

$$0 \to P/g_t(\tau)P \xrightarrow{g_{t+1}(\tau)} P/f_t(\tau)P \to P/g_{t+1}(\tau)P \to 0$$

où l'injectivité de la première flèche résulte de l'hypothèse P projectif. On se ramène à une vérification pour $P = \mathbb{Z}[\rho]$.

Or, $P/g_{t+1}(\tau)P = P/(\tau^d - 1)P = \mathbb{Z}[\rho_d] \otimes_{\mathbb{Z}\rho} P$, où ρ_d est cyclique d'ordre d et $\mathbb{Z}[\rho_d]$ un $\mathbb{Z}[\pi]$-module via la surjection $\pi \to \rho \to \rho_d$. Ainsi, $P/g_{t+1}(\tau)P$ est facteur direct dans un module $\mathbb{Z}[\rho_d] \otimes_{\mathbb{Z}\rho} (\mathbb{Z}\rho)^N = (\mathbb{Z}[\rho_d])^N$, visiblement π-module de permutation.

On applique la Prop. (2.2) au corps $F = \ell(\prod_{i=1}^{t-1} P/f_i(\tau)P)$, ce qui donne $F(P/f_t(\tau)P) \cong F(P/g_t(\tau)P \times P/g_{t+1}(\tau)P)$, i.e.

$$\ell(\prod_{i=1}^{t} P/f_i(\tau)P) \cong \ell(\prod_{j=1}^{t+1} P/g_j(\tau)P) ,$$

par un $\ell\pi$-isomorphisme.

On a $P = P/(\tau^r - 1)P$, et $A_\rho \otimes P = \prod_{d|r} P/\Phi_d(\tau)P$, où r est l'ordre de

p et $\Phi_d \in \mathbb{Z}[X]$ est le polynôme cyclotomique évident.

La Prop. (3.1) est donc ramenée à voir qu'il existe une suite (finie) de décompositions $\prod_{i=1}^{t} f_i(X)$ de $X^r - 1$ qui débute avec $X^r - 1$ et se termine par $\prod_{d|r} \Phi_d(X)$, et telle que deux décompositions successives de cette suite satisfassent aux conditions (a), (b), (c) décrites ci-dessus. C'est un lemme combinatoire sur les ensembles ordonnés. Soit E l'ensemble des diviseurs de r ordonné par divisibilité. A une famille $\{E_1,\ldots,E_t\}$ de sous-ensembles disjoints de E, dont la réunion est E, on associe la décomposition $\prod_{i=1}^{t} f_i(X)$, où $f_i(X) = \prod_{d \in E_i} \Phi_d(X) \in \mathbb{Z}[X]$. Comme $X^d - 1 = \prod_{\delta|d} \Phi_\delta(X)$, on est amené au

3.2 LEMME.- <u>Soient</u> E <u>un ensemble ordonné fini et</u> $\mathcal{F}$ <u>l'ensemble des familles</u> $\{E_1,\ldots,E_t\}$ <u>de sous-ensembles non-vides disjoints de</u> E. <u>Pour</u> $x \in E$, <u>soit</u> $S(x) = \{z \in E \mid z \leq x\}$. <u>On considère dans</u> $\mathcal{F}$ <u>la relation d'équivalence engendrée par</u>

$$\{E_1,\ldots,E_{t-1}, E_t \cup S(X)\} \sim_E \{E_1,\ldots,E_t, S(X)\},$$

<u>si</u> $E_t \cap S(X) = \emptyset$. <u>Alors, tous les éléments</u> $\{E_1,\ldots,E_t\} \in \mathcal{F}$ <u>avec</u> $E = \bigcup_{i=1}^{t} E_i$ <u>sont équivalents.</u>

En particulier, la famille $\{E\}$ qui dans l'exemple correspond à la décomposition triviale $X^r - 1$ de $X^r - 1$ est équivalente à la famille $\{\{d\}_{d \in E}\}$ qui correspond à $X^r - 1 = \prod_{d|r} \Phi_d(X)$. Il est clair par ailleurs que la relation $\sim_E$ correspond exactement aux conditions (a), (b), (c) ci-dessus.

<u>Démonstration</u>. (Issue d'une discussion avec Siegfried.) Soit $a \in E$. Posons $E' = S(a)$. Pour tout $y \in E'$, on a $S_E(y) = S_{E'}(y)$. Il en résulte que l'équivalence des familles dans E' équivaut à l'équivalence dans $\mathcal{F}$. On écrira donc $\sim$ au lieu de $\sim_E$ ou $\sim_{E'}$.

On suppose par récurrence sur le cardinal de l'ensemble que toutes les décompositions de $S(a)$, $a \in E$, sont équivalentes si $S(a) \neq E$.

Soit $\{E_1,\dots,E_t\} \in \mathcal{F}$ avec $E = \bigcup_i E_i$. On va démontrer que si la longueur $t < \mathrm{Card}\, E$, il existe une famille équivalente et de longueur plus grande.

Un élément $x \in E$ est isolé dans $\{E_1,\dots,E_t\}$ s'il est seul dans le E_i qui le contient. Il existe un $a \in E$, non-isolé dans $\{E_1,\dots,E_t\}$ et tel que tout $x \in S(a)$, $x \neq a$, soit isolé. Soit $S(a) = \{a, x_1,\dots,x_n\}$. On peut écrire

$$\{E_1,\dots,E_t\} = \{E_1,\dots,E_s, \{x_1\},\dots,\{x_n\}\} ,$$

et supposer $a \in E_s$. Evidemment, $S(a) \neq E$. Je dis que

$$\{E_s \cup S(a)\} \sim \{E_s, \{x_1\},\dots,\{x_n\}\} .$$

En effet, soit

$$\{A_1,\dots,A_{r-1}, A_r \cup S(y)\} \sim \{A_1,\dots,A_r, S(y)\}$$

une équivalence élémentaire dans une chaîne allant de $\{S(a)\}$ à $\{\{a\}, \{x_1\},\dots,\{x_n\}\}$. Hypothèse de récurrence. Nécessairement, a est dans l'un des A_i . Recette : Remplacer A_j par $A'_j = A_j$ si $j \neq i$, $A'_i = E_s \cup A_i$. On obtient l'équivalence élémentaire

$$\{A'_1,\dots,A'_{r-1}, A'_r \cup S(y)\} \sim \{A'_1,\dots,A'_r, S(y)\} ,$$

car $E_s - \{a\}$ est disjoint de tous les ensembles en vue.

La recette fournit l'équivalence

$$\{E_s \cup S(a)\} \sim \{E_s, \{x_1\},\dots,\{x_n\}\} .$$

On a donc

$$\begin{aligned}\{E_1,\dots,E_t\} &= \{E_1,\dots,E_s, \{x_1\},\dots,\{x_n\}\} \\ &\sim \{E_1,\dots,E_{s-1}, E_s \cup S(a)\} \\ &\sim \{E_1,\dots,E_{s-1}, E_s - \{a\}, S(a)\} ,\end{aligned}$$

par la définition de l'équivalence, et

$$\sim \{E_1,\dots,E_{s-1}, E_s - \{a\}, \{a\}, \{x_1\},\dots,\{x_n\}\} ,$$

car $\{S(a)\} \sim \{\{a\}, \{x_1\}, \ldots, \{x_n\}\}$.

On a $t = s + n$ et la nouvelle famille est de longueur $s + n + 1$.

4. Le théorème

On décompose $G = \prod_q (\mathbf{Z}/q\mathbf{Z})^{n(q)}$, où q parcourt les puissances de nombres premiers. Soient e l'exposant de G , ℓ le corps des racines sur k de $X^e - 1$ et $\pi = \mathrm{Gal}(\ell/k)$. Soient $\zeta_e \in \ell$ une racine primitive e-ième de 1 , $\zeta_q = \zeta_e^{e/q}$, et $\varphi_q : \pi \to U(\mathbf{Z}/q\mathbf{Z})$ définie par $\varphi_q(\sigma) = s$, si $\sigma(\zeta_q) = \zeta_q^s$.

Soit Q l'ensemble des q divisant e , tels que

1) q est premier à la caractéristique de k ,

2) $\mathrm{Im}\{\varphi_q : \pi \to U(\mathbf{Z}/q\mathbf{Z})\}$ est cyclique,

3) si $q \equiv 0$ mod. 4 , alors $\varphi_q(\pi) \not\subset \{+1, -1\}$.

Si γ est un groupe cyclique d'ordre c , on notera $R_\gamma = \mathbf{Z}[\gamma]/(\Phi_c(\tau_\gamma))$, où Φ_c est le c-ième polynôme cyclotomique. R_γ est indépendant du choix de τ_γ et $R_\gamma \cong \mathbf{Z}[\varepsilon_\gamma]$, où $\varepsilon_\gamma = e^{2\pi i/c}$, mais l'isomorphisme donné par $\tau_\gamma \to \varepsilon_\gamma$ dépend du choix de τ_γ .

Soit Q_γ l'ensemble des $q \in Q$ pour lesquels $\pi \to \gamma$ se factorise en $\pi \xrightarrow{\varphi_q} \rho_q \to \gamma$. ($\rho_q = \pi/\mathrm{Ker}\,\varphi_q$.) Pour tout $q \in Q_\gamma$, soit $\tau_q \in \rho_q$ un générateur de ρ_q se projetant sur τ_γ . On définit $t_q \in \mathbf{Z}$ par $\varphi_q(\tau_q) = t_q$ mod. q , et

$$\underline{a}_\gamma = \prod_{q \in Q_\gamma} (\tau_\gamma - t_q, q)^{n(q)} ,$$

un idéal de R_γ .

<u>Remarque</u>.- La description des $\underline{a}_\gamma$ dans les notes de Lenstra est légèrement différente, ce qui exige encore une reformulation. Je me borne à la description ci-dessus ; c'est celle qui apparaît naturellement dans la démonstration.

4.1 THÉORÈME.- *Soit* $V = k[G]$ *la représentation régulière de* G *sur* k . *Les trois propriétés suivantes sont équivalentes* :

(i) $k(V)^G/k$ *est pure,*

(ii) $k(V)^G/k$ *est stablement pure,*

(iii) *on a simultanément les deux conditions* :

(1) *pour tout* γ , *l'idéal* $\mathfrak{a}_\gamma$ *de* $R_\gamma \cong \mathbb{Z}[\varepsilon_\gamma]$ *est principal, et*

(2) *si* caract$(k) \neq 2$, *alors* $k(\zeta_{2^{r(G)}})/k$ *est cyclique, où* $2^{r(G)}$ *est la plus grande puissance de* 2 *divisant l'exposant de* G .

Dans ce numéro, *on suppose provisoirement que la caractéristique de* k *ne divise pas l'ordre de* G . On se débarrassera de cette hypothèse au n° 6.

La première étape consiste à remplacer le π-module I (notations du n° 1) par un sous-module $J \subset I$ tel que I/J soit un π-module de permutation.

Définition de J . Soit $G = \prod_q (\mathbb{Z}/q\mathbb{Z})^{n(q)}$. On découpe l'ensemble des q divisant e en 3 morceaux.

$q \in Q$ ssi $\varphi_q(\pi)$ est cyclique, et si $q = 0$ mod. 4 , $\varphi_q(\pi) \neq \{+1, -1\}$.

$q \in C$ ssi $q = 0$ mod. 4 , et $\varphi_q(\pi) = \{+1, -1\}$.

$q \in D$ ssi $\varphi_q(\pi)$ n'est pas cyclique.

On observe que $D = \emptyset$ ssi la condition (2) du théorème est satisfaite. On pose $\rho_q = \pi/\mathrm{Ker}\,\varphi_q$.

Pour $q \in Q \cup C$, on définit $Z_q = \mathbb{Z}[\rho_q]$ et $\Phi_q : Z_q \to \mathbb{Z}/q\mathbb{Z}$ est l'extension $\mathbb{Z}$-linéaire de φ_q .

Pour $q \in D$, on écrit $\mathbb{Z}/q\mathbb{Z} - \{0\}$ multiplicativement $= \{u, u^2, \ldots, u^{q-1}\}$ et on prend $Z_q = \mathbb{Z}$-module libre sur $\mathbb{Z}/q\mathbb{Z} - \{0\}$, avec $\Phi_q : Z_q \to \mathbb{Z}/q\mathbb{Z}$ $\mathbb{Z}$-linéaire tel que $\Phi_q(u^s) = s$.

Dans les deux cas, π opère de façon évidente sur Z_q et $\mathbb{Z}/q\mathbb{Z}$, et Φ_q commute à l'action de π. On définit J_q par la suite exacte

$$0 \to J_q \to Z_q \xrightarrow{q} \mathbb{Z}/q\mathbb{Z} \to 0 .$$

Pour $q \in Q$, les J_q vont être $\mathbb{Z}[\rho_q]$-projectifs. On pourra les traiter à l'aide de (3.1), ce qui fournira la condition (1) du théorème. Les q dans C se révèleront inoffensifs. Ceux de D donneront la condition (2).

On pose $J = \prod_q (J_q)^{n(q)}$, $Z = \prod_q (Z_q)^{n(q)}$. On a un diagramme

$$\begin{array}{ccccccccc} 0 & \to & J & \to & Z & \to & \prod_q (\mathbb{Z}/q\mathbb{Z})^{n(q)} & \to & 0 \\ & & \downarrow f_o & & \downarrow f & & \| & & \\ 1 & \to & I & \to & Y & \to & X & \to & 1 . \end{array}$$

En effet, la décomposition de G fournit une identification $X = \prod_q (\mathbb{Z}/q\mathbb{Z})^{n(q)}$. Si $\alpha_{i,q}$ est le générateur du i-ième facteur $\mathbb{Z}/q\mathbb{Z}$, $i = 1,\ldots,n(q)$ qui correspond à $1 \in \mathbb{Z}/q\mathbb{Z}$, on l'envoie sur $\chi_{i,q} \in X$ défini par $\chi_{i,q}(\alpha_{i,q}) = \zeta_q$, $\chi_{i,q}(\alpha_{j,q'}) = 1$ pour $\alpha_{j,q'} \neq \alpha_{i,q}$.

On prend f $\mathbb{Z}$-linéaire et définie comme suit. Cas $Q \cup C$: Si $\sigma \in \rho_{i,q} \subset \mathbb{Z}[\rho_{i,q}]$, i-ième copie de $\mathbb{Z}[\rho_q]$ dans Z_q, $q \in Q \cup C$, et $\varphi_q(\sigma) = s$, on pose $f(\sigma) = y_{\chi^s_{i,q}}$. Cas D : Si $\sigma = u_i^s$ dans la i-ième copie de Z_q, $q \in D$, alors $f(\sigma) = y_{\chi^s_{i,q}}$.

Observer que Z est écrit additivement, tandis que Y est un $\mathbb{Z}$-module multiplicatif.

f est une application de π-modules et le diagramme commute. ($f_o = f|J$.) Ceci résulte de la formule $\sigma\chi_{i,q} = \chi^s_{i,q}$, $i = 1,\ldots,n(q)$, si $\varphi_q(\sigma) = s \in U(\mathbb{Z}/q\mathbb{Z})$.

De plus Coker f_o = Coker f . Or, Coker f est un <u>π-module de permutation</u>. En effet, l'image de f a pour $\mathbb{Z}$-base les y_χ avec

$$\chi \in X_o = \{x_{i,q}^s \mid s \in \operatorname{Im} \varphi_q \text{ , si } q \in Q \cup C \text{ , et } s \neq 0 \text{ , si } q \in D\} .$$

L'ensemble X_o est stable par π et forme une sous $\mathbb{Z}$-base de la base $\{y_\chi\}$ de Y permutée par π .

4.2 COROLLAIRE.- <u>Si</u> $\ell(J)^\pi/\ell^\pi$ <u>est pure</u>, $\ell(I)^\pi/\ell^\pi$ <u>l'est aussi</u>. <u>Si</u> $\ell(I)^\pi/\ell^\pi$ <u>est stablement pure</u>, $\ell(J)^\pi/\ell^\pi$ <u>l'est aussi</u>.

Conséquence immédiate de (2.2) et (2.1) appliquées à $F = \ell$ et $F = \ell(J)$ respectivement.

Encore deux propositions.

4.3 PROPOSITION.- <u>Soit</u> $F \supset \ell$ <u>un corps avec action de</u> π <u>prolongeant l'action sur</u> ℓ . <u>Soit</u> $q \in C$, i.e. $q = 2^f$, $f \geq 2$, <u>et</u> $\varphi_q(\pi) = \{+1 , -1\}$. <u>Alors</u>, $F(J_q)^\pi/F^\pi$ <u>est pure</u>.

<u>Démonstration</u>. $J_q \subset \mathbb{Z}[\rho_q]$ est engendré par $\tau_q + 1$ et 2^f , où τ_q est l'élément non-trivial de ρ_q , et $\tau_q(\tau_q + 1) = \tau_q + 1$, $\tau_q(2^f) = 2^f(\tau_q + 1) - 2^f$. Donc, en notation multiplicative, J_q est le groupe abélien libre sur la $\mathbb{Z}$-base x_1 , x_2 et

$$\tau_q \cdot x_1 = x_1 \quad , \quad \tau_q \cdot x_2 = x_1^q x_2^{-1} .$$

Par définition de φ_q , on a $\tau_q(\zeta_q) = \zeta_q^{-1}$. Soit $\gamma = \zeta_q^{2^{f-2}}$, alors $\tau_q(\gamma) = -\gamma$. On considère

$$z_1 = x_1 \quad , \text{ et } \quad z_2 = \gamma \cdot \frac{x_1^{-q/2} x_2 - 1}{x_1^{-q/2} x_2 + 1} .$$

On vérifie immédiatement que z_1 , z_2 sont invariants par π , et $F(x_1 , x_2) = F(z_1 , z_2)$. Donc $F(J_q)^\pi = F(x_1 , x_2)^\pi = F(z_1 , z_2)^\pi = F^\pi(z_1 , z_2)$ qui est pur sur F^π .

4.4 PROPOSITION.- <u>Pour</u> $q \in Q$, i.e. $\varphi_q(\pi)$ <u>cyclique, et si</u> $q = 0$ mod. 4 , $\varphi_q(\pi) \neq \{+1, -1\}$, <u>le</u> $\mathbb{Z}[\rho_q]$<u>-module</u> J_q <u>est projectif</u> (<u>de rang</u> 1).

<u>Démonstration</u>. Soient τ_q un générateur de ρ_q et t_q un entier tel que $\varphi_q(\tau_q) = t_q$ mod. $q\mathbb{Z}$. Le $\mathbb{Z}[\rho_q]$-module J_q est engendré par $\tau_q - t_q$ et q . Soit $f : \mathbb{Z}[\rho_q]e_1 + \mathbb{Z}[\rho_q]e_2 \to J_q$ défini par

$$f(e_1) = \tau_q - t_q \quad , \quad f(e_2) = q .$$

On va construire une section. Il est équivalent de construire un endomorphisme s de $\mathbb{Z}[\rho_q]e_1 + \mathbb{Z}[\rho_q]e_2$ tel que $\operatorname{Ker} f \subset \operatorname{Ker} s$ et $fs = f$. Soit r l'ordre de ρ_q . Il est facile de voir que t_q peut être choisi tel que $(t_q^r - 1)/q$ soit premier à q <u>excepté</u> justement si $q = 0$ mod. 4 et $\varphi_q(\rho_q) = \{+1, -1\}$. Soient alors α , $\beta \in \mathbb{Z}$ tels que $\alpha.(t_q^r - 1)/q + \beta.q = 1$. On pose

$$s(e_1) = (1 - \beta q)e_1 + \beta(\tau_q - t_q)e_2 ,$$

$$s(e_2) = -(\tau_q^{r-1} + \tau_q^{r-2}t_q + \ldots + t_q^{r-1})\alpha e_1 + \beta q e_2 .$$

On vérifie sans difficulté que $fs = f$ et $\operatorname{Ker} f \subset \operatorname{Ker} s$. (On utilise que $\tau_q - t_q$ n'est pas diviseur de zéro dans $\mathbb{Z}[\rho_q]$.)

Nous sommes maintenant en mesure de démontrer le théorème modulo quelques lemmes cohomologiques qui feront l'objet du n° 5.

(i) $\Rightarrow$ (ii) est trivial.

(ii) $\Rightarrow$ (iii). Par hypothèse et (4.2), $\ell(J)^\pi/\ell^\pi$ est stablement pure. Soient P , Γ , Δ les produits $\prod_q (J_q)^{n(q)}$, où q parcourt les ensembles Q , C , D respectivement. On a $J = P \times \Gamma \times \Delta$. D'après (4.3), $\ell(J)^\pi/\ell(P \times \Delta)^\pi$ est pure. Donc $\ell(P \times \Delta)^\pi/\ell^\pi$ est stablement pure. On a donc une suite exacte

$$1 \to P \times \Delta \to S_1 \to S_2 \to 1 ,$$

avec S_1 , S_2 des π-modules de permutation. (Critère (2.4).)

Comme $H^1(\pi', P \times \Delta) = 0$ pour tout sous-groupe $\pi' \subset \pi$ d'après (5.2) et (5.3), on peut appliquer le lemme (2.3), et

$$P \times \Delta \times S_2 \cong S_1 .$$

Si D était non-vide, il existerait, d'après (5.3), un sous-groupe $\pi' \subset \pi$ tel que $\hat{H}^{-1}(\pi', \Delta) \neq 0$. Or, $\hat{H}^{-1}(\pi', P) = \hat{H}^{-1}(\pi', S) = 0$ par (5.1) et (5.2). Donc, $D = \emptyset$. C'est la condition (2) de (iii).

En outre,

$$P \times S_2 \cong S_1 .$$

Pour la suite du paragraphe. si H est un groupe abélien, on note $H_o = H/\mathrm{Tors}(H)$.

Soient γ un quotient cyclique de π, et $R_\gamma \cong \mathbb{Z}[\varepsilon_\gamma]$ regardé comme π-module. Il est facile de voir que $(R_\gamma \otimes S)_o$ est R-libre pour tout π-module de permutation S. En effet, si $S = \mathbb{Z}[\pi/\pi']$, on a $(R_\gamma \otimes S)_o = R_\gamma$ ou 0 suivant que $\pi \to \gamma$ se factorise ou non par $\pi \to \pi/\pi'$. Il en résulte que $(R_\gamma \otimes P)_o$ est stablement R_γ-libre, donc libre car R_γ est anneau de Dedekind. On a

$$(R_\gamma \otimes J_q)_o \cong (\tau_\gamma - t_q , q) \quad \text{ou} \quad 0$$

suivant que $\pi \to \gamma$ se factorise ou non par $\varphi_q : \pi \to \rho_q$. Donc, $(R_\gamma \otimes P)_o \cong \prod_{q \in Q_\gamma} (\tau_\gamma - t_q , q)^{n(q)}$. Il en résulte que l'idéal $\underline{a}_\gamma$ est principal et la condition (2) de (iii) est satisfaite.

(iii) $\Rightarrow$ (i). Comme $D = \emptyset$ par hypothèse, on a $J = P \times \Gamma$. Puisque $\ell(I)^\pi/\ell(J)^\pi$ et $\ell(P \times \Gamma)^\pi/\ell(P)^\pi$ sont pures par (4.2) et (4.4), il suffit de démontrer que $\ell(P)^\pi/\ell^\pi$ est pure.

Soit $P_q = (J_q)^{n(q)}$. C'est un $\mathbb{Z}[\rho_q]$-module projectif. Pour tout quotient cyclique γ de π, on a

$$\prod_{q \in Q_\gamma} R_\gamma \otimes P_q \cong \prod_{q \in Q_\gamma} R_\gamma \otimes (\mathbb{Z}[\rho_q])^{n(q)}$$

par hypothèse. Donc, puisque $A_\rho = \prod_\gamma R_\gamma$, produit étendu aux quotients de ρ ,

$$\ell(P) = \ell(\prod_q P_q) \cong \ell(\prod_q \prod_\gamma R_\gamma \otimes P_q) \qquad \text{par Prop. (3.1),}$$

où le produit est étendu aux quotients γ de ρ_q ,

$$\cong \ell(\prod_\gamma \prod_{q \in Q_\gamma} R_\gamma \otimes P_q) \cong \ell(\prod_\gamma \prod_{q \in Q_\gamma} R_\gamma \otimes (\mathbb{Z}[\rho_q])^{n(q)})$$

$$\cong \ell(\prod_q \prod_\gamma R_\gamma \otimes (\mathbb{Z}[\rho_q])^{n(q)}) \cong \ell(\prod_q (\mathbb{Z}[\rho_q])^{n(q)}) .$$

Or, $\prod_q (\mathbb{Z}[\rho_q])^{n(q)}$ est un π-module de permutation. Donc $\ell(P)^\pi/\ell^\pi$ est pure.

5. Lemmes de cohomologie

5.1 LEMME.- Soit S un π-module de permutation. Pour tout sous-groupe $\pi' \subset \pi$, on a

$$H^1(\pi', S) = \hat{H}^{-1}(\pi', S) = 0 .$$

Démonstration. On se ramène immédiatement au cas où π opère transitivement sur une $\mathbb{Z}$-base de S et $\pi' = \pi$. Pour tout entier positif, on a la suite exacte $0 \to S \xrightarrow{m} S \to S/mS \to 0$. On constate que $S^\pi \to (S/mS)^\pi$ est surjectif, donc la multiplication par m sur $H^1(\pi, S)$ est injective. Or, cette multiplication est nulle pour $m = \mathrm{Car}(\pi)$. On obtient $\hat{H}^{-1}(\pi, S) = 0$ par calcul direct.

5.2 LEMME.- Si ρ_q est un quotient de π et J_q un $\mathbb{Z}[\rho_q]$-module projectif, on a

$$H^1(\pi', J_q) = \hat{H}^{-1}(\pi', J_q) = 0$$

pour tout sous-groupe π' de π .

Démonstration. J_q est facteur direct dans un $\mathbb{Z}[\rho_q]$-module libre, lequel est un π-module de permutation.

5.3 LEMME.- Supposons $\varphi_q : \pi \to U(\mathbb{Z}/q\mathbb{Z})$ à image non-cyclique. Alors, $H^1(\pi', J_q) = 0$ pour tout sous-groupe π' de π, et il existe un sous-groupe π' de π tel que $\hat{H}^{-1}(\pi', J_q) \neq 0$.

Démonstration. Pour la première assertion, on considère la suite exacte $0 \to J_q \to Z_q \to \mathbb{Z}/q\mathbb{Z} \to 0$. On constate que $Z_q^{\pi'} \to (\mathbb{Z}/q\mathbb{Z})^{\pi'}$ est surjectif pour tout $\pi' \subset \pi$, et $H^1(\pi', Z_q) = 0$ car Z_q est un π-module de permutation.

Pour la deuxième, on observe que $\varphi_q(\pi)$ contient le groupe à 4 éléments engendré par -1 et $5^{q/8}$. Soit π' son image réciproque par φ_q. On écrit $\mathbb{Z}/q\mathbb{Z} - \{0\} = \{u, u^2, \ldots, u^{q-1}\}$. Un calcul direct montre que $\hat{H}^{-1}(\pi', J_q)$ est cyclique d'ordre 2 engendré par la classe de $u - u^{1+q/2} - 2^{q/4}(u - u^{q-1})$.

6. Compléments

6.1 PROPOSITION.- Soient $W \subset V$ deux représentations fidèles du groupe fini G sur le corps k. Alors, $k(V)^G/k(W)^G$ est pure.

Démonstration. Soit $x_1, \ldots, x_d \in V$ une k-base de V mod. W. On considère dans $k(V)$ le $k(W)$-espace vectoriel $U = k(W).1 + k(W)x_1 + \ldots + k(W)x_d$. C'est un espace de dimension $d+1$ car $x_1, \ldots, x_d$ sont algébriquement indépendants sur $k(W)$. Le groupe fini G opère semi-linéairement sur U et fidèlement sur $k(W)$. Il existe donc une $k(W)$-base b de U invariante par G. On peut prendre $b = \{1, z_1, \ldots, z_d\}$, et

$$k(V)^G = k(W)(U)^G = k(W)(z_1, \ldots, z_d)^G = k(W)^G(z_1, \ldots, z_d)$$

qui est pur sur $k(W)^G$.

6.2 COROLLAIRE.- Soit G abélien fini, $G = G_o \times P$, où P est un p-groupe et G_o est d'ordre premier à p. Soient k un corps de caractéristique p et

V , resp. V_o , <u>les représentations régulières de</u> G , resp. G_o , <u>sur</u> k . <u>Alors</u> $k(V)^G/k$ <u>est pure si et seulement si</u> $k(V_o)^{G_o}/k$ <u>est pure</u>.

<u>Démonstration</u>. On envoie V_o dans V par $x_\alpha \to \sum_{\gamma \in P} x_{\gamma\alpha}$ pour tout $\alpha \in G_o$. On a les inclusions $k(V_o)^{G_o} \subset k(V)^G \subset k(V)^{G_o}$. L'extension $k(V)^{G_o}/k(V_o)^{G_o}$ est pure par 6.1. Un théorème de Gaschütz [4] dit alors que $k(V)^G = (k(V)^{G_o})^P$ est pur sur $k(V_o)^{G_o}$.

Ainsi, $k(V_o)^{G_o}/k$ pure entraîne $k(V)^G/k$ pure.

Réciproquement, si $k(V)^G/k$ est (stablement) pure, alors $k(V_o)^{G_o}/k$ est stablement pure, et par le théorème (4.1) pour G_o d'ordre premier à caract(k) on conclut que $k(V_o)^{G_o}/k$ est pure.

On a donc le théorème (4.1) en général.

Pour les autres représentations, on a seulement un résultat partiel.

6.3 COROLLAIRE.- <u>On suppose de nouveau</u> caract(k) <u>première à l'ordre de</u> G . <u>Soient</u> V_1 <u>une représentation fidèle de</u> G <u>et</u> V <u>la représentation régulière</u>. <u>Alors</u> $k(V_1)^G/k$ <u>est stablement pure ssi</u> $k(V)^G/k$ <u>est (stablement) pure</u>.

<u>Démonstration</u>. Il existe une représentation fidèle W de G telle que $W \subset V_1$ et $W \subset V$. Il suffit de prendre pour W la somme des facteurs irréductibles de V_1 , pris chacun une fois exactement. On applique (6.1) aux deux inclusions $W \subset V_1$ et $W \subset V$.

BIBLIOGRAPHIE

[1] W. BURNSIDE - Theory of groups of finite order, Dover Publications, Inc. 1955.

[2] C. CHEVALLEY - Invariants of finite groups generated by reflections, Amer. J. Math., 77 (1955), 778-782.

[3] E. FISCHER - Die Isomorphie der Invariantenkörper der endlichen Abelschen Gruppen linearer Transformationen, Nachr. Königl. Ges. Wiss., Göttingen (1915), 77-80.

[4] W. GASCHÜTZ - Fixkörper von p-Automorphismengruppen rein transzendenter Körpererweiterungen von p-Charakteristik, Math. Zeitschrift, 71 (1959), 466-468.

[5] H. W. LENSTRA - Rational functions invariant under a finite abelian group, Notes polycopiées, Amsterdam (1972).

[6] G. C. SHEPHARD - J. A. TODD - Finite unitary reflection groups, Can. J. Math., 6 (1954), 274-304.

[7] R. G. SWAN - Invariant rational functions and a problem of Steenrod, Invent. Math., 7 (1969), 148-158.

[8] V. E. VOSKRESENSKII - On the question of the structure of the subfield of invariants of a cyclic group of automorphisms of the field $Q(x_1,\dots,x_n)$, Izv. Akad. Nauk SSSR, Ser. Mat., 34 (1970), 366-375. [English translation : Math. USSR - Izv., 4 (1970), 371-380.]

[9] J. MARTINET - Un contre-exemple à une conjecture d'E. Noether (d'après R. Swan), Sém. Bourbaki n° 372, 10 p., Lecture Notes in Math. 180, Springer-Verlag 1971.

VALEURS PROPRES DES ENDOMORPHISMES DE FROBENIUS

[d'après P. DELIGNE]

par Jean-Pierre SERRE

1. Rappels sur quelques résultats de Grothendieck [10]

Soient $\mathbb{F}_q$ un corps fini à q éléments, de caractéristique p, $\bar{\mathbb{F}}_q$ une clôture algébrique de $\mathbb{F}_q$, X_o une variété algébrique sur $\mathbb{F}_q$, $X = X_o \otimes_{\mathbb{F}_q} \bar{\mathbb{F}}_q$, et F l'endomorphisme de Frobenius $x \mapsto x^q$ de X (ou X_o). On note $|X|$ (resp. $|X_o|$) l'ensemble des points fermés de X (resp. X_o) ; l'ensemble des orbites de F dans $|X|$ s'identifie à $|X_o|$.

Soit ℓ un nombre premier distinct de p. Grothendieck a défini des "groupes de cohomologie ℓ-adiques à support propre" $H^i_c(X, \mathbb{Q}_\ell)$, qui sont des $\mathbb{Q}_\ell$-espaces vectoriels de dimension finie. L'endomorphisme F opère par fonctorialité sur les $H^i_c(X, \mathbb{Q}_\ell)$, et l'on a la "formule de Lefschetz"

(1) $$\operatorname{Card} |X|^F = \sum_i (-1)^i \operatorname{Tr}(F ; H^i_c(X, \mathbb{Q}_\ell)) ,$$

où $|X|^F$ désigne l'ensemble des éléments de $|X|$ invariants par F (ou, ce qui revient au même, l'ensemble $X_o(\mathbb{F}_q)$ des $\mathbb{F}_q$-points de X_o). Une formule analogue vaut pour les itérés F^n de F : si l'on pose

$N_n = \operatorname{Card} |X|^{F^n} = \operatorname{Card} X_o(\mathbb{F}_{q^n})$, on a

(2) $$N_n = \sum_i (-1)^i \operatorname{Tr}(F^n ; H^i_c(X, \mathbb{Q}_\ell)) = \sum_{i,j} (-1)^i \alpha_{ij}^n ,$$

où les α_{ij} sont les valeurs propres de F dans $H^i_c(X, \mathbb{Q}_\ell)$. Si l'on définit avec Weil la fonction zêta $Z(X_o ; t)$ de X_o par la formule

(3) $$Z(X_o\,;t) = \exp\Big(\sum_{n=1}^{\infty} N_n t^n/n\Big) = \prod_{x\in|X_o|} \frac{1}{1-t^{\deg(x)}}\ ,$$

la formule (2) équivaut à

(4) $$Z(X_o\,;t) = \prod_i P_i(t)^{(-1)^{i+1}}\ ,$$

où $P_i(t) = \prod_j (1-\alpha_{ij}t) = \det(1 - tF\,; H_c^i(X\,,\mathbb{Q}_\ell))$.

Cette dernière formule montre en particulier que $Z(X_o\,;t)$ est une <u>fonction rationnelle</u> de t , résultat conjecturé par Weil [19], et démontré par Dwork [9].

Grothendieck énonce même un résultat plus général : si $\underline{E}_o$ désigne un $\mathbb{Q}_\ell$-faisceau "constructible" sur X_o , et $\underline{E}$ le faisceau sur X correspondant, on a une formule, analogue à (1) :

(5) $$\sum_{x\in|X|^F} \mathrm{Tr}(F_x\,;\underline{E}_x) = \sum_i (-1)^i\ \mathrm{Tr}(F\,; H_c^i(X\,,\underline{E}))\ ,$$

où le terme $\mathrm{Tr}(F_x\,;\underline{E}_x)$ désigne la trace de l'endomorphisme F_x ("Frobenius local") opérant sur la fibre $\underline{E}_x$ de $\underline{E}_o$ en x . Comme ci-dessus, cette formule peut se traduire en termes de fonctions zêta (ou plutôt de fonctions L , à la Artin) : on pose

(6) $$Z(X_o\,,\underline{E}_o\,;t) = \prod_{x\in|X_o|} 1/\det(1 - t^{\deg(x)}\,F_x\,;\underline{E}_x)\ ,$$

et l'on a

(7) $$Z(X_o\,,\underline{E}_o\,;t) = \prod_i \det(1 - tF\,; H_c^i(X\,,\underline{E}))^{(-1)^{i+1}}\ .$$

Ici encore, on obtient une <u>fonction rationnelle</u> de t ; ses zéros sont fournis par les H_c^i , i impair, et ses pôles par les H_c^i , i pair ; ce fait jouera un rôle essentiel dans la suite.

<u>Remarques bibliographiques</u>

[Ces remarques sont destinées au lecteur - plus consciencieux que le conférencier - qui désire remplacer les affirmations de [10] par des démonstrations.]

1) Les propriétés fondamentales de la <u>topologie étale</u>, et de la <u>cohomologie</u>

correspondante (éventuellement à support propre) sont exposées avec tous les détails nécessaires, ainsi que beaucoup d'autres, dans les 1583 pages de SGA 4, [2] ; l'essentiel est le troisième fascicule, qui contient les exposés de M. Artin et P. Deligne. On recommande également les notes originales d'Artin [1].

2) Aucune démonstration de la formule de Lefschetz (5) n'a encore été publiée. On attend depuis 1966 la version définitive de SGA 5, qui devrait être plus convaincante que les exposés polycopiés existants. Pour le moment, les seules références sont une brève esquisse de Verdier [15] et quelques indications de Deligne ([4], p. 581-590).

2. Le théorème de Deligne

On suppose à partir de maintenant que X_o est projective non singulière. Cela permet en particulier de remplacer les groupes de cohomologie à support propre $H^i_c(X, \mathbf{Q}_\ell)$ par les groupes de cohomologie "ordinaires" $H^i(X, \mathbf{Q}_\ell)$.

THÉORÈME 1 ([7], th. 1.6).- (i) Les polynômes

(8) $$P_i(t) = \prod_j (1 - \alpha_{ij}t) = \det(1 - tF ; H^i(X, \mathbf{Q}_\ell))$$

sont à coefficients entiers, et ne dépendent pas de ℓ .

(ii) Les "racines inverses" α_{ij} de P_i , considérées comme éléments de $\mathbf{C}$, vérifient :

(9) $$|\alpha_{ij}| = q^{i/2} .$$

[Plus brièvement : les valeurs propres de Frobenius, opérant sur $H^i(X)$, sont de valeur absolue $q^{i/2}$.]

La démonstration de ce théorème est exposée dans [7] ; on en trouvera les grandes lignes aux n°s 3 et 4 ci-après. Elle utilise de façon essentielle les résultats de Grothendieck [10] rappelés au n° 1, ainsi que la théorie cohomologique des pinceaux de Lefschetz [13], transposée en topologie étale par Deligne et Katz [8].

Remarques.- 1) Le théorème 1 achève la démonstration (*) des classiques conjectures de Weil [19] ; on sait le rôle essentiel que ces conjectures ont joué dans le déve-

(*) modulo SGA 5 ...

loppement de la géométrie algébrique depuis vingt-cinq ans. Divers cas particuliers avaient été déjà traités par Weil, puis Deligne :

courbes algébriques et variétés abéliennes [17], [18] ; hypersurfaces monomiales [19] ; surfaces cubiques [20] ; intersections de deux quadriques [21] ; surfaces K3 [5] ; intersections complètes de niveau de Hodge un [6].

2) Dans l'énoncé ci-dessus, l'essentiel est l'assertion (ii), autrement dit le fait que, pour tout plongement ι de $\mathbf{Q}(\alpha_{ij})$ dans $\mathbf{C}$, on a $|\iota(\alpha_{ij})| = q^{i/2}$. L'assertion (i) s'en déduit facilement en remarquant que, d'après (4), le produit alterné des $P_i(t)$ est une série formelle à coefficients dans $\mathbf{Z}$.

3) On ignore si les endomorphismes de Frobenius, opérant sur les $H^i(X, \mathbf{Q}_\ell)$, sont <u>semi-simples</u>. C'est vrai si $i \leq 1$. Le cas général résulterait des optimistes "conjectures standard" [12].

3. Démonstration du théorème 1 : le point crucial

Soient U_o une courbe affine lisse absolument irréductible sur $\mathbf{F}_q$, et $U = U_o \otimes_{\mathbf{F}_q} \overline{\mathbf{F}}_q$. On note $\pi_1(U_o)$ le groupe fondamental de U_o (relativement à un point-base fixé) ; il contient comme sous-groupe distingué le groupe fondamental géométrique $\pi_1(U)$; le quotient $\pi_1(U_o)/\pi_1(U)$ est isomorphe à $\hat{\mathbf{Z}}$.

Soit $\rho : \pi_1(U_o) \to \mathrm{Aut}(E)$ une <u>représentation ℓ-adique</u> de $\pi_1(U_o)$, i.e. un homomorphisme continu de ce groupe dans le groupe des automorphismes d'un $\mathbf{Q}_\ell$-espace vectoriel E de dimension finie. Cette représentation définit un faisceau ℓ-adique $\underline{E}_o$ sur U_o, qui est localement constant de rang $n = \dim E$ (inversement, tout faisceau ℓ-adique localement constant sur U_o s'obtient de cette manière).

Si a est un entier, nous dirons que $\underline{E}_o$ est de <u>poids</u> a si, pour tout $x \in |U_o|$, les valeurs propres de F_x dans la fibre $\underline{E}_x$ de $\underline{E}_o$ en x sont des nombres algébriques de valeurs absolues toutes égales à $q_x^{a/2}$, où $q_x = q^{\deg(x)}$.

PROPOSITION 1.- <u>Faisons les trois hypothèses suivantes</u> :

(i) <u>la puissance extérieure maximale</u> $\det(\underline{E}_o) = \bigwedge^n \underline{E}_o$ <u>de</u> $\underline{E}_o$ <u>est de</u>

poids na ;

(ii) pour tout $x \in |U_o|$, le polynôme $\det(1 - tF_x ; \underline{E}_x)$ est à coefficients dans $\mathbb{Q}$;

(iii) la restriction de ρ à $\pi_1(U)$ est absolument irréductible.

Alors $\underline{E}_o$ est de poids a.

Remarque

L'énoncé ci-dessus est celui obtenu initialement par Deligne (non publié). Dans [7], il remplace (i) et (iii) par l'hypothèse plus forte :

(iv) E est muni d'une forme bilinéaire alternée non dégénérée

$$\Psi : E \times E \to \mathbb{Q}_\ell(-a) \qquad \text{("twist" de Tate)}$$

telle que $\rho(\pi_1(U))$ soit un sous-groupe ouvert du groupe symplectique $\mathbf{Sp}(\Psi)$.

Démonstration de la proposition 1

Soit k un entier ≥ 0. On applique les résultats du n° 1 au faisceau $\otimes^k \underline{E}_o$, puissance tensorielle k-ième de $\underline{E}_o$. Si l'on pose

(10) $$Z_k(t) = Z(U_o, \otimes^k \underline{E}_o ; t) ,$$

on a

(11) $$Z_k(t) = \prod_{x \in |U_o|} Z_{k,x}(t) ,$$

avec

(12) $$Z_{k,x}(t) = 1/\det(1 - t^{\deg(x)}F_x ; \otimes^k \underline{E}_x) .$$

Vu (ii), les coefficients de ces séries sont des nombres rationnels. Lorsqu'en outre k est pair, on vérifie que les coefficients de $\log Z_{k,x}(t)$ sont positifs, et il en est de même de ceux de $Z_{k,x}(t)$, donc aussi de ceux de $Z_k(t)$. Ces propriétés de positivité entraînent que, pour tout $x \in |U_o|$, le rayon de convergence de la série $Z_{k,x}(t)$ est au moins égal à celui de $Z_k(t)$. Or :

Lemme 1.- La série $Z_k(t)$ est une fonction rationnelle de t ; ses pôles sont sur le cercle $|t| = q^{-(1+ka/2)}$.

Admettons provisoirement ce lemme. Vu ce qui précède, le rayon de convergence de $Z_{k,x}(t)$, $x \in |U_o|$, k pair, est $\geq 1/q^{1+ka/2}$. Vu (12), il s'ensuit que, si λ_k est une valeur propre de F_x dans $\otimes^k \underline{E}_x$, on a $|\lambda_k| \leq q_x^{1+ka/2}$. Mais, si α est une valeur propre de F_x dans $\underline{E}_x$, il est clair que α^k est une valeur propre de F_x dans $\otimes^k \underline{E}_x$. On en déduit

$$|\alpha^k| \leq q_x^{1+ka/2} , \qquad \text{i.e.} \quad |\alpha| \leq q_x^{a/2 + 1/k} ,$$

et en faisant tendre k vers $+\infty$ par valeurs paires, on obtient

(13) $$|\alpha| \leq q_x^{a/2} .$$

Le même argument, appliqué au dual de $\underline{E}_o$, donne :

(14) $$|\alpha^{-1}| \leq q_x^{-a/2} ,$$

d'où finalement

(15) $$|\alpha| = q_x^{a/2} ,$$

ce qui montre bien que $\underline{E}_o$ est de poids a .

Reste à démontrer le lemme 1. La rationalité de $Z_k(t)$ résulte de la formule (7). Cette formule se réduit ici à

(16) $$Z_k(t) = P_k^1(t)/P_k^2(t) ,$$

où :

(17) $$P_k^i(t) = \det(1 - tF ; H_c^i(U, \otimes^k \underline{E})) .$$

[Les H_c^i sont nuls pour $i > 2$ puisque U est de dimension 1 , et aussi pour $i = 0$ puisque U est irréductible et non complète.] Tout revient donc à estimer les valeurs propres de F opérant sur $H_c^2(U, \otimes^k \underline{E})$. Or la dualité de Poincaré permet de déterminer ce dernier groupe : si l'on note E_π^k le plus grand quotient de $E^k = \otimes^k E$ sur lequel le groupe $\pi = \pi_1(U)$ opère trivialement, on a un isomorphisme canonique

(18) $$H_c^2(U, \otimes^k \underline{E}) \simeq E_\pi^k \otimes \mathbb{Q}_\ell(-1) ,$$ (cf. [2], XVIII, § 1).

On est ainsi ramené à prouver que les valeurs propres de F sur E_π^k sont de valeur absolue $q^{ka/2}$. Vu (i), il suffit pour cela de voir que, si ψ est un caractère de $\pi_1(U_o)/\pi_1(U)$ intervenant dans E_π^k , et χ le caractère $\det(\rho)$ de $\pi_1(U_o)$, on a :

(19) <u>le caractère</u> $\psi^n \chi^{-k}$ <u>est d'ordre fini</u>.

Or cela résulte de l'hypothèse (iii) par un argument de théorie des représentations : si S (resp. G) désigne l'adhérence de Zariski de $\rho(\pi_1(U))$ (resp. de $\rho(\pi_1(U_o))$) dans GL_E , on montre que S est semi-simple, que son commutant dans GL_E est réduit au groupe $\mathbb{G}_m$ des homothéties, et que G contient $S.\mathbb{G}_m$ (resp. S) comme sous-groupe d'indice fini si $a \neq 0$ (resp. si $a = 0$). Ainsi, les représentations de G triviales sur S se font " à travers $\mathbb{G}_m$ " (à un groupe fini près) ; l'assertion (19) en résulte aussitôt. [Lorsque l'hypothèse (iv) est satisfaite, on peut remplacer l'argument esquissé ci-dessus par un calcul explicite, basé sur la théorie des invariants du groupe symplectique ; c'est ce qui est fait dans [7], n° 3.7.]

COROLLAIRE.- <u>Les valeurs absolues des valeurs propres de</u> F <u>sur</u> $H_c^1(U, \underline{E})$ <u>sont</u> $\leq q^{a/2+1}$.

En effet, puisque $\underline{E}_o$ est de poids a , le produit infini

$$Z(U_o, \underline{E}_o; t) = Z_1(t) = \prod_{x \in |U_o|} Z_{1,x}(t)$$

converge absolument dans le disque $|t| < 1/q^{a/2+1}$, et y définit une fonction sans zéros ni pôles. Or, si F avait une valeur propre λ dans $H_c^1(U, \underline{E})$ de valeur absolue $> q^{a/2+1}$, λ^{-1} serait un zéro du polynôme $P_1^1(t)$, et ne serait pas un zéro de $P_1^2(t)$, vu ce qui a été démontré ci-dessus. D'après (16), ce serait un zéro de $Z_1(t)$, d'où contradiction.

<u>Remarque</u>

L'idée d'utiliser les $\otimes^k E$ a été inspirée à Deligne par un travail de Rankin [14], que l'on peut interpréter comme l'étude de $\otimes^2 E$, où E désigne la "représentation de Ramanujan" de $\mathrm{Gal}(\overline{\mathbb{Q}}/\mathbb{Q})$, au sens de [3]. Rankin prouve que la série de Dirichlet attachée à $\otimes^2 E$ a les pôles " qu'il faut ", et en déduit une bonne majoration de $\tau(p)$. S'il avait pu obtenir un résultat analogue pour tous les $\otimes^k E$ (ce que l'on ne sait pas faire - c'est l'un des principaux problèmes de la théorie des formes modulaires !), il en aurait tiré la conjecture de Ramanujan et la répartition asymptotique des $\tau(p)/p^{11/2}$. Le point de départ de Deligne a été la remarque que la situation est plus favorable en égale caractéristique que sur $\mathrm{Spec}(\mathbf{Z})$, puisque la théorie de Grothendieck donne les pôles cherchés.

4. Démonstration du théorème 1 : pinceaux de Lefschetz et monodromie

Cette seconde partie de la démonstration utilise une technique maintenant standard ([8], [16]) ; je me borne à la résumer.

On passe par l'intermédiaire suivant :

PROPOSITION 2.- Soit Y_o une variété projective non singulière absolument irréductible sur $\mathbf{F}_q$, de dimension paire d . Les valeurs propres de F , opérant sur $H^d(Y, \mathbf{Q}_\ell)$, sont de valeur absolue $\leq q^{d/2+1/2}$.

Montrons que la proposition 2 entraîne le théorème 1. Soit X_o une variété projective non singulière sur $\mathbf{F}_q$, et soit λ une valeur propre de F sur $H^i(X, \mathbf{Q}_\ell)$. Quitte à étendre les scalaires, et à décomposer X_o , on peut supposer X_o absolument irréductible. Soit $m = \dim X$. Supposons d'abord que $i = m$. Pour tout entier pair $n \geq 0$, λ^n est une valeur propre de F , opérant sur $H^{nm}(X^n, \mathbf{Q}_\ell)$: cela résulte de la formule de Künneth. Appliquant la prop. 2 à $Y = X^n$, on en déduit que

$$|\lambda^n| \leq q^{nm/2+1/2} \qquad \text{pour tout } n \text{ pair } \geq 0 ,$$

d'où $|\lambda| \leq q^{m/2}$. Mais la dualité de Poincaré montre que q^m/λ est aussi une valeur propre de F sur $H^m(X, \mathbf{Q}_\ell)$. Cela donne l'inégalité $|q^m/\lambda| \leq q^{m/2}$ d'où en définitive $|\lambda| = q^{m/2}$. Supposons maintenant que $i < m$, et raisonnons par récurrence sur $m - i$; si Z est une section hyperplane générale de X , le théorème de Lefschetz "facile" (SGA 5, VII, 7.1) dit que l'application de restriction $H^i(X, \mathbb{Q}_\ell) \to H^i(Z, \mathbb{Q}_\ell)$ est injective ; il en résulte que λ est une valeur propre de F dans $H^i(Z, \mathbb{Q}_\ell)$, et l'on conclut en appliquant l'hypothèse de récurrence à λ et à Z . Le cas $i > m$ se ramène au cas $i < m$ par dualité de Poincaré.

Démonstration de la proposition 2

On raisonne par récurrence sur l'entier pair d , le cas $d = 0$ étant trivial. Supposons donc $d \geq 2$. Quitte à agrandir le corps de base (ce qui est loisible), on peut munir Y_o d'un pinceau de Lefschetz (cf. [8], XVII-XVIII ainsi que [16]). On obtient ainsi une variété $\widetilde{Y}_o$ qui se déduit de Y_o par éclatement le long d'une sous-variété Z_o de dimension $d-2$ de Y_o (section de Y_o par une sous-variété linéaire de codimension 2 générale). Comme la cohomologie de Y se plonge dans celle de $\widetilde{Y}$, il suffit de prouver la prop. 2 pour $\widetilde{Y}_o$. Or $\widetilde{Y}_o$ est munie d'une projection f sur une droite projective $\bar{U}_o$; il existe un ouvert affine non vide U_o de $\bar{U}_o$ au-dessus duquel f est lisse ; on notera j l'injection de U_o dans $\bar{U}_o$. Si u est un point de $\bar{U}$, sa fibre $H_u = f^{-1}(u)$ est une section hyperplane de Y ; elle est non singulière si u appartient à U .

Si s est un entier ≥ 0 , notons $\underline{R}_o^s$ le $\bar{U}_o$-faisceau $R^s f_* \mathbb{Q}_\ell$ et $\underline{R}^s$ le faisceau correspondant sur $\bar{U}$. Compte tenu de la suite spectrale de Leray

$$E_2^{r,s} = H^r(\bar{U}, \underline{R}^s) \Rightarrow H^*(\widetilde{Y}, \mathbb{Q}_\ell) ,$$

on voit que l'on est ramené à estimer les valeurs propres de F opérant sur $H^0(\bar{U}, \underline{R}^d)$, $H^1(\bar{U}, \underline{R}^{d-1})$ et $H^2(\bar{U}, \underline{R}^{d-2})$.

a) Action de F sur $H^2(\bar{U}, \underline{R}^{d-2})$

Le faisceau $\underline{R}^{d-2}$ est constant, et sa fibre s'identifie à un sous-espace vectoriel de $H^{d-2}(Z, \mathbb{Q}_\ell)$, cf. [8], XVII. On a, par dualité de Poincaré,

$$H^2(\bar{U}, \underline{R}^{d-2}) \subset H^{d-2}(Z, \mathbb{Q}_\ell) \otimes \mathbb{Q}_\ell(-1) ,$$

et l'on applique l'hypothèse de récurrence à la variété Z_o , qui est de dimension paire $d-2$.

b) Action de F sur $H^o(\bar{U}, \underline{R}^d)$

L'argument est analogue à celui de a), à cela près qu'il faut distinguer deux cas, suivant que les cycles évanescents sont nuls ou non (cf. [7], 7.1 (B), où le second "non nuls" doit être remplacé par "nuls").

c) Action de F sur $H^1(\bar{U}, \underline{R}^{d-1})$

La restriction de $\underline{R}_o^{d-1}$ à U_o est un faisceau localement constant $\underline{V}_o$ dont la fibre en un point $u \in U$ s'identifie à l'espace vectoriel $V = H^{d-1}(H_u, \mathbb{Q}_\ell)$, muni de l'action naturelle du groupe fondamental $\pi_1(U_o)$. On a $\underline{R}_o^{d-1} = j_*\underline{V}_o$ ([8], XVII). De plus, la dualité de Poincaré munit V d'une forme bilinéaire alternée non dégénérée à valeurs dans $\mathbb{Q}_\ell(1-d)$. Soit E le sous-espace vectoriel de V engendré par les "cycles évanescents" ([8], loc. cit.), et soit $E^\perp$ son orthogonal. Supposons d'abord que $E \cap E^\perp = 0$, i.e. que la restriction Ψ à E de la forme bilinéaire ci-dessus soit non dégénérée. Comme E est stable par l'action de $\pi_1(U_o)$, il définit un sous-faisceau $\underline{E}_o$ de $\underline{V}_o$, et $\underline{R}_o^{d-1}$ est somme directe d'un faisceau localement constant $\underline{A}_o$ et du faisceau $j_*\underline{E}_o$. On a $H^1(\bar{U}, \underline{A}) = 0$ et l'homomorphisme $H_c^1(U, \underline{E}) \to H^1(\bar{U}, j_*\underline{E})$ est surjectif. On est ainsi ramené à montrer que les valeurs absolues des valeurs propres de F opérant sur $H_c^1(U, \underline{E})$ sont $\leq q^{(d+1)/2}$. On applique pour cela le corollaire à la prop. 1, avec $a = d-1$. Il y a essentiellement deux choses à vérifier :

c_1) la rationalité des coefficients des $\det(1 - tF_x ; \underline{E}_x)$ pour $x \in |U_o|$; c'est fait dans [7], § 6, par une méthode très voisine de celle exposée par Verdier dans [16] ;

c_2) le fait que l'image de $\pi_1(U)$ dans GL_E est un sous-groupe ouvert du groupe $Sp(\Psi)$; cela résulte de la formule de Picard-Lefschetz et d'un lemme sur les représentations des algèbres de Lie, cf. [7], 5.10 et [16].

Cela achève la démonstration de la prop. 2 (et du théorème 1) lorsque $E \cap E^\perp = 0$. Le cas général se traite de manière tout à fait semblable : on filtre $\underline{R}_o^{d-1}$ par $j_* \underline{E}_o$ et $j_*(\underline{E}_o \cap \underline{E}_o^{\perp})$ et l'on applique le cor. 1 de la prop. 1 à $E/(E \cap E^{\perp})$, cf. [7], 7.1 (C). [Signalons d'ailleurs que Deligne a récemment démontré que $E \cap E^{\perp}$ est toujours réduit à 0 ; autrement dit, le théorème de Lefschetz "difficile" est vrai en toute caractéristique.]

5. Compléments

5.1. Une généralisation du théorème 1

Deligne a démontré le résultat suivant (Séminaire IHES, nov. 1973-févr. 1974) :

THÉORÈME 2.- *Soient* X_o *une variété sur* $\mathbf{F}_q$ *et* $\underline{E}_o$ *un* $\mathbf{Q}_\ell$*-faisceau localement constant sur* X_o . *On suppose* $\underline{E}_o$ *de poids* a (au sens du n° 3). *Alors, pour tout* $i \in \mathbf{Z}$, *et toute valeur propre* α *de* F *sur* $H_c^i(X, \underline{E})$, *il existe un entier* $j \leq i + a$ *tel que tous les conjugués complexes de* α *soient de valeur absolue* $q^{j/2}$.

En utilisant la dualité de Poincaré, on en tire :

COROLLAIRE.- *Si* X_o *est propre et non singulière, les valeurs propres de* F *sur* $H^i(X, \underline{E})$ *sont de valeur absolue* $q^{(i+a)/2}$.

Lorsque $\underline{E}$ est le faisceau constant $\mathbf{Q}_\ell$, on retrouve le théorème 1 (avec "projective" remplacé par "propre").

5.2. Composantes de Künneth de la classe diagonale

Soit X une variété projective non singulière sur un corps algébriquement clos. Grothendieck a posé la question suivante : si l'on décompose la classe de cohomologie de la diagonale de $X \times X$ suivant la décomposition de Künneth

$$H^*(X \times X, \mathbf{Q}_\ell) = \bigoplus H^i(X, \mathbf{Q}_\ell) \otimes H^j(X, \mathbf{Q}_\ell) ,$$

est-ce que chacune des composantes Δ_{ij} ainsi obtenues est *algébrique* (i.e. associée à un cycle algébrique, à coefficients dans $\mathbf{Q}$, et indépendant de ℓ) ?

On ignore la réponse à cette question. Toutefois, Katz et Messing [11] ont remarqué que c'est *oui* lorsque X provient par extension des scalaires d'une variété sur un corps fini (c'est une simple conséquence du th. 1 : on exprime les Δ_{ij} comme des polynômes en la correspondance de Frobenius). Dans le cas général, on peut donc dire que les Δ_{ij} sont "presque algébriques" : elles deviennent algébriques lorsqu'on spécialise les coefficients des équations de X dans des corps finis. De là on tire facilement ([11], [12]) que, si $f : X \to X$ est un endomorphisme de X, le polynôme caractéristique de f, agissant sur $H^i(X, \mathbb{Q}_\ell)$, est à coefficients entiers et est indépendant de ℓ.

6. Applications arithmétiques

6.1. Nombre de points d'une intersection complète

Soit X_o une intersection complète non singulière sur $\mathbb{F}_q$, de dimension n. Soit B le n-ième nombre de Betti de X, diminué d'une unité si n est pair. [Cet entier se calcule par les mêmes formules que sur $\mathbb{C}$; il ne dépend que de n et du multidegré de X.] On a :

$$|\mathrm{Card}(X_o(\mathbb{F}_q)) - (1 + q + \dots + q^n)| \leq B.q^{n/2} .$$

Cela résulte (facilement) du théorème 1, cf. [7], 8.1.

6.2. Majoration d'une somme d'exponentielles

Soient $Q \in \mathbb{F}_q[X_1,\dots,X_n]$ de degré d, et Q_d la composante homogène de degré d de Q. On suppose que $(d,p) = 1$, et que l'hypersurface de $\mathbb{P}_{n-1}$ définie par Q_d est non singulière. Soit ψ un homomorphisme non trivial du groupe additif de $\mathbb{F}_q$ dans le groupe $\mathbb{C}^*$ (par exemple $x \longmapsto e^{2\pi i \, \mathrm{Tr}(x)/p}$). On a :

$$\left| \sum_{x_1,\dots,x_n \in \mathbb{F}_q} \psi(Q(x_1,\dots,x_n)) \right| \leq (d-1)^n q^{n/2} .$$

Cela résulte (difficilement) du théorème 1, cf. [7], 8.4 à 8.13.

[Ce résultat devrait pouvoir être utilisé en théorie additive des nombres.]

6.3. Conjecture de Ramanujan-Petersson

Soit $f = \Sigma a_n e^{2\pi i n z}$ une forme modulaire parabolique de poids entier $k \geq 1$ sur un sous-groupe de congruence de $SL_2(\mathbf{Z})$. On a :

$$a_n = \underline{O}(n^{(k-1)/2+\varepsilon}) \qquad \text{pour tout } \varepsilon > 0 \text{ , cf. [7], 8.2.}$$

En effet, Deligne a montré dans [3] (*) que cet énoncé se déduit des conjectures de Weil (du moins pour $k \geq 2$ - il faut une démonstration spéciale pour $k = 1$).

En particulier, le coefficient $\tau(p)$ de x^p dans la série $\Delta = x \prod_{n=1}^{\infty} (1 - x^n)^{24}$ vérifie l'inégalité

$$|\tau(p)| \leq 2\, p^{11/2} .$$

(*) J'espère que Deligne publiera un jour un exposé plus détaillé et plus complet que [3] ; le sujet le mérite.

BIBLIOGRAPHIE

[1] M. ARTIN - Grothendieck Topologies, notes polycopiées, 133 p., Harvard, 1962.

[2] M. ARTIN, A. GROTHENDIECK et J.-L. VERDIER - Théorie des Topos et Cohomologie Etale des Schémas (SGA 4), 1583 p., 2810 g, Lecture Notes in Math. 269, 270, 305, Springer-Verlag, 1972-1973.

[3] P. DELIGNE - Formes modulaires et représentations ℓ-adiques, Sém. Bourbaki n° 355, 34 p., Lecture Notes in Math. 179, Springer-Verlag, 1971.

[4] P. DELIGNE - Les constantes des équations fonctionnelles des fonctions L, Modular Functions of One Variable II, p. 501-597, Lecture Notes in Math. 349, Springer-Verlag, 1973.

[5] P. DELIGNE - La conjecture de Weil pour les surfaces K3, Invent. Math., 15 (1972), p. 206-226.

[6] P. DELIGNE - Les intersections complètes de niveau de Hodge un, Invent. Math., 15 (1972), p. 237-250.

[7] P. DELIGNE - La conjecture de Weil I. Publ. Math. IHES, n° 43, P.U.F, 1974.

[8] P. DELIGNE et N. KATZ - Groupes de Monodromie en Géométrie Algébrique (SGA 7_{II}), 438 p., Lecture Notes in Math. 340, Springer-Verlag, 1973.

[9] B. DWORK - On the rationality of the zeta function of an algebraic variety, Amer. J. of Math., 82 (1960), p. 631-648.

[10] A. GROTHENDIECK - Formule de Lefschetz et rationalité des fonctions L, Sém. Bourbaki n° 279, 15 p., W. A. Benjamin, N.Y., 1966.

[11] N. KATZ et W. MESSING - Some consequences of the Weil conjectures, Invent. Math., 23 (1974), p. 73-77 .

[12] S. KLEIMAN - Algebraic cycles and the Weil conjectures, Dix exposés sur la cohomologie des schémas, p. 359-386, North-Holland Publ. Cy., Amsterdam-Paris, 1968.

[13] S. LEFSCHETZ - L'analysis situs et la géométrie algébrique, Gauthier-Villars, Paris, 1924.

[14] R. RANKIN - Contributions to the theory of Ramanujan's function $\tau(n)$ and similar arithmetical functions, Proc. Cambridge Phil. Soc., 35 (1939), p. 351-372.

[15] J.-L. VERDIER - The Lefschetz Fixed Point Formula in Etale Cohomology, Proc. Conf. on Local Fields, p. 199-214, Springer-Verlag, 1967.

[16] J.-L. VERDIER - Indépendance par rapport à ℓ des polynômes caractéristiques des endomorphismes de Frobenius de la cohomologie ℓ-adique (d'après P. DELIGNE), Sém. Bourbaki n° 423, 18 p., Lecture Notes in Math. 383, Springer-Verlag, 1974.

[17] A. WEIL - Sur les courbes algébriques et les variétés qui s'en déduisent, Act. Sci. Ind. 1041, Hermann, Paris, 1948.

[18] A. WEIL - Variétés abéliennes et courbes algébriques, Act. Sci. Ind. 1064, Hermann, Paris, 1948.

[19] A. WEIL - Number of solutions of equations in finite fields, Bull. Amer. Math. Soc., 55 (1949), p. 497-508.

[20] A. WEIL - Abstract versus classical algebraic geometry, Proc. Int. Congress Math. 1954, vol. III, p. 550-558, North-Holland Publ. Cy., Amsterdam, 1956.

[21] A. WEIL - Footnote to a recent paper, Amer. J. of Math., 76 (1954), p. 347-350.

Séminaire BOURBAKI 447-01
26e année, 1973/74, n° 447 Février 1974

REPRÉSENTATIONS UNITAIRES DES GROUPES DE LIE RÉSOLUBLES

par Michèle VERGNE

1. Soit G un groupe de Lie résoluble simplement connexe. On se propose de décrire, si possible, le dual $\hat{G}$ de G, c'est-à-dire l'ensemble des classes de représentations unitaires irréductibles de G en fonction de "données" intrinsèques à G : soient $\mathfrak{g}$ l'algèbre de Lie de G et $\mathfrak{g}^*$ l'espace vectoriel dual de $\mathfrak{g}$, où G opère par la représentation coadjointe. L'idée fondamentale depuis Kirillov est d'essayer d'associer à un élément de $\mathfrak{g}^*$ une représentation unitaire de G : naïvement, si $\mathfrak{g}$ est une algèbre de Lie abélienne, alors le dual $\hat{G}$ est l'ensemble des caractères unitaires de G, et tout caractère unitaire s'écrit $\chi(\exp X) = e^{if(X)}$, avec f élément de $\mathfrak{g}^*$; si $\mathfrak{n}$ est une algèbre de Lie nilpotente et si $f \in \mathfrak{n}^*$ est telle que $f([\mathfrak{n},\mathfrak{n}]) = 0$, on associe évidemment à f le caractère e^{if}, où $(e^{if})(\exp X) = e^{if(X)}$; si $f([\mathfrak{n},\mathfrak{n}]) \neq 0$, on choisit alors une sous-algèbre $\mathfrak{h}$ de dimension maximale parmi les sous-algèbres vérifiant $f([\mathfrak{h},\mathfrak{h}]) = 0$, et on associe à f la représentation $\rho(f\,;\mathfrak{h})$ induite par le caractère e^{if} du sous-groupe $\exp \mathfrak{h}$ de $N = \exp \mathfrak{n}$.

1.1 Kirillov ([12]) démontre que si on choisit $\mathfrak{h}$ comme précédemment :

1.1.a $\mathfrak{h}$ vérifie la condition : $f([x,\mathfrak{h}]) = 0$ si et seulement si $x \in \mathfrak{h}$.

1.1.b $\rho(f\,;\mathfrak{h})$ est irréductible et sa classe $\rho(f)$ ne dépend pas de $\mathfrak{h}$ (vérifiant 1.1.a).

1.1.c l'application $f \mapsto \rho(f)$ de $\mathfrak{n}^*$ dans $\hat{N}$ définit une bijection de l'ensemble $\mathfrak{n}^*/N$ des orbites de la représentation coadjointe sur $\hat{N}$.

D'autre part, $\mathfrak{n}^*/N$ et $\hat{N}$ sont munis tous deux de topologies naturelles ; on savait que l'application ρ de $\mathfrak{n}^*/N$ dans $\hat{N}$ est continue ([12], [14]). I. Brown [7] vient de prouver que c'est un homéomorphisme.

On obtient donc dans le cas nilpotent une paramétrisation aussi agréable que possible de $\hat{N}$.

1.2 Et on est amené à penser qu'il y a une relation étroite entre les orbites de la représentation coadjointe de G dans $\mathfrak{g}^*$ et le dual $\hat{G}$ de G .

[A partir de maintenant, G désignera toujours un groupe résoluble simplement connexe.]

Rappelons que si N est un groupe nilpotent simplement connexe, opérant dans un espace vectoriel réel de dimension finie par une représentation unipotente, alors toute orbite N.x est fermée et simplement connexe, et le stabilisateur N(x) de x est simplement connexe.

Par contre, la représentation coadjointe de G dans $\mathfrak{g}^*$ peut être très irrégulière. [Il suffit de considérer l'exemple du groupe de Mautner, i.e. le produit semi-direct $\mathbf{R} \times_s (\mathbf{C} \times \mathbf{C})$ avec $\mathbf{R}$ agissant dans $\mathbf{C} \times \mathbf{C}$ par $t.(z_1,z_2) = (e^{it}z_1 , e^{i\lambda t}z_2)$ où λ est irrationnel.] Les orbites de G dans $\mathfrak{g}^*$ ne sont pas en général localement fermées. D'autre part, si $g \in \mathfrak{g}^*$, le stabilisateur $G(g)$ n'est pas connexe en général ; G étant résoluble simplement connexe, la composante connexe $G(g)_o$ de $G(g)$ est simplement connexe. Elle a comme algèbre de Lie $\mathfrak{g}(g) = \{X \in \mathfrak{g} \text{ , tels que } g([X,Y]) = 0 \ \forall\ Y \in \mathfrak{g}\}$ et comme $g([\mathfrak{g}(g),\mathfrak{g}(g)]) = 0$, g définit un caractère χ_g de $G(g)_o$.

1.3 <u>Définition</u>.- On dit que g est intégrable, si χ_g se prolonge en un caractère de $G(g)$.

Si g est intégrable, on note $\widehat{G(g)}$ l'ensemble des caractères $\bar{\chi}$ de $G(g)$ qui se restreignent à $G(g)_o$ suivant χ_g , et $\overset{\circ}{\overline{G(g)}}$ l'ensemble des caractères de $G(g)$ triviaux sur $G(g)_o$.

Soit $O = G.g$ l'orbite de g , alors $G(g)/G(g)_o$ s'identifie au groupe fondamental $\pi_1(O)$ de l'orbite, et $\overset{\circ}{\overline{G(g)}}$ à $\widehat{\pi_1(O)}$; $\overset{\circ}{\overline{G(g)}}$ agit par multiplication simplement transitivement sur $\widehat{G(g)}$.

1.4 La généralisation des résultats de Kirillov au cas résoluble présentait des difficultés variées. Tout d'abord, contrairement au cas nilpotent, G n'est pas toujours de type I (et $\hat{G}$ n'est pas un T_0-espace). D'autre part, même si G est de type I, il n'est pas en général possible d'obtenir tout élément τ de $\hat{G}$ par induction d'un caractère d'un sous-groupe fermé ([20]). Toutefois, Dixmier [8] conjecturait que si G est de type I, tout élément τ de $\hat{G}$ pouvait s'obtenir comme représentation "induite holomorphe" et le démontrait si G est algébrique.

1.5 Résolvant à la fois toutes ces difficultés, Auslander et Kostant ont démontré les théorèmes suivants (cf. [1]) :

THÉORÈME 1.- G <u>est de type</u> I <u>si et seulement si les deux conditions suivantes sont réalisées</u> :

(A) <u>Toute forme</u> $g \in \mathfrak{g}^*$ <u>est intégrable</u>.

(B) <u>Toute orbite</u> $G.g$ <u>est localement fermée</u>.

Supposons G de type I ; formons $B(\mathfrak{g}^*) = \{p = (g,\bar{\chi})$ avec $g \in \mathfrak{g}^*$, et $\bar{\chi} \in \widehat{G(g)}\}$, où G opère naturellement. Auslander et Kostant donnent un procédé d'induction holomorphe associant à tout point $p = (g;\bar{\chi})$ et $\mathfrak{h}$ sous-algèbre de $\mathfrak{g}^{\mathbf{C}}$ vérifiant certaines conditions (Cg) qu'on définira en (2.3.1), une représentation $\underline{F}(p;\mathfrak{h})$ généralisant la construction de Kirillov. (L'utilisation de ces représentations induites holomorphes est un outil essentiel de la théorie). Et ils obtiennent :

THÉORÈME 2.- <u>Supposons</u> G <u>de type</u> I.

1. <u>Si</u> $\mathfrak{h}$ <u>vérifie les conditions</u> (Cg) , $\underline{F}(p;\mathfrak{h})$ <u>est irréductible et sa classe</u> $\underline{F}(p)$ <u>ne dépend pas de</u> $\mathfrak{h}$.

2. <u>L'application</u> $p \mapsto \underline{F}(p)$ <u>définit une bijection entre</u> $B(\mathfrak{g}^*)/G$ <u>et</u> $\hat{G}$.

[Les questions de continuité restent ouvertes.]

On se propose de donner une idée de la démonstration du théorème 1 (et du théorème 2,2). Elle est compliquée par le fait suivant :

comme G contient le sous-groupe distingué nilpotent connexe $N = [G,G]$ dont on connait bien le dual, on aurait pu espérer, en suivant la méthode des petits groupes de Mackey, que G est de type I si, quel que soit $\rho \in \hat{N}$, toute représentation factorielle du stabilisateur $G(\rho)$ de ρ dont la restriction à N est un multiple de ρ est de type I, et si l'action de G dans $\hat{N}$ est régulière ; mais cette dernière condition n'est pas réalisée pour tous les groupes G de type I (ex. [2], p. 88). Un résultat d'Auslander-Moore [2] permettra de résoudre cette difficulté.

On s'inspirera dans notre exposé, outre bien entendu des travaux d'Auslander-Kostant, des idées développées ultérieurement par Pukanszky ([15], [16]). On va construire des représentations factorielles $\underline{F}(\mathcal{O}_R)$ qui ne sont toutes de type I que si (A) et (B) sont réalisées. (Notons que J. Brezin [5] avait obtenu un critère du type I très proche de celui du théorème 1.)

2. Construction des représentations factorielles $\underline{F}(p)$

On va montrer, dans ce paragraphe, que la condition (A) est nécessaire. Voici quelle sera notre démarche : G contient le sous-groupe nilpotent connexe $N = [G,G]$. Par applications successives de la méthode des "petits groupes" de Mackey, on construira des représentations factorielles de G , à partir de représentations factorielles de groupes de plus en plus "petits", la procédure conservant le type.

On sera ainsi amené à étudier le type de certains groupes nilpotents non connexes, apparaissant comme quotients des groupes $G(g)$; le plus typique, qui apparaît lorsqu'on applique la procédure qui va suivre au groupe S de Dixmier (cf. [9]) ayant comme algèbre de Lie $\mathcal{S}$ de base $T_1\ T_2\ X_1\ Y_1\ X_2\ Y_2\ Z$ avec les relations $[T_i, X_i] = -2\pi Y_i$, $[T_i, Y_i] = 2\pi X_i$, $[T_1, T_2] = Z$ (les autres crochets d'éléments de base étant nuls ou déduits de ceux-ci par antisymétrisation), est le groupe E_λ défini sur l'ensemble $\mathbb{Z}^2 \times T$, où T est le tore, par la loi

$$(z,t).(z',t') = (z + z' , \beta_\lambda(z,z')tt')$$

avec $\beta_\lambda((m_1,n_1),(m_2,n_2)) = \exp(2i\pi\lambda(m_1n_2 - m_2n_1))$, où λ est un nombre réel.

Ce groupe est de type I, si et seulement si λ est rationnel.

En vue d'appliquer la méthode de Mackey, on est d'abord amené à étudier le problème de l'extension des représentations irréductibles d'un groupe nilpotent connexe.

2.1 Induction holomorphe et extension des représentations irréductibles des groupes nilpotents.

Soient $\mathfrak{n}$ une algèbre de Lie nilpotente, f un point de $\mathfrak{n}^*$ et s un automorphisme de $\mathfrak{n}$ laissant stable f, alors s laisse stable $\rho(f)$, et il existe donc un opérateur unitaire $V(s)$ défini à un scalaire de module 1 près tel que $V(s) \circ \rho(n) \circ V(s^{-1}) = \rho(s.n)$.

Il est possible de faire un choix canonique de V (théorème 2.1.4). S'il existe $\mathfrak{h}$ vérifiant (1.1.a) stable par s, alors un candidat pour $V(s)$ est

$$(V(s)\varphi)(n) = |\det_{\mathfrak{h}}^{\mathfrak{n}} s|^{-\frac{1}{2}} \varphi(s^{-1}.n) .$$

Mais en général, s n'a pas toutes ses valeurs propres réelles et il est impossible de trouver $\mathfrak{h}$ vérifiant (1.1.a) stable par s : on est confronté à ce problème pour la construction des représentations du groupe de l'oscillateur harmonique, i.e. le produit semi-direct de $\mathbb{R}$ par le groupe de Heisenberg $N_3 = \{(z,t)$, avec $z \in \mathbb{C}$, $t \in \mathbb{R}$, avec $(z,t).(z',t') = (z+z', 2\,\mathrm{Im}\, z\bar{z}' + t + t')\}$ et où l'action de $\mathbb{R}$ dans N_3 est donnée par : $\theta.(z,t) = (e^{i\theta}z,t)$.

La réalisation de Bargmann-Segal ([3], [19]) des représentations du groupe de Heisenberg dans un espace de fonctions entières en z permet d'obtenir une solution agréable à ce problème ([20]) et on introduit des représentations dans des espaces de fonctions holomorphes ou partiellement holomorphes.

2.1.1 <u>Définition des représentations induites holomorphes</u> (voir [4], ch. V)

Soient $g \in \mathfrak{g}^*$ et $\mathfrak{h}$ une sous-algèbre de $\mathfrak{g}^{\mathbb{C}}$. On dit que $\mathfrak{h}$ est une polarisation positive au point g si $\mathfrak{h}$ vérifie :

a) $g([x,\mathfrak{h}]) = 0 \Leftrightarrow x \in \mathfrak{h}$ (ceci est la condition 1.1.a, mais $x \in \mathfrak{g}^{\mathbb{C}}$ et g est prolongée par linéarité).

b) $\mathfrak{h} + \bar{\mathfrak{h}} = \mathfrak{e}^{\mathbb{C}}$ est une sous-algèbre de $\mathfrak{g}^{\mathbb{C}}$.

c) on a $i\, g([x,\bar{x}]) \geq 0$ quel que soit $x \in \mathfrak{h}$.

On note $P^+(g)$ l'ensemble des polarisations positives au point g. On note $\mathfrak{d} = \mathfrak{h} \cap \mathfrak{g}$ et D_o le sous-groupe connexe de G d'algèbre de Lie $\mathfrak{d}$; on a $g([\mathfrak{d},\mathfrak{d}]) = 0$. On se donne de plus D un sous-groupe fermé de G d'algèbre de Lie $\mathfrak{d}$, et un caractère unitaire χ de D dont la restriction à D_o soit e^{ig}

On note si $X \in \mathfrak{g}$, $(X.\varphi)(u) = \frac{d}{dt}\varphi(u \exp tX)|_{t=0}$. On prolonge par linéarité à $\mathfrak{g}^{\mathbf{C}}$.

On note $\Delta_{D,G}$ le quotient Δ_D/Δ_G des fonctions modulaires de D et G ; et si $\underline{K}(G;D)$ désigne l'espace des fonctions continues sur G à support compact modulo D vérifiant $\varphi(td) = \Delta_{D,G}(d)\,\varphi(t)$, on note $\oint_{G/D} \varphi\, d\dot{g}$ l'unique forme linéaire positive G-invariante sur $\underline{K}(G;D)$. On note $\underline{L}(g;D;\chi)$ le complété pour la norme $\|\varphi\|^2 = \oint_{G/D} |\varphi|^2\, d\dot{g}$, des fonctions continues à support compact modulo D , vérifiant $\varphi(td) = \Delta_{D,G}(d)^{\frac{1}{2}}\,\chi(d)^{-1}\,\varphi(t)$. On note $\underline{L}(g;\mathfrak{h};D;\chi)$ le complété dans $\underline{L}(g;D;\chi)$ du sous-espace des fonctions C^{∞} sur G vérifiant de plus

$$X.\varphi = (-i\langle g,X\rangle + \tfrac{1}{2}(\mathrm{Tr}_{\mathfrak{g}^{\mathbf{C}}/\mathfrak{e}^{\mathbf{C}}}\, X))\varphi \qquad \text{quel que soit } X \in \mathfrak{h} .$$

[Cet espace s'identifie, en gros, à un espace de Hilbert de fonctions sur $GH \subset G^{\mathbf{C}}$ où $H = \exp \mathfrak{h} \subset G^{\mathbf{C}}$ vérifiant $\varphi(th) = (e^{ig}(h))^{-1}\varphi(t)$ et partiellement holomorphes.]

On note $\underline{F}(g;\mathfrak{h};D;\chi)$ la représentation de G par translation à gauche, et on dit que $\underline{F}$ est une représentation "induite holomorphe". Cette notion généralise la définition de $\rho(f;\mathfrak{h})$ de 1.1, et en fait, les premiers résultats sont

2.1.2 ([1]) PROPOSITION.- <u>Soient $\mathfrak{n}$ une algèbre de Lie nilpotente,</u> $f \in \mathfrak{n}^*$, $\mathfrak{h} \in P^+(f)$ <u>et</u> $D = D_0$. <u>Alors, la représentation</u> $\underline{F}(f;\mathfrak{h})$ <u>est équivalente à</u> $\rho(f)$.

[On démontre ceci en se ramenant au cas du groupe de Heisenberg.]

2.1.3 PROPOSITION.- <u>Soit</u> s <u>un automorphisme de $\mathfrak{n}$ laissant stable</u> f ; <u>alors il existe</u> $\mathfrak{h} \in P^+(f)$ <u>stable par</u> s .

Si s laisse stable f et $\mathfrak{h}$, la formule

$$(V_{\mathfrak{h}}(s)\varphi)(n) = |\det{}_{\mathfrak{n}/\mathfrak{d}}\, s|^{-\frac{1}{2}}\varphi(s^{-1}n)$$

définit un opérateur unitaire sur $\underline{L}(f;\mathfrak{h})$, et d'après 2.1.2 il existe un espace de Hilbert fixe $\underline{H}$, une représentation unitaire ρ de G dans $\underline{H}$, et pour tout $\mathfrak{h} \in P^+(f)$, une isométrie $U_{\mathfrak{h}}$ de $\underline{H}$ sur $\underline{L}(f\,;\mathfrak{h})$.

L'un des théorèmes cruciaux de la théorie est

2.1.4 THÉORÈME (Auslander-Kostant [1]).- L'opérateur $V(s) = U_{\mathfrak{h}}^{-1} \circ V_{\mathfrak{h}}(s) \circ U_{\mathfrak{h}}$ ne dépend pas du choix de la polarisation positive $\mathfrak{h} \in P^+(f)$ stable par s .

(On peut se reporter aussi à [4], IV.4.1, IV.4.2, IV.5.1, et VIII.2, VIII.3, pour une rédaction des théorèmes énoncés dans ce paragraphe, ou à [18]. Et ce théorème est la partie essentielle de la démonstration du 1) du théorème 2.)

Si s_1 et s_2 sont deux automorphismes laissant stable f , on a $V(s_1) \circ V(s_2) = a(s_1,s_2)\, V(s_1 s_2)$ avec $a(s_1,s_2)$ scalaire qui en général est $\neq 1$, cependant on a

2.1.5 COROLLAIRE.- Soit F un groupe d'automorphismes de $\mathfrak{n}$ laissant stable f , et tel que $[F,F] \subset \mathrm{Ad}\, N$, alors l'application $(\gamma,n) \mapsto V(\gamma) \circ \rho(n)$ définit une représentation $\nu(f)$ du produit semi-direct de F par N .

En effet, on montre qu'il existe $\mathfrak{h} \in P^+(f)$ stable sous tous les éléments s de F , et on a donc $V(s_1) \circ V(s_2) = V(s_1 s_2)$.

(Voir [10], pour une extension de ce résultat.)

2.2 Méthode des petits groupes

Soient G , $N = [G,G]$; $\mathfrak{n}$ l'algèbre de Lie de N et $r : \mathfrak{g}^* \to \mathfrak{n}^*$ la restriction des formes linéaires. G opère naturellement dans $\hat{N}$ et $\mathfrak{n}^*$, et il est clair (1.1.c) que si $f \in \mathfrak{n}^*$ le stabilisateur dans G de la représentation $\rho = \rho(f)$ est $G(f)N$.

D'après 2.1.5, on peut construire une extension canonique $\nu(f)$ de $\rho(f)$ au produit semi-direct $G(f) \times_s N$ (dont le groupe $G(f)N$ est un quotient par le groupe (s,s^{-1}) avec $s \in N(f)$).

Soit alors $X(f)$ l'ensemble des classes de représentations factorielles τ de $G(f)$ dont la restriction à $N(f)$ soit un multiple du caractère χ_f de $N(f)$. Si $\tau \in X(f)$, $\tau \otimes \nu(f)$ est une représentation de $G(f) \times_s N$; elle passe au quotient et définit une représentation $\alpha(f\,;\tau)$ de $G(f)N$ et on voit facilement que toute représentation factorielle de $K = G(f)N$ dont la restriction à N est un multiple de $\rho(f)$ s'obtient ainsi.

2.2.1 Par conséquent, si $X(\rho)$ est l'ensemble des classes de représentations factorielles de G qui se restreignent à N suivant la quasi-orbite transitive $G.\rho$, on a une bijection entre $X(f)$ et $X(\rho(f))$ par

$$\tau \longmapsto \mathrm{Ind}\uparrow_K^G \alpha(f\,;\tau) = \underline{F}(f\,;\tau)$$

et le commutant de $\underline{F}$ est isomorphe à celui de τ de sorte que $\underline{F}$ est irréductible (resp. de type I) si et seulement si τ est irréductible (resp. de type I).

Etudions $X(f)$; si $Q(f) = \mathrm{Ker}\,\chi_f$, $Q(f)$ est un sous-groupe distingué de $G(f)$, et les représentations dans l'ensemble $X(f)$ sont des représentations de $G(f)/Q(f)$. On a $[G(f)\,,G(f)] \subset N(f)$ et $[G(f)\,,N(f)] \subset Q(f)$. Le groupe $G(f)/Q(f)$ est donc nilpotent ; si $G(f)$ était connexe, elles seraient de type I et multiples de représentations $\rho(m)$ associées à des formes linéaires.

On note $M = G(f)$, M_o la composante connexe de M , $\mathfrak{m}$ l'algèbre de Lie de M ; on a $\mathfrak{m} = \{x \in \mathfrak{g}\ ;\ f([x,\mathfrak{n}]) = 0\}$ et $\mathfrak{m} \cap \mathfrak{n} = \mathfrak{n}(f)$. On pose $\mathfrak{q} = \mathrm{Ker}\, f \cap \mathfrak{n}(f)$; on a $[\mathfrak{m},\mathfrak{m}] \subset \mathfrak{n}(f)$, et $[\mathfrak{m}\,,\mathfrak{n}(f)] \subset \mathfrak{q}$, de sorte que $\mathfrak{m}/\mathfrak{q}$ est le produit direct d'une algèbre de Heisenberg par une algèbre de Lie abélienne. On note $\mathfrak{m}^*(f) = \{m \in \mathfrak{m}^*\ ,\ m|\mathfrak{n}(f) = f\}$, de sorte que $\mathfrak{m}^*(f) \subset (\mathfrak{m}/\mathfrak{q})^*$. Le groupe M_o/Q est un sous-groupe nilpotent connexe fermé distingué de M/Q , et on peut appliquer à cette situation la procédure précédente ; calculons, pour $m \in \mathfrak{m}^*(f)$, $M(\rho(m)) = M(m).M_o$.

Le lemme suivant est élémentaire.

2.2.2 <u>Lemme</u>.- <u>Soient</u> $m \in \mathfrak{m}^*(f)$ <u>et</u> $g \in \mathfrak{g}^*$ <u>tel que</u> $g|\mathfrak{n} = f$ <u>et</u> $g|\mathfrak{m} = m$, <u>alors</u> $\exp(\mathfrak{n}(f)).g = g + (\mathfrak{m} + \mathfrak{n})^{\perp}$ = i.e. $\{\ell \in \mathfrak{g}^*$ <u>tel que</u> $\ell|\mathfrak{m} + \mathfrak{n} = g\}$ <u>et on a</u> $M(m) = N(f)\ G(g)$.

Avec les notations de 2.2.2, on a donc $M(\rho(m)) = G(g)M_o$.

Si $X \in \mathfrak{g}$ et $u \in G$, on a $u.X - X \in \mathfrak{n}$, et par conséquent $G(g) = \{u \in G$, tels que $g(u.X) = g(X)\}$ ou encore

2.2.3 $G(g) = \{u \in G\ ;\ f(u.X - X) = 0\ \forall X \in \mathfrak{g}\}$ <u>et</u> $G(g)$ <u>ne dépend que de la restriction</u> f <u>de</u> g <u>à</u> $\mathfrak{n}$.

D'autre part, il est clair d'après 2.2.3 que si $u \in G(g)$, u commute à M_o modulo Q ; enfin $G(g) \cap M_o = G(g)_o$, car $G(g) \cap M_o = M_o(g)$ est connexe (voir 1.2).

2.2.4 Dans les notations de 2.2.2, on note $X(g)$ l'ensemble des représentations factorielles σ de $G(g)$ dont la restriction à $G(g)_o$ soit un multiple de χ_g et $X(m)$ l'ensemble des représentations factorielles de M qui se restreignent à M_o suivant la quasi-orbite transitive $M.\rho(m)$.

. On a $X(m) \subset X(f)$.

. Si $\sigma \in X(g)$, alors $\sigma \otimes \rho(m)$ est une représentation du groupe $G(g) \times M_o$ (produit direct) qui passe au quotient $G(g)M_o$ et on a une bijection entre $X(g)$ et $X(m)$ par

$$\sigma \longmapsto \operatorname{Ind}_{G(g)M_o}^{M} \sigma \otimes \rho(m) = \tau(m\,;\sigma) ,$$

les commutants de σ et de τ sont isomorphes.

. Enfin, si l'action de M dans $\mathfrak{m}^*(f)$ est régulière, on a

$$X(f) = \bigcup_{m \in \mathfrak{m}^*(f)/M} X(m) .$$

Il est nécessaire donc d'étudier de près $X(g)$.

Notons $Q(g)$ le noyau de χ_g , il est clair qu'on a

2.2.5 g *est intégrable* [(1.3)] *si et seulement si* $G(g)/Q(g)$ *est commutatif*.

Dans ce cas, toutes les représentations de $X(g)$ sont factorielles et multiples des caractères $\bar{\chi} \in \widehat{G(g)}$.

Si g n'est pas intégrable, on introduit le centre $\overline{G(g)}/Q(g)$ de $G(g)/Q(g)$; on appelle $\overline{G(g)}$ le stabilisateur réduit de g , et comme $[G(g), G(g)] \subset N(g) \subset N(f)$, on a :

2.2.6 $\overline{G(g)} = \{a \in G(g) \; ; \; \chi_f(a\, b\, a^{-1} b^{-1}) = 1 \quad \forall\, b \in G(g)\}$ *de sorte que* $\overline{G(g)}$ *ne dépend que de la restriction* f *de* g *à* $\mathfrak{n}$.

On notera encore $\widehat{G(g)}$ l'ensemble des caractères $\bar{\chi}$ de $\overline{G(g)}$ prolongeant χ_g et $\mathring{\overline{G(g)}}$ l'ensemble des caractères $\bar{\chi}$ de $\overline{G(g)}$ triviaux sur $G(g)_0$.

La proposition suivante est cruciale ([15], ch. I, 1.1, p. 465-472).

2.2.6 PROPOSITION.- *Soit* $\bar{\chi} \in \widehat{G(g)}$; *la représentation*

$$\sigma(\bar{\chi}) = \operatorname{Ind}_{\overline{G(g)}}^{G(g)} \uparrow \bar{\chi}$$

est une représentation factorielle de $G(g)$ *qui est de classe finie*. *Elle est de type* I *si et seulement si* $\overline{G(g)}$ *est d'indice fini dans* $G(g)$.

Donnons une idée de la démonstration de cette proposition.

On peut passer au quotient par $Q(g)$ et le seul cas non trivial est celui où $\chi_g \neq \mathrm{id}$, alors $G(g)_0/Q(g)$ est isomorphe au tore T et d'autre part, $G(g)/G(g)_0$ est isomorphe à $\mathbb{Z}^n = Z$; on peut choisir ([2], p. 188) une section s de $G(g)/G(g)_0$ dans $G(g)/Q(g)$ telle que $s(z)s(z') = \beta(z,z')s(z+z')$ avec β forme bilinéaire alternée sur $Z \times Z$ à valeurs dans T .

2.2.7 Le groupe $G(g)/Q(g)$ s'identifie alors au groupe Z_β des couples

(z,u) , $z \in Z$, $u \in T$, avec la loi $(z,u).(z',u') = (z+z', \beta(z,z')uu')$, et le groupe $\overline{G(g)}/Q(g)$ s'identifie au sous-groupe $\bar{Z}_\beta$ des couples (z,u) avec $\beta(z,z')^2 = \chi_g(s(z)s(z')s(z)^{-1}s(z')^{-1}) = 1$ quel que soit $z' \in Z$.

Soit Z_o le noyau de la forme bilinéaire β , Z_o peut être considéré comme un sous-groupe de Z_β ; et la restriction de $\bar{\chi}$ à Z_o est un caractère du groupe abélien Z_o ; on peut l'étendre en un caractère ψ du groupe abélien Z , et quitte à modifier la section $s(z) = (z,1)$ en $s'(z) = (z,\psi(z)^{-1})$, on peut supposer que $\bar{\chi}$ est trivial sur Z_o . Passons au quotient par Z_o ; on est ramené au cas où Z est un groupe discret dénombrable (un quotient de $\mathbb{Z}^n$) β une forme bilinéaire alternée sur $Z \times Z$ à valeurs dans T telle que $\bar{Z} = \{z \in Z$, tels que $\beta(z,z')^2 = 1 \ \forall z' \in Z\}$ soit fini. Soit $\bar{\chi}$ un caractère de $\bar{Z}_\beta$ dont la restriction à T soit le caractère $\chi_o(u) = u$; et on considère la représentation $\sigma(\bar{\chi})$ induite à Z_β par le caractère $\bar{\chi}$ de $\bar{Z}_\beta$.

Considérons σ_o la représentation induite par χ_o , on peut la réaliser dans $L^2(Z)$, et on peut calculer suffisamment explicitement l'algèbre de Von Neumann $R(\sigma_o)$ engendrée par σ_o et son commutant $R(\sigma_o)'$, pour montrer que si $\delta(o)$ est la masse de Dirac au point O de Z , $\Phi(T) = \langle T\delta(o), \delta(o)\rangle$ est une trace finie fidèle sur $R(\sigma_o)$ et $R(\sigma_o)'$ (si $f \in L^1(Z) \subset L^1(Z_\beta)$, on a $\Phi(\sigma_o(f)) = f(o)$) ; comme $\bar{Z}$ est fini, on peut réaliser $\sigma(\bar{\chi})$ comme sous-représentation de σ_o et on en déduit facilement la proposition.

2.2.8 Comme la représentation $\sigma(\bar{\chi})$ est un élément (particulier) de $X(g)$, pour que le groupe G soit de type I, il est donc au moins nécessaire que, quel que soit $g \in \mathfrak{g}^*$, $\overline{G(g)}$ soit d'indice fini dans $G(g)$, mais si on change g en tg avec $t \in \mathbb{R}$, $t \neq 0$, $G(g)$ ne change pas, et il est clair d'après 2.2.7 que $\overline{G(tg)}$ est d'indice fini dans $G(g)$ pour tout $t \neq 0$ si et seulement si $\overline{G(g)} = G(g)$.

La condition (A) est donc nécessaire.

2.3 <u>Réalisation des représentations factorielles</u> $\underline{F}(g,\bar{\chi})$

On considère $B(\mathfrak{g}^*) = \{p = (g,\bar{\chi})$ avec $g \in \mathfrak{g}^*$, $\bar{\chi} \in \widehat{\overline{G(g)}}\}$. On associe à $\bar{\chi}$ l'élément particulier $\sigma(\bar{\chi})$ de $X(g)$ et suivant la procédure décrite en 2.2.4 et 2.2.1, on construit la représentation factorielle suivante de $K = G(f)N$

$$\alpha(p) = \alpha(f\,;\,\tau(m\,;\,\sigma(\bar{\chi}))) = \left(\operatorname{Ind}\underset{G(g)M_o}{\overset{G(f)}{\uparrow}} (\sigma(\bar{\chi}) \otimes \rho(m))\right) \otimes \nu(f)$$

et l'élément $\underline{F}(p) = \operatorname{Ind}\underset{K}{\overset{G}{\uparrow}}\ \alpha(p)$ de $X(\rho(f))$.

Le commutant de $\underline{F}$ est isomorphe à celui de $\sigma(\bar{\chi})$, $\underline{F}$ est donc de classe semi-finie, et si $\overline{G(g)} = G(g)$, $\underline{F}$ est irréductible.

Le groupe G opère naturellement dans $B(\mathfrak{g}^*)$ et on a donc $\underline{F}(p) \sim \underline{F}(p')$ si et seulement si $p' = g.p$ avec $g \in G$. On peut montrer qu'on peut réaliser la représentation $\underline{F}(p)$ comme une représentation induite holomorphe.

2.3.1 DÉFINITION.- Soient $g \in \mathfrak{g}^*$, $f = g|\mathfrak{n}$; on dit qu'une sous-algèbre $\mathfrak{h}$ de $\mathfrak{g}^C$ vérifie les conditions C_g si $\mathfrak{h}$ est une polarisation positive au point g stable par $\overline{G(g)}$ et $\mathfrak{h} \cap \mathfrak{n}^C$ est une polarisation positive au point f stable par $G(f)$.

On montre [1] que, quel que soit $g \in \mathfrak{g}^*$, il existe $\mathfrak{h}$ vérifiant les conditions C_g (voir aussi [4], IV, 4.2) et on montre que $\bar{D} = \overline{G(g)}\, D_o$ est fermé et que, quel que soit $\bar{\chi}_g \in \widehat{\overline{G(g)}}$, il existe un caractère $\bar{\chi}$ de $\bar{D}$ prolongeant e^{ig} sur D_o et $\bar{\chi}$ sur $\overline{G(g)}$. On considère la représentation $\underline{F}(g\,;\,\mathfrak{h}\,;\,\bar{D}\,;\,\bar{\chi}) = \underline{F}(g\,;\,\mathfrak{h}\,;\,\bar{\chi}_g)$ de 2.1.1, et on montre en utilisant le théorème 2.1.4 et 2.1.2

2.3.5 PROPOSITION.- <u>Quel que soit</u> $p = (g,\bar{\chi}_g)$ <u>de</u> $B(\mathfrak{g}^*)$ <u>et</u> $\mathfrak{h}$ <u>vérifiant</u>

<u>les conditions</u> Cg, <u>la représentation</u> $\underline{F}(g\,;\mathfrak{h}\,;\bar{\chi}_g)$ <u>est dans la classe de</u> $\underline{F}(p)$.

<u>Remarque</u>.- Ceci correspond clairement au 1) du théorème 2 (1.5)

3. Régularisation des mauvaises actions

Nous allons montrer que la condition (B) du théorème 1 est nécessaire. Voici quelle sera notre démarche : supposons pour simplifier que, quel que soit $g \in \mathfrak{g}^*$, le stabilisateur $G(g)$ de g soit connexe ; on peut alors associer à g la représentation factorielle $\underline{F}(g\,;\chi_g)$; si l'action de G dans $\mathfrak{g}^*$ est irrégulière, on va grouper suivant une relation d'équivalence R, les mauvaises orbites en "paquets" $\mathcal{O}_R$, munir chaque paquet d'une mesure μ , G-invariante ergodique et on obtient suivant le procédé général dû à Effros [11] en considérant $\underline{F}(\mathcal{O}_R) = \int_{\mathcal{O}_R} \underline{F}(p)\, d\mu$ une représentation factorielle qui n'est pas de type I .

Mais il y a lieu d'étudier l'action de G dans $B(\mathfrak{g}^*)$ qui est légèrement plus compliquée.

3.1 <u>Relation d'équivalence</u> R

Soit G un groupe localement compact séparable, opérant continûment dans un espace métrisable complet X . On dit que l'action de G dans X est régulière, si toute orbite $G.x$ est localement fermée ; ceci est aussi équivalent à la condition : quelle que soit $x \in X$, si $G(x)$ désigne le stabilisateur de x , l'application $g\,G(x) \mapsto g.x$ est un homéomorphisme de $G/G(x)$ sur $G.x$.

Supposons que G agisse régulièrement sur X , et considérons la relation d'équivalence $R : x \sim y$ si $\overline{G.x} = \overline{G.y}$; on voit immédiatement que, comme les orbites $G.x$ sont ouvertes dans leur adhérence, les classes d'équivalence de cette relation coïncident avec les orbites sous G .

3.1.1 On définit la relation d'équivalence R par $x \sim y$ si $\overline{G.x} = \overline{G.y}$ quelle que soit l'action de G dans X .

On note $\mathcal{O}_R$ les classes d'équivalence ; si $\mathcal{O} = G.x$ est localement fermée, alors $\mathcal{O}_R(x) = G.x$, et plus généralement si Y est un sous-espace de X localement fermé G-invariant et si $y \in Y$, on a $\mathcal{O}_{R_Y}(y) = \mathcal{O}_{R_X}(y)$.

Problème.- Est-ce que les classes d'équivalence sont localement fermées ? Nous allons voir qu'il en est bien ainsi sous certaines conditions.

3.1.2 PROPOSITION.- Supposons qu'il existe $\tilde{G} \supset G$ un groupe localement compact séparable opérant régulièrement dans X et tel que $[\tilde{G},\tilde{G}] \subset G$. Alors

(1) Soit $\tilde{\mathcal{O}}$ une orbite suivant $\tilde{G}$, et $x \in \tilde{\mathcal{O}}$; l'adhérence dans $\tilde{G}$ de $G.\tilde{G}(x)$ est un groupe $G(\tilde{\mathcal{O}})$ qui ne dépend que de $\tilde{\mathcal{O}}$ et on a

$$G(\tilde{\mathcal{O}}).x = \tilde{G}.x \cap \overline{G.x} = \mathcal{O}_R(x) \quad \text{quel que soit} \quad x \in \tilde{\mathcal{O}} .$$

En particulier, $\mathcal{O}_R(x)$ est localement fermée.

(2) Si $x \in \tilde{\mathcal{O}}$, la topologie sur $\mathcal{O}_R(x)$ coïncide avec la topologie d'espace homogène par $G(\tilde{\mathcal{O}})$.

La démonstration est immédiate : par exemple, comme la topologie sur $\tilde{G}.x$ est la topologie d'espace homogène de $\tilde{G}/\tilde{G}(x)$, on voit que, pour tout $x \in \tilde{\mathcal{O}}$, $\tilde{G}.x \cap \overline{G.x} = G(\tilde{\mathcal{O}}).x$.

3.2 On considère $B(\mathfrak{g}^*)$ et l'action naturelle de G dans $B(\mathfrak{g}^*)$, on munit $B(\mathfrak{g}^*)$ de la topologie suivante :

Une suite (g_n, χ_n) tend vers (g_o, χ_o) si g_n tend vers g_o dans $\mathfrak{g}^*$, et si pour toute suite de points $c_n \in \overline{G(g_n)}$ convergente vers $c_o \in \overline{G(g)}$, $\chi_n(c_n)$ tend vers $\chi_o(c_o)$.

Il est clair que l'application $(g,\chi) \mapsto g$ de $B(\mathfrak{g}^*)$ sur $\mathfrak{g}^*$ est continue.

On va étudier la relation d'équivalence R sur $B(\mathfrak{g}^*)$.

Soit $\tilde{G}$ le plus petit sous-groupe algébrique d'automorphismes de $\mathfrak{g}$, contenant $\mathrm{Ad}\, G$; $\tilde{G}$ agit dans G, $\mathfrak{g}^*$, $\mathfrak{n}^*$, etc..., on a $[\tilde{G},\tilde{G}] = \mathrm{Ad}[G,G]$ et $\tilde{G}$ agit régulièrement dans $\mathfrak{g}^*$ et $\mathfrak{n}^*$ d'après un résultat classique de Chevalley.

Soient $r : \mathfrak{g}^* \to \mathfrak{n}^*$ la restriction, $\widetilde{G}.f$ une orbite sous $\widetilde{G}$ dans $\mathfrak{n}^*$, $\underline{U} = r^{-1}(\widetilde{G}.f)$ et $B(\underline{U}) = \{(g,\bar{\chi})$ avec $g \in \underline{U}\}$, $\underline{U}$ étant localement fermée, $B(\underline{U})$ est localement fermée dans $B(\mathfrak{g}^*)$ et il suffit d'étudier la relation d'équivalence R sur chaque $B(\underline{U})$.

Montrons que les groupes $\overset{\circ}{\overline{G(g)}}$, lorsque g varie dans $\underline{U}$, peuvent être identifiés à un groupe constant ; en effet, lorsque g varie dans $\underline{U}$, on voit (2.2.3) que les groupes $\widetilde{H} = \widetilde{G}(g)\mathrm{Ad}\,N$, $H = G(g)N$, $\bar{H} = \overline{G(g)}N$ et $H_o = G(g)_o N$ restent constants ; et comme par exemple $H = \{u \in G\ ;\ u.g \in N.g\}$ et $N.g$ est fermée simplement connexe (1.2), on voit que H, $\bar{H}$, H_o sont des sous-groupes fermés de G, que la composante connexe de H est H_o et que $\widetilde{H}$ est fermé dans $\widetilde{G}$.

On note $\overset{\circ}{\bar{H}}$ l'ensemble des caractères de $\bar{H}$ triviaux sur H_o, on voit alors que

3.2.1 Quel que soit $g \in \underline{U}$, le groupe $G(g)/G(g)_o$ est isomorphe à H/H_o ; et l'opération de restriction définit un isomorphisme entre $\overset{\circ}{\bar{H}}$ et $\overset{\circ}{\overline{G(g)}}$.

Si m est le rang du groupe abélien libre $\bar{H}/H_o$, on a donc $\overset{\circ}{\bar{H}}$ isomorphe à T^m.

Si $\chi \in \overset{\circ}{\bar{H}}$ et $\bar{\chi}_g \in \widehat{\overline{G(g)}}$, on note $\chi\bar{\chi}_g$ le caractère de $\overline{G(g)}$ défini par $(\chi\bar{\chi}_g)(u) = \chi(u)\bar{\chi}_g(u)$, $\overset{\circ}{\bar{H}}$ agit sur $B(\underline{U})$ par $\chi.(g,\bar{\chi}_g) = (g,\chi\bar{\chi}_g)$.

D'autre part, soit $\Lambda = \{\lambda \in \mathfrak{g}^*\ ;\ \lambda([\mathfrak{g},\mathfrak{g}]) = 0\}$, si $\lambda \in \Lambda$, on pose $\lambda.(g,\chi) = (g + \lambda, e^{i\lambda}\,\bar{\chi}_g)$.

D'autre part, $\widetilde{G}$ opère aussi naturellement sur $B(\underline{U})$ et on voit que les opérations de $\widetilde{G}$, $\overset{\circ}{\bar{H}}$, Λ sur $B(\underline{U})$ commutent et sont continues.

3.2.2 Il est clair que $B(\underline{U})$ est homogène sous $\widetilde{G} \times \overset{\circ}{\bar{H}} \times \Lambda$; $B(\underline{U})$ étant localement fermée, $B(\underline{U})$ est donc munie de la topologie d'espace homogène par $\widetilde{G} \times \overset{\circ}{\bar{H}} \times \Lambda$.

Soient $g \in \underline{U}$ et $\widetilde{\mathcal{O}}$ l'orbite (localement fermée) de g sous $\widetilde{G}$; alors $B(\widetilde{\mathcal{O}})$ est localement fermée et homogène par $\widetilde{G} \times \overset{\bullet}{H}$; de plus

$$[\widetilde{G} \times \overset{\bullet}{H}, \widetilde{G} \times \overset{\bullet}{H}] = \mathrm{Ad}[G, G] \times \{1\} .$$

On peut alors appliquer la proposition 3.1.2 avec le groupe $\widetilde{G} \times \overset{\bullet}{H}$ à la place de $\widetilde{G}$ (l'action de G dans $B(\mathfrak{g}^*)$ se factorise à travers $\mathrm{Ad}\,G$) pour conclure :

3.2.3 <u>Soit</u> $p = (g, \bar{\chi}_g)$ <u>un point de</u> $B(\mathfrak{g}^*)$ <u>et</u> $\widetilde{\mathcal{O}} = \widetilde{G}.g$; <u>alors</u>

$$\mathcal{O}_R(p) = \underline{\text{adhérence de}}\ G.p\ \underline{\text{dans}}\ B(\widetilde{\mathcal{O}}) .$$

3.2.4 En fait, $B(\widetilde{\mathcal{O}})$ est difféomorphe à $\widetilde{\mathcal{O}} \times \overset{\bullet}{H}$; pour montrer cela il suffit de construire une section continue de $\widetilde{\mathcal{O}}$ dans $B(\widetilde{\mathcal{O}})$:

Soit $p_0 = (g_0, \bar{\chi}_0) \in B(\widetilde{\mathcal{O}})$; si $t \in \widetilde{G}$ stabilise g_0, en général t ne stabilise pas $\bar{\chi}_0$. On pose alors $w(t) = (t.\bar{\chi}_0)\bar{\chi}_0^{-1}$ i.e. $(w(t))(u) = \chi_{g_0}((t^{-1}.u)u^{-1})$; il est clair que $w(t) \in \overset{\bullet}{H}$ et que w est un homomorphisme de $\widetilde{G}(g_0)$ dans $\overset{\bullet}{H}$; par définition même de $\overline{G(g_0)}$, $w(t)$ est trivial si $t \in \mathrm{Ad}\,G(g_0)$, en particulier si $t \in \widetilde{G}(g_0) \cap [\widetilde{G}, \widetilde{G}]$, et w peut s'étendre en un homomorphisme du sous-groupe fermé $\widetilde{H} = \widetilde{G}(g_0)[\widetilde{G}, \widetilde{G}]$ de $\widetilde{G}$ trivial sur $\mathrm{Ad}\,H$ dans $\overset{\bullet}{H}$ (isomorphe à T^m) et donc finalement w s'étend en un homomorphisme (dépendant de $\widetilde{\mathcal{O}}$) de $\widetilde{G}$ dans $\overset{\bullet}{H}$: si l'on pose $s(t.g_0) = (t.g_0, w(t)^{-1}\, t.\bar{\chi}_0)$, on obtient alors une section continue de $\widetilde{\mathcal{O}}$ dans $B(\widetilde{\mathcal{O}})$ et dans l'identification de $B(\widetilde{\mathcal{O}})$ avec $\widetilde{\mathcal{O}} \times \overset{\bullet}{H}$ l'action de $\widetilde{G}$ devient $u.(g,\alpha) = (u.g, w(u)\alpha)$ et on a si p correspond à $(g,\alpha) \in \widetilde{\mathcal{O}} \times \overset{\bullet}{H}$ $(g \in \widetilde{\mathcal{O}}, \alpha \in \overset{\bullet}{H})$,

$$\mathcal{O}_R(p) = \text{adhérence de } \{(u.g, w(u)\alpha) ; u \in G\} \text{ dans } \widetilde{\mathcal{O}} \times \overset{\bullet}{H}$$

3.2.5 <u>Soit</u> K <u>un sous-groupe fermé de</u> G <u>contenant</u> $[G,G]$. <u>Alors l'action de</u> K <u>dans</u> $B(\underline{U})$ <u>régulière si et seulement si l'action de</u> K <u>dans</u> U <u>est régulière</u>.

En effet, on peut appliquer la proposition (3.1) au groupe $\mathrm{Ad}\, K \subset \tilde{G} \times \overset{\diamond}{H}$, et $\mathcal{O}_{R,K}(p) = \{\text{adh. des } (k.g\,,\, w(k)\alpha)\,,\, k \in K\}$ dans $\tilde{\mathcal{O}} \times \overset{\diamond}{H}$. Comme $\overset{\diamond}{H}$ est compact, si $p = (g,\alpha) \in \tilde{\mathcal{O}} \times \overset{\diamond}{H}$, $g \in \underline{U}$, la projection de $\mathcal{O}_{R,K}(p)$ sur $\tilde{\mathcal{O}}$ est $\tilde{\mathcal{O}} \cap \overline{K.g} = \mathcal{O}_{R,K}(g)$. Donc si l'action de K dans $B(\underline{U})$ est régulière, celle de K dans $\underline{U}$ l'est. Réciproquement, soit $g \in \underline{U}$ et $O = K.g$ une orbite munie de la topologie de $K/K(g)$; si $p = (g,\chi)$, comme w est trivial sur $G(g)N$, on a $K(p) = K(g)$, et si donc $u_n.p \mapsto p$, on a $u_n.g \mapsto g$, de sorte que $u_n \to 1 \mod K(p) = K(g)$.

3.3 Mesure ergodique sur $\mathcal{O}_R(p)$

PROPOSITION (Pukanszky [15], p. 545).- Il existe une unique mesure de Radon positive G-invariante sur $\mathcal{O}_R(p)$.

Soit $p = (g,\chi) \in B(\mathfrak{g}^*)$ et $g \in \tilde{\mathcal{O}}$; on peut voir aussi que $\tilde{G}$ agit régulièrement dans $B(\mathfrak{g}^*)$:

Donc si $B(p)$ = adhérence de $\mathrm{Ad}\, G.\tilde{G}(p)$ dans $\tilde{G}$, $\mathcal{O}_R(p)$ est, d'après 3.1.2, homogène sous $B(p)$ et sa topologie est celle de $B(p)/\tilde{G}(p)$, (on a $\tilde{G}(p) = \tilde{G}(g) \cap \ker w \supset \mathrm{Ad}\, G(g)$). Pour l'existence, il suffit donc de montrer que $B(p)/\tilde{G}(p)$ a une mesure $B(p)$-invariante, ce qu'on prouve facilement.

3.4 Représentation factorielle $\underline{F}(\mathcal{O}_R)$

Soit $p_o = (g_o\,,\bar{\chi}_{g_o}) \in B(\tilde{\mathcal{O}})$; il existe $\mathfrak{h}_o$ sous-algèbre de $\mathfrak{g}^{C}$, polarisation positive au point g_o, vérifiant les conditions Cg_o et stable sous $\tilde{G}(g_o)$; alors si $g = t.g_o$, on pose $\mathfrak{h}_g = t.\mathfrak{h}_o$ qui ne dépend que de g. On peut former la représentation concrète $\underline{F}(g\,;\bar{\chi}_g\,;\mathfrak{h}_g)$ dans $\underline{L}(g\,;\bar{\chi}_g\,;\mathfrak{h}_g) = \underline{L}(p\,;\mathfrak{h}_g)$. On peut définir alors sur le champ d'espaces de Hilbert

$\underline{L}(p) = \underline{L}(p\,;\mathfrak{h}_g)$ pour $p \in \mathcal{O}_R$, muni de μ , une structure de champ mesurable, et former $\underline{F}(\mathcal{O}_R) = \int_{\mathcal{O}_R} \underline{F}(p)\, d\mu(p)$.

On démontre alors ([15], p. 549-551).

THÉORÈME (Pukanszky).- La représentation $\underline{F}(\mathcal{O}_R)$ est factorielle. Elle est de type I si et seulement si $\mathcal{O}_R(p)$ est une G-orbite et si $\underline{F}(p)$ est de type I (i.e. si $\overline{G(g)}$ est d'indice fini dans $G(g)$).

Et ceci termine donc la démonstration de la nécessité de la condition (B) (lemme 3.2.5 appliqué à G).

4. Suffisance des conditions

Nous supposerons donc maintenant que l'action de G dans $\mathfrak{g}^*$ est régulière et que toute orbite g est intégrable.

Nous allons reprendre la procédure de 2. Tout d'abord, avec les notations de 2.2

4.1 Si l'action de G dans $\mathfrak{g}^*$ est régulière, alors quel que soit $f \in \mathfrak{n}^*$, l'action de M sur $\mathfrak{m}^*(f)$ est régulière.

En effet, soit $\mathfrak{k}$ un supplémentaire de $\mathfrak{m} + \mathfrak{n}$ dans $\mathfrak{g}$, cela définit une injection $\mathfrak{m}^*(f) \subset (\mathfrak{m} + \mathfrak{n})^* \subset \mathfrak{g}^*$ et on a avec les notations de 2.2.2
$M.m = (G.g) \cap \mathfrak{m}^*(f)$.

Si, de plus, l'action de G dans $\mathfrak{n}^*$ était régulière, on aurait terminé, d'après (2.2) et $X(g)$ se composant des multiples des caractères $\bar{\chi}$ dans $\widehat{G(g)}$, on obtiendrait aussi le 2) du théorème 2. Mais il n'est pas ainsi en général.

Cependant, nous allons montrer, grâce à un théorème de C.C. Moore, que si les conditions (A) et (B) sont satisfaites, alors toute représentation factorielle de G se restreint à N suivant une quasi-orbite transitive $G.\rho(f)$; et la suffisance des conditions (A) et (B) sera claire, ainsi que le 2) du théorème 2.

Soit $C(\mu)$ une quasi-orbite pour l'action de G dans $\hat{N}$. Il existe alors $f \in \mathfrak{n}^*$, telle que le support de $C(\mu)$ soit contenu dans $\widetilde{G}.\rho(f)$, et lorsque λ parcourt $\widetilde{G}.f$, le stabilisateur $K = G(\lambda)N$ de la représentation $\rho(\lambda)$ ne varie pas.

On note comme en 3.2 $\underline{U} = r^{-1}(\widetilde{G}.f)$ et $\hat{K}_{\underline{U}} = \{\pi$ classes de représentations irréductibles de K dont la restriction à N soit un multiple de $\rho(\lambda)$, pour un $\lambda \in \widetilde{G}.f\}$.

Alors, d'après 2.2 (et 4.1), on voit que l'application $p \mapsto \alpha(p)$ (définie en 2.3) définit un isomorphisme de $B(\underline{U})/K$ sur $\hat{K}_{\underline{U}}$.

En utilisant le fait que $B(\underline{U})$ est homogène sous $\widetilde{G} \times \hat{H} \times \Lambda$, il est facile de montrer que cette application est continue, et d'autre part on a

4.2 <u>Si l'action de</u> G <u>dans</u> $\mathfrak{g}^*$ <u>est régulière, l'action de</u> K <u>dans</u> $B(\underline{U})$ <u>est régulière</u>.

En effet, d'après 3.2.5, il suffit de démontrer que l'action de K dans $\underline{U}$ l'est ; mais si $g \in \underline{U}$, on a $K.g = r^{-1}(N.f) \cap G.g$.

D'autre part, d'après ([2], p. 81), on sait que $\hat{K}_{\underline{U}}$ est standard, il s'ensuit que les structures boréliennes de $B(\underline{U})/K$ et $\hat{K}_{\underline{U}}$ sont isomorphes, et comme G opère régulièrement dans $\mathfrak{g}^*$ et donc dans $B(\underline{U})$, il s'ensuit que toute quasi-orbite dans $\hat{K}_{\underline{U}}$ est transitive.

Soit λ une représentation factorielle de G se restreignant à N suivant une quasi-orbite $C(\mu) \subset \widetilde{G}.\rho(f)$; alors d'après le théorème 3 (ch. II de [2]) , λ se restreint à K suivant une quasi-orbite $C(\nu)$ contenue dans $\hat{K}_{\underline{U}}$ au-dessus de $C(\mu)$; $C(\nu)$ étant transitive, il s'ensuit que $C(\mu)$ l'est ; on termine ainsi la démonstration du théorème 1 et évidemment ainsi du théorème 2,2).

5. Quelques compléments

Si G est un groupe résoluble simplement connexe quelconque (non nécessairement de type I), Pukanszky [16] a démontré que l'application qui à la représentation factorielle $\underline{F}(\mathcal{O}_R)$ associe son noyau dans la C^*-algèbre de G est une bijection de l'ensemble des classes d'équivalence $\mathcal{O}_R$ sur $\mathrm{Prim}(C^*(G))$. Il démontre [15] aussi que ces représentations factorielles permettent d'écrire une décomposition centrale de la représentation régulière de G. Enfin [17], il vient de montrer que ce sont "les" représentations factorielles normales de G (à quasi-équivalence près) : On dit qu'une représentation factorielle T est normale, si, $R(T)$ désignant l'algèbre de Von Neumann engendrée par T, il existe une trace Φ normale fidèle semi-finie sur $R(T)$ et telle qu'il existe un $v \in C^*(G)^+$, avec $0 < \Phi(T(v)) < +\infty$, qu'on appelle alors caractère de la représentation T. (Pour les caractères des groupes de type I, voir M. Duflo [4], chap. 9.)

Ces représentations sont donc particulièrement intéressantes du point de vue de l'analyse harmonique de G : et il montre d'ailleurs que, quel que soit le groupe de Lie connexe, l'application qui à une représentation factorielle normale T fait correspondre son noyau dans la C^*-algèbre du groupe, est une bijection de l'ensemble des classes de quasi-équivalence de représentations factorielles normales et l'ensemble des idéaux primitifs.

Enfin, on peut se reporter aux exposés de C. C. Moore [13] pour un historique et un résumé de l'ensemble des résultats de la théorie des représentations des groupes résolubles.

BIBLIOGRAPHIE

[1] L. AUSLANDER - B. KOSTANT - Polarization and unitary representations of solvable Lie groups, Invent. Math., vol. 14 (1971), p. 255-354.

[2] L. AUSLANDER - C. C. MOORE - Unitary representations of solvable Lie groups, Memoirs of the A.M.S., n° 62, 1966.

[3] V. BARGMANN - On a Hilbert space of analytic functions and an associated integral transform I, Comm. on Pure and Applied Maths., vol. 14 (1961), p. 187-214.

[4] P. BERNAT et co-auteurs - Représentations des groupes de Lie Résolubles, Dunod, Paris, 1972.

[5] J. BREZIN - Unitary representations theory for solvable Lie groups, Memoirs of the A.M.S., n° 79, 1968.

[7] I. BROWN - Dual topology of a Nilpotent Lie group, Annales Scient. de l'E.N.S., 6 (1973), p.

[8] J. DIXMIER - Représentations induites holomorphes des groupes résolubles algébriques, Bull. Soc. Math. de France, vol. 94 (1966), p. 181-206.

[9] J. DIXMIER - Sur le revêtement universel d'un groupe de Lie de type I, C.R. Acad. Sc., Paris, vol. 252 (1961), p. 2805-2806.

[10] M. DUFLO - Sur les extensions des représentations irréductibles des groupes de Lie nilpotents, Annales Scient. de l'E.N.S., 5 (1972), p. 71-120.

[11] E. EFFROS - Transformation groups and C^*-algebras, Annals of Math., 81 (1965), p. 38-55.

[12] A. A. KIRILLOV - Unitary representations of nilpotent Lie groups, Uspekhi Mat. Nauk, 17 (1962), p. 57-110.

[13] C. C. MOORE - Representations of solvable and nilpotent groups, Proc. of the Williamstown conference on harmonic analysis, 1972.

[14] L. PUKANSZKY - On unitary representations of exponential groups, Journ. of Functional Analysis, vol. 3 (1969), p. 73-113.

[15] L. PUKANSZKY - Unitary representations of solvable Lie groups, Annales Scient. de l'E.N.S., 4 (1971), p. 464-608.

[16] L. PUKANSZKY - The primitive Ideal space of solvable Lie groups, Invent. Math., 22 (1973), p. 74-118.

[17] L. PUKANSZKY - Characters of connected Lie groups, preprint, (to appear) Bull. A.M.S.

[18] S. QUINT - Representations of solvable Lie groups, Lecture Notes, Univ. of California, Berkeley, 1972.

[19] I. SEGAL - Mathematical characterization of the physical vacuum for a linear Bose-Einstein field, Illinois J. of Math., 6 (1962), p. 500-523.

[20] R. F. STREATER - The representations of the oscillator group, Comm. in Mathematical Physics, vol. 4 (1967), p. 217-236.

Séminaire BOURBAKI
26e année, 1973/74, n° 448

LIBÉRATION DES MODULES PROJECTIFS SUR CERTAINS ANNEAUX DE POLYNÔMES

par Hyman BASS

1. Le problème et son histoire

Soit $A = k[t_1,\dots,t_n]$ l'algèbre de polynômes en n variables sur un corps commutatif k. En 1955, Serre a demandé si tout A-module projectif de type fini P est libre ([11], p. 243) (*). On ne connait toujours pas de contre-exemple. Bien sûr P est libre si $n = 1$ (A est principal) ou si son rang r est égal à 1 (A est factoriel).

La liste suivante donne, par ordre chronologique, les résultats les plus importants liés directement à ce problème :

1958 (1) P est libre si $n = 2$ (Seshadri [10]).

(2) P est "stablement libre", autrement dit, il existe un $s \geq 0$ tel que $P \oplus A^s \cong A^{r+s}$ (Serre [12]).

(3) $P = Q \oplus L$ où L est libre et $\mathrm{rang}(Q) \leq n$ (Serre [12]).

1960 (4) Soit $V = \mathrm{Spec}(A/\mathfrak{p})$ une variété non-singulière de codimension 2 dans l'espace affine $\mathrm{Spec}(A)$. Si V est une intersection complète, (i.e. si $\mathfrak{p}$ est engendré par deux éléments), alors le module des différentielles $\Omega^{n-2}_{V/k} = \Lambda^{n-2}(\Omega^1_{V/k})$ est isomorphe à $A/\mathfrak{p}$. Serre [13] montre que la réciproque est vraie si tout A-module projectif de

(*) Les A-modules projectifs non de type fini sont libres [1]. Si k est un corps non commutatif, il existe un module non libre P sur $A = k[t_1,t_2]$ tel que $P \oplus A \cong A^2$ (cf. [8]).

rang 2 est libre. La condition $\Omega^{n-2}_{V/k} \cong A/\mathfrak{p}$ est par exemple satisfaite lorsque $n = 3$ et V est une courbe de genre 0 ou 1 . Segre [9] a prétendu donner de telles courbes qui ne sont pas des intersections complètes, mais ses démonstrations ne sont pas complètes, et ses conclusions sont inexactes, comme nous allons le voir.

1964 (5) P est libre si $r > n$ (cf. [2]).

1973 Après une longue période sans progrès de nouveaux résultats proviennent, presque simultanément, de trois sources indépendantes. Notons $\bar{k}$ une clôture algébrique de k .

(6) P est libre si $r = n$ et $k = \bar{k}$ (M. Roitman, Jérusalem).

(7) P est libre si $n = 3$ et $k = \bar{k}$ (M. P. Murthy et J. Towber, Chicago). Leur démonstration s'appuie sur des résultats d'Abhyankar sur les équations définissant une courbe non singulière dans l'espace affine à trois dimensions.

(8) A. Suslin (Léningrad) et L. N. Vaseršteín (Moscou) montrent que P est libre dans les cas suivants :

(a) $r \geq 1 + \frac{n}{2}$.

(b) $n = 3$.

(c) $n = 4$, $\mathrm{car}(k) \neq 2$.

(d) $n = 5$, k fini, $\mathrm{car}(k) \neq 2$.

A partir des démonstrations de Roitman et de Murthy-Towber, Swan (Chicago) démontre, indépendamment de Suslin-Vaseršteín,

(a) pour k infini, et (b) et (c) pour k infini de caractéristique $\neq 2$. Sa méthode est voisine de celle de Suslin-Vaseršteín, mais pas aussi forte.

Cet exposé est consacré aux résultats et méthodes de Suslin et Vaseršteín.

2. Enoncé des résultats de Suslin et Vaseršteín

Soit A un anneau commutatif. En vertu du théorème de Serre cité plus haut ((2) du n° 1), on cherche un critère pour que tout A-module stablement libre P soit libre, plus précisément pour que la condition $P \oplus A^s \cong A^{r+s}$ entraîne $P \cong A^r$. Par une récurrence évidente on se ramène au cas $s = 1$. Ainsi on est amené à considérer les éléments $a = (a_1, \dots, a_{r+1}) \in A^{r+1}$ qui engendrent un facteur direct $\cong A$ de A^{r+1}, autrement dit, tels qu'il existe une forme linéaire $h : A^{r+1} \to A$ envoyant a sur 1, ou, ce qui revient au même, tels que l'idéal $Aa_1 + \dots + Aa_{r+1}$ soit égal à A. Un tel élément est dit <u>unimodulaire</u> dans A^{r+1} ; on note $Un_{r+1}(A)$ l'ensemble de ces éléments.

Si $a \in Un_{r+1}(A)$, il existe une décomposition $A^{r+1} = P \oplus Aa$, et $P \cong A^{r+1}/Aa$. Si $a' \in Un_{r+1}(A)$ et $A^{r+1} = P' \oplus Aa'$, on voit facilement que $P \cong P' \Leftrightarrow \exists\, \alpha \in GL_{r+1}(A)$ tel que $\alpha(a) = a'$, d'où :

(1) <u>L'application</u> $a \mapsto A^{r+1}/Aa$ <u>induit une bijection de l'ensemble des orbites</u> $GL_{r+1}(A)\backslash Un_{r+1}(A)$ <u>sur l'ensemble des classes d'isomorphie des</u> A-<u>modules</u> P <u>tels que</u> $P \oplus A \cong A^{r+1}$.

On en déduit, pour tout entier $r_0 \geq 1$, l'équivalence :

(2)
$(a)_{r_0}$ <u>Tout</u> A-<u>module stablement libre de rang</u> $r \geq r_0$ <u>est libre</u>.

$\Updownarrow$

$(b)_{r_0}$ $GL_{r+1}(A)$ <u>opère transitivement sur</u> $Un_{r+1}(A)$ <u>pour tout</u> $r \geq r_0$.

Remarquons que si $P \oplus A^s \cong A^{r+s}$, on voit, en prenant les puissances extérieures $(r+s)$-ièmes, que $\Lambda^r P \cong A$, et donc que $P \cong A$ si $r = 1$; autrement dit, un A-module stablement libre de rang 1 est libre. Ainsi :

(3) La condition $(b)_2$ équivaut à dire que tout A-module stablement libre soit libre.

Dans la pratique, on précise la condition $(b)_{r_o}$ en montrant la transitivité d'un certain sous-groupe de $GL_{r+1}(A)$, par exemple le sous-groupe $E_{r+1}(A)$ engendré par les "matrices élémentaires" $I + ae_{ij}$ $(a \in A$, $1 \leq i , j \leq r+1,\ i \neq j)$. Cette transitivité résulte, en particulier, de la condition de "domaine stable" suivante :

$(DS)_r$ Si $(a_1,\ldots,a_{r+1}) \in Un_{r+1}(A)$, il existe $a_i' = a_i + b_i a_{r+1}$, $b_i \in A$ $(1 \leq i \leq r)$ tels que $(a_1',\ldots,a_r') \in Un_r(A)$.

PROPOSITION 1.- Soit r_o un entier ≥ 1 . La condition $(DS)_{r_o}$ entraîne la condition $(DS)_r$ pour $r \geq r_o$; elle entraîne aussi que $E_{r+1}(A)$ opère transitivement sur $Un_{r+1}(A)$.

La démonstration est facile (cf. [3], ch. V, th. (3.3) et [14], th. 1).

On note $DS(A)$ le plus petit entier $r \geq 1$, ou l'infini s'il n'en existe pas, tel que $(DS)_r$ soit satisfait. Ainsi les A-modules stablement libres de rang $\geq DS(A)$ sont libres.

THÉORÈME 1 (cf. [3], th. (3.5)).- Si A est noethérien de dimension d on a $DS(A) \leq d + 1$.

Pour les algèbres de type fini sur un corps fini Vaserštein obtient l'amélioration suivante, qui provient du fait que si A est l'algèbre d'une courbe affine sur un corps fini, tout sous-groupe d'indice fini de $Sp_{2n}(A)$ $(n \geq 2)$ est un sous-groupe de congruence (cf. [5]).

THÉORÈME 2 (Vaserštein).- Si A est une algèbre de degré de transcendance e sur un corps fini k , on a $DS(A) \leq \max(2,e)$.

Ici e désigne le supremum des entiers n tels qu'il existe un plongement d'une k-algèbre de polynômes en n variables dans A . Lorsque A est une k-algèbre de type fini, on a $e = \dim A$.

Les théorèmes 1 et 2 seront démontrés au n° 3.

THÉORÈME 3 (Suslin).- Soit B un anneau commutatif noethérien de dimension d . Soit $A_n = B[t_1,\dots,t_n]$ la B-algèbre de polynômes en n variables. Pour tout $n \geq 1$, $E_{r+1}(A_n)$ opère transitivement sur $Un_{r+1}(A_n)$ pour tout r tel que

$$r \geq 1 + \max\left(d, \frac{DS(A_{n-1})}{2}\right).$$

Par suite, les A_n-modules stablement libres de tels rangs r sont libres.

Le théorème 3 sera démontré au n° 4. Les théorèmes 1, 2 et 3 donnent le corollaire suivant, vu le fait que $\dim A_n = d + n$.

COROLLAIRE 1.- (1) $E_{r+1}(A_n)$ opère transitivement sur $Un_{r+1}(A_n)$ pour tout $r \geq 1 + \max(d, \frac{d+n}{2})$.

(2) Si B est une algèbre de degré de transcendance e sur un corps fini, $E_{r+1}(A_n)$ opère transitivement sur $Un_{r+1}(A_n)$ pour tout

$r \geq 1 + \max(e, \frac{e+n-1}{2})$.

En appliquant (3), on en déduit :

COROLLAIRE 2.- Supposons, dans le cas (1), que $d \leq 1$ et $d + n \leq 2$, et, dans le cas (2), que $e \leq 1$ et $e + n \leq 3$. Alors tout A_n-module stablement libre est libre.

Ce corollaire s'applique à $A_1 = B[t]$ si $\dim B \leq 1$ (cas contenant le théorème de Seshadri, (1) du n° 1), et à $A_2 = B[t_1,t_2]$ si B est une algèbre de degré de transcendance ≤ 1 sur un corps fini. En particulier :

COROLLAIRE 3.- Soit $B = k$, un corps commutatif. Les A_2-modules projectifs sont libres. Si k est (algébrique sur un corps) fini les A_3-modules projectifs sont libres.

La conclusion du prochain corollaire figure comme hypothèse dans les résultats donnés plus loin :

COROLLAIRE 4.- Le groupe $E_{r+1}(A_n)$ opère transitivement sur $Un_{r+1}(A_n)$ pour tout $r \geq 3$ dans chacun des cas suivants :

(1) $d \leq 2$ et $d + n \leq 4$;

(2) B est une algèbre de degré de transcendance $e \leq 2$ sur un corps fini, et $e + n \leq 5$.

Ce corollaire s'applique notamment, lorsque B est un corps commutatif k , à $A_n = k[t_1,\dots,t_n]$ avec $n \leq 4$, et, si k est algébrique sur un corps fini, avec $n = 5$. Il entraîne que les A_n-modules stablement libres de rang ≥ 3 sont libres, mais il laisse incertain le sort de ceux de rang 2 . Ces derniers font l'objet du prochain théorème.

Soit A un anneau commutatif. Par A-module symplectique, on entend un couple (P,h) où P est un A-module projectif de type fini et où $h : P \times P \to A$ est une forme A-bilinéaire alternée $(h(x,x) = 0 \ \forall\, x \in P)$ et non singulière $(x \mapsto (y \mapsto h(x,y))$ est un isomorphisme $P \to P^* = \mathrm{Hom}(P,A))$. La somme directe $(P,h) \oplus (P',h') = (P \oplus P' , h \oplus h')$ se définit de manière évidente, d'où un groupe de Grothendieck, noté $KSp_0(A)$ (cf. [4], ch. I, (4.12)). Pour tout A-module projectif de type fini Q , on définit le module hyperbolique $H(Q) = (Q \oplus Q^* , h_Q)$ où $h_Q((x,f),(y,g)) = f(y) - g(x)$, qui est un module symplectique. On a des isomorphismes $H(Q \oplus Q') \cong H(Q) \oplus H(Q')$ et $(P,h) \oplus (P,-h) \cong H(P)$ (loc. cit.). Il s'ensuit que tout élément de $KSp_0(A)$ s'exprime sous la forme $[P,h] - [H(A^n)]$, où $[P,h]$ désigne la classe d'un A-module symplectique (P,h) dans $KSp_0(A)$. L'application $(P,h) \mapsto P$ définit un homomorphisme $KSp_0(A) \to K_0(A)$; notons $W(A)$ son noyau. Le groupe $W(A)$ s'identifie au groupe des classes $[P,h]'$ des modules symplectiques (P,h) avec P (stablement) libre, où $[P_1,h_1]' = [P_2,h_2]' \Leftrightarrow \exists$ des entiers $n_1 , n_2 \geq 0$ tels que $(P_1,h_1) \oplus H(A^{n_1}) \cong (P_2,h_2) \oplus H(A^{n_2})$.

THÉORÈME 4 (Vaseršteĭn).- *Soit* A *un anneau commutatif. Il existe une application canonique*

$$\varphi : SL_3(A)\backslash Un_3(A) \to W(A) .$$

Si $E_{r+1}(A)$ *opère transitivement sur* $Un_{r+1}(A)$ *pour tout* $r \geq 3$, *alors* φ *est bijective*.

Ce théorème sera démontré au n° 5.

COROLLAIRE.- *Soit* A *un anneau commutatif. Supposons satisfaites les conditions*

(*) $E_{r+1}(A)$ *opère transitivement sur* $Un_{r+1}(A)$ *pour tout* $r \geq 3$;

et

(**) $W(A) = 0$.

Alors tout A-*module stablement libre est libre*.

En effet, vu le théorème 4, les conditions (*) et (**) entraînent la condition $(b)_2$ de (2), d'où le corollaire d'après (3).

La condition (*) est fournie dans certains cas par le corollaire 4 du théorème 3. Pour assurer la condition (**), on peut appliquer le corollaire de la proposition 2, et le théorème 5 ci-après :

PROPOSITION 2.- *Soit* A *un anneau commutatif et soit* d *un entier* ≥ 0 . *Supposons que tout* A-*module stablement libre de rang* $r > d$ *possède un élément unimodulaire (c'est-à-dire un élément qui engendre un facteur direct* $\cong A$). *Soit* (P,h) *un* A-*module symplectique avec* P *stablement libre. Alors il existe un entier* $n \geq 0$ *et un* A-*module symplectique* (Q,g) *avec* Q *de rang* $\leq d$ *tel que* $(P,h) \cong (Q,g) \oplus H(A^n)$.

Supposons, en effet, que le rang r de P soit $> d$; il suffit de montrer que (P,h) contient un facteur direct $\cong H(A)$. Par hypothèse P contient un élément unimodulaire e . Puisque h est non singulière, il existe $f \in P$ tel que $h(f,e) = 1$. Alors le sous-module H de P engendré par e et f , muni de la restriction de h , est isomorphe à H(A) , et P est somme directe de H et de son orthogonal, d'où la proposition (cf. [4], ch. I, (4.10.2)).

Remarque.- L'hypothèse de la proposition 2 est satisfaite lorsque $DS(A) \leq d + 1$, les A-modules stablement libres de rang $> d$ étant alors libres (prop. 1), en particulier lorsque A est noethérien de dimension $\leq d$ (théorème 1).

COROLLAIRE.- *Soit* A *un anneau commutatif noethérien de dimension* ≤ 1. *Alors* $W(A) = 0$.

En effet le rang d'un module symplectique est pair, donc zéro s'il est ≤ 1.

THÉORÈME 5 (Karoubi [6]).- *Soit* A *un anneau commutatif dans lequel* 2 *est inversible. Soit* $A[t]$ *la* A-*algèbre de polynômes en une variable* t. *L'homomorphisme* $W(A) \to W(A[t])$ *induit par l'inclusion* $A \to A[t]$ *est un isomorphisme*.

Ce théorème sera démontré au n° 6. On ignore si l'hypothèse " 2 est inversible" est nécessaire.

COROLLAIRE 1.- *Soit* B *un anneau commutatif noethérien de dimension* ≤ 1 *dans lequel* 2 *est inversible. Soit* $A_n = B[t_1,\ldots,t_n]$ *la* B-*algèbre de polynômes en* n *variables. Les* A_n-*modules stablement libres sont libres dans chacun des cas suivants* :

(1) $n \leq 3$;

(2) $n \leq 4$ *et* B *est une algèbre de degré de transcendance* ≤ 1 *sur un corps fini*.

Il suffit de vérifier les conditions (*) et (**) du corollaire du théorème 4. Le corollaire 4 du théorème 3 fournit (*) dans les deux cas. Le corollaire de la proposition 2 entraîne que $W(B) = 0$. Par suite, le théorème 5 (applicable car 2 est inversible) implique que $W(A_n) = 0$ pour tout $n \geq 0$, d'où (**).

COROLLAIRE 2.- *Soit* k *un corps commutatif et soit* $A_n = k[t_1,\ldots,t_n]$ *la* k-*algèbre de polynômes en* n *variables. Les* A_n-*modules projectifs sont libres*

<u>dans chacun des cas suivants</u> :

- $n \leq 2$;
- $n = 3$ <u>et</u> k <u>est soit fini, soit de caractéristique</u> $\neq 2$;
- $n = 4$ <u>et</u> $\mathrm{car}(k) \neq 2$;
- $n = 5$ <u>et</u> k <u>est fini de caractéristique</u> $\neq 2$.

Les cas où $\mathrm{car}(k) \neq 2$ résultent du corollaire précédent en prenant $B = k[t_1]$. Les cas $n \leq 2$ et $n = 3$ avec k fini sont contenus dans le corollaire 3 du théorème 3.

<u>Complément</u>.- Le cas $n = 3$ avec k quelconque résulte du théorème suivant :

THÉORÈME 6 (Suslin).- <u>Si</u> B <u>est un anneau principal, les modules projectifs sur</u> $A_2 = B[t_1, t_2]$ <u>sont libres</u>.

La démonstration de ce théorème, ainsi que des précédents, se trouvera dans un article de Suslin et Vaserštein en préparation.

3. <u>Démonstration des théorèmes 1 et 2</u>

Soit A un anneau commutatif.

LEMME 1.- <u>Soit</u> $a = (a_1, \ldots, a_{r+1}) \in A^{r+1}$. <u>Si</u> $(a_1, \ldots, a_r) \in Un_r(A)$, <u>il existe</u> $\varepsilon \in E_{r+1}(A)$ <u>tel que</u> $\varepsilon(a) = (1, 0, \ldots, 0)$.

Posons $e_{ij}^{b} = I + be_{ij}$. Choisissons $b_1, \ldots, b_r$ tels que $1 - a_1 - a_{r+1} = b_1 a_1 + \ldots + b_r a_r$. L'élément $e_{r+1,1}^{b_1} \cdot \ldots \cdot e_{r+1,r}^{b_r}$ transforme a en $a' = (a_1, \ldots, a_r, 1 - a_1)$, et $e_{1,r+1}^{1}$ transforme a' en $a'' = (1, a_2, \ldots, a_r, 1 - a_1)$. Enfin $e_{2,1}^{-a_2} \cdot \ldots \cdot e_{r,1}^{-a_r} \cdot e_{r+1,1}^{a_1 - 1}$ transforme a'' en $(1, 0, \ldots, 0)$.

LEMME 2.- <u>Supposons</u> A <u>noethérien. Soit</u> $a = (a_1, \ldots, a_{r+1}) \in Un_{r+1}(A)$. <u>Il existe des éléments</u> $a_i'' = a_i + b_{i,i+1}a_{i+1} + \ldots + b_{i,r+1}a_{r+1}$ <u>avec</u> $b_{ij} \in A$ $(1 \leq i < j \leq r)$ <u>tels que, pour tout</u> i $(1 \leq i \leq r)$, <u>l'idéal</u>

$\mathfrak{a}_i = Aa''_1 + \dots + Aa''_i$ soit de hauteur $\geq i$.

On commence par choisir $a''_1 = a_1 + b_{1,2}a_2 + \dots + b_{1,r+1}a_{r+1}$ en dehors de tous les idéaux premiers minimaux de A , ce qui est facile. Ensuite, on applique une hypothèse de récurrence (sur r) à l'image de $(a_2,\dots,a_{r+1})$ dans $(A/Aa''_1)^r$ pour achever la démonstration.

LEMME 3.- Gardons les notations du lemme 2. Soit s un entier tel que $1 \leq s \leq r$. Il existe $(a'_1,\dots,a'_s) \equiv (a_1,\dots,a_s)$ mod. $(Aa_{s+1} + \dots + Aa_{r+1})$ tel que $Aa'_1 + \dots + Aa'_s = Aa''_1 + \dots + Aa''_s$.

Considérons a et a'' comme des vecteurs colonnes, de sorte que $a'' = \varepsilon a$ où $\varepsilon = (c_{ij})_{1 \leq i,\, j \leq r+1}$ avec $c_{ij} = b_{ij}$ pour $i < j$, $c_{ii} = 1$, et $c_{ij} = 0$ si $i > j$. Ecrivons ε sous la forme $\begin{pmatrix} \alpha & \beta \\ 0 & \delta \end{pmatrix}$ où α (resp. δ) sont des matrices carrées (triangulaires) à s (resp. $r+1-s$) lignes. Ainsi $\varepsilon = \begin{pmatrix} \alpha & 0 \\ 0 & \delta \end{pmatrix}\begin{pmatrix} I & \alpha^{-1}\beta \\ 0 & I \end{pmatrix}$, et il est clair que les a'_i définis par

$$\begin{pmatrix} I & \alpha^{-1}\beta \\ 0 & I \end{pmatrix}\begin{pmatrix} a_1 \\ \vdots \\ a_{r+1} \end{pmatrix} = \begin{pmatrix} a'_1 \\ \vdots \\ a'_s \\ a_{s+1} \\ \vdots \\ a_{r+1} \end{pmatrix}$$ répondent au lemme.

Démonstration du théorème 1. Supposons A noethérien de dimension d . Soit $a = (a_1,\dots,a_{r+1}) \in Un_{r+1}(A)$. D'après les lemmes 2 et 3, il existe $(a'_1,\dots,a'_r) \equiv (a_1,\dots,a_r)$ mod. Aa_{r+1} tel que l'idéal $\mathfrak{a} = Aa'_1 + \dots + Aa'_r$ soit de hauteur $\geq r$. Si $r \geq d+1$, on a donc $\mathfrak{a} = A$, c'est-à-dire $(a'_1,\dots,a'_r) \in Un_r(A)$. On en conclut que $DS(A) \leq d+1$, d'où le théorème 1.

Passons au théorème 2. Soit A une algèbre de degré de transcendance e sur un corps fini k. Il faut démontrer que $DS(A) \leq \max(2,e)$. Il suffit, évidemment, de montrer que $DS(A') \leq \max(2,e)$ pour toute sous-k-algèbre A' de A de type fini. On se ramène donc au cas où A est une k-algèbre de type fini, de sorte que $e = \dim A$. Le théorème 2 résulte alors du théorème suivant :

THÉORÈME 2'.- Supposons que k soit ou bien un corps fini ou bien l'anneau des S-entiers d'un corps de nombres F (fini sur $\mathbb{Q}$), où S est un ensemble fini de places de F, contenant toutes les places infinies et au moins une place finie. Soit A une k-algèbre commutative de type fini de dimension (de Krull) d. Alors $DS(A) \leq \max(2,d)$.

C'est une conséquence immédiate de la proposition et du lemme suivants. Posons $Sp(A) = \bigcup_n Sp_{2n}(A)$, groupe symplectique infini, et notons $KSp_1(A)$ le quotient de $Sp(A)$ par son sous-groupe de commutateurs $Ep(A) = (Sp(A), Sp(A))$.

PROPOSITION 3.- Si, dans le théorème 2', on a $d \leq 1$, alors $KSp_1(A) = 0$.

LEMME 4.- Soit A un anneau commutatif noethérien de dimension d. Supposons que, pour tout quotient A' de A de dimension ≤ 1, on ait $KSp_1(A') = 0$. Alors $DS(A) \leq \max(2,d)$.

Démonstration de la proposition 3. Pour tout idéal q de A, posons $Sp(q) = \mathrm{Ker}(Sp(A) \to Sp(A/q))$, $Ep(A,q) = (Sp(A), Sp(q))$, et $KSp_1(A,q) = Sp(q)/Ep(A,q)$. Remarquons que $Sp(q)$ ne dépend que de q, tandis que $Ep(A,q)$ dépend de q et de A. De plus, on a une suite exacte évidente $KSp_1(A,q) \to KSp_1(A) \to KSp_1(A/q)$. On a $KSp_1(A,q) = 0$ si

(a) $q \subset \mathrm{rad}(A)$ ([4], ch. II, cor. (7.12)),

ou si (b) A est artinien ([4], ch. IV, cor. (4.9) avec $d = 0$).

Grâce à (a) on peut passer de A à son quotient par son nilradical, de sorte qu'on peut supposer A réduit. Soit B la clôture intégrale de A dans son anneau total de fractions. L'anneau B est un produit fini d'anneaux C isomorphes soit à un corps fini, soit à l'anneau des T-entiers d'un corps global L où T est un ensemble fini de places contenant toutes les places infinies et au moins une place finie, vu les hypothèses du théorème 2'. Il résulte donc du théorème des sous-groupes de congruence ([5], cor. (12.5)) que, pour tout $n \geq 2$, tout sous-groupe d'indice fini de $Sp_{2n}(C)$ contient un sous-groupe $Sp_{2n}(q)$ où q est un idéal d'indice fini de C. On en déduit facilement que, pour tout idéal q de B, on a $KSp_1(B,q) = 0$, c'est-à-dire $Sp(q) = E(B,q)$.

Soit $\underline{c} = \mathrm{ann}_A(B/A)$ le conducteur de B dans A. On a

$$\begin{aligned} Ep(A) \supset Ep(A,\underline{c}) &= (Sp(A), Sp(\underline{c})) \\ &\supset (Sp(\underline{c}), Sp(\underline{c})) \\ &\supset Ep(B,\underline{c}') = Sp(\underline{c}') \end{aligned}$$

où $\underline{c}'$ désigne l'idéal de B engendré par les éléments $2cc'$ et c^2c' où c, c' parcourent $\underline{c}$ ([4], p. 161, th. (6.2) et pp. 175-178, prop. (7.8) et (7.8.1)). Il s'ensuit que $KSp_1(A) \to KSp_1(A/\underline{c}')$ est injectif. Or $A/\underline{c}'$ est un anneau fini, d'où $KSp_1(A/\underline{c}') = 0$ d'après (b).

Démonstration du lemme 4. Si $d < 2$, le lemme résulte du théorème 1. Si $d > 2$, le raisonnement par récurrence qui démontre le théorème 1 marche, pourvu qu'on traite le cas critique $d = 2$. On se ramène donc à montrer, en supposant $d = 2$, qu'étant donné $(a,b,q) \in Un_3(A)$, il existe $(a',b') \equiv (a,b)$ mod. Aq dans $Un_2(A)$. En passant de A à son quotient par son nilradical, on se ramène facilement au cas où A est réduit. Posons $\bar{A} = A/Aq$.

Montrons d'abord qu'il suffit de traiter le cas où $\dim \bar{A} \leq 1$. En effet, dans le cas général, soit q_0 (resp. q_1) l'intersection des idéaux premiers minimaux de A que contient (resp. ne contient pas) q, et posons $A_i = A/q_i$, de sorte qu'on peut considérer A comme sous-anneau de $A_0 \times A_1$. Si $x \in A$, notons x_i sa classe modulo q_i, de sorte que $x = (x_0, x_1)$ comme élément de $A_0 \times A_1$. On a $q = (0, q_1)$ et q_1 n'est pas diviseur de zéro dans A_1. Par suite $\bar{A}_1 = A_1/q_1A_1$ est de dimension $< \dim A_1 \leq 2$. D'après notre hypothèse, il existe s, $t \in A$ tels que

$(a_1', b_1') = (a_1 + s_1 q_1 , b_1 + t_1 q_1) \in Un_2(A_1)$. Posons $(a',b') = (a + sq , b + tq) \in A^2$. Sa classe (a_1', b_1') modulo q_1 est unimodulaire. Puisque $q_o = 0$, sa classe modulo q_o est (a_o, b_o) , qui est encore unimodulaire. Par suite l'idéal $\mathfrak{a} = Aa' + Ab'$ engendre l'idéal $A_o \times A_1$ de $A_o \times A_1$. Mais $A_o \times A_1$ est intègre sur A , donc $\mathfrak{a} = A$, c'est-à-dire $(a',b') \in Un_2(A)$.

On peut donc supposer que $\dim \bar{A} \leq 1$. Notons $t \mapsto \bar{t}$ l'application $A \to \bar{A}$ de passage au quotient, de sorte que $(\bar{a},\bar{b}) \in Un_2(\bar{A})$. Soient $\bar{c}$, $\bar{d} \in \bar{A}$ tels que $\bar{a}\bar{d} - \bar{b}\bar{c} = 1$, c'est-à-dire tels que $\bar{\alpha} = \begin{pmatrix} \bar{a} & \bar{b} \\ \bar{c} & \bar{d} \end{pmatrix} \in Sp_2(\bar{A})$. Supposons qu'il existe un élément $\alpha = \begin{pmatrix} a' & b' \\ c' & d' \end{pmatrix} \in Sp_2(A)$ d'image $\bar{\alpha}$ modulo Aq . Alors il est clair que $(a',b') \equiv (a,b)$ mod. Aq et $(a',b') \in Un_2(A)$. Vu l'hypothèse du lemme 4, la démonstration sera donc achevée par la proposition suivante :

PROPOSITION 4.- <u>Soit</u> A <u>un anneau commutatif noethérien de dimension</u> ≤ 2 , <u>et soit</u> $\bar{A} = A/q$ <u>un quotient de</u> A . <u>Pour tout</u> $n \geq 1$, <u>l'image de</u> $Sp_{2n}(A) \to Sp_{2n}(\bar{A})$ <u>contient tout élément</u> $\bar{\alpha}$ <u>dont la classe dans</u> $KSp_1(\bar{A})$ <u>s'annule.</u>

Avec les notations de [4], il existe un $m \geq 0$ tel que $\bar{\alpha} \perp I_{2m} \in Ep_{2(n+m)}(\bar{A})$. D'après [4], ch. II, prop. (2.3), il existe $\beta \in E_{2(n+m)}(A)$ relevant $\bar{\alpha} \perp I_{2m}$. Si $m = 0$, on a gagné. Supposons $m \geq 1$, et soit $e_1,\ldots,e_{n+m}, f_1,\ldots,f_{n+m}$ la base symplectique habituelle de $H(A^{n+m})$. Le "couple hyperbolique" $\beta e_{n+m}, \beta f_{n+m}$ est congru modulo q au couple e_{n+m}, f_{n+m} . D'après les hypothèses sur A et ([4], ch. IV, cor. (4.9)), il existe un $\varepsilon \in Ep_{2(n+m)}(A,q)$ tel que $\varepsilon\beta e_{n+m} = e_{n+m}$, $\varepsilon\beta f_{n+m} = f_{n+m}$. Ainsi

$\varepsilon\beta = \beta_1 \perp I_2$ où β_1 est un relèvement de $\bar{\alpha} \perp I_{2(m-1)}$ à $Sp_{2(n+m-1)}(A)$, d'où le résultat par récurrence sur m.

<u>Remarque</u>.- Le théorème 1 entraîne que $DS(A) \leq 3$, et en fait cette condition suffit pour établir la conclusion de la proposition.

4. Démonstration du théorème 3

Soient B un anneau commutatif, $A = B[t]$ la B-algèbre de polynômes en une variable t, et, pour tout entier $d \geq 0$, $A_{(d)}$ le B-module de ces polynômes de degré $\leq d$. Soit φ_d l'isomorphisme de $A_{(d)}$ sur B^{d+1} que transforme $f = a_o + a_1 t + \ldots + a_d t^d$ en $(a_o, a_1, \ldots, a_d)$.

Soient p, q des entiers ≥ 0. Rappelons que, si $f \in A_{(p)}$ et $g \in A_{(q)}$, le <u>résultant</u> $R_{p,q}(f,g)$ est défini par

$$R_{p,q}(f,g) = \det \begin{pmatrix} \varphi(f) \\ \vdots \\ \varphi(t^{q-1}f) \\ \varphi(g) \\ \vdots \\ \varphi(t^{p-1}g) \end{pmatrix} \in B ,$$

où $\varphi = \varphi_{p+q-1}$. Nous en utiliserons les propriétés suivantes, faciles à vérifier :

(1) $R_{p,q}(f,g) \in Af + Ag$.

(2) <u>Si</u> B <u>est un corps, pour que</u> $R_{p,q}(f,g) \neq 0$, <u>il faut et il suffit que</u>

(i) $Af + Ag = A$ (<u>c'est-à-dire</u> f <u>et</u> g <u>n'ont pas de racine commune</u>)

(ii) <u>soit</u> $\deg(f) = p$ <u>soit</u> $\deg(g) = q$.

LEMME 1.- <u>Soit</u> p <u>un entier</u> ≥ 0. <u>Soient</u> $f_1, \ldots, f_r \in A_{(p-1)}$ <u>et</u> f_{r+1} <u>un polynôme unitaire de degré</u> p. <u>Posons</u> $\mathfrak{a} = Af_1 + \ldots + Af_r + Af_{r+1}$.

(a) <u>Si</u> $\mathfrak{a} = A$ <u>les coefficients de</u> $f_1, \ldots, f_{r-1}$ <u>et</u> $R_{p-1,p}(f_r, f_{r+1})$ <u>engen-</u>

drent l'idéal B de B .

(b) Si les coefficients de $f_1,\dots,f_r$ engendrent l'idéal B de B , $\mathfrak{a}$ contient un polynôme unitaire de degré $p-1$.

(a) Modulo un idéal maximal de B contenant les coefficients de $f_1,\dots,f_{r-1}$, les polynômes f_r , f_{r+1} sont étrangers avec $\deg(f_{r+1}) = p$, donc $R_{p-1,p}(f_r, f_{r+1}) \neq 0$ d'après (2), d'où (a).

(b) Soit $\mathfrak{b}$ l'idéal de B formé des coefficients de t^{p-1} des éléments de $\mathfrak{a} \cap A_{(p-1)}$. Il suffit de montrer que $\mathfrak{b} = B$, et même que $\mathfrak{b}$ contient tous les coefficients de f_i $(1 \leq i \leq r)$. Or si $f_i = b_o + b_1 t + \dots + b_{p-1} t^{p-1}$, on a $b_{p-1} \in \mathfrak{b}$ par définition. Si $f_{r+1} = a_o + \dots + a_{p-1} t^{p-1} + t^p$, on a $f_i' = tf_i - b_{p-1} f_{r+1} = b_o' + b_1' t + \dots + b_{p-1}' t^{p-1} \in \mathfrak{a} \cap A_{(p-1)}$ avec
$b_j' \equiv b_{j-1}$ mod. Bb_{p-1} $(0 \leq j \leq p-1)$. Par suite
$b_{p-1}' = b_{p-2} - a_{p-1} b_{p-1} \in \mathfrak{b}$, donc $b_{p-2} \in \mathfrak{b}$, et, par une récurrence évidente, $b_{p-j} \in \mathfrak{b}$ pour tout $j = 1,\dots,p-1$, d'où l'assertion.

Soit $\ell : A \to B$ l'application définie par $\ell(0) = 0$ et $\ell(f) = a_p$ si $f = a_o + a_1 t + \dots + a_p t^p$ avec $a_p \neq 0$. Les propriétés suivantes sont immédiates :

(3) Si $f, g \in A$ et $\ell(f)\ell(g) \neq 0$, on a $\ell(fg) = \ell(f)\ell(g)$.

(4) Si $\mathfrak{a}$ est un idéal de A , $\ell(\mathfrak{a})$ est un idéal de B contenant $\mathfrak{a} \cap B$ et on a $\ell(\mathfrak{a}) \subset \ell(\sqrt[A]{\mathfrak{a}}) \subset \sqrt[B]{\ell(\mathfrak{a})}$.

(5) Si $\mathfrak{a}$, $\mathfrak{a}'$ sont des idéaux de A , on a $\ell(\mathfrak{a})\ell(\mathfrak{a}') \subset \ell(\mathfrak{a}\mathfrak{a}')$ et $\ell(\mathfrak{a} \cap \mathfrak{a}') \subset \ell(\mathfrak{a}) \cap \ell(\mathfrak{a}')$.

LEMME 2.- Supposons que B soit noethérien. Pour tout idéal $\mathfrak{a}$ de A , on a

$$\mathrm{ht}(\ell(\mathfrak{a})) \geq \mathrm{ht}(\mathfrak{a}) .$$

Grâce à (4) on peut supposer $\mathfrak{a} = \sqrt[A]{\mathfrak{a}}$, de sorte que $\mathfrak{a} = \underline{P}_1 \cap \dots \cap \underline{P}_s$

où les $\underline{P}_i$ sont des idéaux premiers. Soit $\mathfrak{p}$ un idéal premier de B contenant $\ell(\mathfrak{a})$ tel que $ht(\mathfrak{p}) = ht(\ell(\mathfrak{a}))$. D'après (5), on a $\mathfrak{p} \supset \ell(\mathfrak{a}) \supset \ell(\underline{P}_1 \ldots \underline{P}_s) \supset \ell(\underline{P}_1) \ldots \ell(\underline{P}_s)$, d'où l'existence d'un i tel que $\mathfrak{p} \supset \ell(\underline{P}_i)$. Donc $ht(\mathfrak{p}) \geq ht(\ell(\underline{P}_i))$ et $ht(\underline{P}_i) \geq ht(\mathfrak{a})$. Il suffit alors de montrer que $ht(\ell(\underline{P}_i)) \geq ht(\underline{P}_i)$. Posons $\mathfrak{p}_i = \underline{P}_i \cap B$; on a $ht(\mathfrak{p}_i) = ht(\mathfrak{p}_i B) \leq ht(\underline{P}_i) \leq ht(\mathfrak{p}_i) + 1$ ([7], (13.B)), d'où l'assertion si $\underline{P}_i = \mathfrak{p}_i B$. Si $\underline{P}_i \neq \mathfrak{p}_i B$, alors $\ell(\underline{P}_i)$ est strictement plus grand que $\mathfrak{p}_i$, donç $ht(\ell(\underline{P}_i)) \geq 1 + ht(\mathfrak{p}_i) \geq ht(\underline{P}_i)$.

Pour tout entier $n \geq 0$, notons $A_n = B[t_1, \ldots, t_n]$ la B-algèbre de polynômes en n variables $t_1, \ldots, t_n$.

LEMME 3.- <u>Supposons</u> B <u>noethérien de dimension</u> d . <u>Soit</u> $n \geq 0$ <u>et soit</u> $\mathfrak{a}$ <u>un idéal de</u> A_n <u>de hauteur</u> $\geq d+1$. <u>Il existe un changement de variables</u> $(t_1, \ldots, t_n) \mapsto (u_1, \ldots, u_n)$ <u>de la</u> B-<u>algèbre</u> A_n <u>tel que</u> $\mathfrak{a}$ <u>contienne un polynôme unitaire en</u> u_n .

Si $n = 1$, il résulte du lemme 2 que $\ell(\mathfrak{a}) = B$, d'où l'assertion avec $u_1 = t_1$. Supposons $n > 1$ et posons $t = t_n$, de sorte que $A_n = A_{n-1}[t]$. Le lemme 2 et une hypothèse de récurrence nous permettent, après un changement de variables dans A_{n-1} , de supposer que $\ell(\mathfrak{a})$ contienne un polynôme f unitaire en t_1 , donc que $\mathfrak{a}$ contienne un polynôme de la forme

$$g = f_o + \ldots + f_{p-1} t^{p-1} + f t^p$$

avec les f_i dans A_{n-1} . Soit N un entier $> \deg_{t_1}(f_j)$ $(0 \leq j \leq p-1)$. Posons $u_1 = t - t_1^N$, $u_n = t_1$, et $u_i = t_i$ $(1 < i < n)$. Pour $j \leq p-1$, le degré en u_n de

$$f_j(t_1, \ldots, t_{n-1}) t^j = f_j(u_n, u_2, \ldots, u_{n-1})(u_1 + u_n^N)^j$$

est $\deg_{t_1}(f_j) + Nj$, ce qui est $<$ le degré en u_n de

$f(u_n, u_2, \ldots, u_{n-1})(u_1 + u_n^N)^p$, et ce dernier polynôme est unitaire en u_n car f est unitaire en t_1 . Donc g est un polynôme unitaire en u_n , d'où le lemme.

LEMME 4.- Supposons B noethérien de dimension d . Soit $n \geq 0$ et soit $f = (f_1, \ldots, f_{r+1}) \in Un_{r+1}(A_n)$. Si $r \geq 1 + d$, il existe $\varepsilon \in E_{r+1}(A_n)$ et un changement de variables $(t_1, \ldots, t_n) \mapsto (u_1, \ldots, u_n)$ dans la B-algèbre A_n tels que $\varepsilon f = g = (g_1, \ldots, g_{r+1})$ avec g_{r+1} unitaire en la variable u_n , et $\deg_{u_n}(g_j) < \deg_{u_n}(g_{r+1})$ $(1 \leq j \leq r)$.

Grâce aux lemmes 2 et 3 du n° 3, et à une transformation de f par un élément $E_{r+1}(A_n)$, on peut supposer que l'idéal $\mathfrak{a} = Af_1 + \ldots + Af_r$ est de hauteur $\geq r$. Quitte à changer les variables dans A_n , le lemme 3 nous permet, en plus, de supposer que $\mathfrak{a}$ contient un polynôme h unitaire en u_n . A l'aide d'un élément de $E_{r+1}(A_n)$, on peut remplacer f_{r+1} par $g_{r+1} = f_{r+1} + u_n^N h$, où N est choisi suffisamment grand pour que g_{r+1} soit unitaire en u_n . Ensuite, la division euclidienne des f_i $(1 \leq i \leq r)$ par g_{r+1} nous permet, grâce à des éléments de $E_{r+1}(A_n)$, de remplacer les f_i par des polynômes g_i de degrés $< \deg_{u_n}(g_{r+1})$ en u_n , d'où le lemme.

THÉORÈME 3'.- Soit B un anneau commutatif noethérien de dimension d . Pour tout $n \geq 0$, soit A_n la B-algèbre $B[t_1, \ldots, t_n]$ de polynômes en n variables $t_1, \ldots t_n$. Soient $n \geq 1$ et $m \geq 0$ des entiers et $f = (f_1, \ldots, f_{r+1}) \in Un_{r+1}(A_n)$. Si

$$r \geq 1 + \max\left(d, \frac{DS(A_{n-1})}{m+1}\right) ,$$

il existe $\varepsilon \in E_{r+1}(A_n)$ et un changement de variables $(t_1, \ldots, t_n) \mapsto (u_1, \ldots, u_n)$ dans la B-algèbre A_n tels que $\varepsilon f = g = (g_1, \ldots, g_{r+1})$ avec g_{r+1} unitaire

<u>de degré</u> m <u>en la variable</u> u_n <u>et</u> $\deg_{u_n}(g_j) < m$ $(1 \leq j \leq r)$.

Grâce au lemme 4, applicable car $r \geq 1 + d$, on peut supposer f_{r+1} unitaire en t_n , disons de degré p , et que $\deg_{t_n}(f_j) < p$ $(1 \leq j \leq r)$. Si $p \leq m$, la démonstration s'achève facilement. Supposons donc $p \geq m + 1$. Posons $t = t_n$, de sorte que $A_n = A_{n-1}[t]$, et posons $R = R_{p-1,p}(f_r , f_{r+1})$, le résultant de f_r et f_{r+1} par rapport à la variable t . Soit $v = (c_1,\ldots,c_{(r-1)p} , R) \in A_{n-1}^{(r-1)p+1}$ l'élément ayant pour premiers coefficients c_j les coefficients de $1 , t,\ldots,t^{p-1}$ dans les polynômes $f_1,\ldots,f_{r-1}$. D'après le lemme 1 (a), on a $v \in \mathrm{Un}_{(r-1)p+1}(A_{n-1})$. Or

$(r - 1) \geq \dfrac{DS(A_{n-1})}{m + 1}$ et $p \geq m + 1$, donc $(r - 1)p \geq DS(A_{n-1})$. Par suite, il existe $(c'_1 ,\ldots, c'_{(r-1)p}) \equiv (c_1 ,\ldots,c_{(r-1)p})$ mod. $A_{n-1} . R$ dans $\mathrm{Un}_{(r-1)p}(A_{n-1})$. D'après (1), on a $R \in A_n f_r + A_n f_{r+1}$. Donc, à l'aide des éléments de $E_{r+1}(A_n)$, on peut ajouter aux f_j $(1 \leq j \leq r - 1)$ des multiples de R , et ainsi se ramener au cas où les coefficients de $f_1,\ldots,f_{r-1}$ engendrent l'idéal A_{n-1} de A_{n-1} . On est donc en position d'appliquer le lemme 1 (b) aux polynômes $f_1,\ldots,f_{r-1} , f_{r+1}$ et l'on en déduit que l'idéal qu'ils engendrent contient un polynôme g unitaire en t de degré $p - 1$. On peut ajouter un multiple de g à f_r pour obtenir un polynôme h_r qui est unitaire en t de degré $p - 1$. Au moyen d'un élément de $E_{r+1}(A_n)$, on peut remplacer f_r par h_r . Ensuite, grâce encore à des éléments de $E_{r+1}(A_n)$, on peut effectuer la division euclidienne des autres polynômes par h_r pour obtenir finalement un élément $h = (h_1,\ldots,h_r , h_{r+1})$ où h_r est unitaire en t de degré $p-1$ et $\deg_t(h_j) < p - 1$ pour $j \neq r$. Enfin, un élément de $E_{r+1}(A_n)$ transforme h en $(h_1,\ldots,h_{r-1} , -h_{r+1} , h_r)$. Le théorème résulte alors d'une récurrence sur p .

Considérons le cas $m = 1$ du théorème 3'. Dans ce cas, on a $g_{r+1} = t_n - h$ avec $h, g_1, \ldots, g_r \in A_{n-1}$. La rétraction $A_n \to A_{n-1}$ envoyant t_n sur h montre que $(g_1, \ldots, g_r) \in \mathrm{Un}_r(A_{n-1})$, donc aussi $(g_1, \ldots, g_r) \in \mathrm{Un}_r(A_n)$. Il résulte donc du lemme 1 du n° 2 qu'il existe $\delta \in E_{r+1}(A_n)$ tel que $\delta g = (1,0,\ldots,0)$. On déduit ainsi le théorème 3 du théorème 3'.

5. Démonstration du théorème 4

Soit A un anneau commutatif. Soit e_1, e_2, e_3 la base habituelle de A^3 et posons $e = e_1 \wedge e_2 \wedge e_3 \in \Lambda^3 A^3$. Si $a = (a_1, a_2, a_3) = a_1 e_1 + a_2 e_2 + a_3 e_3 \in A^3$, posons $e_a = a_1(e_2 \wedge e_3) - a_2(e_1 \wedge e_3) + a_3(e_2 \wedge e_3) \in \Lambda^2 A^3$. Pour tout $x = (x_1, x_2, x_3) \in A^3$, nous avons

$$e_a \wedge x = (a \cdot x) e$$

où $a \cdot x = a_1 x_1 + a_2 x_2 + a_3 x_3$. Posons

$$P_a = \mathrm{Ker}(x \mapsto a \cdot x) = \mathrm{Ker}(x \mapsto e_a \wedge x) .$$

LEMME 1.- Si $a \in \mathrm{Un}_3(A)$ l'élément e_a est unimodulaire dans $\Lambda^2 A^3$, $A^3 = P_a \oplus Ab$ pour tout b tel que $a.b = 1$, et $\Lambda^2 P_a = Ae_a \subset \Lambda^2 A^3$.

Seule l'égalité $\Lambda^2 P_a = Ae_a$ mérite une démonstration. On voit par localisation que $\Lambda^2 P_a$ est l'orthogonal de P_a pour la forme bilinéaire $\wedge : A^3 \times \Lambda^2 A^3 \to \Lambda^3 A^3$. Par suite e_a, étant un élément unimodulaire dans le module $\Lambda^2 P_a$ de rang 1, engendre ce module.

Si $a \in \mathrm{Un}_3(A)$, soit (P_a, h_a) le module symplectique défini par $x \wedge y = h_a(x,y) e_a$ pour $x, y \in P_a$. Par rapport à une base convenable de $(P_a, h_a) \oplus H(A)$, la forme symplectique est représentée par une matrice

$$\begin{pmatrix} 0 & b_3 & -b_2 & -a_1 \\ -b_3 & 0 & b_1 & -a_2 \\ b_2 & -b_1 & 0 & -a_3 \\ a_1 & a_2 & a_3 & 0 \end{pmatrix} \qquad \text{de Pfaffien } a_1b_1 + a_2b_2 + a_3b_3 = 1 .$$

Notons Σ la classe des A-modules symplectiques (P,h) tels que $P \oplus A \cong A^3$. Notons $((P,h))$ la classe d'isomorphie de (P,h) et (Σ) l'ensemble des $((P,h))$ où (P,h) parcourt Σ.

THÉORÈME 4'.- <u>L'application</u> $a \mapsto (P_a, h_a)$ <u>de</u> $Un_3(A)$ <u>dans</u> Σ <u>induit une bijection</u>

$$\psi : SL_3(A)\backslash Un_3(A) \to (\Sigma) .$$

(i) ψ <u>est bien défini</u>. Soient $a \in Un_3(A)$, $\alpha \in GL_3(A)$, et $a' = \alpha(a)$. On définit α^* par $\alpha x.y = x.\alpha^* y$ pour tout x, $y \in A^3$. De la formule $a'.x = \alpha a.x = a.\alpha^* x$, on déduit que α^* induit un isomorphisme de $P_{a'}$ sur P_a, donc (lemme 1) $\Lambda^2\alpha^*(e_{a'}) = de_a$ pour un certain $d \in A$. On a, pour tout $x \in A^3$,

$$\begin{aligned} d(a.x)e &= de_a \wedge x = \Lambda^2\alpha^*(e_{a'}) \wedge x \\ &= \Lambda^3\alpha^*(e_{a'} \wedge \alpha^{*-1}x) = \det(\alpha^*)(a'.\alpha^{*-1}x)e \\ &= \det(\alpha^*)(a.x)e , \end{aligned}$$

donc $d = \det(\alpha^*) = \det(\alpha)$. Par suite si $\det(\alpha) = 1$, α^* induit un isomorphisme $(P_{a'}, h_{a'}) \to (P_a, h_a)$.

(ii) ψ <u>est injectif</u>. Soient a, $a' \in Un_3(A)$ et $\gamma : (P_{a'}, h_{a'}) \to (P_a, h_a)$ un isomorphisme, de sorte que $\Lambda^2\gamma(e_{a'}) = e_a$. Choisissons b, $b' \in A^3$ tels que $a.b = 1 = a'.b'$ et prolongeons γ en un isomorphisme de $A^3 = P_{a'} \oplus Ab'$ sur $A^3 = P_a \oplus Ab$ tel que $\gamma(b') = b$. Pour tout $x \in A^3$, on a

$$\begin{aligned} \det(\gamma)(a'.x)e &= \Lambda^3(\gamma)(e_{a'} \wedge x) \\ &= \Lambda^2\gamma(e_{a'}) \wedge \gamma x = e_a \wedge \gamma x = (a.\gamma x)e . \end{aligned}$$

Prenant $x = b'$, on trouve que $\det(\gamma) = 1$, et par suite

$a'.x = a.\gamma x = \gamma^*(a).x$ pour tout $x \in A^3$, d'où $\gamma^*(a) = a'$.

(iii) ψ <u>est surjectif</u>. Soit $(P,h) \in \Sigma$. On peut supposer P facteur direct de A^3 . Soit δ un générateur de $\Lambda^2 P$ tel que $x \wedge y = h(x,y)\delta$ pour tout x , $y \in P$. Alors, il est clair que $\delta = e_a$ pour un certain $a \in Un_3(A)$, donc $(P,h) = (P_a, h_a)$.

Le théorème 4 résulte maintenant du théorème 4' et de la proposition suivante :

PROPOSITION 5.- *Supposons que* $E_{r+1}(A)$ *opère transitivement sur* $Un_{r+1}(A)$ *pour tout* $r \geq 3$. *Alors l'application* $\psi' : ((P,h)) \mapsto [P,h]$ *de* (Σ) *dans* $W(A)$ *est bijective.*

L'hypothèse entraîne que les A-modules stablement libres de rang ≥ 3 sont libres. Il résulte alors de la prop. 2, et du fait qu'un module symplectique est toujours de rang pair, que ψ' est surjectif. Pour montrer que ψ' est injectif, il suffit, comme on le voit facilement, de montrer que, pour tout $r \geq 2$, si (A^{2r},h) est un module symplectique, son groupe d'automorphismes $Sp(A^{2r},h)$ opère transitivement sur l'ensemble de ses "plans hyperboliques" (= sous-modules symplectiques isomorphes à $H(A)$). D'après [4], ch. I, cor. (5.6), il suffit même de montrer que $Sp(A^{2r},h)$ opère transitivement sur $Un_{2r}(A)$. Ainsi on se ramène à la proposition frappante de Vaserštein suivante :

PROPOSITION 6.- *Soient* A *un anneau commutatif et* (A^{2r},h) *un* A-*module symplectique. Si* $E_{2r}(A)$ *opère transitivement sur* $Un_{2r}(A)$, *il en est de même pour* $Sp(A^{2r},h)$.

Pour la démonstration nous avons besoin de quelques notations. Si $M = M_1 \oplus M_2$ est un A-module décomposé en somme directe, notons $E(M_1,M_2)$ le sous-groupe de $GL(M)$ engendré par

$$\begin{pmatrix} 1_{M_1} & \mathrm{Hom}(M_2,M_1) \\ 0 & 1_{M_2} \end{pmatrix} \cup \begin{pmatrix} 1_{M_1} & 0 \\ \mathrm{Hom}(M_1,M_2) & 1_{M_2} \end{pmatrix} .$$

Par exemple, si $e_1,\dots,e_{r+1}$ désigne la base habituelle de A^{r+1} , on voit facilement que $E_{r+1}(A) = E(A^r, Ae_{r+1})$.

Soit $(M, \langle\, ,\rangle)$ un A-module symplectique. Pour tout u , $v \in M$ tels que $\langle u,v\rangle = 0$ et pour tout $c \in A$, l'application

$$\sigma_{u,c,v} : x \longmapsto x + \langle u,x\rangle v + \langle v,x\rangle u + \langle u,x\rangle cu$$

appartient à $Sp(M, \langle\, ,\rangle)$ (cf. [4], p. 91). Remarquons que $\sigma_{u,c,v} = \sigma_{u,o,v} \circ \sigma_{u,c,o}$. Supposons que M soit somme directe orthogonale d'un sous-module P et d'un plan hyperbolique $H(e,f)$ engendré par un couple hyperbolique e,f : $\langle f,e\rangle = 1$. Notons $Ep(P,H(e,f))$ le sous-groupe de $Sp(M, \langle\, ,\rangle)$ engendré par tous les éléments $\sigma_{u,c,v}$ ($c \in A$, $v \in P$, $u = e$ ou f). La prop. 6 se précise ainsi :

PROPOSITION 6'.- <u>Les orbites</u> $E(P \oplus Ae, Af).f$ <u>et</u> $Ep(P, H(e,f)).f$ <u>coïncident.</u>

Remarquons d'abord que $Ep(P,H(e,f)) \subset E(P \oplus Ae, Af)$, comme on le voit facilement. Si $\alpha \in GL(P \oplus Ae)$ nous l'identifierons avec $\alpha \oplus 1_{Af} \in GL(M)$. Ainsi $GL(P \oplus Ae)$ fixe f et normalise l'ensemble

$$S = \begin{pmatrix} 1 & \mathrm{Hom}(Af, P \oplus Ae) \\ 0 & 1 \end{pmatrix} \cup \begin{pmatrix} 1 & 0 \\ \mathrm{Hom}(P \oplus Ae, Af) & 1 \end{pmatrix}$$

qui engendre $E(P \oplus Ae, Af)$. Il suffit de montrer (par récurrence sur m) que <u>si</u> $f' \in M$ <u>et</u> $\varepsilon_1,\dots,\varepsilon_m \in S$ <u>sont tels que</u> $\varepsilon_1\dots\varepsilon_m f' = f$, <u>alors il existe</u> $\sigma \in Ep(P,H(e,f))$ <u>tel que</u> $\sigma f' = f$. Nous utiliserons le lemme suivant, qui sera démontré plus loin :

LEMME 2.- <u>Si</u> $\varepsilon \in S$, <u>il existe</u> $\alpha \in E(P,Ae)$ <u>tel que</u> $\alpha\varepsilon \in Ep(P,H(e,f))$.

L'assertion faite plus haut est claire si $m = 0$. Si $m > 0$, le lemme 2 fournit un $\alpha \in E(P,Ae)$ tel que $\sigma_m = \alpha\varepsilon_m$ appartient à $Ep(P,H(e,f))$. Posons $\varepsilon_i' = \alpha\varepsilon_i\alpha^{-1} \in S$ $(1 \leq i \leq m-1)$. On a $f = \alpha f = \alpha\varepsilon_1 \ldots \varepsilon_m f' = \varepsilon_1' \ldots \varepsilon_{m-1}'\sigma_m f'$. L'hypothèse de récurrence fournit un $\sigma' \in Ep(P,H(e,f))$ tel que $\sigma'\sigma_m f' = f$, d'où l'assertion en prenant $\sigma = \sigma'\sigma_m$.

Démontrons maintenant le lemme 2. Si $(v,c) \in P \times A$, introduisons

$$\varepsilon_{(v,c)} : x = p + ae + bf \longmapsto x + b(v + ce) = x + \langle -e,x\rangle(v + ce)$$

et

$$\delta_{(v,c)} : x \longmapsto x + (ac + \langle v,p\rangle)f = x + \langle cf + v , x\rangle f .$$

Ces éléments constituent l'ensemble S. Définissons α_v, $\beta_v \in E(P,Ae)$ par $\alpha_v(x) = x - \langle v,x\rangle e$ et $\beta_v(x) = x + \langle f,x\rangle v$. On vérifie alors facilement les formules suivantes, qui entraînent le lemme 2 :

$$\alpha_v\,\varepsilon_{(v,c)} = \sigma_{-e,-c,v} = \sigma_{e,c,v}^{-1}$$

$$\beta_v\,\delta_{(v,c)} = \sigma_{f,c,v} .$$

6. Démonstration du théorème 5

Soit A un anneau commutatif. Notons, pour tout entier $n \geq 1$, S_{2n} (ou $S_{2n}(A)$) l'ensemble des matrices alternées inversibles à $2n$ lignes à coefficients dans A. Parmi elles se trouve

$$H_{2n} = \begin{pmatrix} 0 & I_n \\ -I_n & 0 \end{pmatrix} .$$

Le groupe $GL_{2n}(A)$ opère sur S_{2n} par $\alpha : \sigma \longmapsto \alpha\sigma\alpha^*$. On a de plus l'opération de somme directe $\oplus : S_{2n} \times S_{2m} \to S_{2(n+m)}$. Posons $S = \bigcup_n S_{2n}$. Si $\sigma \in S_{2n}$ et $\sigma' \in S_{2n'}$, désignons par $\sigma \sim \sigma'$ la relation :

" il existe des entiers m, $m' \geq 0$ tels que $n + m = n' + m'$ et un élément α de $GL_{2(n+m)}(A)$ tel que $\alpha(\sigma \oplus H_{2m})\alpha^* = \sigma' \oplus H_{2m'}$ ".

C'est une relation d'équivalence, et il est évident que $S/\sim$ s'identifie au groupe $W(A)$ du théorème 5 (affirmant que $W(A) \to W(A[t])$ est un isomorphisme lorsque $\frac{1}{2} \in A$). La rétraction $A[t] \to A$ montre que $W(A) \to W(A[t])$ est injectif. Pour montrer que c'est surjectif, soit σ un élément de $S_{2n}(A[t])$. Cherchons un m et un élément $\tau \in S_{2m}(A)$ tel que $\sigma \sim \tau$.

Ecrivons $\sigma = \sigma_0 + \sigma_1 t + \ldots + \sigma_d t^d$, $\sigma_d \neq 0$, où les matrices alternées σ_i sont à coefficients dans A . Posons $d = \deg(\sigma)$ et montrons d'abord que σ est équivalent à un σ' de degré ≤ 1 . Supposons donc que $d \geq 2$ et raisonnons par récurrence sur d . Quitte à remplacer σ par $\sigma \oplus H_{2n}$, on peut supposer σ_d de la forme

$$\sigma_d = \begin{pmatrix} \sigma'_d & 0 \\ 0 & 0 \end{pmatrix} .$$

La matrice alternée σ'_d s'exprime sous la forme $\mu - \mu^*$ pour une certaine matrice μ . Posons $d = 2e + j$, où $j = 0$ ou 1 , $\beta = \begin{pmatrix} I & \mu t^j \\ 0 & 0 \end{pmatrix}$, et $\alpha = \begin{pmatrix} I & \beta t^e \\ 0 & I \end{pmatrix} \in E_{4n}(A[t])$. Alors

$$\alpha(\sigma \oplus H_{2n})\alpha^* = \begin{pmatrix} I & \beta t^e \\ 0 & I \end{pmatrix} \begin{pmatrix} \sigma & 0 \\ 0 & H_{2n} \end{pmatrix} \begin{pmatrix} I & 0 \\ \beta^* t^e & I \end{pmatrix}$$

$$= \begin{pmatrix} \sigma + \beta H_{2n}\beta^* t^{2e} & \beta H_{2n} t^e \\ H_{2n}\beta^* t^e & H_{2n} \end{pmatrix} \underset{\overline{\overline{\quad}}}{\text{def}} \sigma'$$

et

$$\beta H_{2n}\beta^* = \begin{pmatrix} I & \mu t^j \\ 0 & 0 \end{pmatrix} \begin{pmatrix} 0 & I \\ -I & 0 \end{pmatrix} \begin{pmatrix} I & 0 \\ \mu^* t^j & 0 \end{pmatrix} = \begin{pmatrix} (\mu^* - \mu)t^j & 0 \\ 0 & 0 \end{pmatrix} = -\sigma_d t^j ,$$

de sorte que $\sigma + \beta H_{2n}\beta^* t^{2e} = \sigma - \sigma_d t^d$ est de degré $\leq d-1$. Par suite σ est équivalent à l'élément $\sigma' \in S_{4n}(A[t])$ de degré $\leq d-1$, d'où l'assertion par l'hypothèse de récurrence.

On est donc ramené au cas où $\sigma = \sigma_0 + \sigma_1 t$. Quitte à remplacer σ par $\sigma \oplus (-\sigma_0)$ et à le transformer par un élément de $GL_{4n}(A)$, on peut supposer que $\sigma_0 = H_{2n}$, que nous noterons simplement H . On a

$$\sigma = H + \sigma_1 t = H(I + \nu t)$$

où $\nu = H^{-1}\sigma_1 = -H\sigma_1$ est nilpotent, car la matrice $I + \nu t$ a pour inverse $\sum_{i \geq 0} (-\nu t)^i$, qui est un polynôme en t . Pour achever la démonstration, il suffit de trouver un $\alpha \in GL_{2n}(A[t])$ tel que $\alpha^*\sigma\alpha = H$. On prend

$$\alpha = (I + \nu t)^{-\frac{1}{2}} = \sum_{i \geq 0} \binom{-\frac{1}{2}}{i} (\nu t)^i ,$$

qui existe car ν est nilpotent et $\frac{1}{2} \in A$. On a $\sigma_1 = H\nu$, donc $-\sigma_1 = \sigma_1^* = \nu^* H^* = -\nu^* H$, d'où $\nu^* H = H\nu$. Par suite $\alpha^* H = H\alpha$ et donc $\alpha^*\sigma\alpha = \alpha^* H(I + \nu t)\alpha = H\alpha(I + \nu t)\alpha = H$, d'où le théorème.

BIBLIOGRAPHIE

[1] H. BASS - Big projective modules are free, Ill. J. Math., 7 (1963), 24-31.

[2] H. BASS - K-theory and stable algebra, Publ. I.H.E.S., n° 22 (1964), 5-60.

[3] H. BASS - Algebraic K-theory, W. A. Benjamin, New York (1968).

[4] H. BASS - Unitary algebraic K-theory, Proc. Battelle Conf. on algebraic K-theory, vol. III, Springer, Lecture Notes n° 343.

[5] H. BASS, J. MILNOR, J.-P. SERRE - Solution of the congruence subgroup problem for SL_n $(n \geq 3)$ and Sp_{2n} $(n \leq 2)$, Publ. I.H.E.S., n° 33 (1967), 59-137.

[6] M. KAROUBI - Périodicité de la K-théorie hermitienne, Proc. Battelle Conf. on algebraic K-theory, vol. III, Springer, Lecture Notes n° 343.

[7] H. MATSUMURA - Commutative algebra, W. A. Benjamin, New York (1970).

[8] M. OJANGUREN, R. SRIDHARAN - Cancellation of Azumaya algebras, J. Alg., 18(1971), 501-505.

[9] B. SEGRE - Intersezioni complete di due ipersuperficie algebriche in uno spazio affine, et non estendibilita di un theorema di Seshadri, Rev. Roum. Math. Pures et Appl., 9 (1970), 1527-1534.

[10] C. S. SESHADRI - Triviality of vector bundles over the affine space K^2, Proc. Natl. Acad. Sci. USA, 44 (1958), 456-458.

[11] J.-P. SERRE - Faisceaux algébriques cohérents, Ann. Math., 61 (1955), 197-278.

[12] J.-P. SERRE - Modules projectifs et espaces fibrés à fibre vectorielle, Sém. Dubreil, n° 23 (1957/58).

[13] J.-P. SERRE - Sur les modules projectifs, Sém. Dubreil, n° 2 (1960/61).

[14] L. N. VASERŠTEIN - Stable rank of rings and dimensionality of topological spaces.

Bibliographie - Compléments

M. P. MURTHY and J. TOWBER - Algebraic vector bundles on $\mathbb{A}^3$ are trivial, Inv. Math., ..., (1974).

M. ROITMAN - On Serre's problem on projective modules, à paraître.

R. G. SWAN - A cancellation theorem for projective modules in the metastable range, à paraître.

A. A. SUSLIN et L. VASERŠTEIN - Le problème de Serre sur les modules projectifs sur les anneaux de polynômes, et la K-théorie algébrique, Journal d'analyse fonctionnelle, t. 8 (1974), 65-66, [en russe].

Séminaire BOURBAKI
26e année, 1973/74, n° 449

449-01
Juin 1974

LE PROBLÈME DES MODULES LOCAUX POUR LES ESPACES $\mathbb{C}$-ANALYTIQUES COMPACTS

[d'après A. DOUADY et J. HUBBARD]

par Joseph LE POTIER

1. Introduction

Tous les espaces analytiques considérés sont complexes et peuvent avoir des éléments nilpotents.

Soient X_o un espace analytique compact et (S,s) un germe d'espace analytique. On appelle déformation de X_o paramétrée par (S,s) un espace analytique $X \to S$ propre et plat au-dessus de S, muni d'un isomorphisme

$$i : X(s) \xrightarrow{\sim} X_o .$$

On considère le foncteur $(S,s) \mapsto F(S,s)$ défini sur la catégorie des germes d'espaces analytiques et à valeurs dans Ens qui au germe (S,s) associe l'ensemble des classes d'isomorphisme de déformations de X_o paramétrées par (S,s). Même si X_o est lisse, ce foncteur n'est pas en général représentable ; cependant, dans ce dernier cas, il est semi-représentable au sens suivant :

Il existe un germe d'espace analytique (H,h) et une déformation Ξ de X_o paramétrée par (H,h) tels que pour toute déformation X de X_o paramétrée par (S,s) il existe un morphisme $f : (S,s) \to (H,h)$ tel que $f^*(\Xi)$ soit isomorphe à X (comme déformation de X_o) ; de plus, l'application linéaire tangente à f en s est déterminée de façon unique par cette condition [3].

Dans [1], A. Douady et J. Hubbard donnent une méthode pour montrer que cet énoncé reste vrai même si X_o a des singularités. Les détails de la démonstration ont été exposés au Séminaire Douady-Verdier, 1973/74, à l'E.N.S. Signalons que H. Grauert a lui aussi donné une démonstration.

2. La variété des polycylindres $P(K,X)$

2.1 Soit K un polycylindre compact de $\mathbf{C}^n$; on note $\underline{B}_K$ le faisceau qui associe à un ouvert U de K l'algèbre des fonctions continues sur U et holomorphes sur $\overset{\circ}{K} \cap U$, et $B(K) = H^o(K,\underline{B}_K)$.

DÉFINITION.- On appelle sous-espace privilégié de K un couple (Y,A) formé d'un sous-espace topologique de K et d'une algèbre de Banach A quotiente de $B(K)$ par un idéal direct (*) I admettant une résolution finie directe

$$0 \to B(K)^{r_n} \to B(K)^{r_{n-1}} \to \ldots \to B(K)^{r_1} \to I \to 0$$

et dont le support soit Y .

Dans la suite, on notera $A = B(Y)$.

DÉFINITION.- Soient Y un sous-espace privilégié de K , et $L \subset K$ un autre polycylindre. On dit que L est Y-privilégié s'il existe une résolution finie directe

$$0 \to B(K)^{r_n} \to \ldots \to B(K)^{r_1} \to B(K) \to B(Y) \to 0$$

telle que la suite

$$0 \to B(L)^{r_n} \to \ldots \to B(L)^{r_1} \to B(L)$$

obtenue en appliquant $\cdot \otimes_{B(K)} B(L)$ soit encore exacte directe.

Si $L \subset K$ est un polycylindre Y-privilégié, alors la propriété énoncée est vraie pour n'importe quelle résolution de $B(Y)$. L'espace $Y \cap L$, muni de l'algèbre $B(Y \cap L) = B(Y) \otimes_{B(K)} B(L)$ est alors un sous-espace privilégié de L .

PROPOSITION 1.- Tout point $x \in K$ a un système fondamental de voisinages dans K qui sont des polycylindres Y-privilégiés.

(*) Le mot direct se rapporte toujours à la structure de Banach sous-jacente.

Si $x \in \overset{\circ}{K}$, cette proposition n'est autre que le théorème des voisinages privilégiés de Douady ; si $x \notin \overset{\circ}{K}$, la démonstration est due à G. Pourcin (cf. [2], [4]).

Soit Y un sous-espace privilégié de K ; il sera muni du faisceau d'algèbres

$$\underline{B}_Y = B(Y) \otimes_{B(K)} \underline{B}_K .$$

2.2 Etant donné un espace analytique X , on désigne par $\mathrm{Mor}(Y,X)$ l'ensemble des morphismes d'espaces annelés de Y dans X .

PROPOSITION 2.- $\mathrm{Mor}(Y,X)$ <u>peut être muni naturellement d'une structure d'espace analytique banachique</u>.

<u>Démonstration</u>. Si X est un ouvert U de $\mathbf{C}^p$, $\mathrm{Mor}(Y,X)$ s'identifie à un ouvert de l'espace de Banach $B(Y)^p$. Si X est défini par une équation $f(x) = 0$, où $f : U \mapsto \mathbf{C}^q$ est une application analytique d'un ouvert U de $\mathbf{C}^p$ à valeurs dans $\mathbf{C}^q$, f induit une application analytique

$$f_* : \mathrm{Mor}(Y,U) \mapsto \mathrm{Mor}(Y,\mathbf{C}^q)$$

et alors $\mathrm{Mor}(Y,X)$ s'identifie au modèle $f_*^{-1}(0)$ d'espace analytique banachique défini par f_* .

Supposons maintenant X quelconque. Alors $\mathrm{Mor}^{\circ}(Y,X)$, ensemble des "petits" morphismes de Y dans X , c'est-à-dire des morphismes dont l'image tombe dans un ouvert de carte, est naturellement muni d'une structure d'espace analytique. Pour mettre sur $\mathrm{Mor}(Y,X)$ tout entier une telle structure, la construction, identique à celle de [2], fait appel à la notion de cuirasse.

DÉFINITION.- Une <u>1-cuirasse</u> sur K est la donnée

1) de deux familles finies de polycylindres $(K_i)_{i\in I}$ et $(K'_i)_{i\in I}$ contenus dans K et tels que

$$K = \cup \overset{\circ}{K'_i} \quad ; \qquad K'_i \subset \overset{\circ}{K}_i$$

2) pour chaque $(i,j) \in I \times I$, une famille finie de polycylindres $K_{ij\alpha}$ tels que

$$K'_i \cap K'_j \subset \bigcup_\alpha \mathring{K}_{ij\alpha} \quad ; \qquad \bigcup_\alpha K_{ij\alpha} \subset \mathring{K}_i \cap \mathring{K}_j$$

où $\mathring{K}_i$ (resp. $\mathring{K}_{ij\alpha}$) désigne l'intérieur de K_i (resp. $K_{ij\alpha}$) dans K .

Une telle cuirasse est dite Y-privilégiée si les polycylindres K_i et $K_{ij\alpha}$ sont Y-privilégiés.

Soient $Q = \{K_i , K'_i , K_{ij\alpha}\}$ une cuirasse Y-privilégiée, et $\mathrm{Mor}^Q(Y,X)$ la partie de $\mathrm{Mor}(Y,X)$ constituée des morphismes $f : Y \to X$ tels que, pour tout i , $f|Y \cap K_i$ soit petit. $\mathrm{Mor}^Q(Y,X)$ apparaît comme une partie de l'espace analytique Z noyau de la double flèche naturelle

$$\prod_i \mathrm{Mor}^o(Y_i , X) \rightrightarrows \prod_{i,j,\alpha} \mathrm{Mor}^o(Y_{ij\alpha} , X)$$

où l'on a posé $Y_i = Y \cap K_i$ et $Y_{ij\alpha} = Y \cap K_{ij\alpha}$.

Soit $\theta : Z \to Z$ le morphisme d'espaces analytiques banachiques qui à $f = (f_i)_{i\in I} \in Z$ associe le morphisme f' de Y dans X qui recolle les $f_i|\mathring{K}'_i$. Alors $\mathrm{Mor}^Q(Y,X)$ s'identifie au noyau de la double flèche $Z \overset{1}{\underset{\theta}{\rightrightarrows}} Z$, ce qui le munit d'une structure d'espace analytique banachique. D'autre part, il résulte de la proposition 1 que lorsque Q varie, les $\mathrm{Mor}^Q(Y,X)$ recouvrent $\mathrm{Mor}(Y,X)$; on peut voir que ces espaces se recollent comme ouverts d'un espace analytique banachique.

DÉFINITIONS.- Soit $G(K)$ l'espace analytique banachique des sous-espaces privilégiés de K : il s'identifie à un ouvert de la grassmannienne des idéaux directs de $B(K)$. Si S est un espace analytique banachique, on appelle <u>sous-espace privilégié</u> S-<u>anaplat</u> de $S \times K$ un morphisme $Y : S \to G(K)$.

Un espace analytique $X \to S$ au-dessus de S est dit <u>relativement de présentation finie</u>, si, localement, on peut le réaliser comme sous-espace de

$S' \times U$ (S' ouvert de S et U ouvert de $\mathbf{C}^p$) dans lequel il est défini par une équation à valeurs dans $\mathbf{C}^q$.

La proposition 2 s'étend au cadre relatif : soient Y un sous-espace privilégié S-anaplat de $S \times K$, $X \to S$ un espace analytique relativement de présentation finie, et $\mathrm{Mor}_S(Y,X)$ l'ensemble des couples (s,f) , où $s \in S$ et $f : Y(s) \to X(s)$ un morphisme. Alors la méthode ci-dessus permet de montrer que $\mathrm{Mor}_S(Y,X)$ porte une structure naturelle d'espace analytique banachique au-dessus de S . Ceci s'applique en particulier si l'on prend $S = G(K)$ et pour Y le sous-espace "universel" $\underline{Y}$ de $G(K) \times K$ correspondant à l'identité de $G(K)$ [4].

2.3 Soit X un sous-espace analytique d'un ouvert U de $\mathbf{C}^n$.

DÉFINITION.- On dit qu'un morphisme $f : K \to U$ est <u>transverse à</u> X s'il existe, au voisinage de $f(K)$, une résolution

$$0 \to L_n \to \dots \to L_o \to \underline{O}_X \to 0$$

de $\underline{O}_X$ par des $\underline{O}_U$-modules libres et de type fini, telle que le complexe $H^o(K, f^*(L.))$ soit exact direct.

Si $f : K \to U$ est un morphisme transverse à X , alors $f^{-1}(X)$, muni de l'algèbre $H^o(K, f^*(\underline{O}_X))$ est un sous-espace privilégié de K . L'ensemble des morphismes de K dans U transverses à X forme un ouvert que nous désignerons par $\mathrm{Mor}_{\pitchfork X}(K,U)$.

PROPOSITION 3.- <u>Le morphisme naturel</u>

$$\Phi : \mathrm{Mor}_{\pitchfork X}(K,U) \to \mathrm{Mor}_{G(K)}(\underline{Y}, G(K) \times X)$$

<u>d'application sous-jacente</u> $\hat{f} \mapsto (\hat{f}^{-1}(X), \hat{f}|Y)$ <u>est lisse. De plus, en un point</u> (Y,f) <u>de l'image, l'espace tangent est un</u> $B(Y)$<u>-module libre de rang</u> n .

Démonstration. Considérons le diagramme commutatif

$$\begin{array}{ccc} Mor_{\mathfrak{m}X}(K,U) & \longrightarrow & Mor_{G(K)}(G(K)\times K\,,\,G(K)\times U) \\ \Phi\downarrow & & \downarrow \\ Mor_{G(K)}(\underline{Y}\,,\,G(K)\times X) & \longrightarrow & Mor_{G(K)}(\underline{Y}\,,\,G(K)\times U)\ . \end{array}$$

Il induit un plongement ouvert de $Mor_{\mathfrak{m}X}(K,U)$ dans le produit fibré associé à ce diagramme : en effet, un élément du produit fibré est un triplet $(Y,f,\hat{f})$, où $Y \in G(K)$, $f \in Mor(Y,X)$, $\hat{f} \in Mor(K,U)$, tel que $\hat{f}|Y = f$; au voisinage de l'image d'un point $\hat{f}_o \in Mor_{\mathfrak{m}X}(K,U)$, on a $\hat{f} \in Mor_{\mathfrak{m}X}(K,U)$; alors $\hat{f}^{-1}(X) \supset Y$ dans $G(K)$; comme l'égalité $\hat{f}^{-1}(X) = Y$ est vraie au point $(\Phi(\hat{f}_o)\,,\,\hat{f}_o)$, elle sera encore vraie au voisinage, ce qui montre que $(Y,f,\hat{f}) = (\Phi(\hat{f})\,,\,\hat{f})$.

Or, le morphisme vertical de droite est lisse ; il en est donc de même de Φ . Il en résulte que l'image de Φ , que nous noterons $P^o(K\,;X,U)$, est un ouvert lisse. Si (Y,f) est un point de cette image, soient I_Y l'idéal de $B(K)$ défini par Y , et $\hat{f} \in Mor_{\mathfrak{m}X}(K,U)$ tel que $\Phi(\hat{f}) = (Y,f)$; on a $Ker\ T_{\hat{f}}\Phi = (I_Y)^n$; il en résulte que $T_{\hat{f}}\Phi$ induit un isomorphisme

$$B(Y)^n \simeq T_{(Y,f)}\ P^o(K\,;X,U)$$

qui dépend bien entendu du choix de $\hat{f}$. On vérifie cependant que la structure de $B(Y)$-module obtenue sur $T_{(Y,f)}\ P^o(K\,;X,U)$ est indépendante de f .

Supposons maintenant que X soit un espace analytique quelconque. On pose

$$P^o(K,X) = \bigcup_{(X',U')} P^o(K\,;X',U') \subset Mor_{G(K)}(\underline{Y}\,,\,G(K)\times X)$$

où X' est un ouvert de X se réalisant comme sous-espace de l'ouvert U' de $\mathbb{C}^n$; $P^o(K,X)$ est une variété dont l'espace tangent au point (Y,f) est un $B(Y)$-module libre de rang n . De plus, si $L \subset K$ est un deuxième polycylindre, soit $P^o_L(K,X)$ l'ouvert de $P^o(K,X)$ des couples (Y,f) tels que L soit

Y-privilégié ; la restriction

$$P^o_L(K,X) \rightarrow P^o(L,X)$$

est analytique et son application linéaire tangente au point (Y,f) est $B(Y)$-linéaire.

DÉFINITION.- Désignons par $P(K,X)$ l'ouvert de $\mathrm{Mor}_{G(K)}(\underline{Y}, G(K) \times X)$ des couples (Y,f) possédant la propriété suivante : il existe un recouvrement fini de Y par des intérieurs de polycylindres K_i de K Y-privilégiés et tels que $(Y \cap K_i, f|Y \cap K_i) \in P^o(K_i, X)$. $P(K,X)$ s'appelle <u>variété des polycylindres de</u> X.

PROPOSITION 4.- $P(K,X)$ <u>est un ouvert lisse de</u> $\mathrm{Mor}_{G(K)}(\underline{Y}, G(K) \times X)$.

La démonstration utilise deux lemmes.

LEMME 1.- <u>Soit</u> $(Y,f) \in P(K,X)$. <u>Il existe un fibré vectoriel</u> $\Theta_{Y,f}$ <u>de rang</u> n <u>au-dessus de</u> Y <u>tel que pour tout polycylindre</u> $L \subset K$ <u>vérifiant</u> $(Y \cap L, f|Y \cap L) \in P^o(L,X)$ <u>on ait</u> :

$$T_{(Y \cap L, f|Y \cap L)} P^o(L,X) = B(Y \cap L, \Theta_{Y,f}) .$$

<u>De plus</u>, $\Theta_{Y,f}$ <u>dépend analytiquement de</u> (Y,f).

<u>Démonstration</u>. Soit (K_i) un recouvrement de Y par des polycylindres Y-privilégiés et tels que $(Y \cap K_i, f|Y \cap K_i) \in P^o(K_i, X)$. Alors, il existe, d'après ce qui précède, un fibré vectoriel trivial Θ_i de rang n sur $Y_i = Y \cap K_i$ tel que, pour tout polycylindre $L \subset K_i$, Y-privilégié, on ait

$$T_{(Y \cap L, f|Y \cap L)} P^o(L,X) = B(Y \cap L, \Theta_i) .$$

Il en résulte que les Θ_i se recollent pour donner un fibré vectoriel $\Theta_{Y,f}$ répondant aux conditions demandées. La fin du lemme s'obtient en étendant cette démonstration au cas relatif.

LEMME 2.- <u>Soit</u> $(Y,f) \in P(K,X)$. <u>Alors</u>

$$T_{(Y,f)} P(K,X) = B(Y,\Theta_{Y,f}) .$$

<u>De plus, cette égalité est vraie au sens des espaces analytiques paramétrés par</u> $P(K,X)$ <u>et dont la fibre au-dessus du point</u> (Y,f) <u>est donnée par chacun des deux membres.</u>

<u>Démonstration</u>. Soient $(Y_o , f_o) \in P(K,X)$ et $Q = \{K_i , K_i' , K_{ij\alpha}\}$ une cuirasse Y_o-privilégiée et telle que $(Y_o \cap K_i , f_o|Y_o \cap K_i) \in P^o(K_i , X)$. Soit $P'(K_i , X)$ l'ouvert de $P(K_i , X)$ des (Y_i , f_i) tels que, pour tout (j,α) , $K_{ij\alpha}$ soit Y_i-privilégié, et posons

$$C^o = \prod_i P'(K_i , X) \qquad ; \qquad C^1 = \prod_{i,j,\alpha} P^o(K_{ij\alpha} , X) .$$

Soit $Z = \mathrm{Ker}\ d : C^o \rightrightarrows C^1$ le noyau de la double flèche naturelle. Au voisinage de (Y_o , f_o) , $P(K,X)$ est le noyau d'une double flèche

$$Z \underset{\theta}{\overset{1}{\rightrightarrows}} Z$$

où θ est construite de la même manière que dans le numéro 2.2.

Considérons, au-dessus d'un voisinage de (Y_o , f_o) dans $P(K,X)$ les fibrés vectoriels

$$\underline{C}^o = \prod_i B(Y_i , \Theta_{Y,f}) \qquad ; \qquad \underline{C}^1 = \prod_{i,j,\alpha} B(Y_{ij\alpha} , \Theta_{Y,f})$$

où $(Y,f) \in P(K,X)$, $Y_i = Y \cap K_i$, $Y_{ij\alpha} = Y \cap K_{ij\alpha}$, et soit $\partial : \underline{C}^o \to \underline{C}^1$ le morphisme défini par $(u_i) \mapsto u_i|Y_{ij\alpha} - u_j|Y_{ij\alpha}$. Soit $\underline{Z} = \mathrm{Ker}\ \partial$; le morphisme $T\theta : \underline{Z} \to \underline{Z}$ se factorise à travers le $P(K,X)$-fibré dont la fibre au-dessus de (Y,f) est $B(Y,\Theta_{Y,f})$ et est donné par $(u_i) \mapsto u'$ tel que $u'|\mathring{K}_i' = u_i|\mathring{K}_i'$. Le noyau $TP(K,X)$ de la double flèche

$$\underline{Z} \underset{T\theta}{\overset{1}{\rightrightarrows}} \underline{Z}$$

est donc bien, au-dessus de (Y,f) , $B(Y,\Theta_{Y,f})$.

La proposition 4 s'obtient maintenant en appliquant le lemme 2 et le

CRITÈRE DE LISSITÉ.- Soit P un espace analytique banachique ; on suppose que l'espace tangent de Zariski TP est, comme espace analytique au-dessus de P, un fibré vectoriel banachique. Alors P est lisse.

2.4 Soient $\widetilde{K}$ un compact contenu dans $\overset{\circ}{K}$, et $P(K,\widetilde{K};X)$ l'ouvert de $P(K,X)$ formé des (Y,f) tels que f induise un plongement ouvert d'un voisinage (dans Y) de $Y \cap \widetilde{K}$ dans X.

Si L est un autre polycylindre, soient $(Y,f) \in P(K,\widetilde{K};X)$ et $(Z,g) \in P(L,X)$ tels que $g(Z) \subset f(Y \cap \overset{\circ}{\widetilde{K}})$. Alors $(Z,f^{-1}g) \in P(L, Y \cap \overset{\circ}{K})$, et on définit ainsi un morphisme d'un ouvert de $P(K,\widetilde{K};X) \times P(L,X)$ dans $P(L,Y \cap \overset{\circ}{K})$.

2.5 Soient S un espace analytique banachique et $X \to S$ un espace analytique relativement de présentation finie et S-anaplat ([2], § 8). En reprenant le raisonnement du n° 2.3 dans le cadre relatif, on voit que l'ensemble $P_S(K,X)$ des triplets $(s, Y, f) \in \mathrm{Mor}_{S \times G(K)}(S \times \underline{Y}, G(K) \times X)$, où $s \in S$, $Y \in G(K)$ et $f \in \mathrm{Mor}(Y, X(s))$ tels que $(Y,f) \in P(K, X(s))$ est un ouvert S-quasi-lisse au sens suivant :

Tout point $(s,Y,f) \in P_S(K,X)$ a un voisinage ouvert W tel que la projection $W \to S$ se factorise à travers un sous-espace analytique $S_1 \subset S$ au-dessus duquel W est lisse.

On ignore si $P_S(K,X)$ est S-lisse. Cependant, on peut montrer qu'il est S-lisse au voisinage des points (s,Y,f) tels que Y vérifie la propriété suivante : il existe une famille continue d'affinités bijectives $h_t : \mathbf{C}^n \to \mathbf{C}^n$ paramétrée par $]0,1]$ et telle que

(1) $h_1 = 1_{\mathbf{C}^n}$;

(2) le polycylindre $K_t = h_t(K)$ soit contenu dans K et Y-privilégié ;

(3) lorsque $t \to 0$, le diamètre de K_t tend vers 0 .

Nous dirons qu'un tel Y est continûment privilégié dans K .

Bien entendu, si $\widetilde{K}$ est un compact contenu dans $\overset{\circ}{K}$, l'ensemble $P_S(K,\widetilde{K};X)$ des points (s,Y,f) de $P_S(K,X)$ tels que $(Y,f) \in P(K,\widetilde{K};X(s))$ est un ouvert, et on étend facilement les résultats du n° 2.4.

3. 2-cuirasses

Soit X un espace analytique de dimension finie et compact. Une <u>2-cuirasse sur</u> X est constituée par les données suivantes :

1) <u>données fixes</u> :

a) un ensemble simplicial fini tronqué à l'ordre 2

$$I_2 \overset{d}{\Rrightarrow} I_1 \overset{d}{\rightrightarrows} I_o \ ;$$

b) pour chaque $i \in I_o \cup I_1$, trois polycylindres compacts de $\mathbf{C}^n$, $K'_i \subset\subset \widetilde{K}_i \subset\subset K_i$ et pour chaque $i \in I_2$, deux polycylindres compacts de $\mathbf{C}^n$, $\widetilde{K}_i \subset\subset K_i$.

Ces données $\underline{I} = (I_., K'_., \widetilde{K}_., K_.)$ constitueront le type de la cuirasse considérée.

2) <u>données mobiles</u> : pour chaque $i \in I_o \cup I_1 \cup I_2$, un polycylindre $(Y_i, f_i) \in P(K_i, \widetilde{K}_i; X)$.

Posons $X'_i = f_i(K'_i \cap Y_i)$, $\overset{\circ}{X}{}'_i = f_i(\overset{\circ}{K}{}'_i \cap Y_i)$, etc.

Les données ci-dessus sont astreintes à vérifier les conditions suivantes :

(C_1) $\quad X = \bigcup_{i \in I_o} \overset{\circ}{X}{}'_i$;

(C_2) pour $(i,j) \in I_o \times I_o$,

$$X'_i \cap X'_j \subset \bigcup_{d(k)=(i,j)} \overset{\circ}{X}{}'_k \quad \text{et} \quad \bigcup_{d(k)=(i,j)} X_k \subset \overset{\circ}{\widetilde{X}}_i \cap \overset{\circ}{\widetilde{X}}_j \ ;$$

(C_3) pour $(i,j,k) \in I_1 \times I_1 \times I_1$,

$$X'_i \cap X'_j \cap X'_k \subset \bigcup_{d(\ell)=(i,j,k)} \mathring{\tilde{X}}_\ell \quad \text{et} \quad \bigcup_{d(\ell)=(i,j,k)} X_\ell \subset \mathring{\tilde{X}}_i \cap \mathring{\tilde{X}}_j \cap \mathring{\tilde{X}}_k .$$

Tout espace analytique compact admet des 2-cuirasses. De plus, les conditions C_1, C_2 et C_3 étant ouvertes dans la variété

$$\prod_{i \in I.} P(K_i, \tilde{K}_i ; X) ,$$

on voit que les 2-cuirasses de type $\underline{I}$ forment une variété analytique banachique $Q(\underline{I}, X)$.

Soit $X \to S$ un espace analytique banachique relativement de présentation finie, propre et anaplat au-dessus de S ; alors les triplets (s, Y_i, f_i) dans

$$\prod_{i \in I.} P_S(K_i, \tilde{K}_i ; X)$$

tels que $(Y_i, f_i) \in Q(\underline{I}, X(s))$ forment un ouvert S-quasi-lisse au sens du n° 2.5, noté $Q_S(\underline{I}, X)$.

DÉFINITION.- On appelle cuirasse relative de type $\underline{I}$ sur X une section de

$$Q_S(\underline{I}, X) \to S .$$

4. Puzzles

"Un puzzle est en quelque sorte un espace analytique muni d'une 2-cuirasse livrée en pièces détachées, avec notice d'assemblage, mais qui s'assemble mal sur les bords"

DÉFINITION.- Soit $\underline{I} = (I., K'., \tilde{K}., K.)$ un type de 2-cuirasses. Un puzzle de type $\underline{I}$ est constitué des données suivantes :

1) pour chaque $i \in I_0 \cup I_1 \cup I_2$, un $Y_i \in G(K_i)$; on notera $Y'_i = Y_i \cap K'_i$, $\mathring{Y}'_i = Y_i \cap \mathring{K}'_i$, etc. ;

2) pour chaque simplexe $j \in I_1 \cup I_2$ de face i , un morphisme $f^i_j : Y_j \to \mathring{\tilde{Y}}_i$ tel que $(Y_j, f^i_j) \in P(K_j, \tilde{K}_j ; \mathring{\tilde{Y}}_i)$.

Ces données doivent vérifier les conditions suivantes :

(P_1) Pour tout simplexe $\ell \in I_2$ dont deux des faces j et k ont en commun le sommet i

$$f_j^i \circ f_\ell^j = f_k^i \circ f_\ell^k \quad ;$$

(P_2) si j et $k \in I_1$ sont deux simplexes de sommet commun i, et si $y \in Y'_j$ et $z \in Y'_k$ vérifient $f_j^i(y) = f_k^i(z)$, il existe un simplexe $\ell \in I_2$ ayant j et k pour faces et $u \in \overset{\circ}{\tilde{Y}}_\ell$ tels que $f_\ell^j(u) = y$ et $f_\ell^k(u) = z$;

(P_3) pour tout simplexe $k \in I_1$ de sommets i et j et tout $z \in Y_k$ tels que $x = f_k^i(z)$ et $y = f_k^j(z)$ appartiennent respectivement à Y'_i et Y'_j, il existe $k' \in I_1$ et $z' \in \overset{\circ}{Y}{}'_{k'}$, tels que $d(k') = (i,j)$, $f_{k'}^i(z') = x$ et $f_{k'}^j(z') = y$.

Les données $\{Y_i , f_j^i\}$ vérifiant la condition P_1 forment un espace analytique banachique, et, dans cet espace, les conditions P_2 et P_3 sont ouvertes. On note $\underline{Z}'$ l'espace analytique ainsi obtenu ; il est horrible car défini par des équations dont les applications linéaires tangentes ne sont pas directes.

Soit $\{Y_i , f_j^i\}$ un puzzle, et pour $(i,j) \in I_o \times I_o$ soit Y_{ij} l'ouvert des $x \in \overset{\circ}{Y}{}'_i$ vérifiant la condition suivante : il existe $k \in I_1$ tel que $d(k) = (i,j)$ et $z \in \overset{\circ}{Y}{}'_k$ tel que $f_k^i(z) = x$ et $f_k^j(z) \in \overset{\circ}{Y}{}'_j$. On voit immédiatement que les morphismes $f_k^j(f_k^i)^{-1}$ se recollent en un morphisme

$$g_i^j \; : \; Y_{ij} \to \overset{\circ}{Y}{}'_j$$

qui vérifie les propriétés suivantes :

(R_1) $g_i^i = 1$;

(R_2) $g_i^j(Y_{ij}) = Y_{ji}$;

(R_3) pour $(i,j,k) \in I_o \times I_o \times I_o$, posons $Y_{ijk} = (g_i^j)^{-1}(Y_{jk})$; alors

$$Y_{ijk} \subset Y_{ik} \quad \text{et} \quad g_j^k \circ (g_i^j | Y_{ijk}) = g_i^k | Y_{ijk} .$$

Ces conditions permettent de recoller les $\overset{\circ}{Y}'_i$ suivant les morphismes g_i^j et on obtient ainsi au-dessus de $\underline{Z}'$ un espace analytique $\underline{X}'$ relativement de présentation finie et anaplat. De plus, la condition P_3 implique que $\underline{X}'$ est séparé ; l'ensemble $\underline{Z} \subset \underline{Z}'$ des points ζ, tels que $\underline{X}(\zeta)$ soit compact, est ouvert et $\underline{X} = \underline{X}'|\underline{Z}$ est propre au-dessus de $\underline{Z}$.

Soit $X \to S$ un espace analytique banachique relativement de présentation finie, propre et anaplat au-dessus de S, muni d'une 2-cuirasse relative de type $\underline{I}$, $q = \{Y_i, f_i\}$. A q on associe

(1) un morphisme $\varphi_q : S \to \underline{Z}$ ayant pour application sous-jacente l'application qui associe à $s \in S$ le puzzle de type $\underline{I}$

$$\varphi_q(s) = \{Y_j(s), f_j^i(s) = (f_i(s))^{-1} f_j(s)\} ;$$

(2) un isomorphisme $\alpha_q : X \xrightarrow{\sim} \varphi_q^* \underline{X}$.

5. L'espace des modules

L'espace $\underline{Z}$ étant pathologique, on se propose de lui faire subir une "cure d'amaigrissement". Soient $\underline{Q} = Q_{\underline{Z}}(\underline{I},\underline{X})$ et $\pi : \underline{Q} \to \underline{Z}$ la projection canonique. Au-dessus de $\underline{Z}$, l'espace $\pi^*\underline{X}$ est muni d'une cuirasse relative canonique q_o de type $\underline{I}$, ce qui définit un morphisme $\varphi_o : \underline{Q} \to \underline{Z}$.

Soient Z le noyau de la double flèche $\underline{Q} \underset{\pi}{\overset{\varphi_o}{\rightrightarrows}} \underline{Z}$ et $\Xi = \pi^*\underline{X}|Z$.

PROPOSITION 5.- *Soit* $X \to S$ *un espace analytique relativement de présentation finie, propre et anaplat au-dessus de* S. *A toute* $\underline{I}$*-cuirasse relative* q *sur* X, *on peut associer naturellement un morphisme* $\psi_q : S \to Z$ *tel que* $\psi_q^* \Xi \simeq X$ *et* $\psi_q^*(q_o) = q$.

<u>Démonstration</u>. L'isomorphisme $\alpha_q : X \to \varphi_q^* \underline{X}$ permet de transporter la cuirasse q , ce qui donne un morphisme $\psi_q : S \to \underline{Q}$ tel que $\pi \circ \psi_q = \varphi_q$ et $\psi_q^*(q_o) = q$; par fonctorialité, $\varphi_q = \varphi_o \circ \psi_q$ d'où il résulte que ψ_q se factorise par Z .

Nous énonçons maintenant le principal résultat.

THÉORÈME.- <u>Soit X_o un espace analytique compact. Il existe sur X_o une 2-cuirasse p_o de type $\underline{I}$ telle que, si z_o désigne le point correspondant de Z ,</u>

(1) <u>il existe un sous-espace H de dimension finie de Z tel que, au voisinage de z_o , Z soit isomorphe à un produit $H \times V_o$ de H par une variété banachique V_o , et tel que</u>

(2) <u>$\underline{X}_H = \Xi|H$ soit une déformation verselle de X_o</u> .

Si $\underline{I} = (I., K!, \widetilde{K}., K.)$ et $\hat{\underline{I}} = (I., \hat{K}!, \hat{\widetilde{K}}., \hat{K}.)$ sont deux types de 2-cuirasses de même ensemble simplicial sous-jacent et tels que, pour tout $i \in I.$, $K_i \subset\subset \hat{K}_i$, $\widetilde{K}_i \subset\subset \hat{\widetilde{K}}_i$, $K_i^! \subset\subset \hat{K}_i^!$, nous écrirons $\underline{I} \subset\subset \hat{\underline{I}}$.

On choisira la cuirasse p_o de type $\underline{I}$ sur X_o de manière qu'elle provienne d'une cuirasse $\hat{p}_o = (\hat{Y}_i, \hat{f}_i)$ de type $\hat{\underline{I}}$, avec $\underline{I} \subset\subset \hat{\underline{I}}$, et telle que les $\hat{Y}_i$ soient continûment privilégiés dans $\hat{K}_i$ au sens du n° 2.5. Au voisinage du point $\hat{z}_o$ correspondant à $\hat{p}_o$, $Q_{\underline{Z}}(\hat{\underline{I}}, \underline{X})$ est lisse au-dessus de $\underline{Z}$; on peut donc trouver au voisinage de $\zeta_o = \pi(z_o)$ une cuirasse relative $\hat{\sigma}$ de type $\hat{\underline{I}}$ et passant par $\hat{z}_o$ sur $\underline{X}$; soit σ la cuirasse relative de type $\underline{I}$ induite au voisinage de ζ_o .

Le théorème sera la conséquence de deux lemmes.

LEMME 1.- <u>Avec les notations ci-dessus,</u> $\Sigma = \sigma^{-1}(Z)$ <u>est de dimension finie au voisinage de</u> ζ_o .

Démonstration. Le morphisme $\varphi_\sigma : \underline{Z} \to \underline{Z}$ associé à σ vérifie $\varphi_\sigma = \varphi_0 \circ \sigma$ et donc Σ est le noyau de la double flèche $\underline{Z} \overset{\varphi_\sigma}{\underset{1}{\rightrightarrows}} \underline{Z}$. Or φ_σ, qui se factorise à travers l'espace $\hat{\underline{Z}}$ des puzzles de type $\hat{\underline{I}}$, est compact ; il suffit donc d'appliquer le critère de finitude de ([2], § 3, proposition 3).

LEMME 2.- Soient $Q_0 = Q(\underline{I}, X_0)$, et, sur le Q_0-espace $Q_0 \times X_0$, c_0 la cuirasse relative de type $\underline{I}$ induite par 1_{Q_0}. Il existe un morphisme $\rho : (Z, z_0) \to (Q_0, p_0)$ tel que $\rho^{-1}(p_0) = \sigma(\Sigma)$ et tel que l'application linéaire tangente de $\rho \circ \psi_{c_0}$ en p_0 soit de la forme $1 + v$ où v est compacte.

Démonstration. $\underline{Q}$ étant $\underline{Z}$-lisse au voisinage de z_0, on peut trouver, au voisinage de z_0, une trivialisation $\chi : \underline{Q} \to \underline{Z} \times Q_0$ qui coïncide avec l'identité au-dessus de $\zeta_0 = \pi(z_0)$, et telle que σ soit une section horizontale ; soit $\rho = pr_2 \circ \chi$. L'espace des cuirasses sur $\psi^*_{c_0} \Xi = Q_0 \times X_0$ s'identifie à $Q_0 \times Q_0$ considéré comme Q_0-espace par pr_1. Soit $\dot{\rho} : Q_0 \times Q_0 \to Q_0$ la rétraction $\varphi^*_{c_0}(\rho)$; du fait que $\psi^*_{c_0}(q_0) = c_0$, il résulte que $\rho \circ \psi_{c_0}$ n'est autre que $u \mapsto \dot{\rho}(u,u)$. Soit $u \mapsto (u, \dot{\sigma}(u))$ la cuirasse $\varphi^*_{c_0}(\sigma)$; de l'identité $\dot{\rho}(u, \dot{\sigma}(u)) = p_0$, on tire

$$T_{p_0}(\rho \circ \psi_{c_0}) = 1 - T_{p_0}\dot{\sigma} .$$

Le lemme vient alors du fait que $\dot{\sigma}$ se factorise au voisinage de p_0 par $Q(\hat{\underline{I}}, X_0)$.

Démonstration du théorème. Elle est identique à celle du théorème de Kuranishi [3]. Avec les notations du lemme 2, $\rho : Z \to Q_0$ est relativement de dimension finie au-dessus de p_0 ; il résulte de l'appendice ci-dessous qu'il existe une Q_0-variété W relativement de dimension finie telle qu'au voisinage de z_o , $Z \subset W$. D'autre part, $T_{p_o}(\rho \circ \psi_{c_o})$ a noyau et conoyau de dimension finie ; il existe donc une sous-variété V_o de Q_o passant par p_o et telle que $T_{p_o}V_o$ soit supplémentaire du noyau ; alors $V = \psi_{c_o}(V_o)$ est une sous-variété de codimension finie dans W et l'on a au voisinage de z_o

$$V \subset Z \subset W .$$

Soit, au voisinage de z_o , $r : W \to V$ une rétraction, et posons $H = r^{-1}(z_o) \cap Z$ et $X_H = \Xi|H$. Considérons, au-dessus de $Q_H = Q_H(\underline{I},X_H) = H \times_{\underline{Z}} \underline{Q}$, l'espace $pr_1^* X_H = pr_2^*(\pi^*\underline{X})$ muni de la cuirasse relative $pr_2^*(q_o) = \bar{q}_o$; ceci définit un morphisme $\bar{\psi}_o : Q_H \to Z$ tel que $\bar{\psi}_o^*\Xi = pr_1^* X_H$, $\bar{\psi}_o|Q_o = \psi_{c_o}$ et tel que τ désigne la section de $Q_H \to H$ définie par la cuirasse $q_o|H$ sur X_H , $\bar{\psi}_o \circ \tau$ soit l'injection $H \to Z$.

Soit $\underline{V} \subset Q_H$ un sous-espace H-lisse contenant τ et coïncidant au-dessus de z_o avec V_o ; le théorème des fonctions implicites montre que $\bar{\psi}_o|\underline{V} : \underline{V} \to W$ est un plongement au voisinage de p_o . Considérons les inclusions d'espaces analytiques :

$$H \subset \bar{\psi}_o(\underline{V}) \subset Z \subset W .$$

L'intersection des trois premiers avec $r^{-1}(z_o)$ est H ; il résulte du lemme de semi-continuité ([3], lemme 1) que $\bar{\psi}_o(\underline{V}) = Z$, ce qui donne (1) en trivialisant $\underline{V}$.

Soit $X \to S$ une déformation de X_o paramétrée par (S,s) ; une cuirasse relative q sur X passant par p_o détermine un morphisme $\psi_q : (S,s) \to (Z,z_o)$ tel que $\psi_q^*\Xi \cong X$. Posons, au voisinage de s , $f = pr_1 \circ \bar{\psi}_o^{-1} \circ \psi_q$; alors $f^*X_H \cong X$, ce qui démontre (2). Bien entendu, f n'a aucune raison d'être unique.

APPENDICE.- Soient $X \to S$ un espace analytique banachique au-dessus de S, $s \in S$ et $x \in X(s)$. Si $X(s)$ est de dimension finie au voisinage de x, X est relativement de dimension finie au voisinage de x.

Démonstration. Soit Ω un ouvert d'un espace de Banach E tel que, au voisinage de x, X se réalise comme sous-espace $S \times \Omega$. Au voisinage de x, on peut construire un morphisme $f : S \times \Omega \to S \times \Omega$ qui coïncide avec l'identité sur X, et dont l'application linéaire tangente verticale en x se factorise à travers un espace vectoriel de dimension finie. X est donc un sous-espace du noyau de la double flèche $S \times \Omega \overset{f}{\underset{1}{\rightrightarrows}} S \times \Omega$, noyau qui est déjà relativement de dimension finie au-dessus de S au voisinage de x.

BIBLIOGRAPHIE

[1] A. DOUADY et J. HUBBARD - Le problème des modules locaux pour les espaces C-analytiques compacts, C. R. Acad. Sc. Paris, 277, série A (1973), p. 901.

[2] A. DOUADY - Le problème des modules pour les sous-espaces analytiques compacts d'un espace analytique donné, Ann. Inst. Fourier, 16, 1 (1966), p. 1-98.

[3] A. DOUADY - Le problème des modules pour les variétés analytiques complexes, (d'après M. Kuranishi), Sém. Bourbaki n° 277, W. A. Benjamin, N.Y., 1965.

[4] G. POURCIN - Sous-espaces privilégiés d'un polycylindre et déformation des singularités isolées, thèse, Orsay, 1974.

Séminaire BOURBAKI 450-01
26e année, 1973/74, n° 450 Juin 1974

BASES NORMALES ET CONSTANTE DE L'ÉQUATION FONCTIONNELLE DES FONCTIONS L D'ARTIN

par Jacques MARTINET

Soit k un corps de nombres, et soit K une extension galoisienne finie de k dont le groupe de Galois est noté G ; pour tout corps de nombres L, nous notons O_L son anneau d'entiers. Nous examinons dans cet exposé les deux problèmes suivants :

(1) Que peut-on dire de la structure de O_K en tant que $O_k[G]$-module ? Nous étudierons en particulier l'existence de bases normales d'entiers, c'est-à-dire d'entiers θ formant avec leurs conjugués une base du O_k-module O_K. L'existence d'une base normale est clairement équivalente à la propriété pour O_K d'être un module libre sur $O_k[G]$.

(2) Soit χ un caractère de G, et soit $s \mapsto L(s,\chi,K/k)$ la fonction L d'Artin correspondante. La "fonction L étendue" est une fonction méromorphe sur $\mathbb{C}$ qui possède une équation fonctionnelle de la forme $\Lambda(s,\chi) = W(\chi,K/k)\Lambda(1-s,\bar{\chi})$; le symbole $\bar{\ }$ désigne la conjugaison complexe. et $W(\chi,K/k) = W(\chi)$ est un nombre complexe de module 1, la constante de l'équation fonctionnelle. La relation évidente $W(\bar{\chi}) = \overline{W(\chi)}$ montre que l'on a $W = +1$ ou $W = -1$ lorsque χ est à valeurs réelles. Le second problème est précisément l'étude du signe de $W(\chi)$ dans ce cas.

Il est apparu, il y a peu de temps, que les problèmes (1) et (2) sont liés. Les résultats sont encore fragmentaires, et l'on doit faire souvent des hypothèses restrictives sur l'extension K/k ; ainsi, sauf mention du contraire, nous ne considérons que des extensions modérément ramifiées dans les paragraphes 1 et 2, consacrés respectivement aux bases normales et au signe de la constante W ; de plus, le corps de base k sera souvent le corps des nombres rationnels.

Divers mathématiciens ont obtenu des résultats sur ces problèmes. Comme nous le verrons, la contribution de A. Fröhlich est particulièrement importante. Le rapporteur le remercie vivement de lui avoir transmis ses tout derniers résultats.

§ 1. Bases normales

1.1 On dit qu'une extension L'/L de corps de nombres est modérément ramifiée si pour tout idéal premier non nul $\mathfrak{p}$ de L et tout idéal premier $\mathfrak{p}'$ de L' au-dessus de $\mathfrak{p}$, l'indice de ramification $e(\mathfrak{p}'/\mathfrak{p})$ n'est pas divisible par la caractéristique de $O_L/\mathfrak{p}$; il revient au même de dire que la trace dans l'extension L'/L est une surjection de $O_{L'}$ sur O_L. Pour une extension galoisienne K/k, on montre facilement que O_K est un $O_k[G]$-module projectif si et seulement si l'extension K/k est modérément ramifiée ; en particulier, seules les extensions modérément ramifiées peuvent posséder une base normale.

Le plus ancien résultat sur les bases normales est dû à Hilbert ([27], théorème 132) qui démontre qu'une extension abélienne des rationnels dont le discriminant est premier avec le degré possède une base normale. Le résultat est en fait exact pour toutes les extensions abéliennes modérément ramifiées des rationnels, le cas général étant dû à Speiser. Le principe de la démonstration est très simple : si $K/\mathbb{Q}$ est une extension abélienne, soit f le plus petit entier positif (le conducteur) tel que K soit contenue dans $\mathbb{Q}(\omega)$, ω désignant une racine d'ordre f de l'unité (l'existence du plongement dans un corps cyclotomique est le théorème de Kronecker-Weber). On constate que ω est une base normale de $\mathbb{Q}(\omega)/\mathbb{Q}$. Il est alors clair que la trace θ de ω dans $\mathbb{Q}(\omega)/K$ est une base normale de $K/\mathbb{Q}$.

1.2 Bien entendu, le procédé ci-dessus ne s'applique qu'aux extensions abéliennes ; pour décrire d'autres résultats, il est nécessaire de donner quelques indications sur l'arithmétique des algèbres semi-simples, résultats que nous appliquerons ensuite aux algèbres de groupes.

Soit A une algèbre semi-simple sur un corps de nombres k.

DÉFINITIONS.- Un ordre $\underline{O}$ de O_k dans A est un sous-anneau unitaire de A qui est un O_k-module de type fini et contient une base de A considérée comme espace vectoriel sur k.

On dit qu'un $\underline{O}$-module (à gauche) M est de <u>rang</u> r si M est un O_k-module sans torsion de type fini et vérifie en outre la conditon : $k \otimes_{O_k} M$ est libre de rang r sur A .

On dit qu'un $\underline{O}$-module M est <u>localement libre</u> si pour tout idéal premier $\mathfrak{p}$ de O_k , $M_{\mathfrak{p}} = (O_k)_{\mathfrak{p}} \otimes_{O_k} M$ est un module libre sur l'anneau $\underline{O}_{\mathfrak{p}} = (O_k)_{\mathfrak{p}} \otimes_{O_k} \underline{O}$, anneau qui est un ordre de $(O_k)_{\mathfrak{p}}$ dans A .

Soit E l'ensemble des classes d'isomorphisme de $\underline{O}$-modules localement libres. Considérons comme équivalentes les classes dans E de deux $\underline{O}$-modules M et M' s'il existe deux $\underline{O}$-modules libres L et L' et un isomorphisme de $M \oplus L$ sur $M' \oplus L'$. L'opération somme directe induit sur l'ensemble quotient une structure de groupe ; le groupe ainsi obtenu sera appelé groupe des classes de $\underline{O}$ et noté $C\ell(\underline{O})$. C'est un groupe abélien fini. Lorsque $\underline{O} = O_k$, c'est le groupe usuel des classes d'idéaux de O_k . L'élément neutre de $C\ell(\underline{O})$ est constitué des classes des modules M stablement libres, qui possèdent en fait la propriété plus précise suivante : $M \oplus \underline{O}$ est isomorphe à $\underline{O} \oplus \underline{O}$.

1.3 Si $\underline{O}'$ est un ordre contenant $\underline{O}$, l'extension des scalaires induit un homomorphisme surjectif : $C\ell(\underline{O}) \longmapsto C\ell(\underline{O}')$. Cela s'applique au cas où $\underline{O}'$ est un <u>ordre maximal</u>. Le noyau de l'homomorphisme $C\ell(\underline{O}) \longmapsto C\ell(\underline{O}')$, dont nous allons voir qu'il ne dépend pas du choix de l'ordre maximal $\underline{O}'$ contenant $\underline{O}$, sera noté $D(\underline{O})$.

La considération des idempotents centraux irréductibles de l'algèbre A permet d'identifier A à la composée d'algèbres simples A_i de centres k_i et l'ordre maximal $\underline{O}'$ au composé d'ordres maximaux $\underline{O}'_i$ de A_i contenant l'anneau des entiers de k_i . On est ainsi ramené à considérer un ordre maximal $\underline{O}'$ d'une k-algèbre centrale simple A . Un $\underline{O}'$-module à gauche de rang r est alors localement libre (théorème de Auslander-Goldman,[4]), et est isomorphe à la somme directe d'un module libre de rang $r-1$ et d'un idéal à gauche I de $\underline{O}'$ (théorème de Chevalley-Steinitz). L'idéal I étant localement libre, on peut définir sa norme réduite, Nred(I) ; c'est un idéal de O_k . Si M est un $\underline{O}'$-module de rang r isomorphe à une somme directe

$\underline{O}'^{r-1} \oplus I$, on pose $\text{Nred}(M) = \text{Nred}(I)$, et l'on vérifie la formule $\text{Nred}(M \oplus M') = \text{Nred}(I).\text{Nred}(I')$ si M' est isomorphe à $\underline{O}'^{r'-1} \oplus I'$.

On dit qu'une place à l'infini v de k est ramifiée dans A si v est une place réelle et si l'algèbre étendue $k_v \otimes_k A$, où k_v est le complété de k pour v identifié au corps des nombres réels, est isomorphe à une algèbre de matrices sur le corps des quaternions de Hamilton. Soit $C\ell_A(k)$ le groupe des classes d'idéaux de k dans le sens restreint suivant : $C\ell_A(k)$ est le quotient du groupe des idéaux non nuls de k par le sous-groupe des idéaux principaux possédant un générateur positif à toutes les places à l'infini de k ramifiées dans A . La norme réduite définit par passage aux quotients un homomorphisme $N : C\ell(\underline{O}') \to C\ell_A(k)$. Au vocabulaire près, le théorème suivant est dû à Eichler ([12]) ; on pourra aussi consulter l'ouvrage de Swan-Evans ([40]).

THÉORÈME.- L'homomorphisme N est un isomorphisme de $C\ell(\underline{O}')$ sur $C\ell_A(k)$. Si de plus l'algèbre A n'est pas un corps de quaternions totalement défini (i.e. s'il existe une place à l'infini de k non ramifiée dans A ou si A n'est pas de rang 4 sur son centre), alors tout $\underline{O}'$-module stablement libre est libre.

Il est à noter que la seconde partie du théorème s'étend à un ordre $\underline{O}$ quelconque (Jacobinski [29] ; Fröhlich [18]). De plus, on a une suite exacte $0 \to D(\underline{O}) \to C\ell(\underline{O}) \xrightarrow{\varphi} C\ell_A(k) \to 0$, dans laquelle l'homomorphisme φ s'obtient en composant N avec l'homomorphisme $C\ell(\underline{O}) \mapsto C\ell(\underline{O}')$ provenant de l'extension des scalaires. Cela justifie la notation $D(\underline{O})$.

1.4 Les considérations qui précèdent s'appliquent dans le cas suivant : K/k désignant toujours une extension galoisienne de corps de nombres de groupe de Galois G , on prend $A = k[G]$, $\underline{O} = O_k[G]$, et l'on considère le $\underline{O}$-module O_K . L'extension K/k étant modérément ramifiée, O_K est un $\underline{O}$-module localement libre de rang 1 , théorème dû à E. Noether ([36]) ; du reste, Swan ([39]) a montré que tous les $\underline{O}$-modules projectifs sont localement libres. Quant aux facteurs simples de l'algèbre $k[G]$, ils sont naturellement en bijection avec les classes de conjugaison sur k de caractères absolument irréductibles de G , le centre d'un facteur simple associé au caractère χ étant l'extension abélienne $k(\chi)$ de k .

Exemple.- On prend pour G le groupe diédral d'ordre $2p$, p premier, et $k = \mathbb{Q}$. On montre que le groupe $D(\underline{O})$ est réduit à l'élément neutre, et l'on démontre un théorème de base normale pour ces extensions en prouvant que l'image de O_K dans $C\ell_A(\mathbb{Q}')$ est triviale, $\mathbb{Q}'$ désignant le sous-corps réel maximal du corps des racines p-ièmes de l'unité, centre du facteur simple associé aux caractères irréductibles de degré 2 de G (thèse du rapporteur [33], 1968).

Limitons-nous maintenant au cas où le corps de base k est le corps $\mathbb{Q}$ des nombres rationnels. L'étape suivante est due à Cougnard ([7]) qui a étudié les extensions non abéliennes à groupe de Galois d'ordre pq , p et q premiers. L'interprétation de ses résultats m'a conduit à proposer la conjecture suivante, dans l'énoncé de laquelle il n'y a pas lieu de faire une hypothèse de ramification modérée :

CONJECTURE.- Soit K une extension galoisienne de $\mathbb{Q}$ de groupe de Galois G , et soit $\underline{O}'$ un ordre maximal de $\mathbb{Q}[G]$ contenant l'ordre $\underline{O} = \mathbb{Z}[G]$. Alors, le sous-module $\underline{O}'.O_K$ de K est un $\underline{O}'$-module stablement libre.

Revenant au cas modéré, la conjecture s'exprime en disant que l'image de O_K dans $C\ell(\underline{O})$ est dans le sous-groupe $D(\underline{O})$, puisque les $\underline{O}'$-modules $\underline{O}'.O_K$ et $\underline{O}' \otimes_{\underline{O}} O_K$ sont isomorphes du fait que O_K est projectif sur $\underline{O}$; de plus, il suffit de considérer les modules $\underline{O}_\chi \otimes_{\underline{O}} O_K$, χ parcourant l'ensemble des caractères de G et $\underline{O}_\chi$ désignant un ordre maximal convenable du facteur simple correspondant à χ .

1.5 Une démonstration. L'exemple suivant n'est pas intéressant en lui-même, puisqu'il s'agit d'une extension abélienne des rationnels, mais permet de donner une idée des procédés utilisés par Cougnard et le rapporteur sans allonger démesurément l'exposé. Soit G le groupe cyclique d'ordre un nombre premier p , et soit $N = \sum_{s \in G} s$ la "norme" dans $\mathbb{Z}[G]$. Si M est un $\mathbb{Z}[G]$-module de rang 1 , le quotient M/M^G est un module sur l'anneau $A = \mathbb{Z}[G]/(N)$, qui est isomorphe à l'anneau des entiers du corps de racines p-èmes de l'unité.

La classe de M/M^G dans $C\ell(A)$ caractérise M à isomorphisme près. Si donc K est une extension de $\mathbb{Q}$ à groupe de Galois isomorphe à G, il suffit de prouver que la classe dans A de $O_K/\mathbb{Z}$ est triviale. Choisissons un caractère χ non trivial de G ; notons $\mathbb{Q}'$ le corps des racines p-èmes de l'unité et K' le composé $K\mathbb{Q}'$. Pour tout x de K, on peut former la résolvante de Lagrange $\langle x,\chi\rangle = \sum_{s\in G} \chi(s^{-1})\,(sx)$, à valeurs dans K'. Choisissons une base normale (*) θ de $K/\mathbb{Q}$, et posons $a(\chi) = (\langle\theta,\chi\rangle)^p$; c'est un élément de $\mathbb{Q}'$, et l'idéal principal qu'il engendre s'écrit de façon unique sous la forme $I(\chi)^p J(\chi)$, où $I(\chi)$ est un idéal fractionnaire de $\mathbb{Q}'$ et $J(\chi)$ un idéal entier sans puissance p-ème. Le caractère χ permet d'identifier les anneaux A et $O_{\mathbb{Q}'}$, et l'application $x \longmapsto \frac{\langle x,\chi\rangle}{\langle\theta,\chi\rangle}$ définit par passage au quotient un isomorphisme de A-modules de $O_K/\mathbb{Z}$ sur un idéal fractionnaire I' de $\mathbb{Q}'$. On vérifie la double inclusion $pI(\chi)^{-1} \subset I' \subset I(\chi)^{-1}$; comme l'idéal pA est la puissance $(p-1)$-ème d'un idéal principal, la classe dans $C\ell(A)$ de $O_K/\mathbb{Z}$ est la classe de l'idéal $I(\chi)^{-1}$. Ecrivons maintenant l'idéal $J(\chi)$ sous la forme d'un produit $\prod_{i=1}^{p-1} J_i(\chi)^i$, où les idéaux $J_i(\chi)$ sont entiers, sans facteur carré et premiers entre eux deux à deux. La décomposition de $J(\chi)$ est unique. Soit s_i, $i \not\equiv 0 \bmod. p$, l'élément du groupe de Galois H de $\mathbb{Q}'/\mathbb{Q}$ élevant chaque racine p-ème de l'unité à la puissance i ; pour $i \not\equiv 0 \bmod. p$, soit i' l'inverse de $i \bmod. p$ compris entre 1 et $p-1$. En étudiant l'action sur $a(\chi)$ des éléments s_i, on constate que l'on a $J(\chi) = J_1(\chi)^r$, où r est l'élément $\sum_{i=1}^{p-1} i's_i$ de $\mathbb{Z}[H]$. On reconnait là "l'élément de Stickelberger" du corps $\mathbb{Q}'$: c'est un élément de $\mathbb{Z}[H]$ qui annule le groupe des classes de $\mathbb{Q}'$. Il en résulte que $J(\chi)$ est principal, donc que $I(\chi)^p$ est principal. En étudiant l'action de H sur l'idéal $I(\chi)$ et en utilisant une nouvelle fois la relation de Stickelberger, on montre que $I(\chi)$ lui-même est principal, ce qui achève la démonstration. (Il faut consi-

(*) On suppose seulement que les conjugués de θ forment une base d'espace vectoriel de K sur $\mathbb{Q}$.

dérer l'idéal de $\mathbb{Z}[G]$ engendré par N et $\sum_i i's_i$, qui annule le groupe des classes de $\mathbb{Q}'$.)

On peut définir un élément de Stickelberger pour toute extension cyclotomique (voir par exemple [30], chapitre IV), et en déduire un élément de Stickelberger r_L pour toute extension abélienne L des rationnels ; on obtient ainsi une relation sur les classes d'idéaux de L qui n'est triviale que si L est réelle. Etant donnés maintenant une extension galoisienne $K/\mathbb{Q}$ de groupe de Galois G et un caractère χ de G induit par un caractère ψ d'un sous-groupe, on peut associer à χ des résolvantes de Lagrange $\langle x,\psi \rangle$, et démontrer dans certains cas la conjecture par des procédés analogues à ceux de l'exemple ci-dessus mais nettement plus compliqués, en utilisant l'élément de Stickelberger du centre du facteur simple associé à χ . Le théorème d'induction de Brauer pourrait peut-être permettre d'atteindre tous les caractères. Il est à noter que ce type de démonstration permet d'obtenir des résultats sans hypothèse de ramification modérée ; c'est le cas dans l'exemple traité.

1.6 Un théorème de Fröhlich. Tout récemment, et à la suite de nombreux résultats partiels, la conjecture proposée en 1.4 est devenue un théorème de Fröhlich (dans le cas modéré).

THÉORÈME.- *Soit $K/\mathbb{Q}$ une extension galoisienne modérément ramifiée de groupe de Galois G , et soit $\underline{O}'$ un ordre maximal de $\mathbb{Q}[G]$ contenant $\mathbb{Z}[G]$. Alors, $\underline{O}'.O_K$ est un $\underline{O}'$-module stablement libre.*

A la suite d'un travail de Cougnard sur les groupes quaternioniens (cf. § 2) d'ordre $4p$, Fröhlich a prouvé le résultat pour les groupes dont tous les caractères sont réels. Ce cas particulier était fondamental pour étudier les problèmes exposés au § 2. Il s'agissait entre autres choses de résoudre les difficultés créées par l'existence de facteurs simples de $\mathbb{Q}[G]$ contenant un corps de quaternions, ce qui impose de prouver que certains idéaux principaux ont des générateurs totalement positifs (cf. 1.3). Fröhlich a ensuite résolu le problème pour des classes très étendues d'extension avant d'obtenir le résultat final.

La démonstration utilise des résolvantes qu'il avait définies il y a une douzaine d'années et qui ont fait l'objet de deux articles en 1966 ([14], [15]).

Une nouvelle rédaction adaptée aux problèmes que nous étudions dans cet exposé existe sous forme polycopiée ([22]).

Etant donnés une extension galoisienne modérément ramifiée K/k de groupe de Galois G et un caractère χ de G réalisable sur k par une représentation ρ , posons $(x|\chi) = \det(\sum_{s \in G} sx.\rho(s^{-1}))$ pour tout élément x de K . Si χ est de degré 1 , on retrouve les résolvantes de Lagrange. Si χ n'est pas réalisable sur k , on augmente le corps de base, et l'on doit résoudre les difficultés causées par le fait que $K \otimes_k k(\chi)$ peut ne pas être un corps (dans l'article [23], K et $k(\chi)$ sont supposées linéairement disjointes sur k , mais Fröhlich sait traiter le cas général). Soit alors $(O_K|\chi)$ l'idéal engendré par les $(x|\chi)$, $x \in O_K$. On considère de façon analogue à ce qui a été fait dans 1.5 l'idéal $I(\chi) = (O_K|\chi).(\theta|\chi)^{-1}$, où θ désigne une base normale de K sur k . Les idéaux $I(\chi)$ permettent la détermination de l'image de O_K dans $C\ell(O_k[G])$. Fröhlich démontre un certain nombre de propriétés des résolvantes dont nous retiendrons les deux suivantes :

(i) $(O_K|\chi).(O_K|\bar{\chi}) = O_{k(\chi)}.f(\chi)$, où $f(\chi)$ est un idéal entier de k , le conducteur de χ ; le membre de gauche est un idéal qui peut être défini dans $k(\chi)$. Cette formule relie donc résolvantes et conducteurs d'Artin. Elle permet en particulier de démontrer que K/k ne peut posséder une base normale d'entiers que si les différents conducteurs $f(\chi)$ sont principaux.

(ii) Si $K = \mathbb{Q}$, $(O_K|\chi) = O_{\mathbb{Q}(\chi)}\ \tau(\chi)$, où $\tau(\chi)$ est une somme de Gauss au sens de Hasse ([26]) : on a $\tau(\chi) = W(\chi)\ \widetilde{N(f(\chi))}^{\frac{1}{2}}$, où $W(\chi)$ est défini au § 2, et $\widetilde{N(f(\chi))}$ est la norme du conducteur modifiée en introduisant les places à l'infini (on se ramène aux caractères de degré 1).

C'est cette dernière formule qui conduit à la démonstration du théorème. La relation de Stickelberger n'intervient pas explicitement : cela est dû à l'utilisation de sommes de Gauss, qui interviennent précisément dans la démonstration de cette relation (cf. [30]).

1.7 Revenons maintenant aux bases normales proprement dites. Il y a des exemples d'extensions galoisiennes modérément ramifiées du corps $\mathbb{Q}$ qui ne possèdent pas de base normale. Le premier exemple a été donné par le rapporteur ([34]). On prend pour groupe de Galois G le groupe quaternionien d'ordre 8 (G est le groupe multiplicatif des quaternions ±1 , ±i , ±j , ±k). On montre que les groupes $C\ell(\mathbb{Z}[G])$ et $D(\mathbb{Z}[G])$ coïncident et sont d'ordre 2 . Il existe alors des extensions qui possèdent une base normale et d'autres qui n'en possèdent pas. D'autres exemples ont été trouvés comme conséquence des résultats du § 2.

Il y a aussi des résultats positifs. Ainsi, le corps de base étant toujours $\mathbb{Q}$, Fröhlich a démontré des théorèmes de base normale lorsque G est l'un des groupes suivants :

(i) G est un groupe non abélien d'ordre pq , p premier, q divise p - 1 .

(ii) G est un groupe quaternionien d'ordre 2^n , $n \geq 4$. (*)

L'existence de bases normales est peut-être un "cas général", une fois que certaines obstructions sont levées ; le résultat (ii) est particulièrement frappant à cet égard. Nous verrons des exemples d'obstructions au § 2 .

L'étude des bases normales d'entiers proprement dites nécessite le calcul de $C\ell(\mathbb{Z}[G])$ ou de $D(\mathbb{Z}[G])$. Plusieurs procédés de calcul sont décrits dans la littérature. Jacobinski donne une formule globale analogue à celle du théorème de Eichler, mais faisant intervenir les groupes d'idéaux définis modulo un conducteur de la théorie du corps de classes ([29]). Fröhlich donne une formule écrite en termes d'idèles qui permet des calculs locaux et est de ce fait très commode dans les applications ([18]). Enfin, Reiner et Ullom ont donné une suite exacte issue de la suite exacte de Mayer-Vietoris en K-théorie qui peut être utilisée pour ces calculs ([38]).

§ 2. Fonctions L

On ne fait aucune hypothèse sur la ramification de K/k dans les n°s 2.1 à 2.4.

2.1 Soit K/k une extension galoisienne de corps de nombres de groupe de Galois G , et soit χ un caractère de G . E. Artin ([2], [3]) a associé à l'extension K/k et au caractère χ une fonction $s \mapsto L(s, \chi, K/k)$ définie lorsque s est un nombre complexe de partie réelle supérieure à 1 ,

(*) On n'a qu'une "base normale à stabilité près".

et prolongeable dans tout le plan complexe. Lorsque G est un groupe abélien et χ un caractère de degré 1, on retrouve via l'application de réciprocité les fonctions L de la théorie du corps de classes (fonctions L abéliennes). Les fonctions L d'Artin possèdent les propriétés suivantes :

(i) $L(s, \chi + \chi', K/k) = L(s, \chi, K/k).L(s, \chi', K/k)$.

(ii) Si K'/k est une sous-extension de K/k correspondant au sous-groupe H de G, et si χ est induit par un caractère ψ de H, on a :

$$L(s, \chi, K/k) = L(s, \psi, K/K') .$$

(iii) Si K'/K est galoisienne et si χ provient d'un caractère encore noté χ de G/H, on a :

$$L(s, \chi, K/k) = L(s, \chi, K'/k) .$$

Comme tout caractère est combinaison $\mathbb{Z}$-linéaire de caractères induits par des caractères de degré 1 de sous-groupes (théorème de Brauer), on voit que les fonctions L d'Artin s'expriment comme produits de puissances entières positives ou négatives de fonctions L abéliennes ; en particulier, les fonctions L d'Artin sont méromorphes.

2.2 Les fonctions L possèdent une équation fonctionnelle reliant $L(s, \chi, K/k)$ à $L(1-s, \bar{\chi}, K/k)$, $\bar{\chi}$ désignant le conjugué complexe du caractère χ.

Les fonctions L sont définies par un produit de termes locaux associés aux idéaux premiers de k. En introduisant des termes locaux associés aux places à l'infini de k et un "terme exponentiel", on obtient la "fonction L étendue" $s \mapsto \Lambda(s, \chi, K/k)$, qui vérifie l'équation fonctionnelle :

$$\Lambda(s, \chi, K/k) = W(\chi, K/k)\Lambda(1-s, \bar{\chi}, K/k) ,$$

où $W(\chi, K/k) = W(\chi)$ est un nombre complexe de module 1, la constante de l'équation fonctionnelle qui nous intéresse, "Artin root number" dans la terminologie anglaise.

La constante W possède les propriétés analogues aux propriétés (i), (ii) et (iii) des fonctions L d'Artin, si bien que le calcul de W se ramène grâce au théorème de Brauer au calcul de la constante analogue des fonctions abéliennes. Or, la littérature contient des formules pour les fonctions L abéliennes (voir par exemple Lang [30], ou le "Bericht" de Hasse [25]). On peut donc calculer effectivement dans le cas général la constante $W(\chi)$.

Signalons que les formules donnant les constantes W des fonctions abéliennes se présentent sous la forme d'un produit de termes locaux associés à chaque place de k , presque tous égaux à 1 , et qui sont essentiellement des sommes de Gauss. Il est tentant de définir dans le cas général des constantes locales en utilisant le théorème de Brauer. Malheureusement, le résultat dépend de l'expression du caractère comme combinaison linéaire de caractères induits. Dwork ([11]) avait obtenu en 1955 des constantes locales définies au signe près. Deligne ([10]) a défini de "bonnes" constantes locales en 1972 à la suite des travaux de Langlands ([31]).

Il est possible que les démonstrations des résultats que nous allons exposer puissent être simplifiées grâce à ce résultat de Deligne.

2.3 Revenant à l'équation fonctionnelle, on voit immédiatement la relation $W(\bar{\chi}, K/k) = W(\chi, K/k)$, qui entraîne que $W(\chi)$ est un nombre réel égal à $+1$ ou à -1 lorsque χ est un caractère à valeurs réelles. Nous ne nous occupons plus désormais que de caractères à valeurs réelles.

Ces caractères sont de deux types :

. type 1 : χ est le caractère d'une représentation de G par des matrices à coefficients réels ; on dit que χ est réalisable sur $\mathbb{R}$.

. type 2 : il n'existe aucune représentation de G par des matrices à coefficients réels qui ait pour caractère χ .

Lorsque χ est absolument irréductible, il lui correspond un facteur simple A_χ de centre $\mathbb{R}$ de l'algèbre $\mathbb{R}[G]$. Alors, χ est de type 1 (resp. de type 2) si l'algèbre A_χ est isomorphe à une algèbre de matrices sur $\mathbb{R}$ (resp. à une algèbre de matrices sur le corps des quaternions).

Jusqu'à une époque récente, on ne connaissait pas d'exemple de caractère χ vérifiant $W(\chi) = -1$. Ainsi, si K/k est une extension quadratique, la fonction L correspondante possède une constante égale à $+1$, puisqu'elle est quotient de deux fonctions zêta. Les premiers exemples avec $W = -1$ ont été obtenus indépendamment par Armitage ([1]) et Serre (lettres de Serre au rapporteur) en 1971.

L'exemple d'Armitage est fondé sur un article de Serre ([43]) consacré au conducteur d'Artin des caractères réels, (le conducteur d'Artin d'un caractère χ , noté $F(\chi , K/k)$, est un idéal de k qui intervient dans le terme exponentiel de l'équation fonctionnelle (pour une définition, voir [42], chapitre VI) ; la détermination de $F(\chi , K/k)$ se ramène au cas où χ est de degré 1 , cas dans lequel il coïncide avec le conducteur de la théorie du corps de classes). Fröhlich avait posé le problème de savoir si le conducteur d'un caractère réel était dans le carré d'une classe. Serre démontre que c'est le cas pour les caractères du type 1 , et donne un contre-exemple pour une extension munie d'un caractère du type 2 (il connaissait déjà des contre-exemples dans le cas des corps de fonctions). Armitage considère alors une extension K/k possédant un caractère χ pour lequel $F(\chi , K/k)$ n'est pas dans le carré d'une classe, puis choisit un caractère quadratique ψ sur le groupe des classes de k qui applique $F(\chi , K/k)$ sur -1 . Au caractère ψ est attachée une extension quadratique k' de k , et χ et ψ définissent naturellement des caractères χ' et ψ' sur $K' = k'K$. Armitage montre alors que le produit $W(\chi').W(\psi')$ est égal à -1 .

A la même époque, Serre avait conjecturé que la constante $W(\chi)$ était égale à $+1$ lorsque le caractère χ était réalisable sur $\mathbf{R}$; il avait même une démonstration de ce fait dans le cas des corps de fonctions. Il lui fallait donc un corps possédant un caractère réel du type 2 . Il considéra un de mes exemples de corps quaternionien de degré 8 dépourvu de base normale, fit pour ce corps le calcul des sommes de Gauss pour un caractère de degré 1 induisant le caractère irréductible de degré 2 du groupe de Galois de l'extension, et trouva ainsi par un calcul direct un exemple de constante $W(\chi)$ égale à -1 , exemple qui devait jouer un rôle important dans la suite.

2.4 La conjecture de Serre mentionnée ci-dessus fut résolue indépendamment par A. Fröhlich et J. Queyrut en 1972, et a été publiée dans un article commun à Inventiones ([24]). Les auteurs démontrent le

THÉORÈME.- *Soient* k *un corps de nombres* (*ou un corps de fonctions d'une variable sur un corps fini*), K *une extension galoisienne de* k *et* χ *un caractère réalisable sur* $\mathbf{R}$ *du groupe de Galois de* K/k . *Alors, la constante* $W(\chi , K/k)$ *a la valeur* $+1$.

La démonstration repose sur un résultat de théorie des groupes utilisé par Serre dans l'étude du conducteur des caractères réels : tout caractère réalisable sur $\mathbb{R}$ est combinaison $\mathbb{Z}$-linéaire de caractères induits par des caractères réalisables sur $\mathbb{R}$ de degré 1 ou 2 de sous-groupes de G. Les caractères de degré 1 ne présentent aucune difficulté. Dans le cas des caractères de degré 2, on se ramène au cas d'un caractère fidèle. Le groupe de Galois de l'extension est alors un groupe diédral, et l'on peut faire des calculs explicites, les caractères de degré 2 d'un groupe diédral étant induits par un caractère de degré 1 d'un sous-groupe cyclique d'indice 2.

2.5 Examinons maintenant le groupe quaternionien d'ordre 8. C'est le groupe multiplicatif G formé des quaternions $\{\pm 1 , \pm i , \pm j , \pm k\}$. Il possède 4 caractères de degré 1 et un caractère irréductible χ de degré 2 ; l'algèbre $\mathbb{Q}[G]$ s'identifie au produit $\mathbb{Q} \times \mathbb{Q} \times \mathbb{Q} \times \mathbb{Q} \times \mathbb{H}$, où $\mathbb{H}$ est le corps des quaternions "usuels" sur $\mathbb{Q}$. Les ordres maximaux ont pour nombre de classes 1, et l'on a vu que le groupe $C\ell(\mathbb{Z}[G]) = D(\mathbb{Z}[G])$ est d'ordre 2 ; nous l'identifions à $\{-1,+1\}$. Pour une extension modérément ramifiée $K/\mathbb{Q}$, on note U_K, en suivant Fröhlich, l'image de O_K dans ce groupe. Fröhlich ([17]) démontre le

THÉORÈME.- $\quad W(\chi , K/\mathbb{Q}) = U_K$.

Cela met en évidence un lien surprenant entre le signe de W et la structure de G-module de O_K, envisagé par Serre dès le premier exemple, et qui s'est avéré rapidement probable à la suite de nombreux cas particuliers traités par Armitage.

Il n'est pas possible de donner des indications sur la démonstration, qui est très technique. Fröhlich donne des formules permettant un calcul immédiat de $W(\chi)$ pour une extension $K/\mathbb{Q}$ donnée. L'égalité $W(\chi) = U_K$ s'obtient ensuite en comparant ces formules avec celle que j'avais donnée pour U_K. On ne possède pas de démonstration plus directe de cette égalité dont la raison profonde nous échappe.

Il était alors naturel de chercher à obtenir un résultat analogue au précédent pour tous les caractères à valeurs réelles, mais non réalisables sur $\mathbb{R}$. Les résultats que je vais décrire succinctement portent essentiellement sur des extensions galoisiennes des rationnels à groupe de Galois quaternionien (il est du reste vraisemblable que l'étude du signe de la constante W se ramène au cas des extensions relatives galoisiennes ayant pour groupe de Galois un groupe quaternionien ou éventuellement un des trois sous-groupes finis "exceptionnels" d'ordres respectifs 24 , 48 et 120 du groupe multiplicatif du corps des quaternions, extensions de l'un des groupes $\mathfrak{A}_4$, $\mathfrak{S}_4$, $\mathfrak{A}_5$ par un groupe d'ordre 2 .

DÉFINITION.- Soit n un entier positif. Le groupe quaternionien d'ordre $4n$ est défini par deux générateurs σ et τ liés par les relations $\tau^4 = 1$, $\sigma^n = \tau^2$ et $\tau\sigma\tau^{-1} = \sigma^{-1}$.

Pour $n = 1$, on obtient le groupe cyclique d'ordre 4 . Pour $n > 1$, on obtient un groupe dont le centre est d'ordre 2 , et dont le quotient par le centre est isomorphe au groupe diédral d'ordre $2n$. Celui-ci étant noté d'ordinaire D_n , je noterai H_n le groupe quaternionien d'ordre $4n$, extension du groupe D_n par un groupe d'ordre 2 .

Avant d'entrer dans les détails, donnons un résultat général dû à Fröhlich :

THÉORÈME.- Soit K/k une extension galoisienne modérément ramifiée de groupe de Galois G . Soient χ_1 et χ_2 deux caractères réels de G conjugués sur $\mathbb{Q}$. Alors, $W(\chi_1, K/k) = W(\chi_2, K/k)$.

Revenons à une extension K de $\mathbb{Q}$. Les facteurs simples de $\mathbb{Q}[G]$ sont associés aux classes de conjugaison de caractères irréductibles. Par conséquent, la valeur de $W(\chi)$ ne dépend que du facteur simple associé à χ .

Le groupe H_3 a été considéré par Queyrut ([37]) , qui utilisait les classes d'isomorphisme de modules de rang 1 au lieu des classes stables (mais cela n'a pas d'importance pour ce groupe particulier). Fröhlich ([19]) a ensuite considéré les groupes H_{p^r} , p premier impair. Il y a dans ce cas r classes de conjugaison sur $\mathbb{Q}$ de caractères absolument irréductibles de type 2 ; soient $\Phi_1,\ldots,\Phi_r$ ces classes. Notons $\underline{O}$ l'anneau $\mathbb{Z}[H_{p^r}]$. Il définit des homomorphismes θ_i pour $1 \leq i \leq r$ de $D(\underline{O})$ dans $\{-1,+1\}$. Comme l'image de O_K dans $C\ell(\underline{O})$ est en fait dans $D(\underline{O})$, on peut considérer les nombres $\varepsilon_i = \theta_i(O_K)$. Fröhlich démontre alors le

THÉORÈME.- (1) Soient ε'_i , $i = 1,\dots,r$, des nombres égaux à +1 ou à -1 . Il existe une infinité d'extensions galoisiennes modérément ramifiées $K/\mathbb{Q}$ ayant un groupe de Galois isomorphe à H_{p^r} vérifiant pour tout i $W(\Phi_i) = \varepsilon'_i$.

(2) Si $p \equiv 3$ mod. 4 , on a, pour tout i , $\varepsilon_i = W(\Phi_i)$.

(3) Si $p \equiv 1$ mod. 4 , on a, pour tout i , $\varepsilon_i = +1$.

On a donc une bonne interprétation du signe de W en termes de G-modules lorsque p est congru à 3 modulo 4 ; dans l'autre cas, on ne fait que lever une obstruction à l'existence de bases normales.

On peut interpréter le rôle de la congruence modulo 4 de la façon suivante : soit H_i le facteur simple de $\mathbb{Q}[H_{p^r}]$ correspondant à Φ_i ; son centre est le sous-corps réel maximal du corps des racines p^i-èmes de l'unité ; il possède un unique idéal premier p_i au-dessus de p , et il est clair que p_i est le seul idéal premier du centre éventuellement ramifié dans H_i . Or, toutes les places à l'infini du centre de H_i sont ramifiées dans H_i . Comme celles-ci sont au nombre de $(-1)^{(p-1)/2}$, la loi de réciprocité de Hasse montre tout de suite que H_i possède de la ramification pour une place finie si et seulement si p est congru à 3 modulo 4 .

Fröhlich a confirmé cette interprétation en étudiant les groupes H_{2^r} : un des facteurs simples de l'algèbre sur $\mathbb{Q}$ de ce groupe est un corps de quaternions. Pour $r \geq 2$, ce corps de quaternions est non ramifié pour les places finies, et l'invariant analogue à celui que nous avons considéré pour le groupe d'ordre 8 prend la valeur +1 sur l'anneau des entiers de l'extension, bien que la constante W puisse prendre chacune des valeurs -1 et +1 ; du reste, pour $r \geq 2$, O_K est un $\mathbb{Z}[G]$-module stablement libre. Il serait intéressant d'avoir d'autres exemples.

Signalons pour terminer ce paragraphe la suggestion suivante de Fröhlich : considérer des $\mathbb{Z}[G]$-modules munis d'une forme bilinéaire, et définir un groupe

$C\ell_1(\mathbb{Z}[G])$ à l'aide de cette structure additionnelle. L'image de O_K dans ce groupe est un invariant plus fin que son image dans $C\ell(\mathbb{Z}[G])$, et Fröhlich m'a dit avoir des résultats dans cette direction. Peut-être peut-on espérer obtenir par ce procédé une interprétation dans le cas général du signe de W .

§ 3. Extensions "sauvagement" ramifiées

3.1 Il s'agit de celles qui ne sont pas modérément ramifiées (wildly ramified extensions). Nous nous proposons de donner quelques indications concernant les problèmes traités dans les paragraphes 1 et 2. Soit donc K/k une extension galoisienne de corps de nombres de groupe de Galois G . Il est clair que l'on ne peut pas espérer trouver des bases normales lorsque l'extension n'est pas modérément ramifiée. Une idée naturelle est de remplacer $O_k[G]$ par "l'ordre associé à l'extension" : $\underline{O}(K/k) = \{\lambda \in k[G] \mid \lambda O_K \subset O_K\}$. S'il existe un ordre $\underline{O}$ sur lequel O_K est un module libre, alors $\underline{O} = \underline{O}(K/k)$.

La situation est beaucoup plus compliquée que dans le cas modéré. Ainsi, il est en général faux que O_K soit projectif sur son ordre associé (F. Bertrandias et M.-J. Ferton,[6]) ; la situation est peut-être plus simple lorsque le corps de base est le corps des rationnels, voir Jacobinski [28]). Par ailleurs, il existe des modules projectifs sur $\underline{O}(K/k)$ qui ne sont pas localement libres ; cette situation se présente pour $k = \mathbb{Q}$ et G le groupe symétrique sur 3 lettres, exemple dans lequel on peut trouver pour $\underline{O}(K/k)$ un ordre héréditaire non maximal. Enfin, il semble extrêmement difficile de donner une description de l'ordre $\underline{O}(K/k)$.

Lorsque k est le corps des nombres rationnels, on a néanmoins des résultats positifs. Ainsi, O_K est libre sur $\underline{O}(K/\mathbb{Q})$ dans les cas suivants :

- Le groupe G est abélien. C'est un théorème dû à Leopoldt (1959, [32] ; voir aussi Jacobinski, [28]). La démonstration se fait en plongeant K dans un corps cyclotomique, mais est beaucoup plus difficile que dans le cas modéré.

- Le groupe G est un groupe diédral d'ordre $2p$, p premier. Le résultat est dû à A.-M. Bergé. Elle définit des invariants caractérisant à isomorphisme près les modules de rang 1 sur $\mathbb{Z}[G]$, et les calcule dans le cas d'une extension. Un des invariants sert en particulier à assurer que le module considéré, supposé projectif sur un ordre contenant $\mathbb{Z}[G]$, est localement libre sur cet ordre ([5]).

3.2 On peut considérer dans le cas "sauvage" la conjecture du § 1 (qui est évidemment vérifiée pour les deux classes de groupes considérées ci-dessus) : si $\underline{O}'$ est un ordre maximal de $\mathbb{Q}[G]$ contenant $\mathbb{Z}[G]$, $\underline{O}'.O_K$ est un $\underline{O}'$-module stablement libre. La conjecture est vérifiée pour les groupes non abéliens d'ordre pq , p et q premiers ; elle résulte du travail de Cougnard déjà cité ([7]). Cougnard ([9]) vient d'en obtenir une démonstration pour les p-groupes, sous la seule restriction que l'extension $K/\mathbb{Q}$ soit linéairement disjointe sur $\mathbb{Q}$ des corps $\mathbb{Q}(\chi)$, χ parcourant les caractères irréductibles de G . Cette restriction, qui n'est pas fondamentale, provient de la nécessité d'étendre le corps de base pour réaliser les représentations. La bonne catégorie à considérer pour ces problèmes est celle des algèbres galoisiennes au sens de Hasse, catégorie qui a l'avantage sur celle des extensions d'être stable par extension du corps de base.

3.3 On aimerait aussi relier dans le cas sauvage le signe de la constante de l'équation fonctionnelle pour les caractères réels à des propriétés de l'anneau des entiers considéré comme G-module. Hors du cas modéré, il n'y a à ma connaissance aucun résultat, ni aucune conjecture. Les deux remarques suivantes mettent en évidence la difficulté du problème.

. Soient χ et χ' deux caractères réels conjugués sur $\mathbb{Q}$ de G . On a vu que les constantes $W(\chi)$ et $W(\chi')$ coïncident dans le cas modéré. Fröhlich a donné un exemple montrant qu'il n'en est plus de même dans le cas sauvage ; autrement dit, étant donné un caractère réel χ de G , il se peut que le signe de $W(\chi)$ ne dépende pas uniquement du facteur simple de l'algèbre du groupe de Galois associé à χ .

. Considérons maintenant les extensions $K/\mathbb{Q}$ quaternioniennes de degré 8 . Il y a, rappelons-le, un unique caractère irréductible χ de degré 2 , qui est réel mais non réalisable sur $\mathbb{R}$. Fröhlich ([17]) a montré le résultat suivant : la suite des groupes de ramification de l'idéal $2\mathbb{Z}$ étant donnée parmi les suites a priori possibles, il existe une infinité d'extensions avec $W(\chi) = +1$ et une infinité d'extensions avec $W(\chi) = -1$. Plus précisément, étant donnés deux ensembles finis et disjoints S et T de nombres premiers impairs, on conserve la liberté de choix pour le signe de $W(\chi)$ en se restreignant aux extensions ramifiées sur S et non ramifiées sur T . Or, si 2 se ramifie, c'est-à-dire si l'extension $K/\mathbb{Q}$ n'est pas modérément ramifiée, le rapporteur a montré que O_K est libre sur son ordre associé ([35]).

§ 4. Ce que l'on peut espérer

Les résultats de 1.6 et 3.2 permettent de considérer la conjecture de 1.4 comme très vraisemblable. On ne peut évidemment pas faire la conjecture analogue pour des extensions relatives K/k : il y a de nombreux exemples pour lesquels le module obtenu n'est même pas libre sur O_k . On peut toutefois espérer que les classes des modules de la forme $\underline{O}'.O_K$ constituent un sous-groupe de $C\ell(\underline{O}')$, $\underline{O}'$ désignant un ordre maximal de $k[G]$ contenant $O_k[G]$. Dans l'esprit du rapporteur, la détermination d'un tel sous-groupe serait liée à l'existence d'une relation de Stickelberger dans le groupe des classes d'idéaux des extensions cyclotomiques relatives, existence conjecturale mais très vraisemblable à la suite des travaux récents de A. Brumer.

Il y a un résultat de Fröhlich dans cette direction (les notations sont celles de 1.6). Il démontre <u>dans le cas modéré</u> la formule :

$$(*) \qquad N_{k/\mathbb{Q}}((O_K|\chi)) = O_{\mathbb{Q}(\chi)}\,\tau(\chi) .$$

Il définit par ailleurs une norme $N : C\ell(O_k[G]) \mapsto C\ell(\mathbb{Z}[G])$, et il déduit de (*) que la classe de O_K dans $C\ell(O_k[G])$ est envoyée par N dans le sous-groupe $D(\mathbb{Z}[G])$ de $C\ell(\mathbb{Z}[G])$.

Signalons à ce propos que la formule (*) jointe à celles de 1.6 a d'intéressantes conséquences pour les sommes de Gauss. Elle montre immédiatement que $\tau(\chi)$ est un entier algébrique, résultat dû à Dwork. Fröhlich a en outre montré que l'expression $\tau(\chi)^{\varphi(1)}\,\tau(\varphi)^{\chi(1)}\,\tau(\chi\varphi)^{-1}$ est un entier algébrique.

Limitons-nous toujours aux extensions modérées, et fixons k et G . On peut espérer que les classes des modules O_K constituent un sous-groupe $C_{k,G}$ de $C\ell(O_k[G])$. Il faudrait définir un sous-groupe convenable $D_{k,G}$ de

$C\ell(O_k[G])$ contenant $C_{k,G}$, et, pour toute classe de conjugaison sur $\mathbb{Q}$ Φ de caractères réels non réalisables sur $\mathbb{R}$, un homomorphisme $\theta_\Phi : D_{k,G} \to \{-1,+1\}$, tel que $W(\Phi) = +1$ entraîne $\theta_\Phi(O_K) = +1$. L'image réciproque par N de $D(\mathbb{Z}[G])$ est peut-être un bon candidat. Mais il n'y a à ma connaissance aucun exemple d'interprétation de W en termes de $O_k[G]$-modules lorsque k n'est pas le corps des nombres rationnels.

BIBLIOGRAPHIE

[1] V. ARMITAGE - Zêta Functions with a Zero at $s = \frac{1}{2}$, Invent. Math., 15 (1972), p. 199-205.

[2] E. ARTIN - Über eine neue Art von L-Reihen, Hamb. Abh., (1923), et collected papers n° 2.

[3] E. ARTIN - Zur Theorie der L-Reihen mit allgemeinen Gruppencharakteren, Hamb. Abh., (1930), et Collected papers n° 8.

[4] M. AUSLANDER et O. GOLDMAN - Maximal Orders, Trans. Amer. Math. Soc., 97 (1960), p. 1-24.

[5] A.-M. BERGÉ - Sur l'arithmétique d'une extension diédrale, Ann. Inst. Fourier, 22-2 (1972), p. 31-59.

[6] F. BERTRANDIAS et M.-J. FERTON - Sur l'anneau des entiers d'une extension cyclique de degré premier d'un corps local, C. R. Acad. Sc. Paris, 274-A (1972), p. 1330-1333.

[7] J. COUGNARD - Sur les extensions galoisiennes non abéliennes de degré pq (p et q premiers) des rationnels, C. R. Acad. Sc. Paris, 274-A (1972), p. 936-939.

[8] J. COUGNARD - Sur l'anneau des entiers des extensions galoisiennes à groupe de Galois quaternionien d'ordre 4p , Publ. Math. Bordeaux, 1 (1973-74), p. 1-21.

[9] J. COUGNARD - Entiers d'une p-extension, à paraître.

[10] P. DELIGNE - Les constantes des équations fonctionnelles des fonctions L , Modular Functions of One Variable II, p. 501-597, Lecture Notes in Math. n° 349, Springer-Verlag, 1973.

[11] B. DWORK - On the Artin Root Number, Amer. J. Math., 78 (1956), p. 444-472.

[12] M. EICHLER - Über die Idealklassenzahl hypercomplexer Systeme, Math. Zeit., 43 (1938), p. 481-494.

[13] A. FRÖHLICH - The Module Structure of Kummer Extensions over Dedekind Domains, J. reine angew. Math., 209 (1962), p. 39-53.

[14] A. FRÖHLICH - Some Topics in the Theory of Module Conductors, Oberwolfach Berichte, 2 (1966), p. 59-83.

[15] A. FRÖHLICH - Resolvents, Discriminants and Trace Invariants, J. of Algebra, 4 (1960), p. 173-198.

[16] A. FRÖHLICH - Radical Modules over a Dedekind Domain, Nagoya Math. Journal, 27 (1966), p. 643-662.

[17] A. FRÖHLICH - Artin Root Numbers and Normal Integral Bases for Quaternion Fields, Invent. Math., 17 (1972), p. 143-166.

[18] A. FRÖHLICH - Locally free modules over arithmetic orders, à paraître in J. reine angew. Math.

[19] A. FRÖHLICH - Module invariants and Root numbers for quaternion fields of degree $4\ell^r$, à paraître in Proc. Camb. Phil. Soc.

[20] A. FRÖHLICH - Artin root numbers for quaternion characters, à paraître in Symposia Math.

[21] A. FRÖHLICH - The root numbers, conductors and representations of Artin for generalized quaternion groups, à paraître in Proc. London Math.

[22] A. FRÖHLICH - Module Conductors and Module Resolvents, à paraître.

[23] A. FRÖHLICH - Arithmetic and Galois module structure for tame extensions, à paraître.

[24] A. FRÖHLICH et J. QUEYRUT - On the functional equation of the Artin L-function for characters of real representations, Invent. Math., 20(1973), p. 125-138.

[25] H. HASSE - Bericht über neuere Untersuchungen und Probleme aus der Theorie der algebraischen Zahlkörper, Jahresbericht D. Math. Ver., (1926, 1927 et 1930).

[26] H. HASSE - GAUSSsche Summen zu Normalkörpern über endlich-algebraischen Zahlkörpern, Abh. Akad. Wiss. Berlin (1952).

[27] D. HILBERT - Die Theorie der algebraischen Zahlkörper, Jahresbericht D. Math. Ver., (1897).

[28] H. JACOBINSKI - Über die Hauptordnung eines Körpers als Gruppenmodul, J. reine angew. Math., 213 (1963), p. 151-164.

[29] H. JACOBINSKI - Genera and decomposition of lattices over orders, Acta Math., 121 (1968), p. 1-29.

[30] S. LANG - Algebraic Number Theory, Addison-Wesley, Reading, Massachusetts, 1970.

[31] R. P. LANGLANDS - On the functional equation of the Artin L-functions, Notes polycopiées, Yale.

[32] H. W. LEOPOLDT - Über die Hauptordnung der ganzen Elementen eines abelschen Zahlkörpers, J. reine angew. Math., 201 (1959), p. 119-149.

[33] J. MARTINET - Sur l'arithmétique des extensions galoisiennes à groupe de Galois diédral d'ordre 2p , Ann. Inst. Fourier, 19-1 (1969), p. 1-80.

[34] J. MARTINET - Modules sur l'algèbre du groupe quaternionien, Ann. Sc. de l'E. N. S., 4ème série, 4 (1971), p. 299-308.

[35] J. MARTINET - Sur les extensions à groupe de Galois quaternionien, C. R. Acad. Sc. Paris, 274-A (1972), p. 933-935.

[36] E. NOETHER - Normal Basis bei Körpern ohne höhere Verzweigung, J. reine angew. Math., 167 (1932), p. 147-162.

[37] J. QUEYRUT - Extensions quaternioniennes généralisées et constante de l'équation fonctionnelle des séries L d'Artin, Publ. Math. Bordeaux, (1972/73), 5, p. 91-119.

[38] I. REINER et S. ULLOM - A Mayer-Vietoris sequence for class groups, Journal of Algebra, à paraître.

[39] R. SWAN - Induced representations and projective modules, Ann. of Math., 71 (1960), p. 552-578.

[40] R. SWAN et E. EVANS - K-theory of finite groups and orders, Lecture Notes in Math., 149, Springer-Verlag, 1970.

[41] J.-P. SERRE - Sur la rationalité des représentations d'Artin, Ann. of Math., 72 (1960), p. 406-420.

[42] J.-P. SERRE - Corps locaux, 2ème édition, Hermann, Paris, 1968.

[43] J.-P. SERRE - Conducteurs d'Artin des caractères réels, Invent. Math., 14 (1971), p. 173-183.

Séminaire BOURBAKI
26e année, 1973/74, n° 451

THÉORÈMES DE FINITUDE EN GÉOMÉTRIE ANALYTIQUE

[d'après Heisuke HIRONAKA]

par Bernard TEISSIER

Introduction

On trouvera ici un fascicule de résultats sur les sous-ensembles sous-analytiques de H. Hironaka, c'est-à-dire les sous-ensembles d'espaces analytiques réels qui sont localement combinaison booléenne d'images de morphismes analytiques réels propres. On peut résumer les résultats pratiques en disant que les sous-analytiques ont les bonnes propriétés de finitude qui avaient été démontrées pour les semi-analytiques (cf. [12] et 4.2 pour la définition), qui en sont un cas particulier : stratification de Whitney, inégalités de Łojasiewicz... L'avantage des sous-analytiques est que l'image par un morphisme propre d'un sous-analytique est évidemment encore sous-analytique !

Les démonstrations sont longues et sur le point de paraître. On a cherché ici à montrer l'enchaînement de propriétés de finitude qui aboutit au résultat fondamental (théorème 4.6), dont les autres sont des corollaires comparativement faciles, et à expliciter comment un résultat "abstrait" sur les systèmes projectifs d'éclatements locaux (§ 1) permet d'épanouir par éclatement l'image d'un morphisme analytique propre jusqu'à ce qu'elle devienne semi-analytique. La résolution des singularités permet ensuite de se ramener du cas semi-analytique au cas semi-linéaire dans $\mathbf{R}^n$.

Il faut noter aussi que l'étude des sous-analytiques apporte des renseignements sur les systèmes de fonctions analytiques analytiquement indépendantes, comme le montre l'exemple suivant : soient $f_1,\dots,f_k \in \mathbf{R}\{x,y\}$ $(k \geq 3)$ k fonctions analytiques analytiquement indépendantes (telles que $f_i(0) = 0$), i.e. telles que le morphisme $\varphi : \mathbf{R}\{t_1,\dots,t_k\} \to \mathbf{R}\{x,y\}$ défini par $\varphi(t_i) = f_i$ soit injectif. Si les f_i convergent pour $x^2 + y^2 < 2\varepsilon^2$, nous obtenons un morphisme de la sphère S_ε de rayon ε de $R^3(x,y,z)$ dans R^k en composant la projection de S_ε sur $R^2(x,y)$ avec le morphisme $R^2 \to R^k$ donné par les f_i. L'image de ce morphisme dans R^k n'accepte d'être contenue dans aucune hypersurface analytique de R^k au voisinage de l'origine, mais est sous-analytique dans R^k en 0 .

Conventions et notations : $\square$ indique la fin d'une démonstration ou son absence.

Un espace K-analytique ($K = R$ ou C) est un espace annelé en K-algèbres locales, localement isomorphe à un modèle local $(F, \mathcal{O}_n|U/\mathfrak{J}|F)$ où F désigne un fermé d'un ouvert U de K^n, défini par $f_1 = \ldots = f_k = 0$, où $f_i \in \Gamma(U, \mathcal{O}_n)$, $\mathcal{O}_n$ désignant le faisceau des germes de fonctions analytiques sur K^n, à valeurs dans K et $\mathfrak{J}$ l'Idéal engendré par les f_i. Un espace analytique réel (resp. complexe) s'écrit $(X, \mathcal{O}_X)$ (resp. $(W, \mathcal{H}_W)$) mais on oubliera bien sûr d'écrire le faisceau structural, sauf nécessité. Nos espaces seront supposés σ-compacts.

Un espace analytique complexe $(W, \mathcal{H}_W)$ donne naissance à un autre espace analytique complexe $^*W$ en considérant $\mathcal{H}_W$ comme faisceau de C-algèbres via la conjugaison complexe $\sigma : C \to C$; on a ainsi un isomorphisme d'espaces annelés en R-algèbres $\rho_W : W \to {}^*W$ qui est l'identité sur les espaces sous-jacents et induit σ sur le faisceau des constantes $\underline{C}$. Une autoconjugaison de $(W, \mathcal{H}_W)$ est un morphisme d'espaces R-annelés $h : (W, \mathcal{H}_W) \to (W, \mathcal{H}_W)$ tel que :

1) $h^2 = id_W$;

2) $\rho_W \circ h : W \to {}^*W$ soit un isomorphisme d'espaces analytiques complexes.

Une complexification d'un espace analytique réel $(X, \mathcal{O}_X)$ est un espace analytique complexe $(W, \mathcal{H}_W)$ muni d'une autoconjugaison h et d'un isomorphisme de $(X, \mathcal{O}_X)$ sur $(W^h, \mathcal{H}_W^h)$ (espace des invariants de h , partie réelle de W ; $W^h = \{w \in W / h(w) = w\}$, qui est toujours un espace analytique réel). Les complexifications des espaces et morphismes analytiques réels existent et sont essentiellement uniques en germe le long de leur partie réelle.

Nous utiliserons le théorème de finitude fondamental suivant ("Théorème de Cartan"). La réunion d'une famille croissante (ou même filtrante) de sous-modules cohérents d'un module cohérent sur un espace analytique est un module cohérent.

§ 1. La voûte étoilée (voir [5])

1.1 L'idée est d'associer à un espace analytique complexe W un espace annelé en anneaux locaux $p_W : \check{\mathcal{E}}_W \to W$, la voûte étoilée de W, qui domine tous les éclatements de W. Le point principal est que p_W est un morphisme propre. Ceci est à rapprocher de la définition par Zariski [14] de la "variété de Riemann" $\mathcal{R}(K/k)$ d'un corps K de fonctions algébriques définies sur un corps k, comme limite projective (topologique) des morphismes birationnels entre variétés algébriques propres sur k ayant K pour corps de fonctions, le point étant ici que $\mathcal{R}(K/k)$ est compacte.

Rappelons d'abord

DÉFINITION.- Un Idéal J d'un espace analytique complexe W (i.e. du faisceau structural $\mathcal{H}_W$ de W) est dit inversible s'il est inversible comme $\mathcal{H}_W$-Module, i.e. localement isomorphe à $\mathcal{H}_W$, ou encore s'il est cohérent et si son germe $J_w \subset \mathcal{H}_{W,w}$ en tout point $w \in W$ est engendré par un seul élément de $\mathcal{H}_{W,w}$, non diviseur de zéro.

DÉFINITION.- Etant donnés un espace analytique complexe W et un Idéal cohérent J de W, un morphisme $\pi : W' \to W$ d'espaces analytiques complexes est appelé éclatement de J (ou du sous-espace analytique fermé de W défini par J, qui est alors appelé centre de l'éclatement) si :

1) l'idéal $J.\mathcal{H}_{W'}$ est inversible ;

2) tout morphisme $h : T \to W$ tel que $J.\mathcal{H}_T$ soit inversible se factorise de façon unique par π.

PROPOSITION.- L'éclatement d'un Idéal cohérent J d'un espace analytique complexe W existe et est unique à isomorphisme unique près.

Ceci résulte du théorème de Cartan, qui entraîne que toute $\mathcal{H}_W$-Algèbre graduée localement de type fini est localement de présentation finie si et seulement si ses composantes homogènes sont des $\mathcal{H}_W$-Modules cohérents.

Ceci entraîne que tout $w \in W$ possède un voisinage ouvert U au-dessus duquel on a une suite exacte

$$0 \to K \to \mathcal{H}_W|U[T_1,\dots,T_M] \to \bigoplus_{\nu=0}^{\infty} J^{\nu}|U \to 0 ,$$

K étant engendré par un nombre fini d'éléments homogènes de $\mathcal{H}_W(U)[T_1,\dots,T_M]$ définit un sous-espace de $U \times \mathbb{P}^{M-1}$. Ces espaces projectifs au-dessus de W se recollent pour former un W' qui a les propriétés voulues. □

Un éclatement est propre, et si son centre est rare (ou nulle part dense, i.e. le support de J est W) il est surjectif et biméromorphe.

Bien sûr, en géométrie analytique, on doit distinguer soigneusement entre les éclatements globaux, dont le centre est un sous-espace analytique fermé de W , et les éclatements locaux :

DÉFINITION.- Un éclatement local de W est un triplet (U,E,π) où U est un ouvert de W , E un sous-espace analytique fermé de $W|U$, et $\pi : W' \to W$ le composé de l'éclatement de $W|U$ de centre E et de l'inclusion $W|U \hookrightarrow W$ ($W|U$ désigne l'espace analytique obtenu en restreignant à U le faisceau structural de W).

La voûte étoilée $\mathcal{E}_W$ de W se conçoit comme ensemble de systèmes projectifs d'éclatements locaux au-dessus de W . Nous nous intéresserons donc d'abord aux morphismes d'espaces analytiques complexes $\pi : W' \to W$ qui sont composés d'une suite finie d'éclatements locaux. On obtient ainsi une sorte de tour de Babel ([1]):

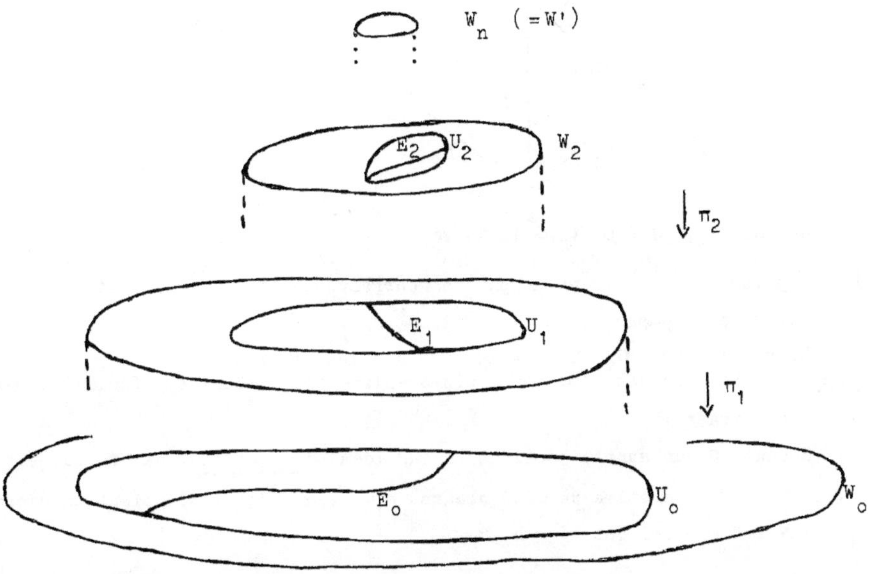

Soit $\mathcal{E}(W)$ la catégorie dont les objets sont ces $\pi : W' \to W$ composés finis d'éclatements locaux, et dont les morphismes sont les triangles commutatifs

$$\begin{array}{ccc} W_1 & \xrightarrow{\ q\ } & W_2 \\ & \searrow^{\pi_1} \quad \swarrow^{\pi_2} & \\ & W & \end{array}$$

On peut montrer, en utilisant la propriété universelle de l'éclatement, que $\mathrm{Hom}(\pi_1,\pi_2)$ contient au plus un élément, et qu'un tel élément $q : W_1 \to W_2$ est encore composé fini d'éclatements locaux.

DÉFINITION.- Une étoile e de W est une sous-catégorie de $\mathcal{E}(W)$, maximale parmi celles qui satisfont

E1) Pour tous π_1 , π_2 dans e , il existe π_3 dans e

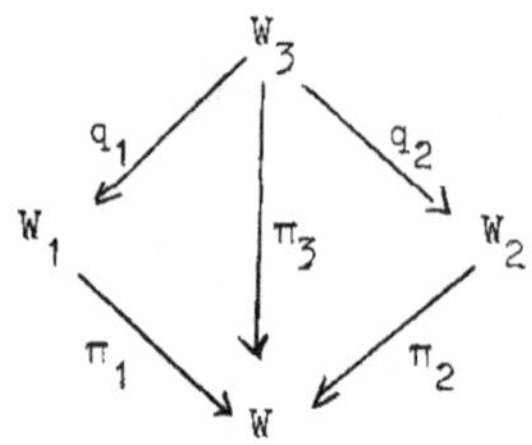

tel que $\mathrm{Hom}(\pi_3, \pi_i) \neq \emptyset$ $(i = 1, 2)$,

E2) appelant q_1 , q_2 les morphismes correspondants, $q_i(W_3)$ est non vide et relativement compact dans W_i $(i = 1, 2)$.

Nous noterons $\mathcal{E}_W$ l'ensemble des étoiles de W .

Remarque.- L'étude des composés finis d'éclatements locaux est facilitée par le lemme suivant :

Soient $\mathcal{O}$ un anneau local et I un idéal de type fini de $\mathcal{O}$ qui est inversible. Tout système de générateurs $h_1, \ldots, h_k$ de I contient un élément h_i $(1 \leq i \leq k)$ tel que $I = h_i . \mathcal{O}$.

Ceci entraîne que le produit de deux idéaux de type fini est inversible si et seulement si chacun des deux l'est.

LEMME.- Soient $e \in \mathcal{E}_W$ une étoile, et $\pi : W' \to W$, $\pi \in e$. Alors, il existe un unique point $w' \in W'$ tel que, pour tout $\pi_\alpha \in e$ tel que $\mathrm{Hom}(\pi_\alpha, \pi) \neq \emptyset$, disons $\{q_\alpha\} = \mathrm{Hom}(\pi_\alpha, \pi)$, on ait $w' \in \mathrm{im}.q_\alpha$ (image de q_α).

Démonstration. D'après la définition d'une étoile, il existe $\pi' : W'' \to W'$ dans $\mathcal{E}(W')$, tel que $\overline{\mathrm{im}.\pi'}$ soit un compact $K \subset W'$.

Les $K \cap \overline{\mathrm{im}.q_\alpha}$ sont des compacts ayant la propriété d'intersection finie non vide, d'après la définition d'une étoile. Leur intersection est donc non vide. Or, si w' est un point de cette intersection, on peut remarquer que, pour tout voisinage ouvert U de w' dans W , $W'|U \hookrightarrow W'$ appartient à e , (par la maximalité de e). On en déduit $\{w'\} = \cap \overline{\mathrm{im}.q_\alpha}$. En utilisant encore la définition d'une étoile, on voit que, pour tout α , il existe un β tel que $\overline{\mathrm{im}.q_\beta} \subset \mathrm{im}.q_\alpha$. Donc $\{w'\} = \cap\, \mathrm{im}.q_\alpha$.

COROLLAIRE.- Soit $\pi \in \mathcal{E}(W)$, et notons $\mathcal{E}_\pi$ l'ensemble des étoiles de W qui contiennent π : si $\pi : W' \to W$, nous obtenons une application $p_{W'} : \mathcal{E}_\pi \to W'$ ($p_{W'}(e) = w'$ où w' est le point obtenu au lemme prédédent).

En particulier, prenant $\pi = id.W$, nous obtenons une application $p_W : \mathcal{E}_W \to W$. Cette application est surjective, puisque, pour tout point $w \in W$, les morphismes $\pi_U : W|U \hookrightarrow W$, U parcourant les voisinages ouverts de w dans W , vérifient les conditions E 1) et E 2) , et donc par Zorn, il existe une étoile e contenant tous les π_U, dont l'image par p_W est nécessairement w .

Nous allons maintenant munir $\mathcal{E}_W$ d'une topologie et d'un faisceau d'anneaux.

LEMME.- Les produits finis existent dans $\mathcal{E}(W)$. C'est-à-dire qu'étant donnés π_1 , π_2 dans $\mathcal{E}(W)$, il existe $\pi_3 \in \mathcal{E}(W)$, noté $\pi_1 \wedge \pi_2$, tel que $\pi' \in \mathcal{E}(W)$ se factorise par π_3 , si et seulement si, il se factorise par π_1 et π_2 . De plus $\mathcal{E}_{\pi_1 \wedge \pi_2} = \mathcal{E}_{\pi_1} \cap \mathcal{E}_{\pi_2}$.

On se ramène par récurrence au cas où π_1 et π_2 sont des éclatements locaux (U_1, E_1, π_1) et (U_2, E_2, π_2) de W et l'on vérifie que l'éclatement local $(U_1 \cap U_2, E_3, \pi_3)$ fait l'affaire, où E_3 est le sous-espace de $U_1 \cap U_2$ défini par le produit des idéaux définissant $E_1 \cap U_1 \cap U_2$ et $E_2 \cap U_1 \cap U_2$. Nous pouvons donc définir une topologie sur $\mathcal{E}_W$ en prenant pour base d'ouverts les $\mathcal{E}_\pi$ $(\pi \in \mathcal{E}(W))$. Puisque pour tout ouvert $U \subset W$, l'injection $W|U \hookrightarrow W$ appartient à $\mathcal{E}(W)$ (éclatement local de centre vide), il est clair que la projection $p_W : \mathcal{E}_W \to W$ est continue (et surjective).

On montre alors

THÉORÈME.- $p_W : \mathcal{E}_W \to W$ est propre.

□

<u>Remarque</u>.- Les faits suivants aident à comprendre la nature de la voûte étoilée.

PROPOSITION 1 - Soit $\pi : W' \to W$; $\pi \in \mathcal{E}(W)$. Il existe une application (continue) unique $j_\pi : \mathcal{E}_{W'} \to \mathcal{E}_W$ telle que pour tout $\pi' \in e' \in \mathcal{E}_{W'}$, $\pi \circ \pi' \in j_\pi(e')$

De plus, j_π induit un homéomorphisme $\mathcal{E}_{W'} \xrightarrow{\sim} \mathcal{E}_\pi$. □

PROPOSITION 2.- Soit $\pi : W' \to W$, $\pi \in \mathcal{E}(W)$. Les conditions suivantes sont équivalentes :

1) π est propre ;

2) π est obtenu par composition d'une suite finie d'éclatements <u>globaux</u> **dont les centres sont tous rares ;**

3) $j_\pi : \mathcal{E}_{W'} \to \mathcal{E}_W$ est un homéomorphisme. □

<u>Remarque</u>.- Si W est muni d'une autoconjugaison h , celle-ci se remonte en autoconjugaison $h : \mathcal{E}_W \to \mathcal{E}_W$ Une étoile est alors dite réelle si $h(e) = e$, et si W^R désigne la partie réelle de W , on a un morphisme $p_W^R : \mathcal{E}_W^R \to W^R$, où $\mathcal{E}_W^R$ désigne le fermé des étoiles réelles, qui est encore propre.

Nous allons maintenant munir $\mathcal{E}_W$ d'un faisceau d'anneaux $\mathcal{V}_W$, comme suit : soit $e \in \mathcal{E}_W$. Si $\pi : W_\pi \to W$ appartient à e , soit $p_\pi(e) \in W_\pi$ l'image de e par $p_\pi : \mathcal{E}_W \to W_\pi$. Les algèbres analytiques $(\mathcal{H}_{W_\pi, p_\pi(e)})_{\pi \in e}$ forment un système inductif, et nous posons :

$$\mathcal{V}_{W,e} = \varinjlim_{\pi \in e} \mathcal{H}_{W_\pi, p_\pi(e)} .$$

Pour tout ouvert $U \subset \mathcal{E}_W$, $\Gamma(U, \mathcal{V}_W)$ est défini comme l'ensemble des éléments $h = (h_e)_{e \in U} \in \prod_{e \in U} \mathcal{V}_{W,e}$ tels que tout $e_o \in U$ possède un voisinage ouvert $\mathcal{E}_{\pi_o} \subset U$ $(\pi_o \in e_o)$ tel qu'il existe $h_o \in \Gamma(W_{\pi_o}, \mathcal{H}_{W_{\pi_o}})$ tel que pour tout $e' \in \mathcal{E}_{\pi_o}$, $h_{e'}$ soit l'image de h_o par le morphisme canonique $\mathcal{H}_{W_{\pi_o}, p_{\pi_o}(e')} \to \mathcal{V}_{W,e'}$.

THÉORÈME.- Si W est réduit, $(\mathcal{E}_W, \mathcal{V}_W)$ est un espace annelé en anneaux de valuation, $\mathcal{V}_W$ est cohérent, et p_W s'étend en un morphisme d'espaces annelés : $(\mathcal{E}_W, \mathcal{V}_W) \to (W, \mathcal{H}_W)$.

"Rappelons" d'abord :

DEFINITION.- Un anneau de valuation est un anneau commutatif unitaire A tel que tout système de générateurs $(h_1, \ldots, h_k)$ d'un idéal I de type fini non nul de A contienne un élément $h_i (1 \leq i \leq k)$ tel que h_i soit non diviseur de 0 dans A et que $I = h_i . A$.

(Ceci entraîne que A est intègre, possède un seul idéal maximal.)

Soit maintenant $(h_1, \ldots, h_k)$ un système de générateurs d'un idéal I de $\mathcal{V}_{W,e}$. D'après la définition d'une étoile, il existe $\pi \in e$ tel que les h_i soient images de $k_i \in \mathcal{H}_{W_\pi, p_\pi(e)}$. Si l'idéal engendré par les k_i n'est pas inversible, on peut le rendre inversible par un éclatement local $W_{\pi'} \to W_\pi$ tel que le composé $W_{\pi'} \to W$ soit dans e . L'idéal inversible de $\mathcal{H}_{W_{\pi'}, p_{\pi'}(e)}$ obtenu est engendré par l'image d'un des k_i , puisque $\mathcal{H}_{W_{\pi'}, p_{\pi'}(e)}$ est local. □

La cohérence de $\mathcal{V}_W$ se démontre en utilisant le fait que les anneaux locaux sont des anneaux de valuation pour vérifier par récurrence sur k que le noyau d'un morphisme $\mathcal{V}_W^k \to \mathcal{V}_W$ est localement de type fini. □

§ 2. Théorème d'aplatissement local (voir [7], [8])

2.1 Transformé strict d'un morphisme par une suite finie d'éclatements locaux.

Soient $f : Z \to W$ un morphisme d'espaces analytiques complexes, et (U, E, π) , $\pi : W' \to W$ un éclatement local de W . On en déduit un éclatement local $(f^{-1}(U), f^{-1}(E), \omega)$, $\omega : Z' \to Z$, de Z , et par la propriété universelle de l'éclatement, un diagramme commutatif :

$$\begin{array}{ccc} Z' & \xrightarrow{\omega} & Z \\ \downarrow{\scriptstyle f'} & & \downarrow{\scriptstyle f} \\ W' & \xrightarrow{\pi} & W \end{array}$$

f' s'appelle le morphisme transformé strict de f par π .

Remarquons que le morphisme canonique $Z' \to Z_{W'} = Z \times_U W'$ est une immersion fermée ; en fait, c'est un isomorphisme sur le sous-espace de $Z_{W'}$ défini par l'Idéal cohérent (grâce au théorème de Cartan)

$\bigcup_{\nu \geq 0} \underline{\mathrm{Ann}}_{Z_{W'}}(I_1^{\nu}.\mathcal{H}_{Z_{W'}})$, où $\underline{\mathrm{Ann}}$ désigne le faisceau (cohérent) des annihilateurs, et I_1 est l'Idéal inversible de $\mathcal{H}_{W'}$ fourni par π .

Ainsi, pour tout $w \in U$ et tout $w' \in \pi^{-1}(w)$, on a une immersion fermée $f'^{-1}(w') \hookrightarrow f^{-1}(w)$, puisque $f^{-1}(w)$ est aussi la fibre de $Z_{W'} \to W'$ au-dessus de w' . De plus, si f est plat, $Z' \cong Z \times_U W'$ et f' est la seconde projection.

On définit par récurrence le transformé strict de f par un π composé fini d'éclatements locaux.

THÉORÈME PLATIFIANT LOCAL.- Soient $f : Z \to W$ un morphisme d'espaces analytiques complexes, où W est réduit, $w \in W$ et L un compact de $f^{-1}(w)$. Il existe des suites finies d'éclatements locaux $(S_\alpha)_{1 \leq \alpha \leq a}$ au-dessus de W , en nombre fini, ayant les propriétés suivantes :

1) Pour chaque α , les centres des éclatements locaux composant S_α sont tous nulle part denses dans leur espace ambiant.

2) Désignons par $\pi_\alpha : W_\alpha \to W$ le morphisme composé de la suite d'éclatements locaux S_α ; on peut associer à chaque α un compact $K_\alpha \subset W_\alpha$ de telle façon que $\bigcup_{\alpha=1}^{a} \pi_\alpha(K_\alpha)$ soit un voisinage de w dans W .

3) Pour chaque α , le morphisme f_α transformé strict de f par π_α

$$\begin{array}{ccc} Z_\alpha & \xrightarrow{\omega_\alpha} & Z \\ \downarrow{\scriptstyle f_\alpha} & & \downarrow{\scriptstyle f} \\ W_\alpha & \xrightarrow{\pi_\alpha} & W \end{array}$$

est plat en tout point de $\omega_{\alpha}^{-1}(L)$.

4) De plus, si f est donné comme complexifié d'un morphisme analytique réel $f^{\mathbb{R}} : Z^{\mathbb{R}} \to W^{\mathbb{R}}$, tel que $L \subset Z^{\mathbb{R}}$, on peut choisir les π_{α} comme complexifiés de $\pi_{\alpha}^{\mathbb{R}} : W_{\alpha}^{\mathbb{R}} \to W^{\mathbb{R}}$, et donc aussi les f_{α} comme complexifiés de $f_{\alpha}^{\mathbb{R}} : Z_{\alpha}^{\mathbb{R}} \to W_{\alpha}^{\mathbb{R}}$, qui sont plats en tout point de $(\omega_{\alpha}^{\mathbb{R}})^{-1}(L)$.

La démonstration utilise :

PROPOSITION 1.- Soient $f : Z \to W$ un morphisme analytique complexe, $w \in W$ et L un compact de $f^{-1}(w)$. Il existe un germe de sous-espace analytique $(\mathbb{P}_{f,L}, w) \subset (W,w)$ possédant la propriété suivante :

Pour tout morphisme $h : W' \to W$ et tout point $w' \in h^{-1}(w)$, si nous considérons le changement de base par h

$$\begin{array}{ccc} Z_{W'} & \longrightarrow & Z \\ \downarrow{\scriptstyle f'} & & \downarrow{\scriptstyle f} \\ W' & \xrightarrow{\ h\ } & W \end{array}$$

f' est plat en tout point de $w' \times L$, si et seulement si, le germe (h,w') se factorise par l'inclusion $(\mathbb{P}_{f,L}, w) \subset (W,w)$. De plus, si f est complexifié de $f^{\mathbb{R}} : Z^{\mathbb{R}} \to W^{\mathbb{R}}$, avec $L \subset X^{\mathbb{R}}$, $(\mathbb{P}_{f,L}, w)$ est complexifié d'un sous-germe de $(W^{\mathbb{R}}, w)$.

PROPOSITION 2.- Reprenons la situation de la proposition 1, et soit $U \subset W$ un voisinage ouvert de w dans W dans lequel $(\mathbb{P}_{f,L}, w)$ est représenté par un sous-espace analytique fermé $\mathbb{P}_{f,L} \subset W|U$. Considérons le transformé strict de f par l'éclatement local $(U, \mathbb{P}_{f,L}, \pi)$ correspondant :

$$\begin{array}{ccc} Z & \xrightarrow{\ \omega\ } & Z \\ \downarrow{\scriptstyle f'} & & \downarrow{\scriptstyle f} \\ W' & \xrightarrow{\ \pi\ } & W . \end{array}$$

Pour tout point $w' \in \pi^{-1}(w)$, il existe au moins un point $x \in L$ tel que l'inclusion de germes $(f'^{-1}(w'), x') \subset (f^{-1}(w), x)$, où $x' = x \times w'$, soit <u>stricte</u>.

On démontre les propositions 1 et 2 ([7], [8]) en utilisant le fait que tout point $x \in f^{-1}(w)$ possède un voisinage ouvert V tel que $f|V$ soit représentable comme composé d'une immersion $V \subset W \times \mathbb{C}^N$, et de la première projection $W \times \mathbb{C}^N \to W$, et en mettant sous une forme appropriée à l'étude de la platitude les équations définissant, localement en x, V dans $W \times \mathbb{C}^N$. □

Pour achever la démonstration du théorème, on utilise la propreté de $p_W : \mathcal{E}_W \to W$ comme suit : à chaque étoile $e \in p_W^{-1}(w)$, on associe une suite infinie d'éclatements locaux $S(e) = \{(U_i, E_i, \pi_i)\}_{i \in \mathbb{N}}$ où $\pi_i : W_{i+1} \to W_i$, satisfaisant les conditions suivantes :

1) $W_o = W$ et le morphisme composé $W_i \to W$ appartient à e pour tout $i \in \mathbb{N}$.

2) Soit $f_i : Z_i \to W_i$ le transformé strict de f par $\{(U_k, E_k, \pi_k)\}_{0 \leq k < i}$

$$\begin{array}{ccccc}
Z_{i+1} & \xrightarrow{\ \omega_i\ } & Z_i & \xrightarrow{\ \omega_1 \circ \dots \circ \omega_{i-1}\ } & Z \\
\downarrow{\scriptstyle f_{i+1}} & & \downarrow{\scriptstyle f_i} & & \downarrow{\scriptstyle f} \\
W_{i+1} & \xrightarrow{\ \pi_i\ } & W_i & \xrightarrow{\ \pi_1 \circ \dots \circ \pi_{i-1}\ } & W
\end{array}$$

d'après la condition 1, $e \in \mathcal{E}_{W_i}$ et l'on a donc un point $w_i = p_{W_i}(e) \in W_i$, dont l'image dans W est w.

Soit d'autre part $L_i = (\omega_1 \circ \dots \circ \omega_{i-1})^{-1}(L)$; L_i est un compact de $f_i^{-1}(w_i)$, éventuellement vide. On impose :

α) $(\mathbb{P}_{f_i}, L_i, w_i)$ est représenté par un sous-espace analytique fermé $\mathbb{P}_i = \mathbb{P}_{f_i, L_i} \subset W_i|U_i$. (Si $L_i = \emptyset$, on peut prendre n'importe quel voisinage ouvert U_i de w_i dans W_i, et $\mathbb{P}_i = W_i|U_i$.)

β) $E_i = \mathbb{P}_i \cap W_i^*$ où W_i^* est le plus petit sous-espace analytique fermé de $W_i|U_i$ tel que $W_i^* - \mathbb{P}_i = W_i|U_i - \mathbb{P}_i$. (Ceci entraîne que E_i est nulle part dense dans W_i. En particulier $L_i = \emptyset \Rightarrow E_i = \emptyset$ et $\pi_i = \mathrm{id}(W|U_i)$.)

[On utilise ici le fait que W (et donc W_i) est réduit.]

On peut montrer que ces conditions déterminent uniquement $S(e)$, au choix des ouverts U_i près.

Il résulte alors de la proposition 2 qu'une telle suite $S(e)$ stationne à un rang fini, i.e. il existe $i_o \in \mathbb{N}$ tel que f_{i_o} soit plat en tout point de L_{i_o} , et donc $E_i = \emptyset$ et $\pi_i = id(W_i|U_i)$ pour tout $i \geq i_o$. En effet, sinon on aurait une suite décroissante infinie de sous-espaces analytiques fermés de $f^{-1}(w)$, chaque inclusion étant stricte en au moins un point de L , ce qui est impossible d'après le théorème de Cartan.

On obtient ainsi, pour chaque étoile $e \in p_W^{-1}(w)$, un morphisme $\pi_e : W_e \to W$ appartenant à e , et un point w_e $(= p_{W_e}(e)) \in W_e$ tel que le transformé strict f_e de f par π_e

$$\begin{array}{ccc} Z_e & \xrightarrow{\omega_e} & Z \\ \downarrow f_e & & \downarrow f \\ W_e & \xrightarrow{\pi_e} & W \end{array}$$

soit plat en tout point de $f_e^{-1}(w_e) \cap \omega_e^{-1}(L)$. Ce dernier étant compact, l'ouverture de la platitude nous en donne un voisinage ouvert N_e dans Z_e tel que f_e soit plat en tout point de N_e .

D'autre part, f_e induit un morphisme propre $\omega_e^{-1}(L) \to W_e$, et nous pouvons donc choisir un voisinage ouvert V_e de w_e dans W_e tel que $f_e^{-1}(V_e) \cap \omega_e^{-1}(L) \subset N_e$. Si nous nous souvenons que $p_{W_e} : \mathcal{E}_{W_e} \to W_e$ et que $\mathcal{E}_{W_e}$ s'identifie à un ouvert de $\mathcal{E}_W$, nous voyons que $p_{W_e}^{-1}(V_e)$ est un voisinage ouvert de e dans $\mathcal{E}_W$ et que $p_W^{-1}(w) \subset \bigcup_e p_{W_e}^{-1}(V_e)$, e parcourant $p_W^{-1}(w)$.

Grâce à la propreté de p_W , on peut extraire de ce recouvrement un recouvrement fini, i.e. il existe un nombre fini d'étoiles e_α $(1 \leq \alpha \leq a)$ tel que $p_W^{-1}(w) \subset \bigcup_{\alpha=1}^{a} p_{W_{e_\alpha}}^{-1}(V_{e_\alpha})$ et on peut trouver un voisinage ouvert U de w dans W tel que $p_W^{-1}(U) \subset \bigcup_{\alpha=1}^{a} p_{W_{e_\alpha}}^{-1}(V_{e_\alpha})$. Posant $W_\alpha = W_{e_\alpha}|V_{e_\alpha}$, on voit que la famille des morphismes induits $W_\alpha \xrightarrow{\pi_\alpha} W$ a les propriétés du théorème.

Si $f : Z \to W$ est complexifié d'un morphisme analytique réel propre, on peut choisir $S(e)$ (c'est-à-dire les ouverts U_i) de façon que tous les morphismes intervenant soient des complexifiés de morphismes analytiques réels, grâce à la dernière assertion de la proposition 1.

Remarque.- On doit également à Hironaka un théorème d'aplatissement propre, analogue en géométrie analytique d'un théorème de Raynaud [13].

THÉORÈME.- Soient $f : Z \to W$ un morphisme propre d'espaces analytiques complexes, où Y est réduit, et $\mathfrak{F}$ un faisceau cohérent sur Z ; il existe une suite localement finie d'éclatements à centres nulle part denses telle que le morphisme composé $\pi : W' \to W$ possède la propriété suivante

$$\begin{array}{ccc} Z \times_W W' & \xrightarrow{\omega} & Z \\ \downarrow f' & \square & \downarrow f \\ W' & \xrightarrow{\pi} & W \end{array}$$

$\omega^*\mathfrak{F}$ réduit modulo sa f' - torsion devient f' - plat. (Voir [4].)

§ 3. Résolution des singularités des espaces analytiques réels

3.1 PROPOSITION.- Soit X un espace analytique réel. Il existe une suite de sous-espaces analytiques fermés $\{X^{(i)}\}_{0 \leq i < \infty}$ de X telle que

1) $|X^0| = |X|$ et $|X^{(i)}| \supset |X^{(i+1)}|$ pour tout $i \geq 0$.

2) Tout point de X possède un voisinage ouvert ne rencontrant qu'un nombre fini des $|X^{(i)}|$.

3) $X^{(i)} - X^{(i+1)}$ est lisse.

La démonstration se fait en complexifiant X , en regardant la filtration du complexifié $\widetilde{X}$ par sing $\widetilde{X}$, sing(sing $\widetilde{X}$) ... et en l'induisant sur X . □

3.2 THÉORÈME (Désingularisation I).- Soit X un espace analytique réel. Tout $x \in X$ possède un voisinage ouvert U tel qu'il existe un morphisme

$\pi : X' \to X|U$ propre, surjectif et relativement algébrique (i.e. tel qu'il existe un diagramme commutatif :

$$\begin{array}{ccc} X' & \overset{j}{\hookrightarrow} & U \times R^N \\ & {\scriptstyle\pi}\searrow \quad \circ \quad \swarrow{\scriptstyle p_1} & \\ & U & \end{array}$$

où j est une immersion fermée dont l'image est définie par un idéal engendré par un nombre fini de polynômes en les coordonnées de R^N, à coefficients analytiques sur U) et où X' est <u>lisse</u>.

De plus, étant donnée une filtration $(X^{(i)})$ de X comme en 3.1, on peut choisir π de telle façon que X' soit réunion disjointe d'espaces analytiques réels $X'^{(i)}$ ouverts et fermés dans X', et que π induise $\pi^{(i)} : X'^{(i)} \to X^{(i)}$ tel que :

1) $(\pi^{(i)})^{-1}(\operatorname{sing} X^{(i)})$ nulle part dense dans $X'^{(i)}$;

2) $\pi^{(i)}$ induit un isomorphisme :

$$X'^{(i)} - (\pi^{(i)})^{-1}(\operatorname{sing} (X^{(i)}) \to X^{(i)}|U - \operatorname{sing} X^{(i)} .$$

π n'induit pas en général une immersion ouverte sur le complémentaire d'un fermé rare de X'. □

3.3 THÉORÈME (Désingularisation II). Soient X un espace analytique réel, lisse, et J un Idéal cohérent de $\mathcal{O}_X$. Tout point $x \in X$ possède un voisinage ouvert U tel qu'il existe un morphisme d'espaces analytiques réels $\pi : X' \to X|U$ où :

1) π est propre, surjectif et relativement algébrique.

2) X' est lisse.

3) Si Y est le sous-espace analytique défini par J, $X' - \pi^{-1}(Y)$ est dense dans X' et π induit un isomorphisme $X' - \pi^{-1}(Y) \to X|U - Y$.

4) L'idéal $J.\mathcal{O}_{X'}$ définit un diviseur à croisements normaux de X', i.e. pour tout $x' \in X'$, il existe un système de coordonnées locales $x_1,\dots,x_N$ de X' centré en x' tel que $J.\mathcal{O}_{X',x'}$ soit engendré par

$x_1^{a_1} \dots x_N^{a_N}$ $(a_i \in \mathbb{N})$.

Ces trois résultats sont des applications du théorème de Cartan et de [2] (voir surtout chap. I, p. 158 sq.).

§ 4. Sous-ensembles sous-analytiques (voir [6], [7])

4.1 DÉFINITION.- Soient X un ensemble et $\Delta \subset \mathcal{P}(X)$ un ensemble de parties de X , tel que $\emptyset \in \Delta$. On appelle saturation élémentaire de Δ , et l'on note $\tilde{\Delta}$ l'ensemble des parties de X de la forme

$$\bigcup_{i \in I} \bigcap_{j \in J} (A_{ij} - B_{ij})$$

où I et J sont des ensembles d'indices finis non vides et A_{ij} , $B_{ij} \in \Delta$ pour tous $i \in I$, $j \in J$.

$\tilde{\Delta}$ est le plus petit sous-ensemble de $\mathcal{P}(X)$ contenant Δ et stable par réunion, intersection et différence de deux de ses éléments.

4.2 DÉFINITION.- Soit X un espace analytique réel. Un sous-ensemble $A \subset X$ est dit semi-analytique en $x_0 \in X$ s'il existe un voisinage ouvert U de x_0 dans X tel que $A \cap U$ appartienne à la saturation élémentaire de $\Delta_+(U)$, ensemble des sous-ensembles de U de la forme $\{x \in U / f(x) > 0\}$ où $f \in \mathfrak{A}(U)$ i.e. est une fonction analytique réelle sur $X|U$. On dit que A est semi-analytique dans X s'il l'est en tout $x_0 \in X$.

Remarque.- Si l'on remplace > 0 par ≥ 0 , on ne change pas la saturation élémentaire.

4.3 DÉFINITION.- Soit X un espace analytique réel. Un sous-ensemble A de X est dit sous-analytique en $x_0 \in X$ s'il existe un voisinage ouvert U de x_0 dans X tel que $A \cap U$ appartienne à la saturation élémentaire de $\Gamma(U)$, ensemble des sous-ensembles de U de la forme $g(Y)$, où $g : Y \to X|U$ est un morphisme analytique réel propre.

4.4 Montrons que tout semi-analytique est sous-analytique. Il suffit de montrer que, pour tout ouvert U de X , tout sous-ensemble de la forme

$A = \{x \in X / f(x) \geq 0\}$ est dans $\Gamma(U)$ si $f \in \Gamma(U, \mathcal{O}_U)$. Or, A est l'image de la restriction de la projection $U \times \mathbb{R} \to U$ au sous-ensemble analytique de $U \times \mathbb{R}$ défini par $f(x) - t^2 = 0$.

4.5 La classe des sous-ensembles sous-analytiques est donc la plus petite classe de sous-ensembles d'espaces analytiques réels contenant la classe des sous-ensembles semi-analytiques et stable par opérations booléennes et morphismes propres.

Le théorème principal de la théorie est :

4.6 THÉORÈME (de rectilinéarisation).- Soient X un espace analytique réel, A un sous-ensemble sous-analytique de X et K un compact de X. Il existe des morphismes d'espaces analytiques réels, $\{\pi_\alpha : V_\alpha \to X\}_{1 \leq \alpha \leq a}$, en nombre fini, tels que :

1) $V_\alpha \cong \mathbb{R}^{n_\alpha}$ $(1 \leq \alpha \leq a)$;

2) on peut associer à chaque α un compact $K_\alpha \subset V_\alpha$ de telle façon que $\bigcup_{\alpha=1}^{a} \pi_\alpha(K_\alpha)$ soit un voisinage de K dans X ;

3) pour chaque α, $\pi_\alpha^{-1}(A)$ est une réunion finie de quadrants dans $\mathbb{R}^{n_\alpha}$, (un quadrant est un sous-ensemble $Q \subset \mathbb{R}^n$ tel qu'il existe un système de coordonnées $x_1, \ldots, x_n$ sur $\mathbb{R}^n$ et une partition $\{1, \ldots, n\} = I^+ \cup I^o \cup I^-$ tels que $Q = \{x \in \mathbb{R}^n / x_i > 0$, $x_i = 0$, ou $x_i < 0$ selon que $i \in I^+$, $i \in I^o$, $i \in I^-\}$).

4) Si X est lisse, on peut choisir π_α comme composé d'éclatements de X, à centres rares En particulier π_α induit une immersion ouverte sur un ouvert dense de V_α. (Voir Désingularisation I.)

L'idée de la démonstration est que si l'on parvient à démontrer un théorème analogue où " $\pi_\alpha^{-1}(A)$ réunion de quadrants" est remplacé par " $\pi_\alpha^{-1}(A)$ semi-analytique" on a gagné, en appliquant le théorème de résolution II au produit de toutes les fonctions analytiques qui interviennent dans la définition locale d'un semi-analytique. C'est pour se ramener à cela que l'on utilise le théorème platifiant local du § 2. Tout d'abord, le problème est local, et il suffit de regarder l'image d'un morphisme propre $f : Y \to X$. Par le théorème de résolution I, on peut supposer Y lisse et même réunion de sphères, en recouvrant un espace lisse par des boules puis en revêtant les boules par des sphères et en faisant la somme disjointe de toutes ces sphères. On peut aussi supposer que X est lisse, par résolution de la base, changement de base et résolution de la source. (C'est ici que l'on perd le 4)). Finalement, on étudie $f : Y \to X$, où Y est une réunion de sphères, X est lisse, et l'image réciproque de tout compact de X ne rencontre qu'un nombre fini de sphères. Ensuite, en étudiant le rang de l'application tangente df , on s'aperçoit que l'on peut se ramener au cas où, pour tout point $x \in f(Y)$, il existe une composante connexe Y_α de Y telle que $f|Y_\alpha : Y_\alpha \to Y$ soit fini, et que $x \in f(Y_\alpha)$ (le tout au-dessus d'un voisinage ouvert de x dans X). Arrivé là, on montre :

LEMME.- Dans la situation $f : Y \to X$ à laquelle nous venons de nous ramener, si E est un sous-espace analytique de X tel que f induise un morphisme $f^{-1}(E) \to E$ plat, il existe un sous-espace analytique ouvert et fermé Y_E de $f^{-1}(E)$ tel que f induise un morphisme fini (i.e. propre et à fibres finies) [1] $Y_E \to E$ tel que $f(Y_E) = f(Y) \cap E$.

Maintenant, l'idée est de complexifier le morphisme f et d'appliquer le théorème d'aplatissement du § 2. C'est parce que le complexifié d'un morphisme propre ne l'est pas en général que l'on a besoin d'un énoncé non-propre. [En fait, il semble bien raisonnable que si $f : X \to Y$ est un morphisme propre dont le complexifié est encore propre, l'image $f(X)$ est semi-analytique dans Y , au moins si X et Y sont non singuliers, l'idée étant que la différence entre $f(X)$ et la partie réelle de l'image du complexifié de f se trouve dans le discriminant, que l'on peut rendre celui-ci à croisements normaux par éclatements et raisonner par récurrence sur la dimension (les éclatements ont la propriété voulue grâce à un théorème de Tarski-Seidenberg-Łojasiewicz, voir plus bas)] Quoi qu'il en soit, après avoir complexifié f , on applique le lemme précédent aux centres d'éclatement qui interviennent dans le théorème platifiant, au-dessus desquels on est plat par définition, d'une part, et aux morphismes transformés stricts, qui deviennent plats par le théorème, d'autre part. On est ainsi ramené à démontrer que l'image d'un morphisme analytique réel fini et plat est semi-analytique. Ou bien, on utilise le théorème de

(1) Un espace analytique réel est dit fini si l'ensemble sous-jacent est un nombre fini de points et si les anneaux locaux sont artiniens.

Tarski-Seidenberg-Łojasiewicz [12] selon lequel l'image d'un morphisme relativement algébrique [i.e. tel que l'on ait, localement sur X , un diagramme

$$\begin{array}{ccc} Y & \xrightarrow{j} & X \times \mathbb{R}^N \\ & \searrow \quad \swarrow & \\ & X & \end{array}$$

où $j(Y)$ est défini par des égalités et inégalités de fonctions polynômes en les variables de $\mathbb{R}^N$, ce qui est le cas pour un morphisme fini !] est semi-analytique, ou bien comme, puisque f est plat, son complexifié est encore à fibres finies et plat, on cherche à montrer directement que l'image d'un morphisme propre dont le complexifié est à fibres finies et plat est semi-analytique. □

Ce théorème simplifie considérablement l'étude des sous-ensembles sous-analytiques, et permet de démontrer les résultats du

4.7 Fascicule de résultats sur les sous-analytiques (dans X , espace analytique réel)

4.7.1 PROPOSITION 1.- Si $A \subset X$ est sous-analytique, il existe un morphisme analytique réel propre $f : Y \to X$ tel que $\operatorname{im} f = \bar{A}$.

En particulier, l'intérieur et l'adhérence d'un sous-analytique sont sous-analytiques. □

4.7.2 PROPOSITION 2.- Si $A \subset X$ est sous-analytique, tout point $x \in X$ possède un voisinage ouvert qui ne rencontre qu'un nombre fini de composantes connexes de A . De plus, chaque composante connexe de A est sous-analytique. □

4.7.3 PROPOSITION 3.- Si $A \subset X$ est sous-analytique, tout point $x \in \bar{A}$ possède un voisinage ouvert U dans X tel que, pour tout $y \in U \cap A$, il existe un morphisme analytique réel $\varphi :]-1,1[\to X|U$ tel que $\varphi(0) = x$ et $y \in \operatorname{im} \varphi \subset A \cap U$. □

4.7.4 THÉORÈME.- Si $A \subset X$ est sous-analytique, il existe une partition localement finie $A = \bigcup A_\alpha$ telle que chaque A_α soit un sous-espace analytique réel lisse et connexe de X , sous-analytique dans X , et que $A_\alpha \cap \overline{A_\beta} \neq \emptyset \Rightarrow A_\alpha \subset \overline{A_\beta}$ et (A_α , A_β) satisfait les conditions a) et b) de Whitney en tout point de A_α . □

4.7.5 (Inégalité de Łojasiewicz, obtenue comme corollaire du théorème de résolution II).

Soient f analytique sur un ouvert U de $\mathbb{R}^n$, $Z(f)$ l'ensemble de ses zéros. Pour toute fonction g, C^∞ dans U, qui s'annule sur $Z(f)$, et pour tout compact K de U, il existe un entier $N = N(g,K)$ et une constante $C \in \mathbb{R}_+$ tels que

$$|g(x)|^N \leq C.|f(x)| \qquad \forall\, x \in K . \ \square$$

4.7.6 (Une autre inégalité de Łojasiewicz, même méthode).

Dans la situation précédente, pour tout compact K de U, nous pouvons trouver N et C tels que

$$C|f(x)| \geq (\text{distance } (x,Z(f)))^N \qquad \forall\, x \in K . \ \square$$

4.7.7 (La plus difficile inégalité de Łojasiewicz, généralisée aux sous-analytiques).

Soient A et B deux sous-ensembles sous-analytiques de $\mathbb{R}^n$ tels que $A \cap B \neq \emptyset$. Pour tout compact K de $\mathbb{R}^n$, il existe $N \in \mathbb{N}$ et $C \in \mathbb{R}_+$ tels que

$$C(\text{dist}(x,A) + \text{dist}(x,B)) \geq (\text{dist}(x,A \cap B))^N \quad \forall\, x \in K . \ \square$$

4.7.8 (Conditions de Whitney strictes).

Soient M_1, M_2 deux sous-espaces analytiques réels lisses connexes localement fermés dans $\mathbb{R}^n$, tels que $\overline{M_1} \supset M_2$, $M_1 \cap M_2 = \emptyset$, et que (M_1,M_2) satisfasse les conditions a) et b) de Whitney en tout point de M_2.

Etant donnés $(x,y) \in M_1 \times M_2$, si nous identifions $\mathbb{R}^n$ à son espace tangent en x, nous pouvons parler de l'angle de la droite $\overline{xy}$ joignant x et y dans $\mathbb{R}^n$ avec l'espace tangent T_x à M_1 en x. Notons $\theta(T_x, \overline{xy})$ cet angle. On définit la fonction de Whitney $W(x,y) = \sin \theta(T_x, \overline{xy})$ sur $M_1 \times M_2$. On peut formuler les conditions a) et b) de Whitney en disant que W s'étend en une fonction continue sur $(M_1 \cup M_2) \times M_2$ <u>qui s'annule</u> sur la diagonale de $M_2 \times M_2$. Le résultat est que, si M_1 et M_2 sont sous-analytiques, pour tout compact K de M_2, on peut trouver $N \in \mathbb{N}$ et $C \in \mathbb{R}_+$ tels que $W(x,y)^N \leq C \,\text{dist}(x,y)$.

Les démonstrations des inégalités .7 et .8 utilisent .6 et l'on démontre les choses en mettant sous forme de quadrants tout ce que l'on peut. $\square$

§ 5. Courts commentaires sur la voûte étoilée (voir [2], [9], [10])

Il s'agit de préciser le rapport entre la voûte étoilée et la "variété de Riemann" de Zariski d'une variété algébrique propre sur $\mathbf{C}$. Il y a deux passages : local/global et analytique/algébrique.

Tout d'abord, regardons l'espace annelé en anneaux locaux $(\Gamma_W, \mathcal{B}_W)$ limite projective des éclatements globaux de W .

C'est un espace annelé propre au-dessus de W : $(\Gamma_W, \mathcal{B}_W) \xrightarrow{e_W} (W, \mathcal{H}_W)$.

Nous obtenons un morphisme canonique $(\mathcal{E}_W, \mathcal{V}_W) \xrightarrow{j_W} (\Gamma_W, \mathcal{B}_W)$ d'espaces annelés au-dessus de W en associant à chaque étoile $e \in \mathcal{E}_W$ le système projectif des $\pi \in e$ qui sont propres (voir § 2, proposition 2), j_W est clairement continu et surjectif (parce qu'un point de Γ_W détermine un système projectif de points dont on peut trouver des voisinages satisfaisant les axiomes des étoiles, donc contenus dans une étoile, par Zorn). Mais, on peut montrer que, si $\dim W > 2$, j_W n'est jamais un isomorphisme. Hironaka le fait en montrant que le morphisme induit $\operatorname{Pic} \Gamma_W \to \operatorname{Pic} \mathcal{E}_W$ n'est pas surjectif. (En fait, les anneaux locaux de Γ_W ne sont pas de valuation.)

Comparons maintenant $(\Gamma_W, \mathcal{B}_W)$ et la surface de Riemann $\mathcal{R}(W)$ dans le cas où W est une variété algébrique compacte. Grâce au lemme de Chow, les éclatements de sous-variétés algébriques sont cofinaux parmi les morphismes propres et biméromorphes dont $\mathcal{R}(W)$ est la limite projective.

Par GAGA, $(\Gamma_W, \mathcal{B}_W)$ apparaît comme la limite projective des éclatements de sous-variétés algébriques munis de leur structure complexe : $(\Gamma_W, \mathcal{B}_W)$ est une "analytifiée" de la variété de Riemann.

Pour terminer, voici un exemple d'un autre type de théorème de finitude que la voûte étoilée devrait permettre d'aborder. (Voir [9])

Soit $w \in W$ un point d'un espace analytique complexe. La fonction de Samuel de W en w définie par $H_w(\nu) = \dim_{\mathbf{C}} \mathcal{H}_{W,w}/\mathfrak{m}^{\nu+1}$ où $\mathfrak{m}$ est l'idéal maximal de l'anneau local $\mathcal{H}_{W,w}$, est un invariant intéressant. Rappelons qu'un éclatement $\pi : W' \to W$ est permis en $w \in W$ si c'est l'éclatement d'un Idéal J tel que le sous-espace défini par J soit lisse en w et que $\bigoplus_{\nu=0}^{\infty} J^{\nu}/J^{\nu+1}$ soit plat sur $\mathcal{H}_W/J$ en w. On peut montrer (cf. [3]) que si π est permis, pour tout $w' \in \pi^{-1}(w)$, $H_{w'}(\nu) \leq H_w(\nu) \quad \forall \ \nu \in \mathbb{N}$, et de plus, si l'on prend un système projectif de points dans une suite d'éclatements locaux permis $w_0 \leftarrow w_1 \leftarrow \dots w_i \leftarrow \dots$ la fonction de Samuel H_{w_i} se stabilise à un cran fini.

Le problème est : montrer que, étant donné $w \in W$, tous les points se projetant sur w, dans tous les composés possibles d'éclatements locaux permis, ne fournissent qu'un nombre fini de fonctions de Samuel distinctes.

Note ajoutée en janvier 1975 : Après l'exposé, V.I. Arnol'd m'a fait informer de l'existence des travaux suivants sur les images des ensembles semi-analytiques relativement compacts :

[a] A.M. GABRIELOV - Sur les projections d'ensembles analytiques, Funktional Analiz, iego prilojenc, 2:4 (1968), 18-30.

[b] A.M. GABRIELOV - Sur les applications des ensembles analytiques, Thèse, Université de Moscou, 1973.

Les résultats de [a] permettent de prouver dans l'esprit des démonstrations de Łojasiewicz [12] les résultats de 4.7. Le fait que les objets étudiés en [a] engendrent tous les sous-analytiques résulte du théorème 4.6. Par ailleurs, Hironaka vient de prouver le théorème de triangulation des sous-analytiques :

[c] H. HIRONAKA - Triangulation of algebraic sets, Proceedings A.M.S. Inst. Alg. Geom. Arcata (1974), à paraître.

Enfin, je signale :

[d] H. HARDT - Stratification of real analyting mappings and images, preprint, School of Math. Univ. of Minnesota (1974 ?).

[e] H. HARDT - Slicing and intersection theory for chains associated with real analytic varieties, Acta Math., 129 (1972), 57-136.

[f] J. POLY - Chaînes sous-analytiques, Thèse, Univ. de Poitiers, 1974

BIBLIOGRAPHIE

[1] Genèse, 11,4.

[2] H. HIRONAKA - Resolution of singularities of on algebraic variety over a field of characteristic 0 . Annals of Math., vol. 79, n° 1 et 2, (1964).

[3] H. HIRONAKA - Bimeromorphic smoothing of complex analytic spaces, Preprint, Université de Warwick (1971).

[4] H. HIRONAKA - Flattening of complex analytic maps, Preprint Harvard (1973).

[5] H. HIRONAKA - La voûte étoilée, In Singularités à Cargèse, Astérisque n° 7 et 8 (1973).

[6] H. HIRONAKA - Subanalytic sets, In "Number theory, algebraic geometry and commutative algebra", volume in honor of Y. Akizuki, Kinokuniya (publisher) 1973.

[7] H. HIRONAKA - Introduction to real analytic spaces and maps, Cours à l'Instituto Leonida Torelli Pise, 1973.

[8] H. HIRONAKA, M. LEJEUNE, B. TEISSIER - Platificateur local en géométrie analytique, et aplatissement local, In Astérisque n° 7 et 8 (1973).

[9] M. LEJEUNE et B. TEISSIER - Thèses, Paris VII (1973).

[10] H. ISS'SA - On the meromorphic function field of a Stein variety, Annals of Math., vol. 83, n° 1, (1966).

[11] S. ŁOJASIEWICZ - Triangulation of semi-analytic sets, Ann. di Sc. Norm. di Pisa, 1965, 449-474.

[12] S. ŁOJASIEWICZ - Ensembles semi-analytiques, Preprint Ecole Polytechnique A 66-765 (1965).

[13] M. RAYNAUD - Flat modules in Algebraic geometry, Compositio Mathematica, Vol. 24, fasc. 1 (1972), 11-31.

[14] O. ZARISKI - The Compactness of the Riemann manifold of an abstract field of algebraic functions, Bull. Amer. Math. Soc., vol. 50 (1944), 683-691.

Séminaire BOURBAKI
26e année, 1973/74, n° 452

LA CYCLOTOMIE JADIS ET NAGUÈRE

par André WEIL

0. Littéralement, "cyclotomie" signifie "division du cercle". Les géomètres grecs ont enseigné à diviser le cercle en N parties égales, par la règle et le compas, pour N de la forme 2^n , $2^n.3$, $2^n.5$, $2^n.15$.

La découverte par Euler des relations entre fonctions trigonométriques et exponentielles ramenait le problème de la division du cercle à la résolution des équations binômes de la forme $X^n = 1$. Gauss, à 19 ans, reçut la médaille Fields (plus exactement, il l'aurait reçue si elle avait existé) pour avoir résolu l'équation $X^{17} = 1$ par une succession de racines carrées, ce qui implique la division du cercle en 17 parties égales par la règle et le compas. Bien entendu, ce résultat, pour sensationnel qu'il fût, n'était pour Gauss qu'un premier pas dans la théorie des équations binômes.

1. C'est donc à juste titre qu'on qualifie de "cyclotomiques" les corps engendrés sur $\mathbb{Q}$ par les racines de l'unité, et leurs sous-corps, et le mot de "cyclotomie" pourrait s'appliquer à tout ce qui les concerne ; on sait d'ailleurs, depuis Kronecker, que ces corps ne sont autres que les extensions abéliennes de $\mathbb{Q}$. Mais, depuis Jacobi, et pendant tout le XIXe siècle, l'usage s'est établi de réserver ce mot (en allemand, Kreist(h)eilung) à l'étude de certaines sommes remarquables de racines de l'unité, qu'on a pris de nos jours (depuis Hasse, semble-t-il) l'habitude d'appeler "sommes de Gauss" ; nous adopterons ce terme, qui est commode, mais historiquement peu justifié. Plus précisément, nous conviendrons d'appeler somme de Gauss relative au corps fini $\mathbb{F}_q$ à $q = p^n$ éléments toute somme

$$(1) \qquad G = G(\chi, \psi) = \sum_{x \in \mathbb{F}_q^\times} \chi(x)\psi(x)$$

où χ est un caractère du groupe multiplicatif $\mathbb{F}_q^\times$, et ψ un caractère non trivial du groupe additif $\mathbb{F}_q$. Si ε est une racine primitive de $X^p = 1$, l'ensemble des valeurs de ψ est $\{1,\varepsilon,\ldots,\varepsilon^{p-1}\}$. Si χ est d'ordre m , m divise $q-1$, et on peut écrire $q-1 = m\nu$; on dira alors que G est d'ordre m ; pour $m = 1$, on a $G = -1$. Si r est un générateur du groupe cyclique $\mathbb{F}_q^\times$, χ est bien défini par la donnée de $\zeta = \chi(r)$, et ζ est une racine primitive de $Z^m = 1$; on peut écrire alors

$$(2) \qquad G = \sum_{i=0}^{q-2} \zeta^i \psi(r^i) = \sum_{i=0}^{m-1} \zeta^i \sum_{j=0}^{\nu-1} \psi(r^{i+mj}) .$$

La première propriété de $G(\chi\,,\psi)$ qui nous saute aux yeux est que c'est un entier algébrique du corps $\mathbb{Q}(\zeta\,,\varepsilon)$, et que tous ses conjugués sur $\mathbb{Q}$ sont aussi des sommes de Gauss ; si un automorphisme de $\mathbb{Q}(\zeta\,,\varepsilon)$ change ζ en ζ^t et ε en ε^u , il change $G(\chi\,,\psi)$ en $G(\chi^t\,,\psi^u)$. De plus, avec des "abus de notations" évidents, on a $\psi^u(x) = \psi(ux)$, et par suite :

$$(3) \qquad G(\chi\,,\psi^u) = \chi(u)^{-1} G(\chi\,,\psi) ,$$

ce qui implique aussitôt que $G(\chi\,,\psi)^m$ est dans $\mathbb{Q}(\zeta)$.

Notons aussi dès maintenant qu'on a, pour G défini par (1) :

$$(4) \qquad G\bar{G} = \sum_{x,y} \chi(xy^{-1})\psi(x-y) = \sum_{z\neq 0} \chi(z) \sum_{y\neq 0} \psi(y(z-1))$$

$$= q - 1 - \sum_{z\neq 0,1} \chi(z) = \begin{cases} q & \text{si } \chi \neq 1 \\ 1 & \text{si } \chi = 1 . \end{cases}$$

Si $\mathbb{F}_q$ est le corps premier $\mathbb{F}_p = \mathbb{Z}/p\mathbb{Z}$, on pourra prendre $\psi(x) = \varepsilon^x$, et on aura

$$(5) \qquad G = \sum_{x=1}^{p-1} \chi(x)\varepsilon^x = \sum_{i=0}^{p-2} \zeta^i \varepsilon^{r^i} = \sum_{i=0}^{m-1} \zeta^i \sum_{j=0}^{\nu-1} \varepsilon^{r^{i+mj}} .$$

2. Nous avons anticipé sur l'ordre historique, auquel nous revenons à présent. Les sommes (5) sont des cas particuliers des sommes introduites par Lagrange dans son grand mémoire ([1 a]) sur la théorie algébrique des équations (la théorie de Galois "avant la lettre"). C'est là que Lagrange montre, entre autre, comment engendrer une extension cyclique de degré m au moyen d'une racine m-ième, après adjonction, s'il y a lieu, des racines m-ièmes de l'unité (engendrement dit, bien à tort, "kummérien"). Il introduit les sommes

$$(6) \qquad y = x_1 + \alpha x_2 + \ldots + \alpha^{m-1} x_m \ ,$$

où $\alpha^m = 1$, et où $x_1, \ldots, x_m$ sont les racines d'une équation de degré m , et il observe que y^m est invariant par toute permutation circulaire des x_i . Il fait voir par exemple qu'on "explique" ainsi les formules classiques de résolution par radicaux des équations du 3e et du 4e degré. Exposant à nouveau sa méthode dans son <u>Traité</u> de 1808 ([1 b], Note XIII), il donne aux sommes (6) le nom de "<u>résolvantes</u>", qui leur est resté pendant tout le XIXe siècle.

3. En 1801, dans la VIIe section des <u>Disquisitiones</u> ([2 a]), Gauss donne un exposé complet de la "théorie de Galois" de $\mathbb{Q}(\varepsilon)$ considéré comme extension cyclique de $\mathbb{Q}$ de degré $p-1$. Il montre en particulier que, pour $p-1 = m\nu$, $\mathbb{Q}(\varepsilon)$ possède un sous-corps k_m (et un seul) de degré m sur $\mathbb{Q}$, engendré sur $\mathbb{Q}$ par l'une quelconque des "périodes d'ordre m" :

$$(7) \qquad \eta_i = \sum_{j=0}^{\nu-1} \varepsilon^{r^{i+mj}} \qquad (0 \le i < m) \ ,$$

celles-ci étant permutées circulairement par les automorphismes de $\mathbb{Q}(\varepsilon)$ sur $\mathbb{Q}$.

La question de la résolution par radicaux était trop implantée dans les esprits pour que Gauss pût la laisser complètement de côté. Soit qu'il ait eu connaissance directement ou indirectement de la méthode de Lagrange (comme il est vraisemblable), soit qu'il l'ait retrouvée par lui-même (comme il est possible), il l'applique aux corps intermédiaires entre $\mathbb{Q}$ et $\mathbb{Q}(\varepsilon)$; si k_m est comme plus haut, et si k est un sous-corps de k_m , cela conduit à former des résolvantes de Lagrange au moyen des η_i et de racines de l'unité auxiliaires, d'ordre $< p$. Pour $k = \mathbb{Q}$, ces résolvantes ne sont autres que les sommes (5). Mais Gauss ne semble pas leur attacher d'importance ; il note en passant la relation $G\bar{G} = p$, et cela seulement pour dire que l'extraction de racines $(G^m)^{1/m}$ se ramène à une racine carrée et à la division par m d'un arc de cercle. Quand un peu plus tard Lagrange, dans son <u>Traité</u> ([1 b], Note XIV) donne un exposé des résultats de Gauss basé principalement sur les sommes (5), il se fait vertement critiquer par Gauss, pour n'avoir pas suffisamment tenu compte de l'ambiguïté qui résulte de l'emploi des racines de l'unité d'ordre $< p$.

4. Comme Gauss le fait voir, les périodes η_i ont une table de multiplication

(8) $$\eta_i \eta_j = \sum_k N_{ijk} \eta_k$$

où les N_{ijk} sont des entiers naturels, apparentés aux nombres de solutions des congruences $AX^m + BY^m \equiv C \pmod{p}$. Ce fait a des conséquences arithmétiques importantes, dont Gauss a aperçu quelques-unes (pour le cas $m = 3$) dès les Disq. . Plus tard, il en a développé d'autres pour $m = 4$ ([2 d]). Mais il s'est surtout intéressé au cas $m = 2$, le seul où il ait cru pouvoir utiliser les "sommes de Gauss" de préférence aux "périodes" (sans doute parce qu'alors il n'y a pas à introduire d'irrationalité accessoire). On a alors :

(9) $$G = \eta_0 - \eta_1 = 1 + 2\eta_0 = \sum_{x=0}^{p-1} \varepsilon^{x^2} .$$

Ici (3) donne $\bar{G} = \pm G$, donc $G^2 = \pm p$ d'après (4), le signe étant donné par $p \equiv \pm 1 \pmod{4}$. Il s'ensuit que le corps quadratique k_2 contenu dans $\mathbb{Q}(\varepsilon)$ est $\mathbb{Q}(\sqrt{\pm p})$.

5. Comme Gauss le signale dès les Disq., ce résultat se généralise à la somme

$$G = \sum_{x=0}^{N-1} \alpha^{x^2} ,$$

où α est une racine primitive N-ième de l'unité, avec N impair quelconque ; on a $G^2 = \pm N$, ce qui pose le problème de la détermination du signe de G , par exemple pour $\alpha = e^{2\pi i/N}$; énoncé sous cette forme, le problème n'est pas algébrique. "Nous observons", dit Gauss dans les Disq. (avec une ambiguïté sans doute voulue) qu'on a toujours $G = +\sqrt{N}$ resp. $+i\sqrt{N}$. En fait, il n'en obtint la démonstration qu'en 1805 ; celle-ci, publiée en 1811 ([2 b]) s'apparente, d'une manière très visible pour nous, à ses recherches (qu'il n'a pas publiées) sur les fonctions thêta. Pour $N = pq$, avec p, q premiers, Gauss en tire sa quatrième démonstration de la loi de réciprocité quadratique. Ce travail a donné lieu, et jusqu'à une époque toute récente, à d'importantes généralisations, que nous laisserons complètement de côté.

6. En 1818, Gauss publia sa sixième démonstration de la loi de réciprocité quadratique ([2 c]) ; elle est basée, elle aussi, sur les sommes de Gauss d'ordre 2 , mais envisagées d'un point de vue strictement algébrico-arithmétique. Soit G défini par (9). Soit q un nombre premier impair $\neq p$; posons $p = 2p' + 1$, $q = 2q' + 1$. Au moyen du symbole de Legendre, la loi de réciprocité s'écrit :

$$\left(\frac{p}{q}\right)\cdot\left(\frac{q}{p}\right)^{-1} = (-1)^{p'q'} .$$

On a vu qu'on a $G^2 = (-1)^{p'} p$, d'où

$$G^{q-1} = (-1)^{p'q'}.p^{q'} \equiv (-1)^{p'q'}\left(\frac{p}{q}\right) \quad \text{mod. } q \ .$$

Mais on a aussi, d'après la formule du binôme :

$$G^q \equiv \sum_x \varepsilon^{qx^2} = \left(\frac{q}{p}\right) G \quad \text{mod. } q \ ,$$

d'où la loi de réciprocité, puisque G est premier à q . Bien entendu Gauss ne se permet pas (ostensiblement) d'écrire des congruences dans l'anneau $\mathbf{Z}[\varepsilon]$; il les remplace par des congruences modulo $(q , 1 + X + \ldots + X^{p-1})$ dans l'anneau $\mathbf{Z}[X]$. Néanmoins il est incompréhensible que Jacobi, Cauchy et Eisenstein, tour à tour, aient publié des démonstrations virtuellement identiques à celle-là (et qu'ils aient même soulevé entre eux des questions de priorité à ce sujet) avant qu'Eisenstein ne fît observer qu'à la présentation près c'était toujours la sixième démonstration de Gauss.

7. Dans un projet de suite à la section VII des Disq. ([2 e]), Gauss, non seulement donne la démonstration de $G\bar{G} = p$, mais donne la formule de multiplication des sommes de Gauss. D'après (1), on peut écrire :

$$G(\chi,\psi)G(\chi',\psi) = \sum_{x,y\neq 0} \chi(x)\chi'(y)\psi(x+y)$$

$$= \sum_{z\neq 0} \psi(z)\Big[\sum_{\substack{x+y=z\\ x,y\neq 0}} \chi(x)\chi'(y)\Big] + \sum_{x\neq 0} \chi(x)\chi'(-x) .$$

Posons $\chi'' = \chi\chi'$. La dernière somme est 0 si $\chi'' \neq 1$ et $(q-1)\chi(-1)$ si $\chi'' = 1$; l'autre s'écrit $J.G(\chi'',\psi)$ à condition de poser :

(10) $$J = J(\chi,\chi') = \sum_{x\neq 0,1} \chi(x)\chi'(1-x) .$$

Pour $\chi'' = 1$, on observe que $x \mapsto x(1-x)^{-1}$ est une bijection de $\mathbb{F}_q - \{0,1\}$ sur $\mathbb{F}_q - \{0,-1\}$, ce qui donne pour J la valeur $-\chi(-1)$ si $\chi \neq 1$ et $q-2$ si $\chi = \chi' = 1$, donc, si $\chi \neq 1$:

(11) $$G(\chi,\psi)G(\chi^{-1},\psi) = q\chi(-1) .$$

On est dans un cas trivial si $\chi = 1$ ou $\chi' = 1$. Si χ , χ' , χ'' sont $\neq 1$, on a

(12) $$G(\chi,\psi)G(\chi',\psi) = J(\chi,\chi').G(\chi'',\psi) .$$

Si ζ est comme plus haut une racine primitive de $Z^m = 1$, et si les ordres de χ , χ' sont m ou des diviseurs de m , (10) montre que $J = J(\chi,\chi')$ est dans $\mathbb{Z}[\zeta]$; d'après (12) et (4), on a $J\overline{J} = q$.

Par récurrence, on tire de (12) la formule

(13) $$\prod_{i=1}^{n} G(\chi_i,\psi) = J.G(\prod_{i=1}^{n} \chi_i,\psi) ,$$

où J est de nouveau un entier de $\mathbb{Q}(\zeta)$ si les ordres des χ_i divisent m . Si on pose $\chi_o = \prod_i \chi_i^{-1}$, on a, d'après (12) et (11) :

(14) $$\prod_{i=0}^{n} G(\chi_i,\psi) = q\chi_o(-1).J ,$$

ce qui montre que $\chi_o(-1).J$ dépend symétriquement de χ_o , χ_1 ,..., χ_n , ceux-ci étant soumis à la condition $\chi_o\chi_1\ldots\chi_n = 1$. Par exemple, considérons un automorphisme τ de $\mathbb{Q}(\zeta)$; s'il change ζ en ζ^t , il change χ_i en χ_i^t ; si donc $(\chi_o^t,\ldots,\chi_n^t)$ est une permutation de $(\chi_o,\ldots,\chi_n)$, J sera invariant par τ . On peut ainsi faire en sorte que J appartienne à un sous-corps donné de $\mathbb{Q}(\zeta)$.

8. Naturellement, chez Gauss et ses successeurs immédiats jusqu'à Kummer, il ne s'agit que des sommes de Gauss relatives à un corps premier $\mathbb{F}_p$ et des sommes J correspondantes. Il ne semble pas que Gauss lui-même ait aperçu l'importance arithmétique des entiers J . Pourtant, il aurait pu être frappé par le fait que, dès les cas $m = 3$ et $m = 4$, ces entiers donnent la décomposition des nombres premiers rationnels dans les corps $\mathbb{Q}(j)$, $\mathbb{Q}(i)$, où $j^3 = 1$, $i^4 = 1$; ce fait lui était connu sous une autre forme (il l'exprimait au moyen des "périodes"). Soit en effet $p \equiv 1 \bmod. 3$ (resp. mod. 4) ; soit χ l'un des deux caractères d'ordre 3 (resp. d'ordre 4) de $\mathbb{F}_p^\times$; alors $J(\chi, \chi)$ est un facteur premier de p dans $\mathbb{Q}(j)$ (resp. $\mathbb{Q}(i)$), et satisfait de plus à d'importantes congruences. C'est ce que découvrit Jacobi ; il eut même l'audace, en 1827, d'en faire part à Gauss ([3 a]), qui se montra encourageant (avec une pointe de condescendance), mais pensa peut-être, tout comme un peu plus tard dans l'affaire des fonctions elliptiques, qu'un jeune éléphant marchait sur ses plates-bandes.

9. A la différence de Gauss, Jacobi reconnut aussitôt la portée de cette méthode "cyclotomique" ; cela justifie le nom de "sommes de Jacobi" qu'on donne de nos jours aux entiers J , bien qu'elles figurent déjà, comme on a vu, dans les papiers secrets de Gauss, et que Cauchy les ait introduites et largement utilisées, à partir de 1829 (indépendamment de Jacobi), dans quelques notes préliminaires et surtout dans son grand mémoire de 1830 sur la théorie des nombres ([4]), paru avec des notes additionnelles en 1840. Cauchy fut surtout frappé de la possibilité (qui résulte de la remarque de la fin du n° 7) de construire des sommes J contenues dans une extension quadratique donnée de $\mathbb{Q}$. Soit par exemple $\ell = 4n + 3$ premier ; soient $r_o, \dots, r_n$ les résidus quadratiques mod. ℓ . Soit $p \equiv 1 \bmod. \ell$; soit χ un caractère d'ordre ℓ de $\mathbb{F}_p$; pour $0 \leq i \leq n$, soit $\chi_i = \chi^{r_i}$; alors (14) définit un entier J du corps $k = \mathbb{Q}(\sqrt{-\ell})$, et on a $J\bar{J} = p^{n-1}$. D'autre part, Cauchy détermine la plus grande puissance p^ν de p qui divise J ; il peut donc affirmer que

$4p^{n-1-2\nu}$ peut s'écrire sous la forme $x^2 + \ell y^2$. En langage moderne, cela signifie qu'on a, dans k , $(J) = \mathfrak{p}^{\nu}\bar{\mathfrak{p}}^{n-1-2\nu}$, où $\mathfrak{p}$ est l'un des deux facteurs premiers de p . C'est là un résultat non trivial sur le groupe des classes d'idéaux de k , ou, dans le langage de l'époque, sur le groupe des classes de formes quadratiques de discriminant $-\ell$; Jacobi, en raisonnant de même (indépendamment de Cauchy), en tira même la conjecture correcte sur le nombre de ces classes, quelque temps avant que Dirichlet ne vérifiât cette conjecture en un travail célèbre (largement anticipé par Gauss, toujours dans ses "papiers secrets").

10. Jacobi s'intéressa surtout aux applications de la "méthode cyclotomique" au problème le plus brûlant de la théorie des nombres à cette époque, la recherche des lois de réciprocité des n-ièmes puissances pour $n > 2$. Au sujet de la loi de réciprocité biquadratique, Gauss venait d'annoncer des résultats importants, en termes un peu grandiloquents ("mysterium maxime reconditum"). Fut-il vexé de voir Jacobi proclamer que ceux-ci se déduisaient "très simplement et très facilement" de sa méthode ? Toujours est-il qu'il ne publia jamais sa démonstration, qui était basée sur des principes tout différents. Jacobi non plus, d'ailleurs ; la sienne resta enterrée dans ses notes de cours de Königsberg (1836-37) ; au dire de Jacobi, c'est celle même qui fut obtenue indépendamment, un peu plus tard, par Eisenstein encore étudiant. Pour les restes cubiques ([5 a]), on peut en présenter la partie essentielle comme suit.

Dans $\mathbb{Z}[j]$, 3 admet le diviseur premier $\rho = j - 1$. Pour tout nombre premier π , premier à 3 , soit $q = N(\pi) = 3n + 1$. Pour x premier à π , on notera (x/π) celle des racines de l'unité $1 , j , j^2$ qui est $\equiv x^n \bmod. \pi$, et on étend ce "symbole de Legendre" à un "symbole de Jacobi" par la règle $(x/\alpha\beta) = (x/\alpha).(x/\beta)$. Soit $p = 3\nu + 1$ premier rationnel, et soit π l'un de ses facteurs premiers dans $\mathbb{Z}[j]$; on peut, d'une manière et d'une seule, multiplier π par une racine (sixième) de 1 de manière que π devienne "primaire", c'est-à-dire $\equiv 1 \bmod. 3$. Posons $\chi(x) = (x/\pi)$ pour $x \in \mathbb{F}_p^\times$; c'est un caractère d'ordre 3 de $\mathbb{F}_p^\times$. Sur $\mathbb{F}_p$, on prend $\psi(x) = e^{2\pi i x/p}$. Posons $G = G(\chi , \psi)$, $J = J(\chi , \chi)$. On a alors $G(\chi^{-1} , \psi) = \bar{G}$, $G^2 = J\bar{G}$, $G^3 = pJ$, $G\bar{G} = J\bar{J} = p$, puis

$$(15)\qquad J = \sum_{x=2}^{p-1} \chi(x)\,\chi(1-x) \equiv \sum_{x=1}^{p-1} x^{\nu}(1-x)^{\nu} \quad \text{mod. } \pi .$$

Mais, pour $n \not\equiv 0$ mod. $(p-1)$, on a $\sum_{1}^{p-1} x^n \equiv 0$ mod. p ; donc $J \equiv 0$ mod. π . Comme $J\bar{J} = p$, J/π est donc une racine sixième de 1 , qu'on détermine comme suit. On a posé $\rho = j-1$; d'où $\rho^2 = -3j$ et $j^a = (1+\rho)^a \equiv 1+\rho a$ mod. 3 . Posons $\chi(x) = j^{i(x)}$; on a $i(xy) \equiv i(x) + i(y)$ mod. 3 , d'où

$$J \equiv p-2+\rho\Big[\sum_{2}^{p-1} i(x) + \sum_{2}^{p-1} i(1-x)\Big] \equiv -1 + 2\rho \sum_{1}^{p-1} i(x)$$

$$\equiv -1 \quad \text{mod. } 3 ,$$

et par suite $J = -\pi$.

Soit maintenant σ premier dans $\mathbb{Z}[j]$, premier à $3p$; soit $s = N(\sigma) = \sigma\bar{\sigma}$; on a $s \equiv 1$ mod. 3 , $\chi^s = \chi$, donc

$$G^s \equiv \Sigma\chi(x)\psi(sx) \equiv \chi(s)^{-1}G \equiv (s/\pi)^{-1}G \quad \text{mod. } \sigma .$$

Mais d'autre part, si $s = 3t+1$:

$$G^{s-1} = (G^3)^t = (-p\pi)^t \equiv (-\pi^2\bar{\pi}/\sigma) \quad \text{mod. } \sigma .$$

On a $(-1/\sigma) = (-1/\sigma)^3 = 1$, et aussi, par transport de structure, $(\bar{\pi}/\sigma) = (\pi/\bar{\sigma})^{-1}$. Comme G est premier à σ , la combinaison des relations ci-dessus donne alors $(s/\pi) = (\pi/s)$, ce qui est la "loi d'Eisenstein". Si maintenant on prend p' premier rationnel $\neq p$, $\equiv 1$ mod. 3 , et que π' soit un facteur premier primaire de p' , on peut, dans ce qui précède, remplacer π , s successivement par π , p' et par π' , p et combiner les résultats. Cela donne d'abord $(\pi/\pi')^2 = (\pi'/\pi)^2$, d'où évidemment $(\pi/\pi') = (\pi'/\pi)$.

On a ainsi tout l'essentiel de la loi de réciprocité cubique dans $\mathbb{Z}[j]$; les résultats complémentaires sont faciles à obtenir. Notons aussi dès maintenant, sur l'exemple ci-dessus, une propriété de J à laquelle Jacobi et ses contemporains attachaient beaucoup d'importance. Pour $x \in \mathbb{F}_p^{\times}$, on a $\chi(x) = (x/\bar{\pi})^{-1} = (x^{-1}/\bar{\pi}) \equiv x^{p-1-\nu}$ mod. $\bar{\pi}$, donc, d'après (15) :

$$J \equiv \sum_{x=1}^{p-1} x^{2\nu}(1-x)^{2\nu} \equiv -\binom{2\nu}{\nu} \quad \text{mod. } \bar{\pi} .$$

Cette congruence, jointe à $J \equiv 0 \mod. \pi$, détermine complètement J modulo p au moyen du coefficient binomial $\binom{2\nu}{\nu}$; compte tenu d'inégalités triviales, on peut même dire qu'elle détermine J, donc π, d'une manière unique.

11. L'exemple du n° 10 contient déjà tous les traits caractéristiques de "la cyclotomie", c'est-à-dire de la théorie des sommes de Gauss et de Jacobi, telle qu'elle s'est développée au XIXe siècle.

En premier lieu, pour utiliser ces sommes, il faut en déterminer la décomposition en facteurs premiers dans les corps cyclotomiques auxquels elles appartiennent. On a vu plus haut la solution pour les sommes d'ordre 3 ; pour l'ordre 4, elle est analogue ; Jacobi examina aussi les sommes d'ordre 5, 8, 12, en utilisant le fait (dont il s'aperçut à cette occasion) que les corps correspondants n'ont que des idéaux principaux. Pour aller plus loin, évidemment, il fallait la création (par Kummer, à partir de 1845) de la théorie des idéaux. Ce qui en limita quelque temps la portée, c'est que Kummer (qui procédait par construction explicite des valuations dans les corps en question) ne traita d'abord que les corps $\mathbb{Q}(\zeta)$ avec $\zeta^{\ell} = 1$, ℓ premier impair. L'un de ses premiers triomphes fut justement d'obtenir la décomposition en idéaux premiers de G^{ℓ} dans $\mathbb{Z}[\ell]$, pour $\zeta^{\ell} = 1$, chaque fois que p est premier, $\equiv 1 \mod. \ell$, et que G est une somme de Gauss d'ordre ℓ relative à $\mathbb{F}_p$. Un peu plus tard il s'aperçut (non pas pour les sommes de Gauss, mais, ce qui revient au même, pour les sommes de Jacobi) qu'on pouvait traiter de même les corps finis $\mathbb{F}_q$, ceux-ci se présentant comme corps de restes dans $\mathbb{Z}[\zeta]$ modulo un idéal premier $\mathfrak{p}$ (premier à ℓ) de degré > 1 (v. [6]).

12. La décomposition en facteurs premiers ne détermine les sommes en question qu'à une unité près ; c'était déjà insuffisant pour les sommes d'ordre 3 et 4 ; il en est ainsi à plus forte raison pour les sommes d'ordre ℓ, puisqu'il y a alors une infinité d'unités dans $\mathbb{Z}[\zeta]$, d'après le théorème de Dirichlet (publié en 1846). Aussi recherche-t-on des précisions supplémentaires sous forme de congruences. Comme au n° 11, celles-ci sont de deux sortes :

(a) les unes, pour les sommes relatives à $\mathbb{F}_p$ (resp. $\mathbb{F}_q$ avec $q = p^n$) donnent, non seulement leur ordre, mais leur partie principale aux places déterminées par les facteurs premiers de p ;

(b) les autres, encore plus importantes, concernent le comportement local de ces sommes dans $\mathbb{Q}_{\ell}(\zeta)$, ou plus généralement aux places correspondant aux facteurs premiers de m dans $\mathbb{Q}(\zeta)$ s'il s'agit de sommes d'ordre m non premier, et si $\zeta^m = 1$.

Ces questions ont conduit Kummer et Eisenstein à développer des techniques très raffinées d'analyse p-adique, malheureusement tombées par la suite dans un profond oubli.

13. Enfin, soulignons à nouveau que, pour Eisenstein et Kummer, la cyclotomie apparaissait surtout comme un moyen pour aborder le problème des lois de réciprocité, dans le cadre où celui-ci s'est posé jusqu'à Hilbert. Pour la loi des m-ièmes puissances, l'exemple de Gauss suggérait de se placer dans le corps $\mathbb{Q}(\zeta)$ et non au-delà, avec ζ , comme toujours, racine primitive de $Z^m = 1$. Pour $\mathfrak{p}$ premier à m dans $\mathbb{Z}[\zeta]$, de norme q , et x premier à $\mathfrak{p}$, on note $(x/\mathfrak{p})$ celle des racines ζ^i qui est $\equiv x^{(q-1)/m}$ mod. $\mathfrak{p}$; on étend ce "symbole de Legendre" à un "symbole de Jacobi" par la règle $(x/\mathfrak{a}\mathfrak{b}) = (x/\mathfrak{a}).(x/\mathfrak{b})$. On se propose alors d'obtenir une expression, la plus explicite possible, pour $(x/y).(y/x)^{-1}$, et aussi les "lois complémentaires" donnant $(x/\mathfrak{p})$ quand x est une unité ou bien divise m .

Finalement les espoirs placés par Jacobi, Eisenstein et Kummer dans la cyclotomie ne se réalisèrent que partiellement. Elle donne la "loi d'Eisenstein", c'est-à-dire la valeur de $(x/y).(y/x)^{-1}$ quand x (ou y) est dans $\mathbb{Z}$; ce n'est déjà pas un mince résultat. Pour m = 4 , par un hasard heureux, on peut en tirer l'énoncé complet de la loi de réciprocité biquadratique au moyen des propriétés axiomatiques "évidentes" du symbole (x/y) , c'est-à-dire, comme on dirait de nos jours, en faisant de la K-théorie ; c'est ce que faisait sans doute Jacobi dans son cours de Königsberg, et c'est ce que fit Eisenstein, qui par la suite appliqua ses idées sur la K-théorie à des problèmes beaucoup plus généraux. Mais de plus en plus, jusqu'à la fin de sa courte vie, Eisenstein se consacra plutôt à la mise en oeuvre de la théorie des fonctions elliptiques en vue de ses applications arithmétiques ; c'est de là en particulier qu'il tire les lois de réciprocité pour m = 8 . Pendant le même temps, Kummer, se limitant une fois pour toutes aux lois des ℓ-ièmes puissances pour ℓ premier impair (et même en fait pour ℓ "régulier"), faisait servir la cyclotomie, avec plein succès, à la recherche des "lois complémentaires", mais, à son grand chagrin, dut constater vers 1853 qu'avec ces résultats et la loi d'Eisenstein elle avait fourni tout ce dont elle était capable.

14. En 1890, Stickelberger reprit et compléta les résultats de Jacobi, Kummer et Eisenstein qui donnent la partie principale des sommes de Gauss et d'Eisenstein. Nous allons résumer son travail ([7]) en langage p-adique, ce qui ne change rien au fond des choses mais permet d'être bref.

Soient p premier, $q = p^n$, et ω une racine primitive de $W^{q-1} = 1$; $k = \mathbb{Q}_p(\omega)$ est l'extension non ramifiée de $\mathbb{Q}_p$ de degré n ; on peut identifier $\mathbb{F}_q$ avec $\mathbb{Z}_p[\omega]/(p)$, et $\mathbb{F}_p$ avec $\mathbb{Z}_p/(p)$. Les automorphismes de k sur $\mathbb{Q}_p$ transforment ω en ω^{p^ν} pour $0 \leq \nu < n$, de sorte que, si t désigne la trace prise dans $k/\mathbb{Q}_p$, on a :

$$(16) \qquad t(\omega^i) = \omega^i + \omega^{ip} + \ldots + \omega^{ip^{n-1}} ,$$

et $t(\omega^i)$ est dans $\mathbb{Z}_p$.

Soit ε une racine primitive de $X^p = 1$ dans une extension de k ; pour $a \in \mathbb{Z}_p$, on définit ε^a de la manière évidente (par continuité p-adique, si l'on veut). Alors $x \mapsto \varepsilon^{t(x)}$, pour $x \in \mathbb{Z}_p[\omega]$, définit, par passage au quotient, un caractère ψ du groupe additif $\mathbb{F}_q$. D'autre part, l'ensemble des racines de $X^q = X$ dans k est $M = \{0, 1, \omega, \ldots, \omega^{q-2}\}$; ce sont les représentants multiplicatifs de $\mathbb{F}_q$ dans k. Si donc, pour $x \in \mathbb{Z}_p[\omega]$, on note μ_x l'élément de M qui est $\equiv x \bmod. p$, $x \mapsto \mu_x$ définit par passage au quotient un caractère de $\mathbb{F}_q^\times$ à valeurs dans k, et tout caractère de $\mathbb{F}_q^\times$, à valeurs dans k, est de la forme $x \mapsto \mu_x^{-a}$. Toutes les sommes de Gauss relatives à $\mathbb{F}_q$, sauf la somme triviale égale à -1, s'écrivent donc dans $k(\varepsilon)$ sous la forme :

(17) $$g_a = \sum_{\mu} \mu^{-a} \varepsilon^{t(\mu)} \qquad (0 < a < q-1) ,$$

la somme étant étendue aux $\mu \in M^{\times} = M - \{0\}$.

Dans $k(\varepsilon)$, $\pi = \varepsilon - 1$ est un élément premier, et, on a, pour tout $z \in \mathbf{Z}_p$:

(18) $$\varepsilon^z = (1+\pi)^z = \sum_0^{\infty} \pi^i \binom{z}{i} ,$$

d'où, pour g_a , la série convergente

(19) $$g_a = \sum_{i=0}^{\infty} A_{a,i}\pi^i , \qquad A_{a,i} = \sum_{\mu} \mu^{-a} \binom{t(\mu)}{i} .$$

Exprimons $t(\mu)$ au moyen de (16), et observons que l'identité formelle

$(1+T)^{\Sigma x_\rho} = \Pi\,(1+T)^{x_\rho}$ donne

$$\binom{\Sigma x_\rho}{i} = \sum_{\Sigma i_\rho = i} \left(\prod_\rho \binom{x_\rho}{i_\rho}\right) .$$

On obtient :

(20) $$A_{a,i} = \sum_{(i_\rho)} \sum_{\mu} \mu^{-a} \prod_\rho \binom{\mu^{p^\rho}}{i_\rho}$$

où $0 \le \rho < n$, où la deuxième somme est étendue à $\mu \in M^{\times}$, et la première à tous les systèmes d'indices $(i_0,\dots,i_{n-1})$ tels que $\Sigma i_\rho = i$; pour a donné, on va déterminer la plus petite valeur de i pour laquelle $A_{a,i} \neq 0$. Les coefficients du binôme qui figurent au second membre sont des polynômes en μ à coefficients dans $\mathbf{Q}$; d'ailleurs $\Sigma\, \mu^b$ a la valeur $q-1$ ou 0 suivant que b est ou non multiple de $q-1$.

Puisque $0 < a < q-1$, on peut écrire $a = \Sigma\, a_\rho p^\rho$ avec $0 \le a_\rho < p$ pour $0 \le \rho < n$. On a

(21) $$\Sigma\, a_\rho = \min(\Sigma\, j_\rho \mid \Sigma\, j_\rho\, p^\rho \equiv a \mod. q-1 \ ; \ j_\rho \ge 0 \ (0 \le \rho < n)) \ ;$$

le minimum étant atteint seulement pour $j_0 = a_0, \dots, j_{n-1} = a_{n-1}$. En effet, si l'un des j_ρ , par exemple j_λ , est $> p$, on peut diminuer $\Sigma\, j_\rho$ en remplaçant j_λ par $j_\lambda - p$ et $j_{\lambda+1}$ (resp. j_o si $\lambda = n-1$) par $j_{\lambda+1}+1$ (resp. $j_o + 1$) ; mais si tous les j_ρ sont $< p$, on a $\Sigma j_\rho p^\rho = a$, d'où $j_\rho = a_\rho$ pour tout ρ .

Cela posé, supposons $A_{a,i} \neq 0$. Le second membre de (20) doit donc contenir un terme de degré $\equiv 0 \mod. q-1$; cela implique qu'il y a des entiers i_ρ , j_ρ tels que $\Sigma i_\rho = i$, $0 \leq j_\rho \leq i_\rho$, $\Sigma j_\rho p^\rho \equiv a \mod. q-1$, donc $i \geq \Sigma a_\rho$ d'après (21). De plus, si $i = \Sigma a_\rho$, ces conditions impliquent $i_\rho = j_\rho = a_\rho$ pour tout ρ , ce qui donne :

(22) $$A_{a,i} = (q-1) \prod_\rho (a_\rho !)^{-1} .$$

La partie principale de g_a est donc $-\prod_\rho (\pi^{a_\rho}/a_\rho !)$. C'est le résultat définitif sur la question ; on peut dire que pour l'essentiel il se trouvait déjà dans Kummer. On en déduit évidemment la partie principale des sommes de Jacobi, que Jacobi avait déjà calculée dans des cas assez généraux ([3 b]). Les méthodes de Stickelberger et de Kummer, et même sans doute celles de Jacobi, ne diffèrent pas, pour l'essentiel, de celle qu'on vient d'exposer. Comme ce résultat donne l'ordre de toute somme de Gauss (ou de Jacobi) relative à $\mathbb{F}_q$, en toute place p-adique, il contient évidemment aussi la décomposition de toutes ces sommes en facteurs premiers.

15. Tout cela ne touche pas à la question (b) du n° 12, qui, en revanche, est liée, d'une part à la démonstration de la loi d'Eisenstein, et d'autre part à la propriété des sommes de Jacobi de définir des caractères de Hecke. Commençons par la première, en nous plaçant d'abord dans le cas le plus général ; nous suivons Eisenstein ([5 b]) librement, mais d'assez près.

Soit ζ une racine primitive de $Z^m = 1$; soit $k = \mathbb{Q}(\zeta)$. Soit $\mathfrak{p}$ idéal premier (premier à m) dans k , de norme $q = p^n$; on identifie $\mathbb{F}_q$ avec $\mathbb{Z}[\zeta]/\mathfrak{p}$; alors $(x/\mathfrak{p})$ détermine un caractère χ d'ordre m sur $\mathbb{F}_q$. Soit ε une racine primitive de $X^p = 1$; soit t la trace prise dans $\mathbb{F}_q/\mathbb{F}_p$;

$x \mapsto \varepsilon^{t(x)}$ est un caractère additif ψ de $\mathbb{F}_q$. Posons $\Phi(\mathfrak{p}) = (-1)^m G(\chi , \psi)^m$; Φ ne dépend pas du choix de ε ; on l'étend à tous les idéaux premiers à m dans k par la règle $\Phi(\mathfrak{a}\mathfrak{b}) = \Phi(\mathfrak{a})\Phi(\mathfrak{b})$. Appliquant le résultat du n° 14 à $G(\chi , \psi)$ aux places de k déterminées par $\mathfrak{p}$ et ses conjugués, on trouve facilement la décomposition de l'idéal principal $(\Phi(\mathfrak{p}))$, puis de $(\Phi(\mathfrak{a}))$, en facteurs premiers ; elle est donnée par une puissance symbolique

(23) $\qquad (\Phi(\mathfrak{a})) = \mathfrak{a}^{\Theta}$,

où Θ est un élément de l'anneau de groupe du groupe de Galois de $k/\mathbb{Q}$, défini comme suit. Pour tout $t \in (\mathbb{Z}/m\mathbb{Z})^{\times}$, soit σ_t l'automorphisme de k qui change ζ en ζ^t . Alors on a

(24) $$\Theta = \sum_{\substack{0< t< m \\ (t,m)=1}} t.\sigma_{-t}^{-1}$$

(résultat obtenu par Kummer pour m premier).

En particulier, on peut appliquer (23) à un idéal principal $\mathfrak{a} = (\alpha)$, de sorte qu'on peut écrire

(24) $\qquad \Phi(\alpha) = \varepsilon(\alpha).\alpha^{\Theta}$,

où $\varepsilon(\alpha)$ est une unité de k . Mais d'autre part la valeur absolue des sommes de Gauss est donnée par (4) ; on en déduit aussitôt $|\Phi(\mathfrak{a})|^2 = N(\mathfrak{a})^m$; tenant compte de (23) et (24), il s'ensuit que l'unité $\varepsilon(\alpha)$, ainsi que tous ses conjugués dans k , sont de valeur absolue 1 . Le théorème de Kronecker montre qu'alors $\varepsilon(\alpha)$ est une racine de l'unité, de la forme $\pm \zeta^i$.

Soit maintenant $\mathfrak{p}'$ un idéal premier, premier à m , de norme $q' = p'^{n'} = m\nu + 1$. Pour $\mathfrak{p}$, χ , ψ comme précédemment, et $\mathfrak{p}$ premier à p' , posons $G = G(\chi , \psi)$; on a :

$$G^{q'} \equiv \Sigma\chi(x)\psi(q'x) = \chi(q')^{-1}G \equiv \left(\frac{N(\mathfrak{p}')}{\mathfrak{p}}\right)^{-1} G \qquad \text{mod. } \mathfrak{p}' .$$

Mais on a aussi (cf. le cas $m = 3$ au n° 10) :

$$G^{q'-1} = (G^m)^\nu \equiv \left(\frac{(-1)^m \Phi(\mathfrak{p})}{\mathfrak{p}'}\right) \equiv \left(\frac{\Phi(\mathfrak{p})}{\mathfrak{p}'}\right) \quad \text{mod. } \mathfrak{p}' .$$

Il s'ensuit qu'on a, chaque fois que $N(\mathfrak{a})$, $N(\mathfrak{b})$ sont premiers entre eux et à m :

$$\left(\frac{N(\mathfrak{b})}{\mathfrak{a}}\right) = \left(\frac{\Phi(\mathfrak{a})}{\mathfrak{b}}\right)^{-1} ,$$

puisqu'il en est ainsi pour $\mathfrak{a} = \mathfrak{p}$, $\mathfrak{b} = \mathfrak{p}'$. Prenons $\mathfrak{a} = (\alpha)$, et appliquons (24), en observant qu'on a, par transport de structure, pour $tu \equiv 1$ mod. m , c'est-à-dire $\sigma_u = \sigma_t^{-1}$:

$$\left(\frac{\alpha^{\sigma_u}}{\mathfrak{b}}\right) = \left(\frac{\alpha}{\mathfrak{b}^{\sigma_t}}\right)^{\sigma_u} = \left(\frac{\alpha}{\mathfrak{b}^{\sigma_t}}\right)^{u} .$$

On obtient ainsi :

$$\left(\frac{N(\mathfrak{b})}{\alpha}\right) = \left(\frac{\varepsilon(\alpha)}{\mathfrak{b}}\right)^{-1} \cdot \left(\frac{\alpha}{N(\mathfrak{b})}\right) . \tag{25}$$

16. Pour tirer de là la loi d'Eisenstein, nous nous restreignons maintenant (comme le faisait Eisenstein dès le début) au cas où m est un nombre premier impair ℓ . Dans ce cas, on a, avec $G = G(\chi , \psi)$ comme tout à l'heure :

$$(-G)^\ell \equiv - \sum_{x \neq 0} \chi(x)^\ell \, \psi(\ell x) \equiv - \sum_{x \neq 0} \psi(\ell x) = 1 \qquad \text{mod. } \ell ,$$

donc $\Phi(\mathfrak{a}) \equiv 1$ mod. ℓ quel que soit $\mathfrak{a}$ (ce qui répond à la question (b) du n° 12), et par suite $\varepsilon(\alpha) = \pm 1$ chaque fois que α est tel que $\alpha^{\Theta} \equiv \pm 1$ mod. $(\zeta - 1)^2$; il suffit pour cela qu'on ait $\alpha \equiv x$ mod. $(\zeta - 1)^2$ avec $x \in \mathbb{Z} - \ell\mathbb{Z}$; Eisenstein dit alors que α est "primaire". En langage moderne, ces résultats font voir aussi que $\mathfrak{a} \longmapsto \Phi(\mathfrak{a})$ est un "caractère de Hecke" (un "Grössencharakter") de conducteur $(\zeta - 1)^2$. Si dans (25) on prend

α "primaire", et qu'on prenne pour $\mathfrak{b}$ un idéal premier $\mathfrak{p}$ de norme $q = p^n$, on obtient $(p/\alpha)^n = (\alpha/p)^n$. Mais n divise $\ell - 1$, donc est premier à ℓ. On a donc $(p/\alpha) = (\alpha/p)$, d'où finalement $(a/\alpha) = (\alpha/a)$ chaque fois que a est entier rationnel à ℓ, et que α est premier à a et "primaire". C'est la loi d'Eisenstein.

17. En ce qui concerne les développements plus récents, nous serons très brefs. Pour mémoire, rappelons que les sommes de Gauss figurent parmi les facteurs constants locaux dans les équations fonctionnelles des fonctions L ; ces facteurs sont dits aussi "nombres radiciels" ("root-numbers", "Wurzelzahlen"), sans doute parce que Hilbert, qui avait une sorte de génie pour les mauvaises terminologies, s'était avisé de baptiser "Wurzelzahl" ce qu'avant lui on nommait "résolvante de Lagrange", et "Lagrange'sche Wurzelzahl" ce qu'on a nommé ici somme de Gauss. Les facteurs constants des équations fonctionnelles, pour les séries L de Dirichlet, apparaissent pour la première fois dans le calcul de $L(1)$ par Dirichlet ; ce calcul n'est pas autre chose, en substance, que la vérification de l'équation fonctionnelle qui relie $L(1)$ à $L(0)$. Naturellement, ils reparaissent, sous une forme plus générale, dans les équations fonctionnelles des fonctions L de Hecke, puis d'Artin. Ils ont fait l'objet de travaux considérables de Dwork et de Langlands, complétés en dernier lieu par Deligne. Langlands a mis en évidence le rôle essentiel joué par ces facteurs dans la théorie des représentations. L'auteur de ces lignes offre une médaille (non pas Fields, mais en chocolat) à celui qui proposera la meilleure dénomination pour les facteurs en question.

18. Lorsqu'on rencontre des nombres algébriques qui, ainsi que tous leurs conjugués, ont une valeur absolue de la forme $p^{n/2}$ avec p premier, on est toujours tenté, de nos jours, de se demander si ce sont des racines de fonctions zêta en caractéristique p. Il en est effectivement ainsi des sommes de Gauss et de Jacobi, comme Hasse et Davenport s'en sont aperçus en 1934 ([8] ; cf. [9 a]) ; c'est même à cette occasion qu'ils ont découvert l'importante relation entre sommes de Gauss à laquelle leur nom est resté attaché. En particulier, les sommes de Jacobi d'ordre m sont racines (ou pôles, suivant la dimension) des fonctions zêta des variétés $\Sigma a_i X_i^m = 0$; rétrospectivement,

on constate que des cas particuliers, exprimés dans un autre langage, étaient déjà connus de Gauss, et que des cas assez généraux sont implicites chez Kummer. Notons en passant, à titre de curiosité historique, que le célèbre Tagebuch de Gauss s'ouvre et se referme sur la cyclotomie : il débute, en date du 30 mars 1796, par la division du cercle en 17 parties ; il se termine, le 9 juillet 1814, par une note sur le nombre de solutions de $1 = x^2 + y^2 + x^2y^2$ dans $\mathbb{F}_p$, relié à "la théorie des résidus biquadratiques" (donc aux "périodes" d'ordre 4).

Quant à la relation de Hasse-Davenport, elle relie les sommes de Gauss d'ordre m dans $\mathbb{F}_q$ et dans une extension $\mathbb{F}_Q$ de $\mathbb{F}_q$. Soit $Q = q^N$; soient t et n la trace et la norme dans $\mathbb{F}_Q/\mathbb{F}_q$; soit $G = G(\chi , \psi)$ une somme de Gauss relative à $\mathbb{F}_q$; soit G' la somme de Gauss de $G(\chi \circ n , \psi \circ t)$ relative à $\mathbb{F}_Q$. Alors on a $-G' = (-G)^N$. Soit dit en passant, ceci montre une fois de plus qu'on a pris "le mauvais signe" dans la notation usuelle des sommes de Gauss. Il n'est sans doute pas trop tard pour rectifier cette faute.

19. On peut appliquer les résultats cités au n° 18, sur les fonctions zêta des variétés $\Sigma a_i X_i^m = 0$ (et, notons-le en passant, de toutes les variétés qu'on peut définir comme quotients de ces dernières par des groupes finis d'automorphismes) au calcul des fonctions zêta de ces mêmes variétés sur des corps de nombres algébriques. On trouve que ces fonctions sont des produits de fonctions L de Hecke, ce qui revient à dire que les sommes de Jacobi définissent des caractères de Hecke dans les corps cyclotomiques. Comme on l'a vu au n° 16, un cas particulier important (relatif aux sommes $(-G)^\ell$, où G est une somme de Gauss d'ordre ℓ premier impair) formait le fond de la démonstration d'Eisenstein pour sa loi de réciprocité. En fait, il s'agit là d'un résultat très général sur les caractères de Hecke "cyclotomiques" dans tous les corps abéliens sur $\mathbb{Q}$ (cf. [9 b,c]) ; naturellement, ce sont les corps totalement imaginaires qui sont intéressants de ce point de vue.

Une fois obtenus ces caractères, on peut se proposer d'étudier les fonctions L de Hecke qui leur correspondent, et notamment leurs valeurs L(s) pour s entier. Il y a lieu de citer à ce sujet un résultat remarquable de Chowla et Selberg (v. [10]) ; convenablement interprété, celui-ci fait voir que la valeur, en $s = 1$, de la fonction L définie par un certain caractère "cyclotomique" sur $\mathbf{Q}(\sqrt{-n})$ (pour n premier $\equiv 3 \bmod. 4$, c'est celui même qu'on a défini d'après Cauchy au n° 9) s'exprime élémentairement au moyen de π et des valeurs de la fonction $\Gamma(s)$ pour $s = a/n$, $0 < a < n$. On pourrait sans doute aller beaucoup plus loin dans cette voie.

BIBLIOGRAPHIE

[1] LAGRANGE - (a) Réflexions sur la résolution algébrique des équations, N^eaux Mém. de l'Acad. R. des Sc. et B.-L. de Berlin, 1770-1771 = Oeuvres, vol. III, p. 332 ;

(b) Traité de la résolution numérique des équations, 2e éd., Paris 1808, Notes XIII-XIV = Oeuvres, vol. VIII, p. 295-367.

[2] GAUSS - (a) Disquisitiones arithmeticae, 1801 = Werke, vol. I ;

(b) Summatio serierum quorundam singularium, 1811 = Werke, vol. II, p. 11 ;

(c) Theorematis fundamentalis in doctrina de residuis quadraticis demonstrationes et ampliationes novae, 1818 = Werke, vol. II, p. 51 ;

(d) Theoria residuorum biquadraticorum, Commentation prima, 1828 = Werke, vol. II, p. 65 ;

(e) Disquisitionum circa aequationes puras ulterior evolutio, Werke, vol. II, p. 243.

[3] JACOBI - (a) Briefe an Gauss, Werke, vol. VII, p. 391-400 ;

(b) Über die Kreistheilung und ihre Anwendung auf die Zahlentheorie, Berl. Monatsber. 1837, p. 127 = Crelles J. Vol. 30 (1846), p. 166 = Werke, vol. VI, p. 254.

[4] CAUCHY - Mémoire sur la Théorie des Nombres, Mém. Ac. Sc. XVII (1840) = Oeuvres (I), vol. III.

[5] EISENSTEIN - (a) Beweis des Reciprocitätssatzes für die cubischen Reste in der Theorie der aus dritten Wurzeln der Einheit zusammengesetzten complexen Zahlen, Crelles J. 27(1844), p. 289 ;

(b) Beweis der allgemeinsten Reciprocitätsgesetze zwischen reellen und complexen Zahlen, Monatsber. d. k. Akad. d. Wiss. zu Berlin, 1850, p. 189.

[6] KUMMER -Ueber die Ergänzungssätze zu den allgemeinen Reciprocitätsgesetzen, Crelles J. 44 (1851), p. 93.

[7] L. STICKELBERGER - Ueber eine Verallgemeinerung der Kreistheilung, Math. Ann. 37 (1890), p. 321.

[8] H. DAVENPORT - H. HASSE - Die Nullstellen der Kongruenzzetafunktionen in gewissen zyklischen Fällen, Crelles J. 172 (1935), p. 151.

[9] A. WEIL - (a) Numbers of solutions of equations in finite fields, Bull. Am. Math. Soc. 55 (1949), p. 197 ;

(b) Jacobi sums as "Grössencharaktere", Trans. Am. Math. Soc. 73 (1952) p. 487 ;

(c) Sommes de Jacobi et caractères de Hecke, Gött. Nachr. (à paraître).

[10] A. SELBERG and S. CHOWLA - On Epstein's Zeta-Function, Crelles J. 227 (1967), p. 86.

TABLE PAR NOMS D'AUTEURS

[Séminaire Bourbaki, 1967/68 à 1973/74, Exposés 331 à 452 (*).]

(*) Les volumes 1948/1949 à 1967/1968, Exposés 1 à 346, ont été publiés par W. A. BENJAMIN, INC. New York.

BOREL, Armand

Sous-groupes discrets de groupes semi-simples [d'après D. A. Kajdan et G. A. Margoulis] 1968/69, n° 358, 17 p.

Cohomologie de certains groupes discrets et laplacien p-adique [d'après H. Garland] 1973/74, n° 437, 24 p.

BREEN, Lawrence

Un théorème de finitude en K-théorie [d'après D. Quillen] 1973/74, n° 438, 22 p.

BRIESKORN, Egbert

Sur les groupes de tresses [d'après V. I. Arnol'd] 1971/72, n° 401, 24 p.

CARTAN, Henri

Travaux de Karoubi sur la K-théorie 1967/68, n° 337, 25 p.

Sous-ensembles analytiques d'une variété banachique complexe [d'après J.-P. Ramis] 1968/69, n° 354, 16 p.

CARTIER, Pierre

Théorie des groupes, fonctions théta et modules des variétés abéliennes 1967/68, n° 338, 16 p.

Relèvements des groupes formels commutatifs 1968/69, n° 359, 14 p.

Espaces de Poisson des groupes localement compacts [d'après R. Azencott] 1969/70, n° 370, 21 p.

Problèmes mathématiques de la théorie quantique des champs 1970/71, n° 388, 16 p.

Géométrie et analyse sur les arbres 1971/72, n° 407, 18 p.

Problèmes Mathématiques de la Théorie Quantique des Champs II : Prolongement analytique 1972/73, n° 418, 27 p.

Inégalités de corrélation en Mécanique Statistique 1972/73, n° 431, 19 p.

CHAZARAIN, Jacques

Le problème mixte hyperbolique 1972/73, n° 432, 21 p.

CHENCINER, Alain

Travaux de Thom et Mather sur la stabilité topologique 1972/73, n° 424, 25 p.

CHEVALLEY, Claude

Le groupe de Janko 1967/68, n° 331, 15 p.

Théorie des Blocs 1972/73, n° 419, 16 p.

MEYER, Yves

Problèmes de l'unicité, de la synthèse et des isomorphismes en analyse harmonique — 1967/68, n° 341, 9 p.

MOKOBODZKI, Gabriel

Structure des cônes de potentiels — 1969/70, n° 377, 14 p.

MORLET, Claude

Hauptvermutung et triangulation des variétés [d'après Kirby, Siebenmann et aussi Lees, Wall, etc...] — 1968/69, n° 362, 18 p.

MOULIS, Nicole

Variétés de dimension infinie — 1969/70, n° 378, 15 p.

POENARU, Valentin

Extension des immersions en codimension 1 [d'après S. Blank] — 1967/68, n° 342, 33 p.

Travaux de J. Cerf (isotopie et pseudo-isotopie) — 1969/70, n° 373, 22 p.

Le théorème de s-cobordisme — 1970/71, n° 392, 23 p.

POITOU, Georges

Solution du problème du dixième discriminant [d'après Stark] — 1967/68, n° 335, 8 p.

RAYNAUD, Michel

Travaux récents de M. Artin — 1968/69, n° 363, 17 p.

Compactification du module des courbes — 1970/71, n° 385, 15 p.

Construction analytique de courbes en géométrie non archimédienne [d'après David Mumford] — 1972/73, n° 427, 15 p.

ROBERT, Alain

Formes automorphes sur GL_2 (Travaux de H. Jacquet et R. P. Langlands) — 1971/72, n° 415, 24 p.

ROSENBERG, Harold

Feuilletages sur des sphères [d'après H. B. Lawson] — 1970/71, n° 393, 12 p.

Un contre-exemple à la conjecture de Seifert [d'après P. Schweitzer] — 1972/73, n° 434, 13 p.

SCHIFFMANN, Gérard

Un analogue du théorème de Borel-Weil-Bott dans le cas non compact — 1970/71, n° 398, 14 p.

SCHREIBER, Jean-Pierre

Nombres de Pisot et travaux d'Yves Meyer 1969/70, n° 379, 11 p.

SCHWARTZ, Laurent

Produits tensoriels g_p et d_p , applications p-sommantes, applications p-radonifiantes 1970/71, n° 386, 26 p.

SERRE, Jean-Pierre

Travaux de Baker 1969/70, n° 368, 14 p.

p-torsion des courbes elliptiques [d'après Y. Manin] 1969/70, n° 380, 14 p.

Cohomologie des groupes discrets 1970/71, n° 399, 14 p.

Congruences et formes modulaires [d'après H. P. F. Swinnerton-Dyer] 1971/72, n° 416, 20 p.

Valeurs propres des endomorphismes de Frobenius [d'après P. Deligne] 1973/74, n° 446, 15 p.

SIEBENMANN, Laurent

L'invariance topologique du type simple d'homotopie [d'après T. Chapman et R. D. Edwards] 1972/73, n° 428, 24 p.

SMALE, Stephen

Stability and genericity in dynamical systems 1969/70, n° 374, 9 p.

SPRINGER, T. A.

Caractères de groupes de Chevalley finis 1972/73, n° 429, 24 p.

Relèvement de Brauer et représentations paraboliques de $GL_n(F_q)$ [d'après G. Lusztig] 1973/74, n° 441, 25 p.

STEINBERG, Robert

Abstract homomorphisms of simple algebraic groups [after A. Borel and J. Tits] 1972/73, n° 435, 20 p.

SZPIRO, Lucien

Travaux de Kempf, Kleiman, Laksov, sur les diviseurs exceptionnels 1971/72, n° 417, 15 p.

TATE, John

Classes d'isogénie des variétés abéliennes sur un corps fini [d'après T. Honda] 1968/69, n° 352, 16 p.

TEISSIER, Bernard

Théorèmes de finitude en géométrie analytique [d'après Heisuke Hironaka] 1973/74, n° 451, 23 p.

TEMAM, Roger

Approximation d'équations aux dérivées partielles par des méthodes de décomposition — 1969/70, n° 381, 9 p.

THOMPSON, John G.

Sylow 2-subgroups of simple groups — 1967/68, n° 345, 3 p.

TITS, Jacques

Groupes finis simples sporadiques — 1969/70, n° 375, 25 p.

TOUGERON, Jean-Claude

Stabilité des applications différentiables [d'après J. Mather] — 1967/68, n° 336, 16 p.

VAN DIJK, G.

Harmonic analysis on reductive $\mathfrak{p}$-adic groups [after Harish-Chandra] — 1970/71, n° 387, 18 p.

VERDIER, Jean-Louis

Indépendance par rapport à ℓ des polynômes caractéristiques des endomorphismes de Frobenius de la cohomologie ℓ-adique [d'après P. Deligne] — 1972/73, n° 423, 18 p.

VERGNE, Michèle

Sur les intégrales d'entrelacement de R. A. Kunze et E. M. Stein [d'après G. Schiffmann] — 1969/70, n° 369, 20 p.

Représentations unitaires des groupes de Lie résolubles — 1973/74, n° 447, 22 p.

WEIL, André

Séries de Dirichlet et fonctions automorphes — 1967/68, n° 346, 6 p.

La cyclotomie jadis et naguère — 1973/74, n° 452, 21 p.

Vol. 277: Séminaire Banach. Edité par C. Houzel. VII, 229 pages. 1972. DM 20,–

Vol. 278: H. Jacquet, Automorphic Forms on GL(2). Part II. XIII, 142 pages. 1972. DM 16,–

Vol. 279: R. Bott, S. Gitler and I. M. James, Lectures on Algebraic and Differential Topology. V, 174 pages. 1972. DM 18,–

Vol. 280: Conference on the Theory of Ordinary and Partial Differential Equations. Edited by W. N. Everitt and B. D. Sleeman. XV, 367 pages. 1972. DM 26,–

Vol. 281: Coherence in Categories. Edited by S. Mac Lane. VII, 235 pages. 1972. DM 20,–

Vol. 282: W. Klingenberg und P. Flaschel, Riemannsche Hilbertmannigfaltigkeiten. Periodische Geodätische. VII, 211 Seiten. 1972. DM 20,–

Vol. 283: L. Illusie, Complexe Cotangent et Déformations II. VII, 304 pages. 1972. DM 24,–

Vol. 284: P. A. Meyer, Martingales and Stochastic Integrals I. VI, 89 pages. 1972. DM 16,–

Vol. 285: P. de la Harpe, Classical Banach-Lie Algebras and Banach-Lie Groups of Operators in Hilbert Space. III, 160 pages. 1972. DM 16,–

Vol. 286: S. Murakami, On Automorphisms of Siegel Domains. V, 95 pages. 1972. DM 16,–

Vol. 287: Hyperfunctions and Pseudo-Differential Equations. Edited by H. Komatsu. VII, 529 pages. 1973. DM 36,–

Vol. 288: Groupes de Monodromie en Géométrie Algébrique. (SGA 7 I). Dirigé par A. Grothendieck. IX, 523 pages. 1972. DM 50,–

Vol. 289: B. Fuglede, Finely Harmonic Functions. III, 188. 1972. DM 18,–

Vol. 290: D. B. Zagier, Equivariant Pontrjagin Classes and Applications to Orbit Spaces. IX, 130 pages. 1972. DM 16,–

Vol. 291: P. Orlik, Seifert Manifolds. VIII, 155 pages. 1972. DM 16,–

Vol. 292: W. D. Wallis, A. P. Street and J. S. Wallis, Combinatorics: Room Squares, Sum-Free Sets, Hadamard Matrices. V, 508 pages. 1972. DM 50,–

Vol. 293: R. A. DeVore, The Approximation of Continuous Functions by Positive Linear Operators. VIII, 289 pages. 1972. DM 24,–

Vol. 294: Stability of Stochastic Dynamical Systems. Edited by R. F. Curtain. IX, 332 pages. 1972. DM 26,–

Vol. 295: C. Dellacherie, Ensembles Analytiques, Capacités, Mesures de Hausdorff. XII, 123 pages. 1972. DM 16,–

Vol. 296: Probability and Information Theory II. Edited by M. Behara, K. Krickeberg and J. Wolfowitz. V, 223 pages. 1973. DM 20,–

Vol. 297: J. Garnett, Analytic Capacity and Measure. IV, 138 pages. 1972. DM 16,–

Vol. 298: Proceedings of the Second Conference on Compact Transformation Groups. Part 1. XIII, 453 pages. 1972. DM 32,–

Vol. 299: Proceedings of the Second Conference on Compact Transformation Groups. Part 2. XIV, 327 pages. 1972. DM 26,–

Vol. 300: P. Eymard, Moyennes Invariantes et Représentations Unitaires. II. 113 pages. 1972. DM 16,–

Vol. 301: F. Pittnauer, Vorlesungen über asymptotische Reihen. VI, 186 Seiten. 1972. DM 18,–

Vol. 302: M. Demazure, Lectures on p-Divisible Groups. V, 98 pages. 1972. DM 16,–

Vol. 303: Graph Theory and Applications. Edited by Y. Alavi, D. R. Lick and A. T. White. IX, 329 pages. 1972. DM 26,–

Vol. 304: A. K. Bousfield and D. M. Kan, Homotopy Limits, Completions and Localizations. V, 348 pages. 1972. DM 26,–

Vol. 305: Théorie des Topos et Cohomologie Etale des Schémas. Tome 3. (SGA 4). Dirigé par M. Artin, A. Grothendieck et J. L. Verdier. VI, 640 pages. 1973. DM 50,–

Vol. 306: H. Luckhardt, Extensional Gödel Functional Interpretation. VI, 161 pages. 1973. DM 18,–

Vol. 307: J. L. Bretagnolle, S. D. Chatterji et P.-A. Meyer, Ecole d'été de Probabilités: Processus Stochastiques. VI, 198 pages. 1973. DM 20,–

Vol. 308: D. Knutson, λ-Rings and the Representation Theory of the Symmetric Group. IV, 203 pages. 1973. DM 20,–

Vol. 309: D. H. Sattinger, Topics in Stability and Bifurcation Theory. VI, 190 pages. 1973. DM 18,–

Vol. 310: B. Iversen, Generic Local Structure of the Morphisms in Commutative Algebra. IV, 108 pages. 1973. DM 16,–

Vol. 311: Conference on Commutative Algebra. Edited by J. W. Brewer and E. A. Rutter. VII, 251 pages. 1973. DM 22,–

Vol. 312: Symposium on Ordinary Differential Equations. Edited by W. A. Harris, Jr. and Y. Sibuya. VIII, 204 pages. 1973. DM 22,–

Vol. 313: K. Jörgens and J. Weidmann, Spectral Properties of Hamiltonian Operators. III, 140 pages. 1973. DM 16,–

Vol. 314: M. Deuring, Lectures on the Theory of Algebraic Functions of One Variable. VI, 151 pages. 1973. DM 16,–

Vol. 315: K. Bichteler, Integration Theory (with Special Attention to Vector Measures). VI, 357 pages. 1973. DM 26,–

Vol. 316: Symposium on Non-Well-Posed Problems and Logarithmic Convexity. Edited by R. J. Knops. V, 176 pages. 1973. DM 18,–

Vol. 317: Séminaire Bourbaki – vol. 1971/72. Exposés 400–417. IV, 361 pages. 1973. DM 26,–

Vol. 318: Recent Advances in Topological Dynamics. Edited by A. Beck, VIII, 285 pages. 1973. DM 24,–

Vol. 319: Conference on Group Theory. Edited by R. W. Gatterdam and K. W. Weston. V, 188 pages. 1973. DM 18,–

Vol. 320: Modular Functions of One Variable I. Edited by W. Kuyk. V, 195 pages. 1973. DM 18,–

Vol. 321: Séminaire de Probabilités VII. Edité par P. A. Meyer. VI, 322 pages. 1973. DM 26,–

Vol. 322: Nonlinear Problems in the Physical Sciences and Biology. Edited by I. Stakgold, D. D. Joseph and D. H. Sattinger. VIII, 357 pages. 1973. DM 26,–

Vol. 323: J. L. Lions, Perturbations Singulières dans les Problèmes aux Limites et en Contrôle Optimal. XII, 645 pages. 1973. DM 42,–

Vol. 324: K. Kreith, Oscillation Theory. VI, 109 pages. 1973. DM 16,–

Vol. 325: Ch.-Ch. Chou, La Transformation de Fourier Complexe et L'Equation de Convolution. IX, 137 pages. 1973. DM 16,–

Vol. 326: A. Robert, Elliptic Curves. VIII, 264 pages. 1973. DM 22,–

Vol. 327: E. Matlis, 1-Dimensional Cohen-Macaulay Rings. XII, 157 pages. 1973. DM 18,–

Vol. 328: J. R. Büchi and D. Siefkes, The Monadic Second Order Theory of All Countable Ordinals. VI, 217 pages. 1973. DM 20,–

Vol. 329: W. Trebels, Multipliers for (C, α)-Bounded Fourier Expansions in Banach Spaces and Approximation Theory. VII, 103 pages. 1973. DM 16,–

Vol. 330: Proceedings of the Second Japan-USSR Symposium on Probability Theory. Edited by G. Maruyama and Yu. V. Prokhorov. VI, 550 pages. 1973. DM 36,–

Vol. 331: Summer School on Topological Vector Spaces. Edited by L. Waelbroeck. VI, 226 pages. 1973. DM 20,–

Vol. 332: Séminaire Pierre Lelong (Analyse) Année 1971-1972. V, 131 pages. 1973. DM 16,–

Vol. 333: Numerische, insbesondere approximationstheoretische Behandlung von Funktionalgleichungen. Herausgegeben von R. Ansorge und W. Törnig. VI, 296 Seiten. 1973. DM 24,–

Vol. 334: F. Schweiger, The Metrical Theory of Jacobi-Perron Algorithm. V, 111 pages. 1973. DM 16,–

Vol. 335: H. Huck, R. Roitzsch, U. Simon, W. Vortisch, R. Walden, B. Wegner und W. Wendland, Beweismethoden der Differentialgeometrie im Großen. IX, 159 Seiten. 1973. DM 18,–

Vol. 336: L'Analyse Harmonique dans le Domaine Complexe. Edité par E. J. Akutowicz. VIII, 169 pages. 1973. DM 18,–

Vol. 337: Cambridge Summer School in Mathematical Logic. Edited by A. R. D. Mathias and H. Rogers. IX, 660 pages. 1973. DM 42,–

Vol. 338: J. Lindenstrauss and L. Tzafriri, Classical Banach Spaces. IX, 243 pages. 1973. DM 22,–

Vol. 339: G. Kempf, F. Knudsen, D. Mumford and B. Saint-Donat, Toroidal Embeddings I. VIII, 209 pages. 1973. DM 20,–

Vol. 340: Groupes de Monodromie en Géométrie Algébrique. (SGA 7 II). Par P. Deligne et N. Katz. X, 438 pages. 1973. DM 40,–

Vol. 341: Algebraic K-Theory I, Higher K-Theories. Edited by H. Bass. XV, 335 pages. 1973. DM 26,–

Vol. 342: Algebraic K-Theory II, "Classical" Algebraic K-Theory, and Connections with Arithmetic. Edited by H. Bass. XV, 527 pages. 1973. DM 36,–

Vol. 343: Algebraic K-Theory III, Hermitian K-Theory and Geometric Applications. Edited by H. Bass. XV, 572 pages. 1973. DM 38,–

Vol. 344: A. S. Troelstra (Editor), Metamathematical Investigation of Intuitionistic Arithmetic and Analysis. XVII, 485 pages. 1973. DM 34,–

Vol. 345: Proceedings of a Conference on Operator Theory. Edited by P. A. Fillmore. VI, 228 pages. 1973. DM 20,–

Vol. 346: Fučík et al., Spectral Analysis of Nonlinear Operators. II, 287 pages. 1973. DM 26,–

Vol. 347: J. M. Boardman and R. M. Vogt, Homotopy Invariant Algebraic Structures on Topological Spaces. X, 257 pages. 1973. DM 22,–

Vol. 348: A. M. Mathai and R. K. Saxena, Generalized Hypergeometric Functions with Applications in Statistics and Physical Sciences. VII, 314 pages. 1973. DM 26,–

Vol. 349: Modular Functions of One Variable II. Edited by W. Kuyk and P. Deligne. V, 598 pages. 1973. DM 38,–

Vol. 350: Modular Functions of One Variable III. Edited by W. Kuyk and J.-P. Serre. V, 350 pages. 1973. DM 26,–

Vol. 351: H. Tachikawa, Quasi-Frobenius Rings and Generalizations. XI, 172 pages. 1973. DM 18,–

Vol. 352: J. D. Fay, Theta Functions on Riemann Surfaces. V, 137 pages. 1973. DM 16,–

Vol. 353: Proceedings of the Conference on Orders, Group Rings and Related Topics. Organized by J. S. Hsia, M. L. Madan and T. G. Ralley. X, 224 pages. 1973. DM 20,–

Vol. 354: K. J. Devlin, Aspects of Constructibility. XII, 240 pages. 1973. DM 22,–

Vol. 355: M. Sion, A Theory of Semigroup Valued Measures. V, 140 pages. 1973. DM 16,–

Vol. 356: W. L. J. van der Kallen, Infinitesimally Central-Extensions of Chevalley Groups. VII, 147 pages. 1973. DM 16,–

Vol. 357: W. Borho, P. Gabriel und R. Rentschler, Primideale in Einhüllenden auflösbarer Lie-Algebren. V, 182 Seiten. 1973. DM 18,–

Vol. 358: F. L. Williams, Tensor Products of Principal Series Representations. VI, 132 pages. 1973. DM 16,–

Vol. 359: U. Stammbach, Homology in Group Theory. VIII, 183 pages. 1973. DM 18,–

Vol. 360: W. J. Padgett and R. L. Taylor, Laws of Large Numbers for Normed Linear Spaces and Certain Fréchet Spaces. VI, 111 pages. 1973. DM 16,–

Vol. 361: J. W. Schutz, Foundations of Special Relativity: Kinematic Axioms for Minkowski Space Time. XX, 314 pages. 1973. DM 26,–

Vol. 362: Proceedings of the Conference on Numerical Solution of Ordinary Differential Equations. Edited by D. Bettis. VIII, 490 pages. 1974. DM 34,–

Vol. 363: Conference on the Numerical Solution of Differential Equations. Edited by G. A. Watson. IX, 221 pages. 1974. DM 20,–

Vol. 364: Proceedings on Infinite Dimensional Holomorphy. Edited by T. L. Hayden and T. J. Suffridge. VII, 212 pages. 1974. DM 20,–

Vol. 365: R. P. Gilbert, Constructive Methods for Elliptic Equations. VII, 397 pages. 1974. DM 26,–

Vol. 366: R. Steinberg, Conjugacy Classes in Algebraic Groups (Notes by V. V. Deodhar). VI, 159 pages. 1974. DM 18,–

Vol. 367: K. Langmann und W. Lütkebohmert, Cousinverteilungen und Fortsetzungssätze. VI, 151 Seiten. 1974. DM 16,–

Vol. 368: R. J. Milgram, Unstable Homotopy from the Stable Point of View. V, 109 pages. 1974. DM 16,–

Vol. 369: Victoria Symposium on Nonstandard Analysis. Edited by A. Hurd and P. Loeb. XVIII, 339 pages. 1974. DM 26,–

Vol. 370: B. Mazur and W. Messing, Universal Extensions and One Dimensional Crystalline Cohomology. VII, 134 pages. 1974. DM 16,–

Vol. 371: V. Poenaru, Analyse Différentielle. V, 228 pages. 1974. DM 20,–

Vol. 372: Proceedings of the Second International Conference on the Theory of Groups 1973. Edited by M. F. Newman. VII, 740 pages. 1974. DM 48,–

Vol. 373: A. E. R. Woodcock and T. Poston, A Geometrical Study of the Elementary Catastrophes. V, 257 pages. 1974. DM 22,–

Vol. 374 S. Yamamuro, Differential Calculus in Topological Linear Spaces. IV, 179 pages. 1974. DM 18,–

Vol. 375: Topology Conference 1973. Edited by R. F. Dickman Jr. and P. Fletcher. X, 283 pages. 1974. DM 24,–

Vol. 376: D. B. Osteyee and I. J. Good, Information, Weight of Evidence, the Singularity between Probability Measures and Signal Detection. XI, 156 pages. 1974. DM 16.–

Vol. 377: A. M. Fink, Almost Periodic Differential Equations. VIII, 336 pages. 1974. DM 26,–

Vol. 378: TOPO 72 – General Topology and its Applications. Proceedings 1972. Edited by R. Alò, R. W. Heath and J. Nagata. XIV, 651 pages. 1974. DM 50,–

Vol. 379: A. Badrikian et S. Chevet, Mesures Cylindriques, Espaces de Wiener et Fonctions Aléatoires Gaussiennes. X, 383 pages. 1974. DM 32,–

Vol. 380: M. Petrich, Rings- and Semigroups. VIII, 182 pages. 1974. DM 18,–

Vol. 381: Séminaire de Probabilités VIII. Edité par P. A. Meyer. IX, 354 pages. 1974. DM 32,–

Vol. 382: J. H. van Lint, Combinatorial Theory Seminar Eindhoven University of Technology. VI, 131 pages. 1974. DM 18,–

Vol. 383: Séminaire Bourbaki – vol. 1972/73. Exposés 418-435. IV, 334 pages. 1974. DM 30,–

Vol. 384: Functional Analysis and Applications, Proceedings 1972. Edited by L. Nachbin. V, 270 pages. 1974. DM 22,–

Vol. 385: J. Douglas Jr. and T. Dupont, Collocation Methods for Parabolic Equations in a Single Space Variable (Based on C^1-Piecewise-Polynomial Spaces). V, 147 pages. 1974. DM 16,–

Vol. 386: J. Tits, Buildings of Spherical Type and Finite BN-Pairs. IX, 299 pages. 1974. DM 24,–

Vol. 387: C. P. Bruter, Eléments de la Théorie des Matroïdes. V, 138 pages. 1974. DM 18,–

Vol. 388: R. L. Lipsman, Group Representations. X, 166 pages. 1974. DM 20,–

Vol. 389: M.-A. Knus et M. Ojanguren, Théorie de la Descente et Algèbres d' Azumaya. IV, 163 pages. 1974. DM 20,–

Vol. 390: P. A. Meyer, P. Priouret et F. Spitzer, Ecole d'Eté de Probabilités de Saint-Flour III – 1973. Edité par A. Badrikian et P.-L. Hennequin. VIII, 189 pages. 1974. DM 20,–

Vol. 391: J. Gray, Formal Category Theory: Adjointness for 2-Categories. XII, 282 pages. 1974. DM 24,–

Vol. 392: Géométrie Différentielle, Colloque, Santiago de Compostela, Espagne 1972. Edité par E. Vidal. VI, 225 pages. 1974. DM 20,–

Vol. 393: G. Wassermann, Stability of Unfoldings. IX, 164 pages. 1974. DM 20,–

Vol. 394: W. M. Patterson 3rd, Iterative Methods for the Solution of a Linear Operator Equation in Hilbert Space – A Survey. III, 183 pages. 1974. DM 20,–

Vol. 395: Numerische Behandlung nichtlinearer Integrodifferential- und Differentialgleichungen. Tagung 1973. Herausgegeben von R. Ansorge und W. Törnig. VII, 313 Seiten. 1974. DM 28,–

Vol. 396: K. H. Hofmann, M. Mislove and A. Stralka, The Pontryagin Duality of Compact O-Dimensional Semilattices and its Applications. XVI, 122 pages. 1974. DM 18,–

Vol. 397: T. Yamada, The Schur Subgroup of the Brauer Group. V, 159 pages. 1974. DM 18,–

Vol. 398: Théories de l'Information, Actes des Rencontres de Marseille-Luminy, 1973. Edité par J. Kampé de Fériet et C. Picard. XII, 201 pages. 1974. DM 23,–